森林里的小白兔

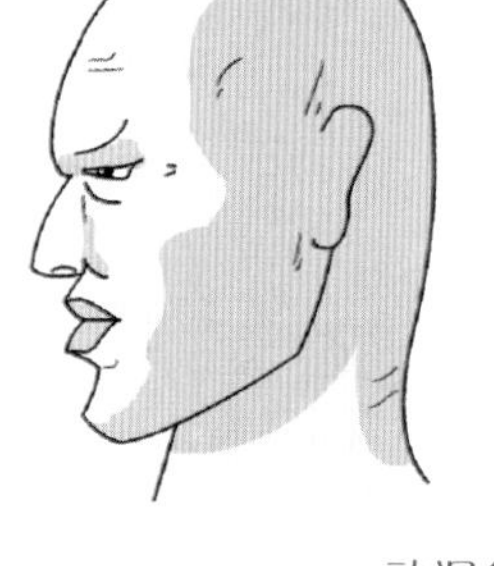

企业片头动画

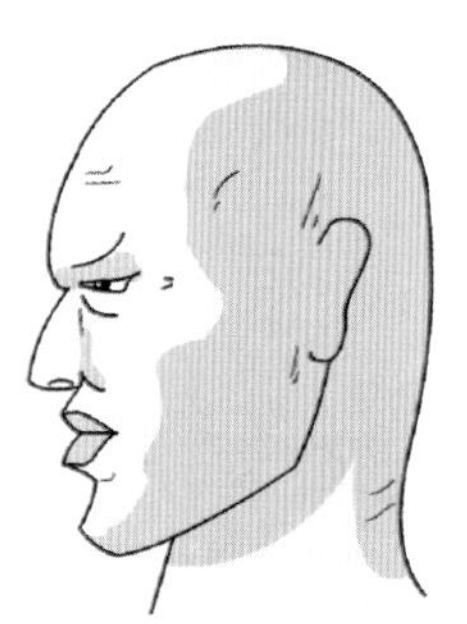

动漫角色

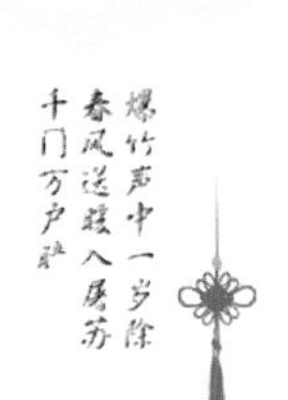

新年贺卡

动漫场景

网页动画场景

葡萄酒横幅广告

圣诞贺卡

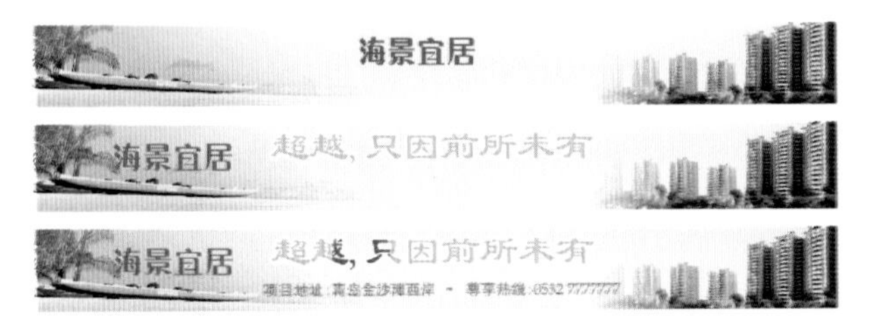

房地产横幅广告

英语课件

网站片头动画

奔驰的骏马

家政公司网络广告

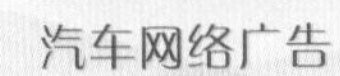

汽车网络广告

骨骼动画——功夫小子

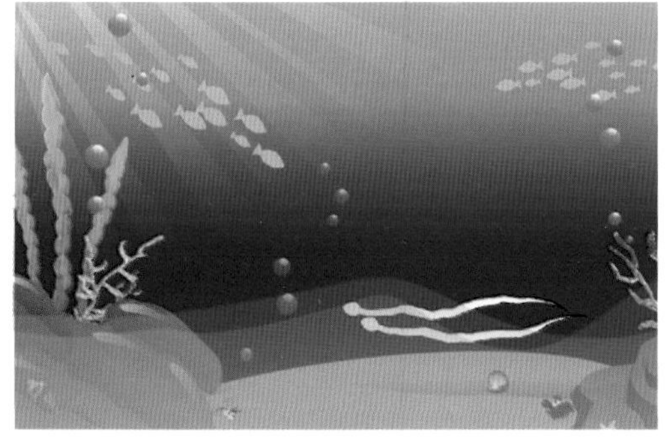

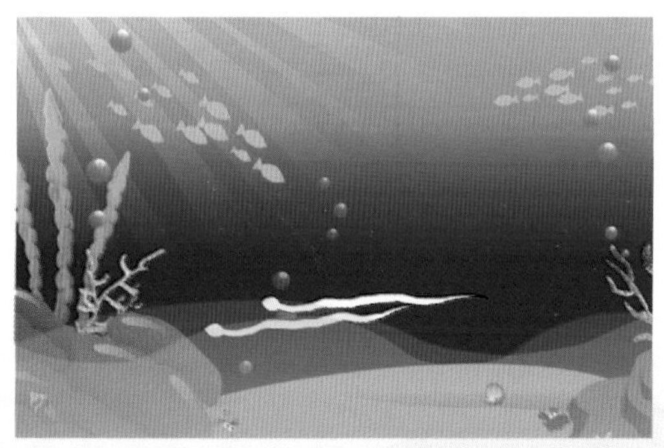

骨骼动画——水蛇

摄影大赛弹出式广告

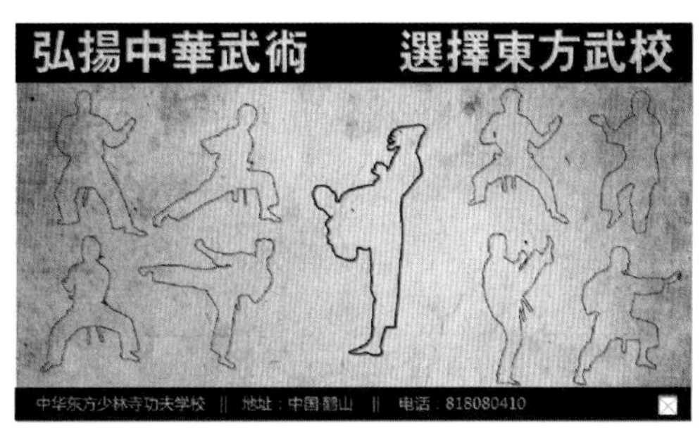

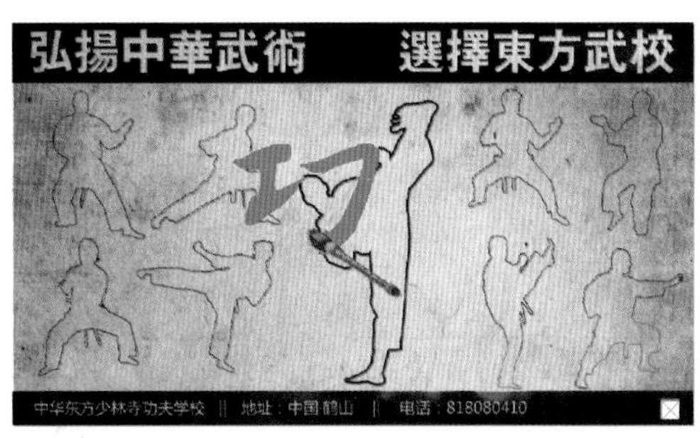

武校的网络弹出式广告

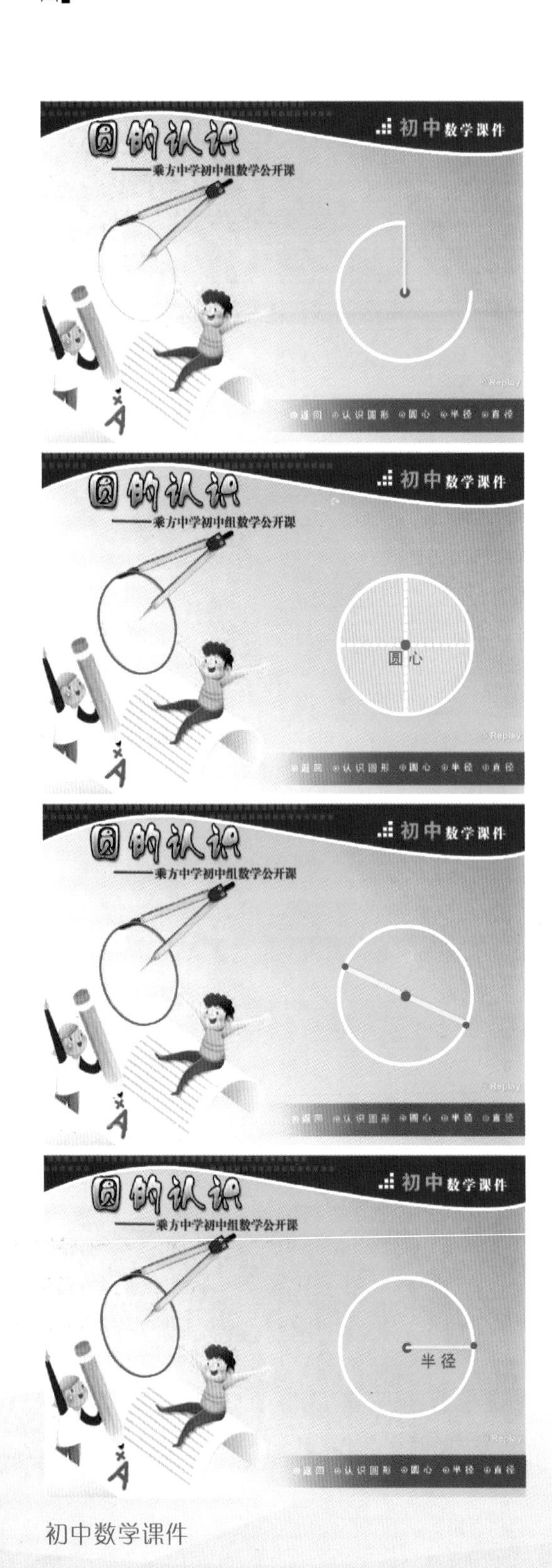

初中数学课件

Flash网站设计

高等职业教育教学改革“十二五”规划教材

中文版 Flash CS5
工作过程导向标准教程

朱仁成　梁东伟　编著

西安电子科技大学出版社

内 容 简 介

本书针对高职高专计算机应用课程的教学要求，按照“工作过程导向”的教学模式，以“项目与任务驱动”为主线进行编写，真正体现了“学中做、做中学”的教学思想。

全书共分12个项目，各项目结构均以项目实施为主线，以软件知识为辅线，将软件知识与实际工作紧密地结合在一起，涉及动漫绘画、网页动画、数学课件、网络广告、片头制作、网站开发、贺卡设计等多个方面。而在软件的知识结构方面，则介绍了 Flash 各种工具的使用方法、舞台、图层、元件以及帧的概念、各种动画的类型与实现方法、引导线动画与遮罩动画、AS 与代码片断、动画的发布等知识。

本书内容丰富，结构清晰，操作步骤详尽，具有很好的学习指导性，可作为高职高专计算机专业、电脑艺术及多媒体设计专业的教材，也可作为 Flash 动画爱好者的自学教程或参考资料。

图书在版编目(CIP)数据

中文版 Flash CS5 工作过程导向标准教程/朱仁成，梁东伟编著.
—西安：西安电子科技大学出版社，2013.1
高等职业教育教学改革“十二五”规划教材
ISBN 978-7-5606-2858-5

Ⅰ. ① 中…　Ⅱ. ① 朱…　② 梁…　Ⅲ. ① 动画制作软件—高等职业教育—教材
Ⅳ. ① TP391.41

中国版本图书馆 CIP 数据核字(2012)第 157325 号

策　　划　毛红兵
责任编辑　刘玉芳　毛红兵
出版发行　西安电子科技大学出版社（西安市太白南路 2 号）
电　　话　(029)88242885　88201467　邮　　编　710071
网　　址　www.xduph.com　电子邮箱　xdupfxb001@163.com
经　　销　新华书店
印刷单位　陕西光大印务有限责任公司
版　　次　2013 年 1 月第 1 版　2013 年 1 月第 1 次印刷
开　　本　787 毫米×1092 毫米　1/16　印张 19.5　彩页 2
字　　数　462 千字
印　　数　1～3000 册
定　　价　37.00 元 (含光盘)
ISBN 978 – 7 – 5606 – 2858 – 5 / TP・1352
XDUP 3150001-1

前　　言

随着我国职业教育的不断发展，高职教育正处于摸索和改革的重要阶段，如何使课程建设与职业需要有效地接轨是我国高职教育改革的一项重点。近几年，教育部特别强调高职教育要工学结合，这样一来，传统的学科型课程教材已经不适应高职教学的需要，因为职业教育是区别于高等教育的，职业教育更加注重技能的培养，而学科型教材的理论性、逻辑性比较强，实践内容相对较少。所以，我们针对目前高职教学的特色、教育市场的需要，编写了艺术设计专业的“工作过程导向”系列教程。

本书在编写过程中，完全按照教育部高等职业教育课程改革的指导思想，以“工作过程导向”为基础，以“项目或任务驱动”为实施方案，通过“做中学、学中做”完成教材的编写，及时归纳、拓展相关知识，力求形成一套真正实用、好用的精品教材。

Flash 是目前最流行的网页动画创作软件，同时也是一款优秀的多媒体制作软件。它采用交互式矢量多媒体技术，可用于绘制矢量图形，制作网页动画、多媒体课件、音乐 MTV、电影动画、交互式网站等。随着 Flash 的应用领域越来越广，学习 Flash 的人越来越多。

本书围绕 Flash CS5 的实际应用详细讲解了 12 个教学项目，同时提供了 12 个实训项目作为学生的独立实践任务，其中包括动画场景、动漫角色、网络广告、网站片头、网站横幅广告、弹出式 Flash 广告、骨骼动画、圣诞贺卡、数学课件、Flash 网站等实用项目，力求通过项目教学带动读者对 Flash 知识的理解与掌握。

一、本书特点

本书的主要特点是：

(1) 针对性，各教学项目分别针对完成职业岗位实际工作任务所需的知识、能力要求等内容进行安排。

(2) 完整性，各教学项目包含完整的工作过程、特定的学习内容，具有较强的操作性。

(3) 典型性，选用与企业实际生产过程或商业活动有直接关系的典型项目(工作或任务)，具有一定的应用价值。

(4) 适用性，所有项目的难度、规模适中，适合于教学，可以让学生在完成工作任务的过程中学到相应的知识，解决工作中的实际问题。

(5) 可测性，除教学项目外，还提供了实训项目，由学生自主完成，由师生共同评价项目工作成果。

二、特别说明

(1) 教学项目中涉及的公司名称、商标、品牌、电话等均为满足教学需要而虚拟的，如与实际产品雷同，纯属巧合。

(2) 项目实训中提供的结果仅供参考，在完成动画的过程中可以利用已学的知识自由发挥，这样更利于知识的消化。

(3) 项目实训应由学生自己完成。

三、教学建议

本书的教学参考课时为48课时，其中项目讲解与实训占44课时，机动课时占4课时。每个项目的建议课时列于下表，仅供参考，各学校可以根据实际情况进行调整。

项目	项目内容	建议课时	授课类型
01	绘制一个网页动画场景	2	讲授+实训
02	绘制一个动漫角色	2	讲授+实训
03	绘制漂亮的动画场景	4	讲授+实训
04	森林里的小白兔动画	3	讲授+实训
05	家政公司网络广告	4	讲授+实训
06	天正建筑网站片头	4	讲授+实训
07	制作网站横幅广告	4	讲授+实训
08	弹出式 Flash 广告	4	讲授+实训
09	制作简单的骨骼动画	4	讲授+实训
10	设计制作圣诞贺卡	3	讲授+实训
11	制作一个数学课件	5	讲授+实训
12	制作一个 Flash 网站	5	讲授+实训

本书由朱仁成、梁东伟编著，参加编写的还有孙爱芳、崔树娟、史宇宏、李超、于岁、朱艺、朱海燕、孙为钊、赵清涛、葛秀玲、郭蕾、谭桂爱、姜迎美、于进训等。由于水平有限，书中如有不妥之处，欢迎广大读者朋友批评指正。

作　者

2012年3月

目　录

项目 01

绘制一个网页动画场景

1.1 项 目 说 明

小王在一家网页设计公司工作，公司最近接到一个网站建设项目，其中首页需要插入一个宽幅广告，设计尺寸为 800 像素×300 像素。为了提高工作效率，加快项目进度，公司采用分工合作制度。在本项目中，小王的任务是绘制一个城市的夜景，作为首页广告的一个场景。

1.2 项 目 分 析

网络广告现在已经非常普遍，规格与形式也不尽相同，但是通常都是由多个场景组成的动画。在制作本项目时，思路如下：

第一，首先正确设置尺寸，尺寸是 800 像素×300 像素。在制作网页动画时，尺寸以像素为单位。

第二，使用渐变色制作夜空。

第三，建筑楼房由方块组成，可以使用矩形工具来绘制，而楼房的尖顶可以使用多角星形工具来完成。

第四，倒影通过改变填充颜色的 Alpha 值来完成。

1.3 项 目 实 施

制作网页动画是 Flash 的重要应用之一，而场景是构成动画的基本要素，因此需要在 Flash 中进行绘制或者导入图片作为场景。本项目的效果如图 1-1 所示。

图 1-1　动画场景参考效果

任务一：设置舞台大小及背景

(1) 启动 Flash CS5 软件，在欢迎画面中单击【ActionScript 3.0】选项，创建一个新文档，如图 1-2 所示。

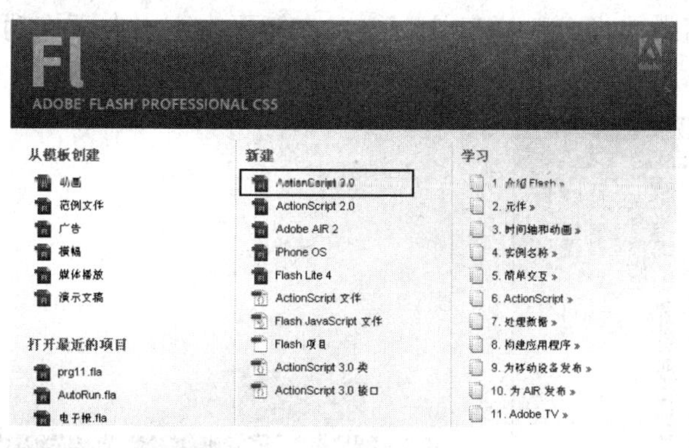

图 1-2　创建新文档

(2) 按下 Ctrl + J 键，在弹出的【文档设置】对话框中设置舞台的尺寸为 800 像素 × 300 像素，其他设置保持默认值，如图 1-3 所示。

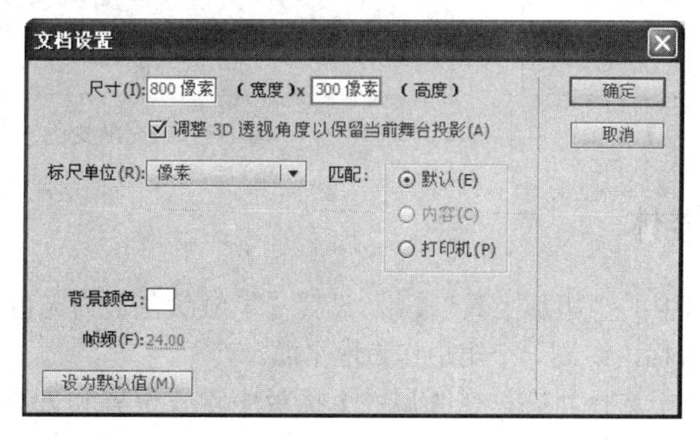

图 1-3　【文档设置】对话框

(3) 单击 确定 按钮，则完成了舞台大小的设置。

(4) 选择工具箱中的“矩形工具”，然后在工具箱下方设置【笔触颜色】为无色，【填充颜色】为任意颜色，同时确保按下了【对象绘制】按钮，选择对象绘制模式。

(5) 在舞台中从左上角向右下角拖动鼠标，参照舞台的大小绘制一个矩形，如图 1-4 所示。

(6) 确保矩形处于选择状态，按下 Ctrl + F3 键，打开【属性】面板，设置其位置和大小，如图 1-5 所示，使矩形将与舞台完全重合。

图 1-4　绘制的矩形

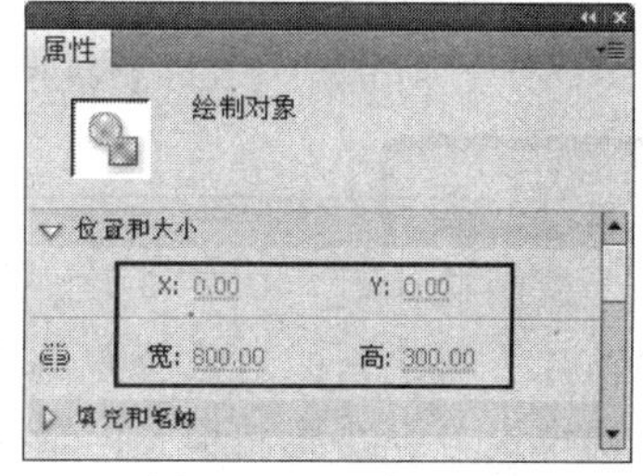

图 1-5　【属性】面板

(7) 单击菜单栏中的【窗口】/【颜色】命令，打开【颜色】面板，在【颜色类型】下拉列表中选择“线性渐变”，然后设置渐变条左侧色标为深蓝色(#0C1885)，右侧色标保持白色不变，如图 1-6 所示。

(8) 选择工具箱中的“颜料桶工具”，在矩形中由上向下拖动鼠标，填充刚才调整的渐变色，效果如图 1-7 所示。

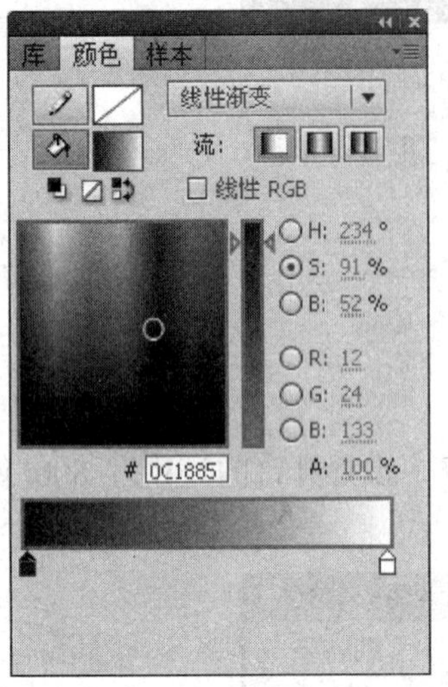

图 1-6 【颜色】面板

图 1-7 填充渐变色

任务二：绘制楼体

(1) 选择工具箱中的“矩形工具”，设置【笔触颜色】为无色，【填充颜色】为黑色，在舞台中拖动鼠标，绘制一个矩形作为地平面。

(2) 确保矩形处于选择状态，在【属性】面板中设置位置和大小的参数如图 1-8 所示，则矩形效果如图 1-9 所示。

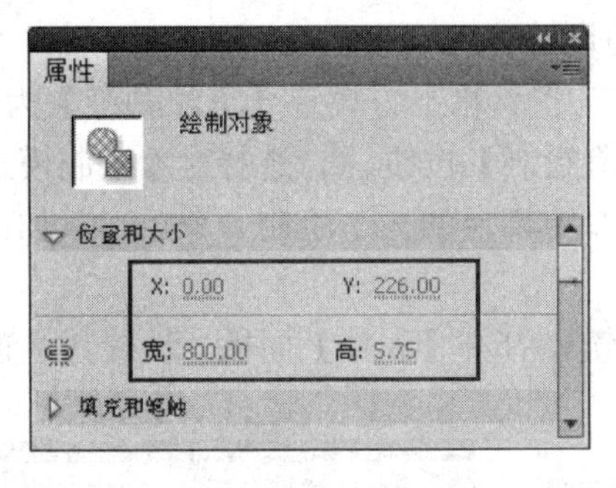

图 1-8 【属性】面板

图 1-9 绘制的地平面

指点迷津

绘制楼体时，一定要确保按下了【对象绘制】按钮，以对象绘制模式进行绘制，否则绘制的对象会跑到第一个矩形的下面，无法完成后面的绘制。关于对象绘制模式与合并绘制模式，请阅读“知识点四”。

(3) 继续使用“矩形工具”在地平面上绘制一个矩形，作为楼房的剪影，结果如图 1-10 所示。

图 1-10　绘制的楼房剪影(一)

(4) 在楼房剪影的右侧再绘制一个稍微细长的矩形，作为另外一座楼房的剪影，绘制时要注意变化，结果如图 1-11 所示。

图 1-11　绘制的楼房剪影(二)

(5) 用同样的方法，继续绘制多个矩形作为楼房的剪影，并使各个楼房剪影高矮不一，错落有致，这样显得更加自然。绘制完成的楼房剪影如图 1-12 所示。

图 1-12　绘制完成的楼房剪影

(6) 按住工具箱中的“矩形工具” 不放，选择里面的“椭圆工具”，在最右侧的方形楼房剪影上方绘制一个椭圆，作为屋顶，如图 1-13 所示。

图 1-13　绘制的屋顶

(7) 再次按住“椭圆工具”不放，选择里面的“多角星形工具”，在【属性】面板中单击【工具设置】选项下方的选项...按钮，在弹出的【工具设置】对话框中设置多边形为三角形，如图 1-14 所示。

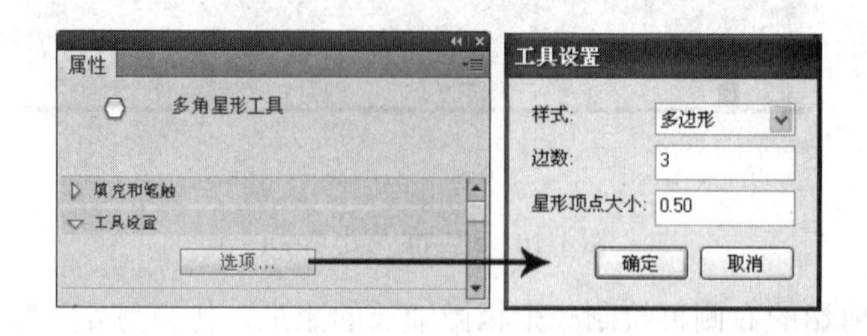

图 1-14　多角星形工具的设置

(8) 在舞台中拖动鼠标，绘制一个正三角形，然后使用“选择工具”在三角形上单击鼠标将其选择并移动，放在楼房顶上，如图 1-15 所示。

图 1-15　绘制的三角形楼顶

(9) 用同样的方法，继续绘制多个三角形楼顶，然后再使用“矩形工具”在个别楼顶上添加小矩形作为点缀，让楼体多一些细节，此时的场景效果如图 1-16 所示。

图 1-16　场景效果

(10) 选择工具箱中的“线条工具”，在【属性】面板中设置【笔触颜色】为黑色，【笔触】为 0.5，然后在三角形楼顶上拖动鼠标绘制多条直线，作为避雷针，总体效果如图 1-17 所示。

图 1-17　绘制的避雷针

指点迷津

在绘制的过程中，没有必要追求与书中完全一致的效果，绘制出来的楼体只要随机、自然一些即可。重点体会工具的基本使用方法。

(11) 使用“选择工具”选择所有的图形，按下 Ctrl + B 键，将它们分离，则所有的图形对象粘合到一起，成为一体。再单击菜单栏中的【修改】/【组合】命令，将其转换为群组对象。

指点迷津

这步操作的目的是让组成楼体的所有图形融合为一个图形；而重新组合的目的是防止融合后的图形跑到作为背景的矩形后面，因为在 Flash 中，图形对象总是位于最底层。

(12) 按下 Ctrl + C 键复制群组对象，然后再按下 Ctrl + V 键粘贴对象，结果如图 1-18 所示。

图 1-18　复制的群组对象

(13) 选择工具箱中的“任意变形工具”，则复制的对象周围出现变形框，按住 Shift 键拖动右上角的控制点，将其等比例缩小，如图 1-19 所示。

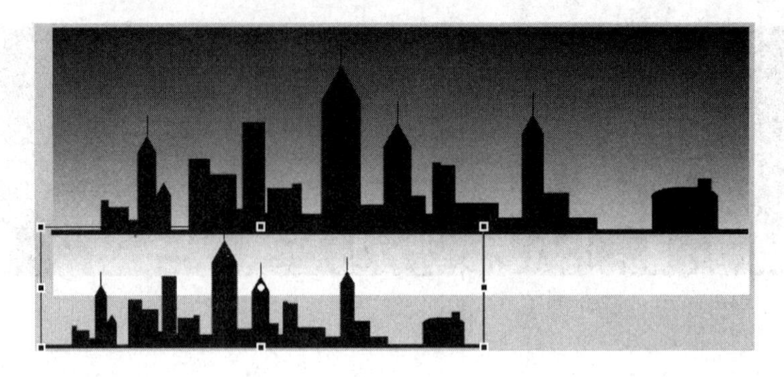

图 1-19　缩小复制的对象

(14) 使用“选择工具”，按住 Alt 键的同时向右拖动缩小后的楼房，将其移动并复制一个，位置如图 1-20 所示。

图 1-20　移动并复制缩小后的楼房

(15) 使用“任意变形工具”将刚复制的楼房再适当缩小，结果如图 1-21 所示。

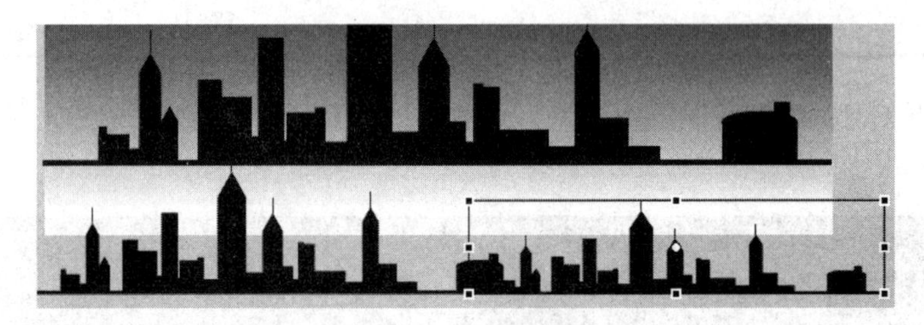

图 1-21　缩小复制的楼房

(16) 同时选择缩小后的两个楼房，按下 Ctrl + B 键将其分离，然后在【颜色】面板中设置【填充颜色】为蓝色(#000066)，则图形变为蓝色，最后将楼顶的避雷针图形删除，结果如图 1-22 所示。

图 1-22　删除后的图形效果

(17) 单击菜单栏中的【修改】/【组合】命令，将其转换为群组对象，然后单击菜单栏中的【修改】/【排列】/【下移一层】命令，将群组对象向下移动一层，并调整好位置，使楼房具有层次感，效果如图 1-23 所示。

图 1-23　调整后的效果

任务三：绘制窗户

(1) 选择工具箱中的“矩形工具”，在工具箱下方设置【笔触颜色】为无色，【填充颜色】为黄色(# FFE04D)，同时确保按下了【对象绘制】按钮。

(2) 在舞台中拖动鼠标，绘制一个矩形作为窗户，大小和位置如图 1-24 所示。

(3) 按住 Alt + Shift 键，使用“选择工具”拖动绘制的矩形，将其移动复制两次，结果如图 1-25 所示。

图 1-24　绘制的窗户

图 1-25　复制的矩形(一)

指点迷津

在 Flash 中使用“选择工具”拖动对象时，如果按住 Alt 键，可以复制该对象；而按住 Shift 键可以确保水平或垂直移动对象。

(4) 使用“选择工具”同时选择这三个矩形，用同样的方法，将其向下移动复制数次，结果如图 1-26 所示。

(5) 一个楼上的所有房子都亮灯，似乎不是很现实，也不好看，所以，随机选择一些矩形，按下 Delete 键将其删除，效果如图 1-27 所示。

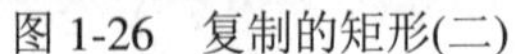

图 1-26　复制的矩形(二)　　　　图 1-27　删除后的效果

(6) 按照上面的方法，为所有的楼房都绘制上窗户，注意随机性要强一些，这时的场景效果如图 1-28 所示。

图 1-28　场景效果

(7) 选择所有代表窗户的黄色矩形，按下 Ctrl + G 键，将其群组为一体。

任务四：制作倒影与光束

(1) 打开【颜色】面板，设置【笔触颜色】为无色，在【颜色类型】下拉列表中选择“线性渐变”，然后设置左侧色标为深蓝色(#1E3D6A)，右侧色标为蓝色(#32B1E7)，如图 1-29 所示。

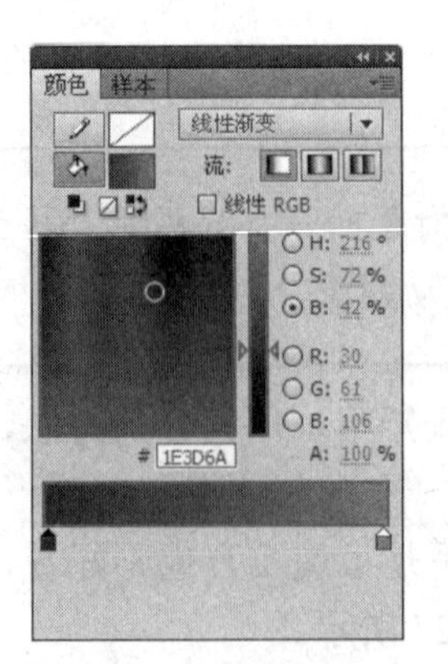

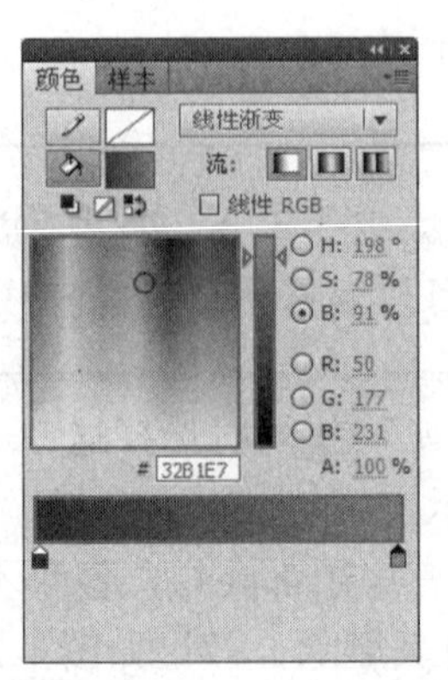

图 1-29　【颜色】面板

(2) 选择工具箱中的“矩形工具”，确保按下了【对象绘制】按钮，在舞台的下方绘制一个矩形，结果如图 1-30 所示。

图 1-30　绘制的矩形

(3) 选择工具箱中的“渐变变形工具”，单击刚绘制的矩形，则其周围出现渐变控制柄，通过控制柄将渐变色的方向更改为从上向下，如图 1-31 所示。

图 1-31　调整渐变色的方向

指点迷津

Flash 中使用线性渐变色填充图形时，默认方向是从左到右的，所以要改变渐变方向，需要使用“渐变变形工具”。具体操作方法详见“知识点十”。

(4) 使用“选择工具”单击黑色的楼房，将其选择，然后按下 Ctrl + C 键进行复制，再按下 Ctrl + V 键粘贴复制的楼房，结果如图 1-32 所示。

图 1-32　复制的楼房

(5) 单击菜单栏中的【修改】/【变形】/【垂直翻转】命令，将其垂直翻转作为倒影，并移动至合适位置，如图 1-33 所示。

图 1-33　调整后的效果

(6) 双击垂直翻转后的楼房，进入“组编辑”窗口中，这时的图形自动处于选择状态，在【颜色】面板中单击【填充颜色】色块，在弹出的颜色调板中设置 Alpha 值为 30%，如图 1-34 所示。

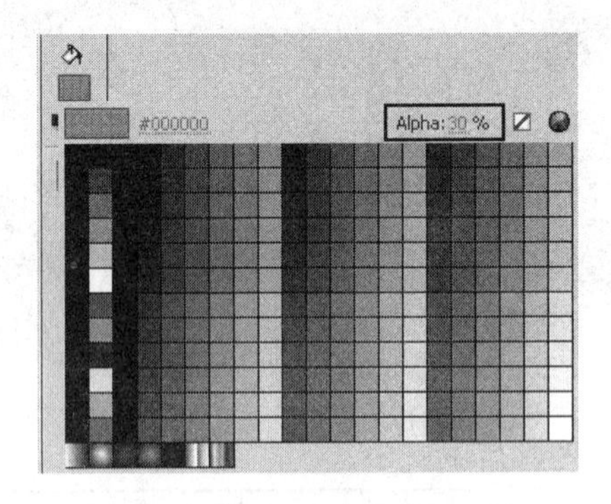

图 1-34　颜色调板

(7) 在“组编辑”窗口的左上角单击 场景 1 按钮，返回到舞台中，则倒影效果如图 1-35 所示。

图 1-35　倒影效果

(8) 选择工具箱中的“线条工具”，在【属性】面板中设置【笔触颜色】为红色 (#FF0000)，【笔触】为 1.5，如图 1-36 所示。

(9) 在舞台中拖动鼠标，绘制一条直线作为光束，如图 1-37 所示。

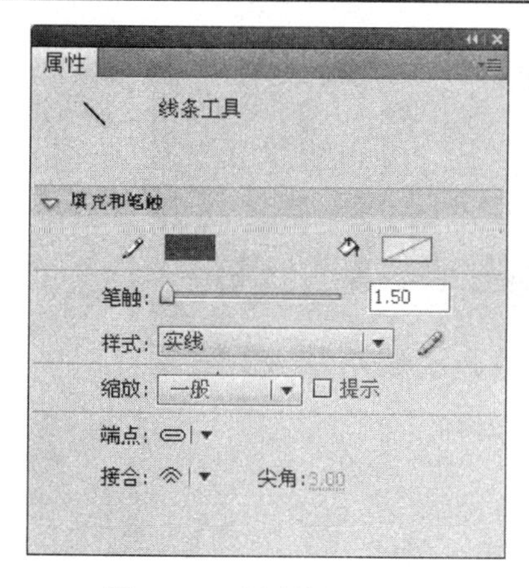

图 1-36　【属性】面板

图 1-37　绘制的直线(一)

(10) 用同样的方法，绘制出多条不同颜色的线条作为光束，如图 1-38 所示。

图 1-38　绘制的直线(二)

(11) 使用“选择工具”同时选中所有的直线，按下 Ctrl + G 键将其转换为群组对象，然后重复执行四次【修改】/【排列】/【下移一层】命令，将其移动到楼房的后面，此时的光束效果如图 1-39 所示。

图 1-39　光束效果

(12) 选择工具箱中的“椭圆工具”，在舞台中绘制几片云朵，丰富一下天空，最终的场景效果如图 1-40 所示。

图 1-40　最终的场景效果

1.4　知 识 延 伸

知识点一：Flash 的应用领域

Flash 发展到今天，其应用已经非常广泛。打开任意一个网站，几乎都会看到各种各样的 Flash 动画广告，有的网站上还有 MTV、搞笑动画、游戏、贺卡等，甚至有的网站完全由 Flash 制作。除此以外，在电视上也可以看到 Flash 短片，如相声、小品、片头等。另外，Flash 在课件制作、多媒体合成方面也有着广泛的应用。下面简单介绍 Flash 的应用领域。

1. 动画与 MTV

Flash 的最初功能是用于制作网络动画，现在的功能则越来越强大，已经成为动漫领域的重要创作工具之一。使用 Flash 可以创作非常优秀的动漫作品，例如小品、相声、成语故事、歌曲 MTV 等，甚至可以完成具有完整故事情节的系列动画。例如，闪客“拾荒”的《小破孩》系列就是非常经典的 Flash 动画，整个动画轻松诙谐，具有很强的故事性，非常受欢迎，如图 1-41 所示。

图 1-41　“拾荒”的《小破孩》系列动画

2. 网络广告

当网站的浏览量越来越大时，自然就有了网络广告。用 Flash 制作的网络广告具有直接明了、占用空间小和视觉冲击力强等特点，正好满足在网络这种特殊环境下的要求。常见的网络广告有 banner 广告、固定广告位、浮动广告等，广告的尺寸也相对自由一些。图 1-42 所示为某网站的 banner 广告。

图 1-42 某网站的 banner 广告

3. Flash 游戏

年轻人一般都对游戏很感兴趣，如俄罗斯方块、超级玛莉等游戏已经家喻户晓。利用 Flash 强大的编程功能，可以制作一些简单有趣的游戏，甚至大型网络游戏。在互联网上，有一些专业的游戏网站或 Flash 网站会提供一些由“闪客”编写的小游戏，短小精悍，生动有趣。例如，著名闪客“小小”的火柴人游戏，其中全套的武打动作曾经风靡一时，如图 1-43 所示是其中的两个场景。

图 1-43 “小小”动画系列

4. 网页或网站

有一些用户为了追求视觉效果，通常采用 Flash 来制作网页或者完全使用 Flash 制作网站。使用 Flash 制作的网页或网站个性强，动态效果佳，相对于普通网站来说更具冲击力，所以一些个人网站、艺术网站、数据量不大的企业网站，都可以采用 Flash 制作，以强化其个性特征。图 1-44 所示为 Flash 制作的一个动态网页。

图 1-44 Flash 制作的动态网页

5. 制作课件

Flash 出现之后不久，就受到了广大教师与教育工作者的推崇。由它所制作的课件生动、形象、过程逼真，便于增强学生的学习兴趣，有助于理解课堂知识，特别是物理、化学实验等科目，非常直观。图 1-45 所示分别为 Flash 制作的教学课件。

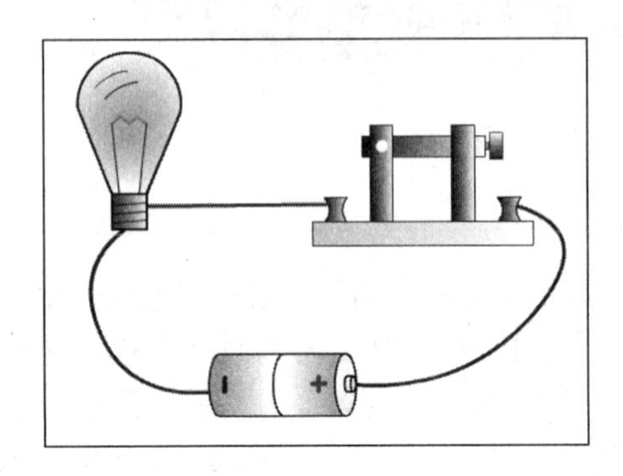

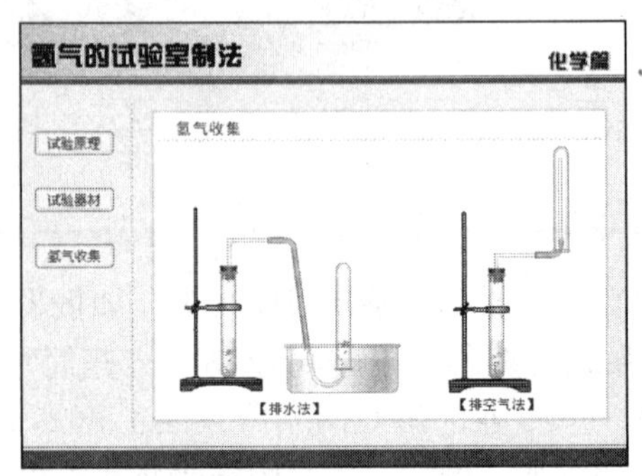

图 1-45　Flash 制作的教学课件

6. 多媒体制作

由于 Flash 具有强大的脚本编程能力，因此其交互性非常好，而且支持声音、动画、视频等，所以 Flash 在多媒体制作方面也被应用得淋漓尽致。以前开发多媒体主要使用 Director 或 Authorware 软件，现在越来越多的人则喜欢使用 Flash，主要因为它的交互性、支持性、扩展性比较好，还可以配上一些 Flash 动画特效，并且生成的文件又比较小。图 1-46 所示为 Flash 开发的多媒体作品。

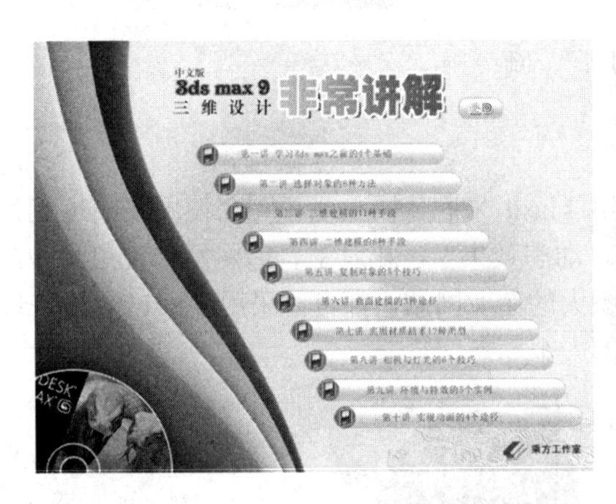

图 1-46　Flash 开发的多媒体作品

知识点二：如何新建文件

启动 Flash CS5 后，即出现一个欢迎画面，如图 1-47 所示，通过【新建】栏可以创建新文件。

图 1-47　Flash CS5 的欢迎画面

欢迎画面主要分为四大部分：【从模板创建】、【打开最近的项目】、【新建】、【学习】。其中，【打开最近的项目】栏用于打开 Flash 文件；【新建】栏用于创建新的 Flash 文件，其中有很多选项，分别用于创建不同类型的 Flash 文件，通常单击“ActionScript 3.0”或“ActionScript 2.0”来创建新文件。

ActionScript 是 Flash 的脚本编程语言，3.0 版本较 2.0 版本作了较大的改进，代码编写法则更趋于完美。为了照顾 Flash 老客户，这里提供了两个选择方案，习惯于 ActionScript 2.0 工作方式的用户，可以选择 ActionScript 2.0 来创建新文件。当然，如果所创建的 Flash 文件只是为了制作动画，不涉及编程，那么通过哪一个选项来创建新文件都无妨。

如果已经打开或建立了一个新文件，就不能看到欢迎画面了，这时如果要创建新文件，必须单击菜单栏中的【文件】/【新建】命令，此时弹出【新建文档】对话框，如图 1-48 所示。

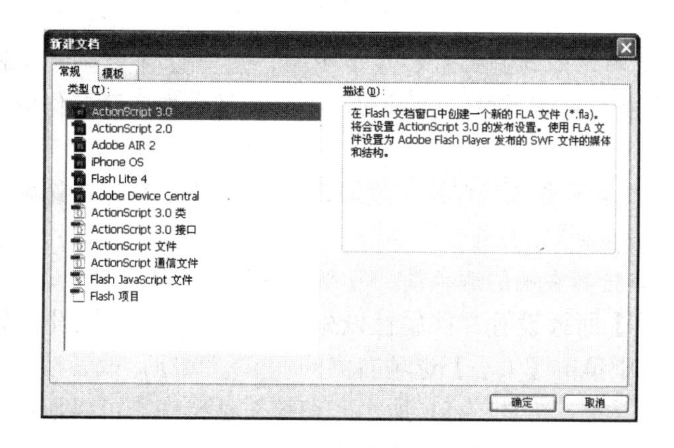

图 1-48　【新建文档】对话框

选择需要新建的文件类型，单击确定按钮，就创建了新文件。同时新建立了多个文件以后，工作窗口中将出现相应的标签，显示文件的名称，默认为“未命名-1”、“未命名-2”、“未命名-3”、…，如图1-49所示。

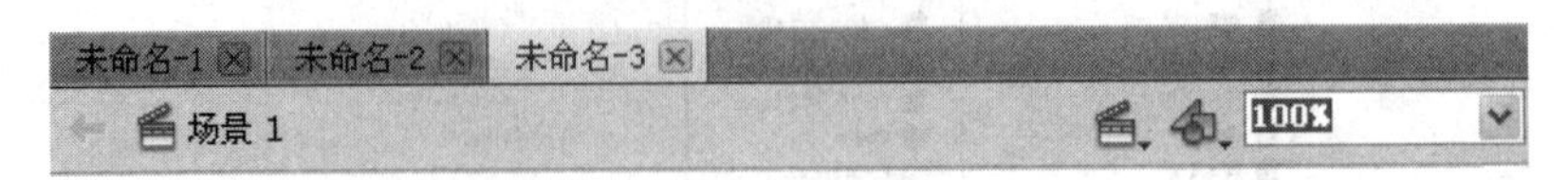

图1-49　标签形式的文件名称

知识点三：设置文档属性

在Flash中创建了新文件以后，文档的默认大小是550像素×400像素，为了符合动画制作的要求，需要先设置文档属性，即舞台的大小、背景颜色、动画的播放速度等，只有确定了这些基本属性后，才可以创作动画。用户可以在【属性】面板或【文档设置】对话框中完成文档属性的设置。

如果【属性】面板没有出现在当前窗口中，可以按下Ctrl＋F3键打开【属性】面板。这是一个智能化的面板，当选择绘画或填充工具时，它显示当前工具的属性；当选择舞台中的对象时，它显示对象的属性；而不选择任何对象时，【属性】面板则显示舞台的相关属性，如图1-50所示。

图1-50　舞台的属性

- 【FPS】：帧频，即动画每秒播放多少帧，用于设置动画的播放速度，值越大，动画的播放速度越快，同时动画也越流畅。在实际工作中一般设置为每秒30帧(fps)。
- 【大小】：显示了当前舞台的宽度与高度，如果要重新设置舞台的尺寸，需要单击右侧的编辑...按钮。
- 【舞台】：单击其右侧的颜色块，可以设置舞台的背景颜色。

除了通过【属性】面板设置文档属性以外，还可以在【文档设置】对话框中进行设置，在【属性】面板中单击【大小】选项右侧的编辑...按钮，或者按下Ctrl＋J键，可以打开【文档设置】对话框，如图1-51所示。在该对话框中，可以通过【尺寸】、【背景颜色】和【帧频】三个选项设置舞台的基本属性。

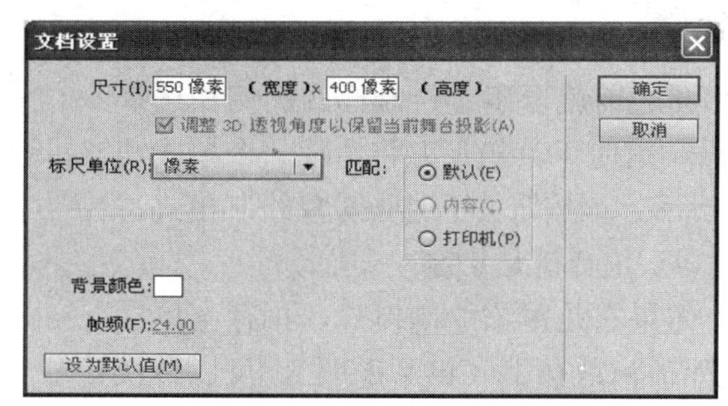

图 1-51　【文档设置】对话框

知识点四：两种绘制模式

Flash CS5 中有两种绘制模式，即合并绘制模式和对象绘制模式。这两种绘制模式各有优势，如果能够合理运用，将为工作带来极大便利。

1. 合并绘制模式

使用合并绘制模式绘制出来的对象是图形，具有自动粘合的特点。绘制一个图形以后，如果后绘制的图形与第一个图形有重叠部分，则它们自动融合为一体。如果两个图形的颜色一样，则融合后的图形成为一体，不能再分离。如果两个图形的颜色不一样，则融合后的图形再分开时，将会删除第一个图形与第二个图形的重叠部分，如图 1-52 所示。

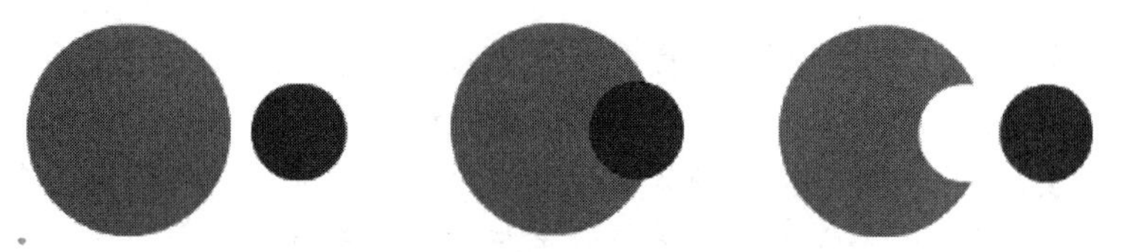

图 1-52　合并绘制模式

合并绘制模式的优点是修改方便，绘制图形以后可以任意修改；缺点是绘制复杂图形时必须时时小心，避免绘制过程中图形粘合在一起。

2. 对象绘制模式

对象绘制模式可以保证绘制的图形保持为单独的对象，叠加时不会自动融合在一起，解决了 Flash 图形自动粘合的问题，本项目主要使用对象绘制模式绘制完成。

使用对象绘制模式绘制图形时，Flash 会在图形的周围添加矩形边框来标识，实际上绘制出来的对象是一个群组对象，如图 1-53 所示。

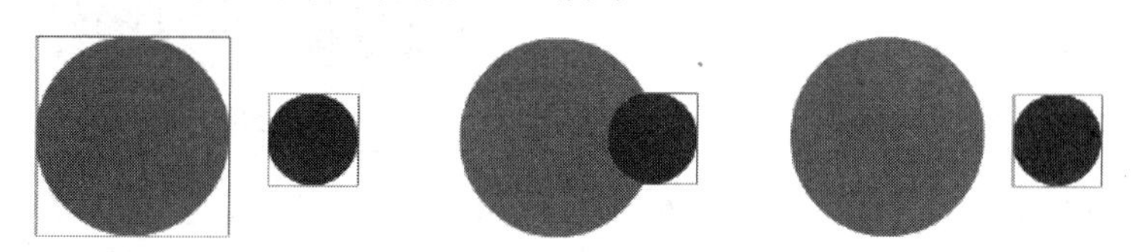

图 1-53　对象绘制模式

对象绘制模式的优点是各图形相对独立，不必担心自动粘合带来的不良后果；缺点是不能在对象绘制模式下进行修改，要修改图形必须先双击进入下一层级，稍显繁琐。

3. 两种模式的转换

通常情况下，在绘图之前就要确定绘制模式，例如选择了“矩形工具”以后，这时工具箱下方将出现一个模式切换按钮，如图 1-54 所示。该按钮按下时为对象绘制模式，浮起时则为合并绘制模式。快捷键是J键。

图 1-54　模式切换按钮

绘制了图形以后，如果它是对象绘制模式，执行菜单栏中的【修改】/【分离】命令(或按下 Ctrl + B 键)，可以转换为合并绘制模式；如果它是合并绘制模式，执行菜单栏中的【修改】/【组合】命令(或按下 Ctrl + G 键)，可以转换为对象绘制模式。

知识点五：如何设置颜色

在 Flash 中绘制的图形包括轮廓与填充两部分，所以在使用任何一种绘图工具之前，都需要对轮廓颜色与填充颜色进行合理的设置。

1. 使用工具箱的颜色区域

Flash 工具箱的下方提供了一个颜色设置选项区域，在此可以进行简单的颜色设置，如图 1-55 所示。

- 【笔触颜色】：单击它可以设置图形的轮廓颜色。
- 【填充颜色】：单击它可以设置图形的填充颜色。
- 【黑白】：单击它可以将笔触颜色恢复为黑色，填充颜色恢复为白色。
- 【交换颜色】：单击它可以将笔触颜色与填充颜色互换。

下面以填充颜色为例，详细介绍如何设置颜色。单击【填充颜色】颜色块，则弹出一个颜色设置调色板，如图 1-56 所示。

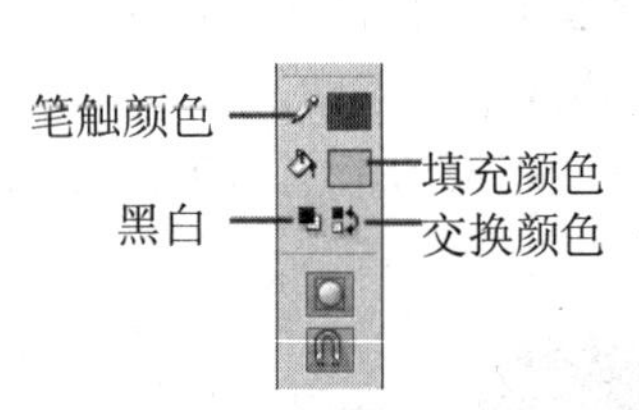

图 1-55　颜色设置选项区域

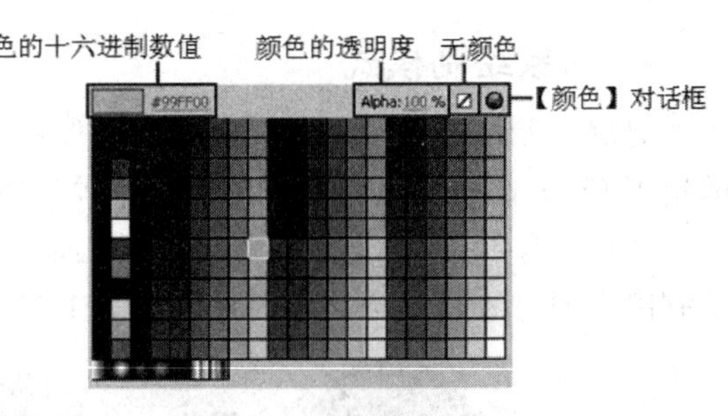

图 1-56　调色板

① 在该调色板中单击预置的颜色样本，就可以选择一种颜色，也可以选择下方的渐变色；② 单击左上角的颜色值，则激活文本输入框，可以精确地设置颜色值；③ 选择一种颜色以后，单击右上角的 Alpha 值，可以设置颜色的透明度；④ 单击【无颜色】按钮，可以设置笔触颜色或填充颜色为无色。

2. 使用【属性】面板

当选择了一种绘图工具或填充工具以后，在【属性】面板中将出现该工具的相关选项，其中【填充和笔触】可以设置笔触颜色与填充颜色，如图 1-57 所示。设置方法与前面相同，不再赘述。

图 1-57　【属性】面板

3. 使用【颜色】面板

【颜色】面板是 Flash 中最专业的颜色设置工具，使用它可以自由地设置颜色，包括纯色、各种渐变色以及位图。

如果当前 Flash 界面中没有显示【颜色】面板，可以单击菜单栏中的【窗口】/【颜色】命令(或者按下 Alt + Shift + F9 键)，打开【颜色】面板，如图 1-58 所示。

- 【笔触颜色】：按下该按钮，可以设置图形轮廓的颜色。
- 【填充颜色】：按下该按钮，可以设置图形填充色的颜色，它与【笔触颜色】按钮不能同时按下。
- 【颜色选择器】：用于选择颜色。
- 【颜色值】：当设置颜色以后，这里显示颜色的十六进制数值；反之，也可以直接输入颜色的十六位数值确定颜色。
- 【颜色类型】：单击右侧的 纯色 按钮，在打开的下拉列表中可以选择 Flash 所有填充颜色的类型，如图 1-59 所示。

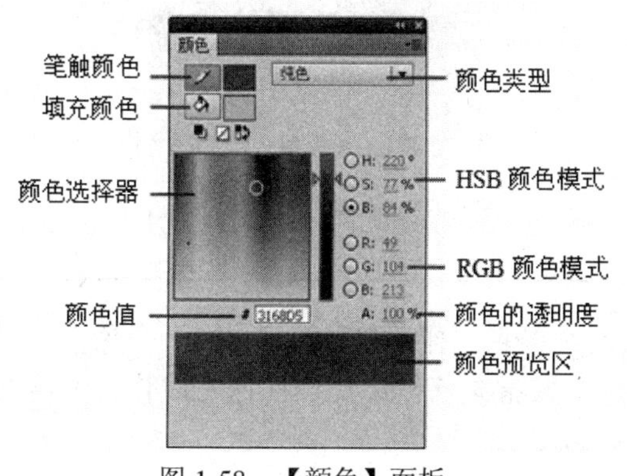

图 1-58　【颜色】面板

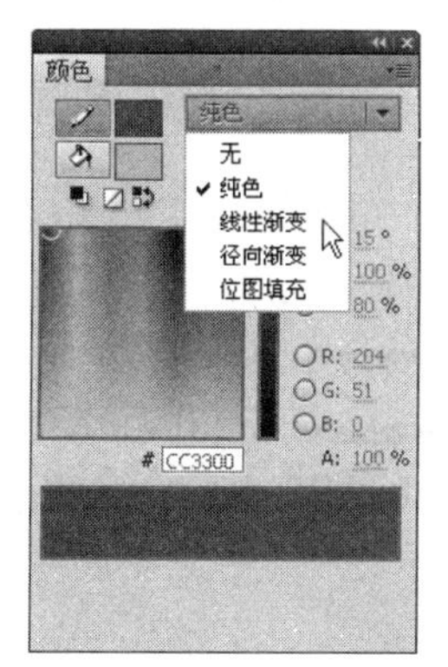

图 1-59　颜色类型

➢ 【HSB 颜色模式】：这里显示颜色的 HSB 值。
➢ 【RGB 颜色模式】：这里显示颜色的 RGB 值。
➢ 【颜色的透明度】：用于控制颜色的不透明度，数值越小颜色越透明。
➢ 【颜色预览区】：用于预览设置的颜色效果。

通过图 1-59 可以看到，Flash CS5 的【颜色】面板中提供了两种渐变类型，分别是线性渐变和径向渐变。

所谓渐变色是指两种或两种以上的颜色逐渐发生过渡的填充方式。线性渐变是由一点向另一点沿直线过渡；径向渐变是由中心向四周进行过渡，如图 1-60 所示。

图 1-60　线性渐变与径向渐变

无论是线性渐变还是径向渐变，其编辑方法是相同的。下面介绍如何编辑所需要的渐变色。

(1) 首先在【颜色】面板中选择一种渐变类型，如选择“线性渐变”，这时其下方将出现渐变编辑条，并且有两个默认的色标，如图 1-61 所示。

(2) 双击渐变编辑条上的色标，可以改变其颜色；如果要编辑多种颜色，可以在渐变条的下方单击鼠标，添加色标并设置颜色，如图 1-62 所示。

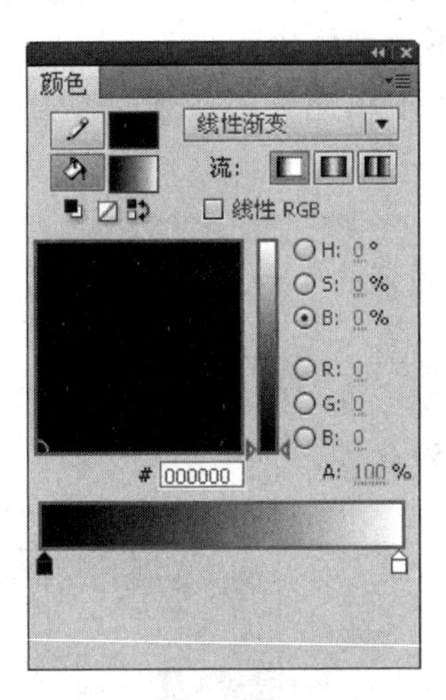

图 1-61　渐变编辑条

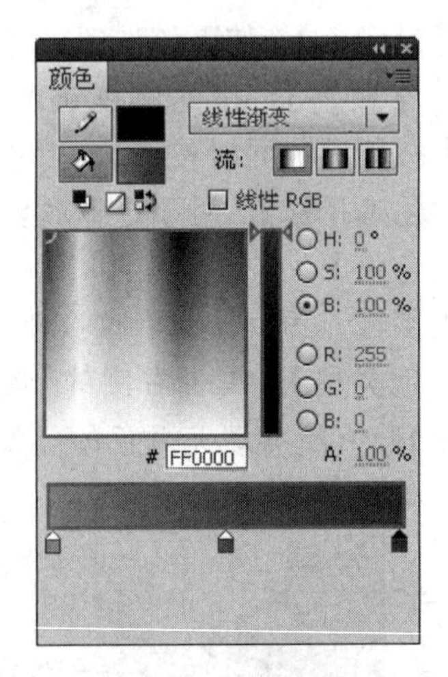

图 1-62　添加色标并更改颜色

指点迷津

Flash CS5 中的渐变色最多可以有 15 种颜色，即可以另外添加 13 个色标。添加了色标之后，如果要删除色标，可以将光标指向色标，按住鼠标左键将其拖离渐变编辑条。

知识点六：绘图工具组

绘图工具组包括矩形工具、基本矩形工具、椭圆工具、基本椭圆工具和多角星形工具。这是最基本的绘图工具，使用它们绘出来的图形包含两部分，即填充颜色与轮廓颜色。

1. 矩形工具和基本矩形工具

在 Flash CS5 中提供了两种矩形工具，即矩形工具与基本矩形工具，两者没有太多区别，都可以绘制矩形、圆角矩形、正方形或圆角正方形。区别在于：矩形工具只有在绘制之前才有【矩形选项】属性，一旦完成矩形的绘制，这个属性便消失；而基本矩形工具则不同，在绘制之前和绘制之后这个属性都是存在的。

选择工具箱中的“矩形工具”或“基本矩形工具”(其快捷键为 R)，然后在【属性】面板中设置所需要的笔触颜色和填充颜色，在舞台中拖曳鼠标，即可绘制所需要的矩形或圆角矩形。

在绘制矩形的过程中，按住 Alt 键拖曳鼠标，可以由中心向外绘制矩形；按住 Shift 键拖曳鼠标，可以绘制正方形；按住 Alt + Shift 键拖曳鼠标，可以由中心向外绘制正方形。如图 1-63 所示为绘制的矩形、圆角矩形和正方形。

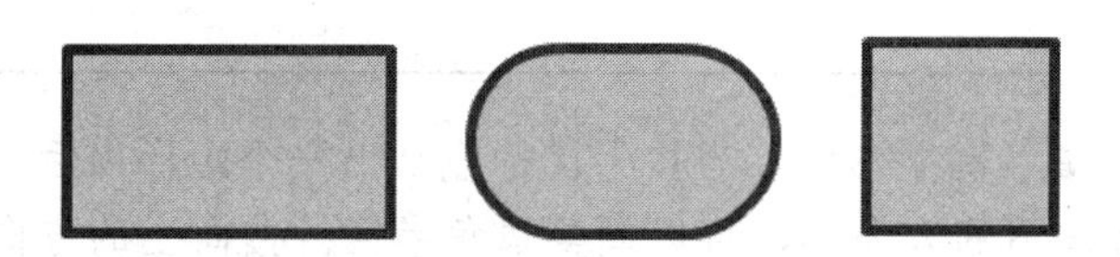

图 1-63　绘制的矩形、圆角矩形和正方形

合理设置工具属性，可以绘制出更丰富的矩形效果。当选择了“矩形工具”或“基本矩形工具”以后，【属性】面板中将显示其相关的属性，如图 1-64 所示。

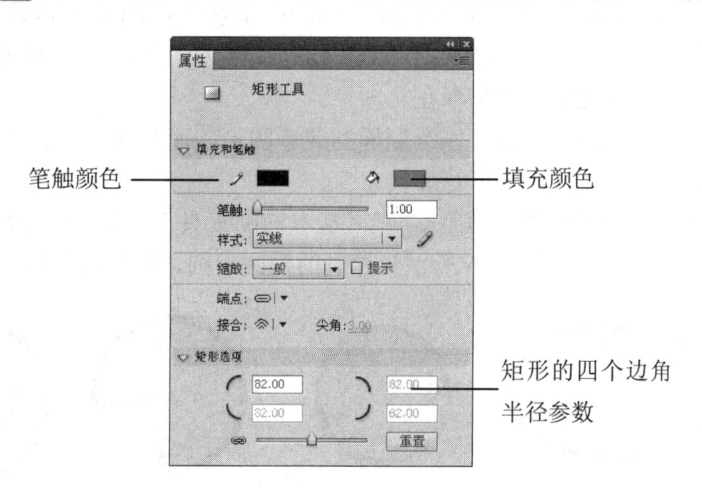

图 1-64　【属性】面板

在【属性】面板中可以设置矩形轮廓的属性、填充颜色以及矩形的边角半径。其中轮廓属性的设置与线条工具的属性完全相同。下面介绍矩形工具独具的属性。

- 【笔触颜色】：用于设置矩形的轮廓颜色。
- 【填充颜色】：用于设置矩形的填充颜色。
- 【边角半径】：用于设置矩形的边角半径，使矩形产生圆角，这里提供了四个边角半径，可以分别进行设置，也可以同时设置。
- 【锁定】与【解锁】按钮：默认状态下，四个边角半径是锁定的，【锁定】按钮显示为状态。单击该按钮，则切换为【解锁】按钮。锁定状态下，设置一个边角半径，其他边角半径也发生同样的改变；解锁状态下，可以分别设置不同的边角半径，如图 1-65 所示。
- 【重置】：单击 重置 按钮，则边角半径值重置为 0。

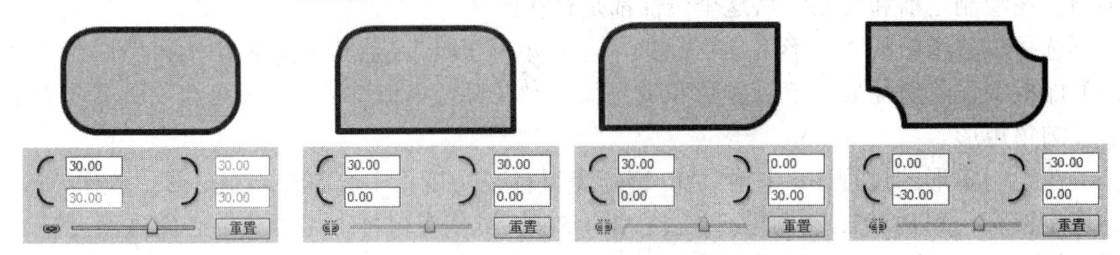

图 1-65　不同边角半径的效果

指点迷津

在 Flash CS5 中绘制矩形时，当按下鼠标拖动出一个矩形以后，这时不要松开鼠标，在键盘上按向下的方向键，可以调整边角半径；按向上的方向键，可以产生反方向的边角效果。

2. 椭圆工具和基本椭圆工具

与矩形类似，椭圆工具和基本椭圆工具的区别在于：椭圆工具只有在绘制之前才有【椭圆选项】属性，一旦完成图形的绘制，这个属性便消失；而基本椭圆工具则不同，在绘制之前和绘制之后这个属性都存在。

功能上两者是一样的，都可以绘制椭圆或者圆形，而且通过设置【属性】面板中的相关选项，还可以绘制环形、扇形等形状。

选择工具箱中的“椭圆工具”或“基本椭圆工具”，在舞台中拖曳鼠标，即可绘制出所需要的图形，如图 1-66 所示为绘制的椭圆、圆、扇形与圆环。

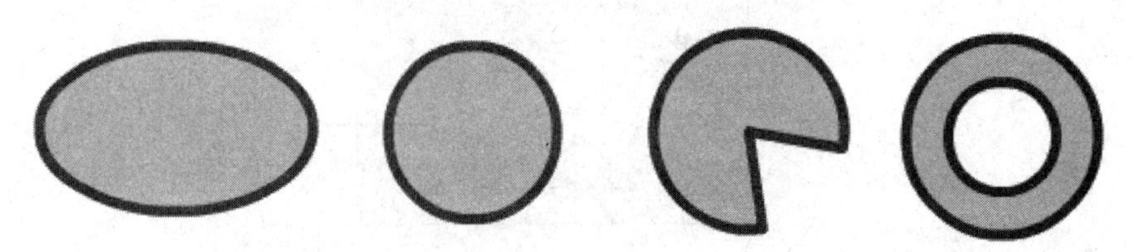

图 1-66　绘制的椭圆、圆、扇形与圆环

绘制圆形时需要按住 Shift 键的同时拖曳鼠标。另外，先单击工具箱中的按钮，使之呈凹陷状态，打开捕捉功能，然后再拖曳鼠标，当光标下方的圆圈变大变黑时，画出来的就是圆形，如图 1-67 所示。

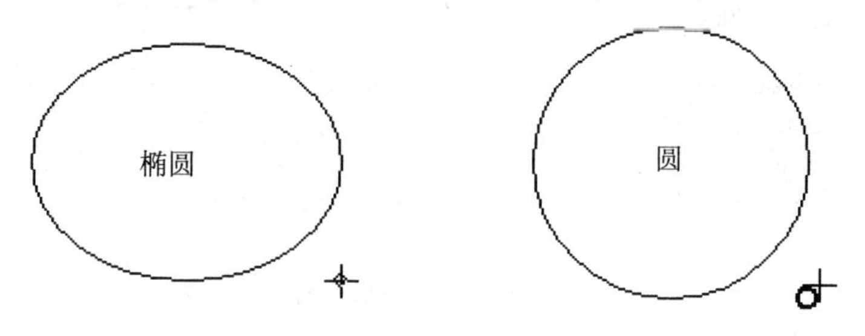

图 1-67　绘制椭圆与圆时的光标

椭圆工具和基本椭圆工具的【属性】面板是一样的，大部分参数前面已经介绍过，这里只介绍一下椭圆工具的特有参数，如图 1-68 所示。

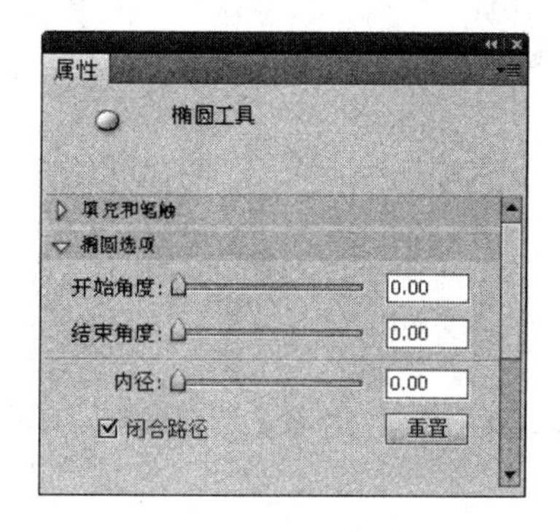

图 1-68　【属性】面板

➢ 【开始角度】与【结束角度】：用于设置椭圆形的起始角度值与结束角度值。如果这两个角度值相同，则图形为椭圆或圆形；否则会形成扇形，如图 1-69 所示。

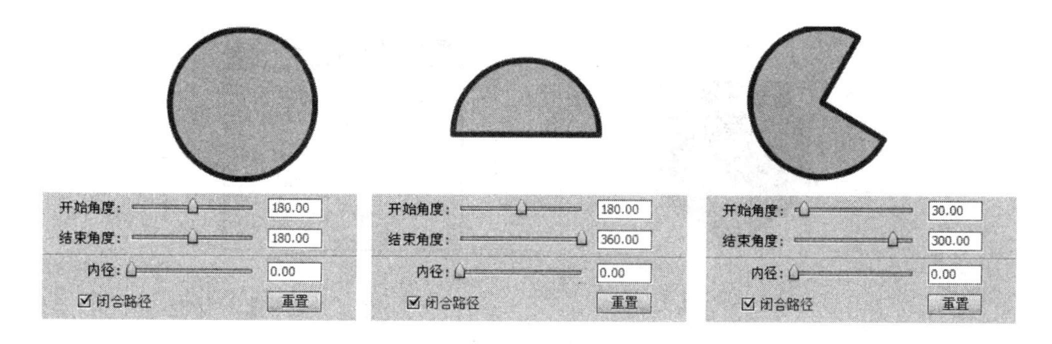

图 1-69　不同的参数得到不同的图形

➢ 【内径】：用于设置椭圆的内径，当值为 0 时为实心图形；否则为圆环，如图 1-70 所示。

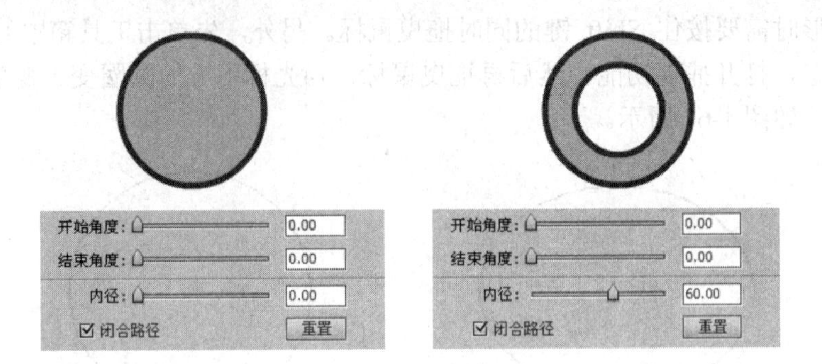

图 1-70　实心图形和圆环

- 【闭合路径】：选择该选项，当图形为扇形或半圆环时，图形有填充色；否则没有填充色，只是一段线条，如图 1-71 所示。

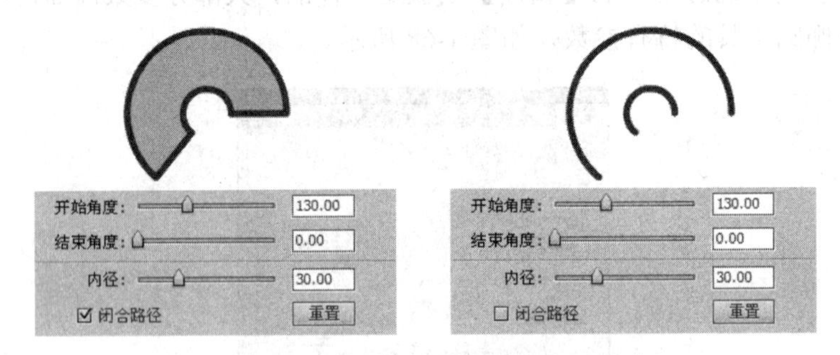

图 1-71　【闭合路径】选项对图形的影响

3. 多角星形工具

默认情况下，选择工具箱中的“多角星形工具”，在舞台中拖曳鼠标，可以绘制五边形，如图 1-72 所示。如果要绘制六边形、七边形或星形，则需要进行选项设置。选择“多角星形工具”以后，在【属性】面板中单击 选项... 按钮，将弹出【工具设置】对话框，如图 1-73 所示。

图 1-72　绘制的五边形

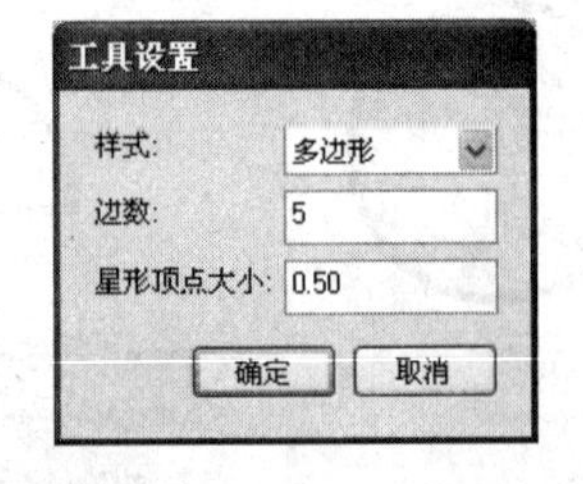

图 1-73　【工具设置】对话框

在该对话框中设置合适的选项，可以绘制符合要求的多边形或星形。

- 【样式】：用于选择绘制的是多边形还是星形。
- 【边数】：用于设置多边形或星形的边数，如图 1-74 所示为不同的多边形或星形。

图 1-74　绘制的多边形或星形

- 【星形顶点大小】：该选项只对星形有效，用于设置星形顶点的尖锐度，取值范围为 0～1。值越大，星形顶点越平滑；值越小星形顶点越尖锐，如图 1-75 所示。

图 1-75　不同尖锐度的星形

知识点七：线条工具

"线条工具"的用法非常简单，选择工具箱中的"线条工具"，在舞台中按住鼠标拖动，就可以创建一条直线。

在绘制直线的过程中，如果按住 Shift 键拖曳鼠标，可以绘制水平、垂直或 45 度角的直线；如果按住 Alt 键拖曳鼠标，则以起始点为中心向两侧绘制直线。

在绘制直线之前或者绘制直线以后，都可以通过【属性】面板设置直线的属性，包括颜色、粗细、样式、端点类型等，如图 1-76 所示。

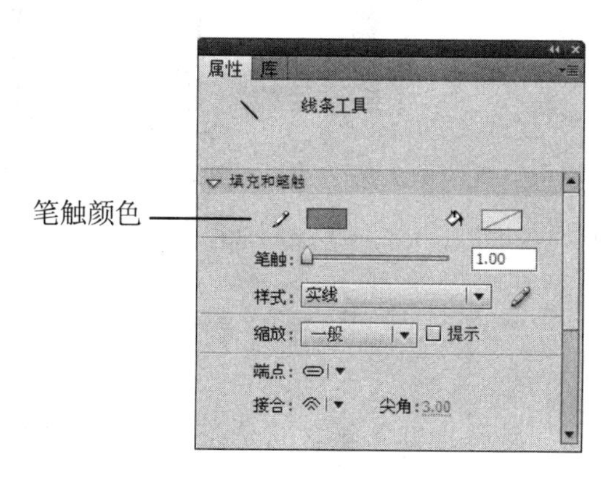

图 1-76　【属性】面板

- 【笔触颜色】：用于设置线条的颜色。
- 【笔触】：用于设置线条的粗细，直接在右侧的文本框中输入精确的数值，可以改变线条的粗细；也可以通过拖动滑块的方式改变线条的粗细，取值范围为0.1~200。

➢ 【样式】：用于选择线条的类型，如虚线、实线、点状线等，其作用是改变线条的外观样式。在右侧的笔触样式下拉列表中可以选择系统提供的七种样式，如图1-77所示。当选择“极细线”时，不管视图放大多少倍，线条的粗细都保持不变(始终为极细状态)；但是选择其他样式时，线条的粗细将随视图的放大而放大。单击右侧的按钮，在弹出的【笔触样式】对话框中可以对选择的样式进行编辑，如图1-78所示。

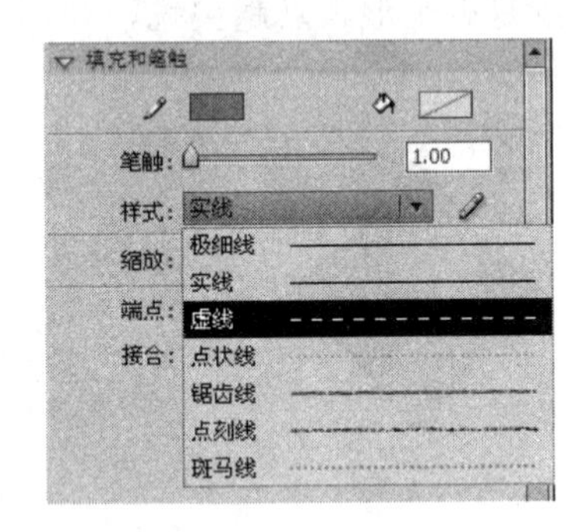

图1-77　笔触样式列表

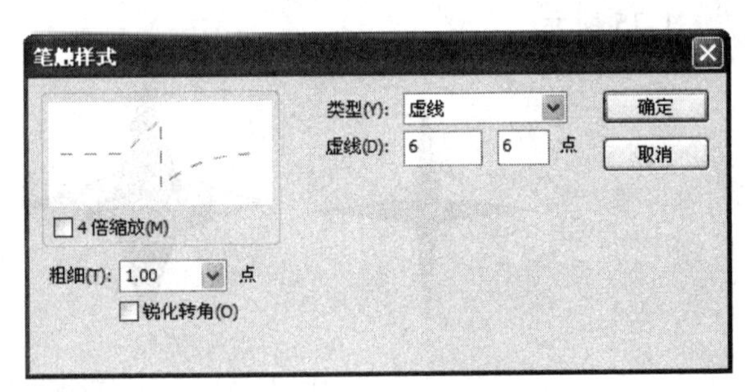

图1-78　【笔触样式】对话框

➢ 【缩放】：用于控制线条在Flash Player中是否随视图的变化而缩放。

➢ 【端点】：用于设置线条端点的样式，共有三种：选择“无”时，端点为方形，长度对齐到线段的终点；选择“圆角”时，端点为圆形，长度比终点超出半个线宽；选择“方形”时，端点为方形，长度比终点超出半个线宽，如图1-79所示。

➢ 【接合】：用于设置两条线接合处拐角的形态，也有三种形式，分别为“尖角”、“圆角”和“斜角”，如图1-80所示。

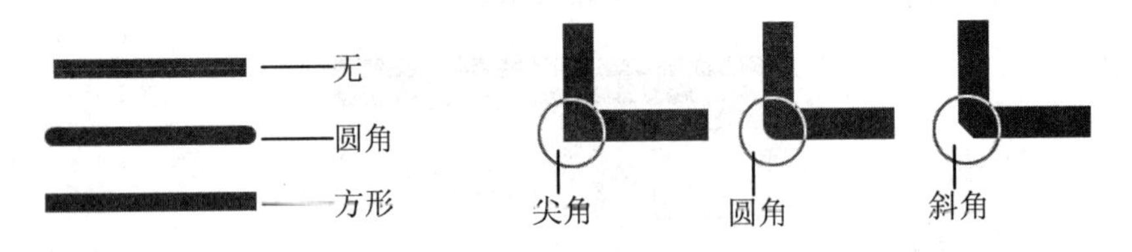

图1-79　三种端点类型

图1-80　三种接合形态

知识点八：选择工具

工具箱中的第一个工具就是“选择工具”，它是在Flash中使用最多、最基本的操作工具，主要功能是选择对象与移动对象。

不同绘制模式的图形被选中以后的状态是不同的：以对象绘制模式绘制的图形，被选中以后将出现一个线框；以合并绘制模式绘制的图形，被选中后没有线框，而是出现密布的小点，如图1-81所示。

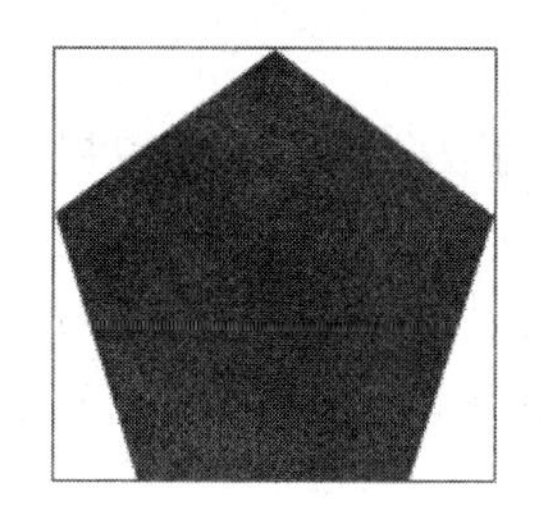

图 1-81　不同模式的对象被选中后的状态

对象绘制模式的图形实际上是群组对象，其选择方法很简单，只需要单击鼠标即可选择，如果要选择多个对象，可以在按住 Shift 键的同时依次单击鼠标，也可以通过拖曳鼠标进行框选，如图 1-82 所示。

图 1-82　框选多个对象

如果是合并绘制模式的图形，在填充部分单击鼠标，可以选择填充部分；双击鼠标可以选择整个图形。而在轮廓上单击鼠标，可以选择一段轮廓线；双击鼠标则可以选择整个轮廓线，如图 1-83 所示。

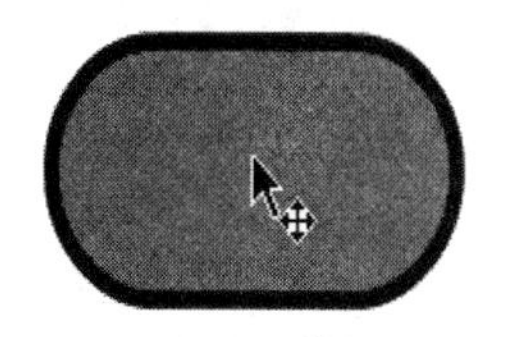
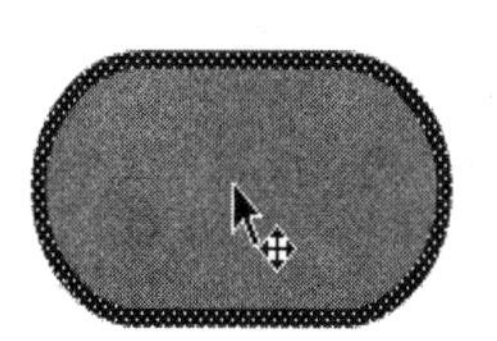
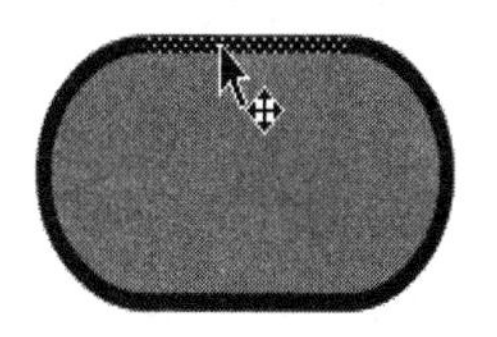
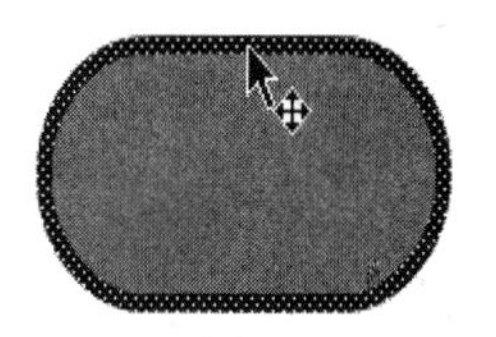

在填充上单击　　在填充上双击　　在轮廓上单击　　在轮廓上双击

图 1-83　单击(双击)不同的位置，选择也不相同

移动对象的操作比较简单。当选择了图形对象以后，将光标指向选择的对象，按下左键拖动鼠标就可以移动对象；将对象移至合适位置后，释放鼠标即可完成移动操作。

知识点九：任意变形工具

“任意变形工具”用于改变所选对象的大小、旋转角度和倾斜角度等。当使用该工具选择对象以后，对象的周围会出现一个变形框，并且具有一个圆形的中心点，通过它们可以变形对象。

1. 缩放对象

将光标指向垂直边框上的控制点，当光标变为双向箭头时拖曳鼠标，可以改变对象的宽度；将光标指向水平边框上的控制点，当光标变为双向箭头时拖曳鼠标，可以改变对象的高度；将光标指向变形框四角上的控制点，当光标变为双向箭头时拖曳鼠标，可以同时改变对象的宽度和高度，如果按住 Shift 键拖曳鼠标，则可以等比例地放大或缩小对象，如图 1-84 所示。

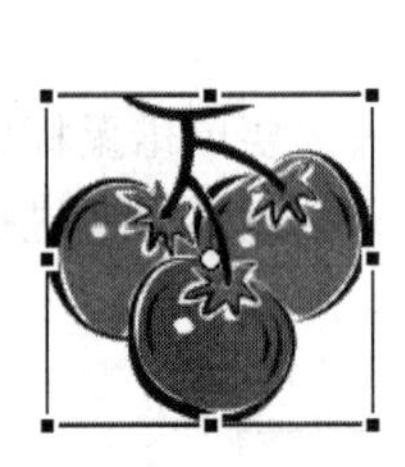
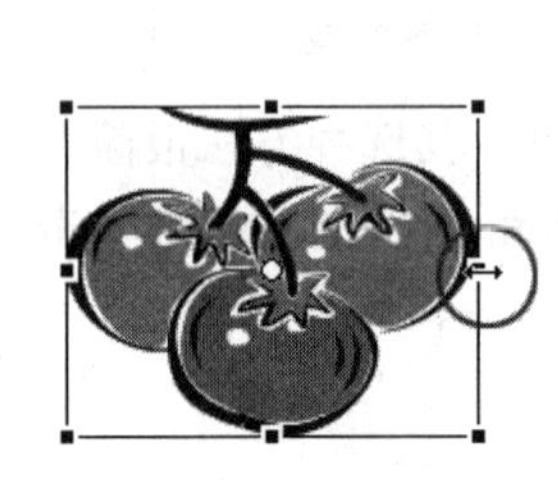
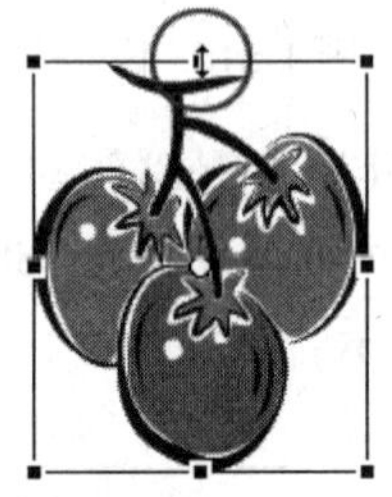
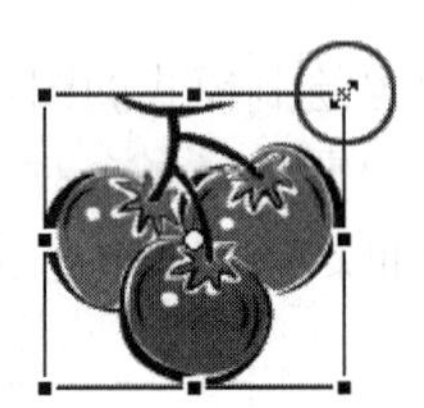

图 1-84 缩放对象

2. 旋转对象

将光标指向变形框四角控制点的外侧，当光标变为↶形状时拖曳鼠标，可以旋转对象，如图 1-85 所示。

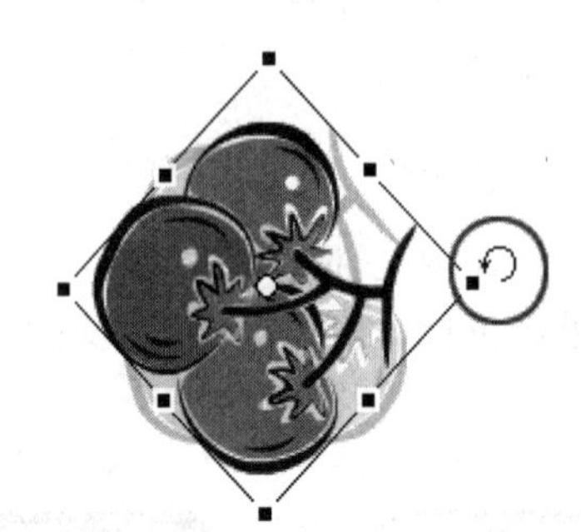
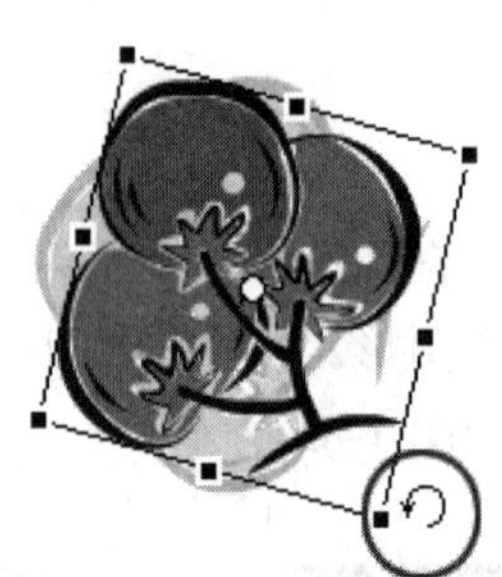

图 1-85 旋转对象

3. 倾斜对象

将光标指向变形框的水平边框，当光标变为⇋形状时拖曳鼠标，可以在水平方向上倾斜对象；将光标指向变形框的垂直边框，当光标变为⥮形状时拖曳鼠标，可以在垂直方向上倾斜对象，如图 1-86 所示。

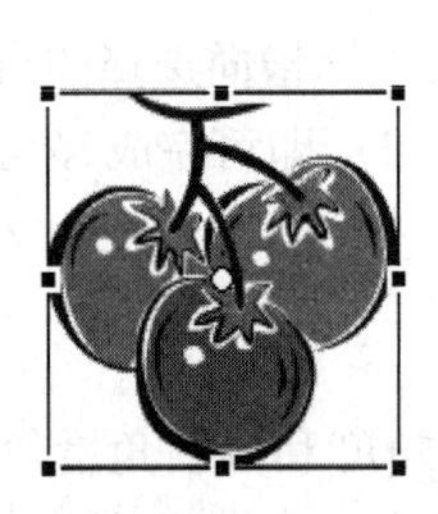
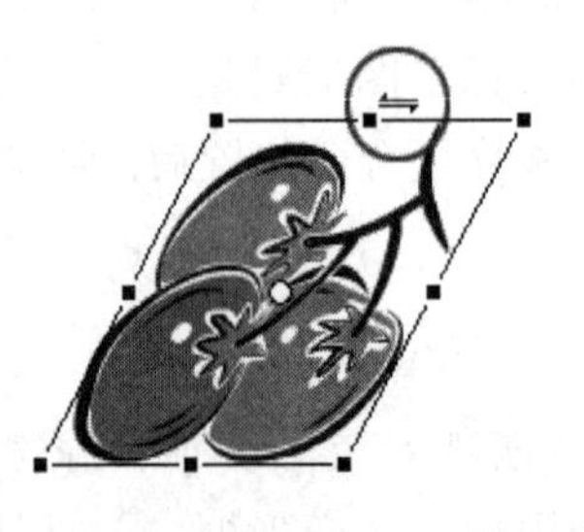
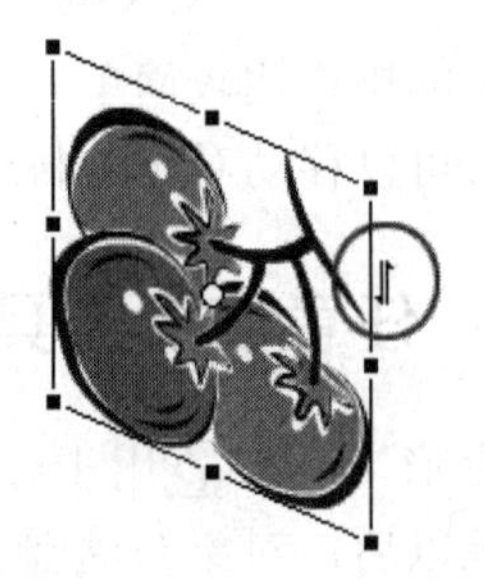

图 1-86 倾斜对象

4. 更多的变形操作

前面介绍的三种变形操作是“任意变形工具”的基本功能，除此之外，通过控制工具选项，还可以进行扭曲、封套变形。选择“任意变形工具”以后，工具箱的下方将出现相关选项，如图 1-87 所示。

- 【旋转与倾斜】：按下该按钮，只能对选择的对象进行旋转与倾斜操作，不能进行其他变形，操作方法同前所述。
- 【缩放】：按下该按钮，只能对选择的对象进行放大与缩小操作，不能进行其他变形。

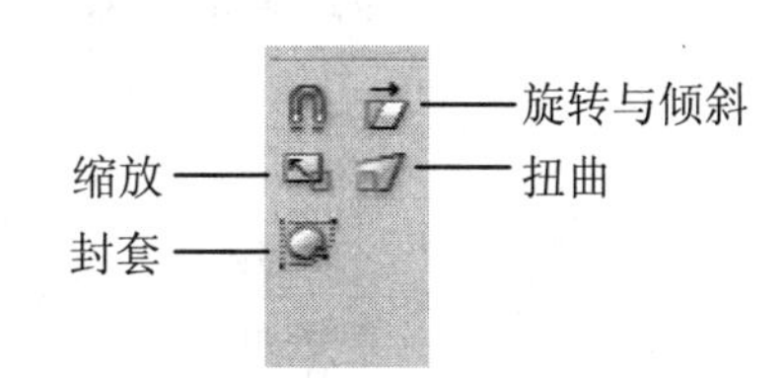

图 1-87　任意变形工具的选项

这两个选项没有太大的意义，因为通过前面的方法也可以快速达到想要的效果；而【扭曲】与【封套】则不同，它们提供了另外的变形效果。

- 【扭曲】：按下该按钮，将光标指向变形框四角控制点，当光标变成 ▷ 形状时拖曳鼠标，可以使对象发生扭曲变形，如图 1-88 所示。

图 1-88　扭曲变形

- 【封套】：封套的变形功能更强大，选择了对象以后，按下该按钮，对象的周围不但出现了八个控制点，而且每个控制点都有两个控制手柄，通过拖曳控制点或控制手柄，可以自由地变形对象，如图 1-89 所示。

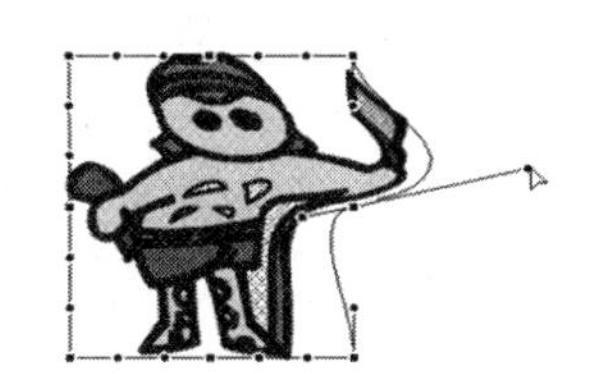

图 1-89　封套变形

5. 变形命令

除了使用任意变形工具以外，还可以使用菜单栏中的命令进行变形操作。单击菜单栏中的【修改】/【变形】命令，在子菜单中可以看到，刚才介绍的这些工具在这里都有对应的命令，同时还包括了【顺时针旋转 90 度】、【逆时针旋转 90 度】、【垂直翻转】和【水平翻转】四个命令，如图 1-90 所示。

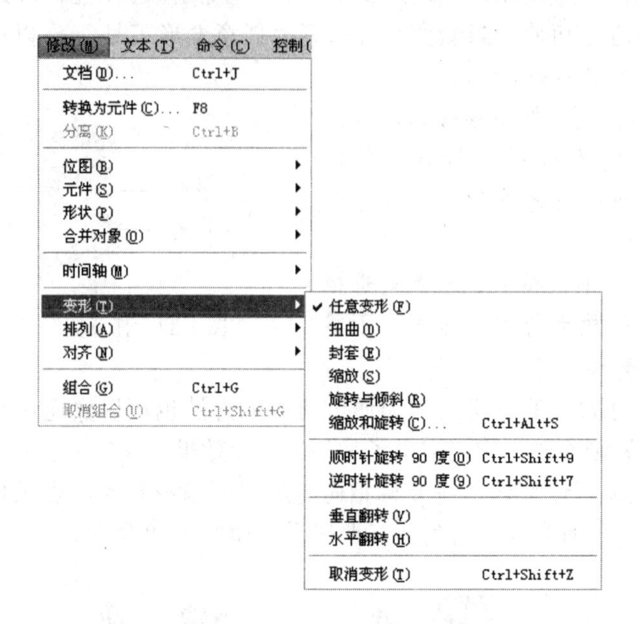

图 1-90　变形命令

知识点十：渐变变形工具

“渐变变形工具”用于调整渐变颜色的过渡范围、中心点，还可以对渐变颜色进行旋转、改变渐变类型等操作。

1. 调整线性渐变色

为图形填充线性渐变色以后，选择工具箱中的“渐变变形工具”，在图形上单击鼠标，则出现调整线性渐变色的控制柄，共有三个控制点，如图 1-91 所示。

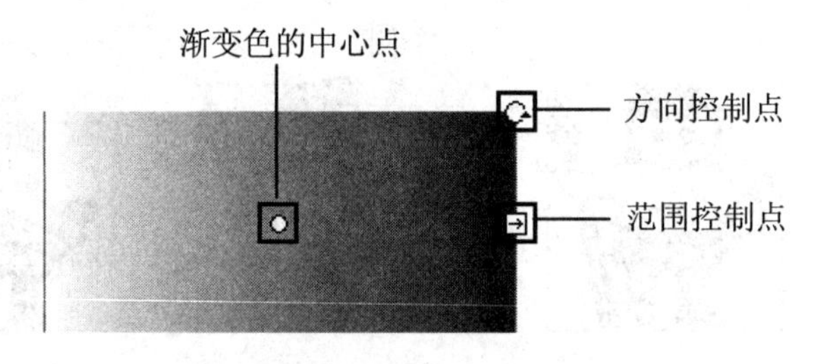

图 1-91　线性渐变色的调整状态

① 拖曳线性渐变色的中心点，可以改变渐变色的填充位置；② 旋转方向控制点，可以改变渐变色的填充方向；③ 拖曳范围控制点，可以改变渐变色的填充范围，如图 1-92 所示。

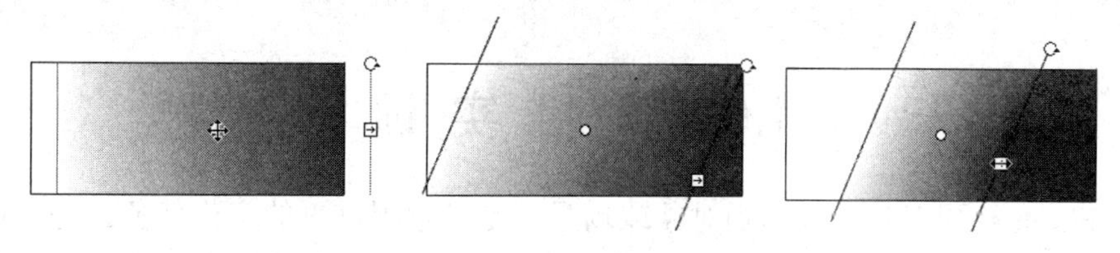

图 1-92　调整线性渐变色

2. 调整径向渐变色

为图形填充了径向渐变色以后，选择工具箱中的“渐变变形工具”，在图形上单击鼠标，则出现调整径向渐变色的控制柄，共有五个控制点，如图 1-93 所示。

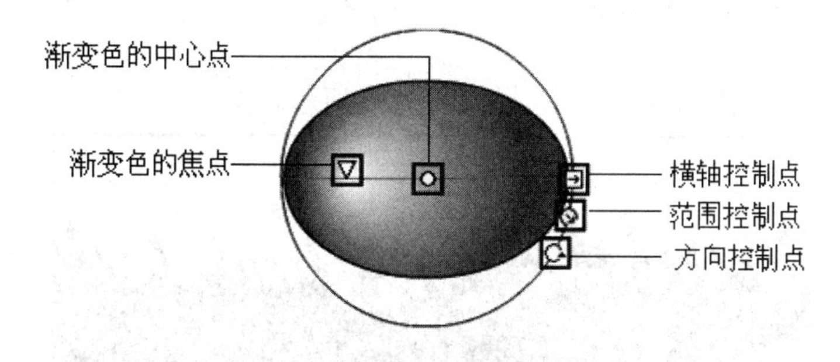

图 1-93　径向渐变色的调整状态

① 拖曳径向渐变色的焦点，可以改变径向渐变色的焦点位置，即渐变色的放射中心，焦点只能在中心线上左右移动；② 拖曳径向渐变色的中心点，可以改变渐变色的填充位置；③ 拖曳横轴控制点，可以改变渐变色在横轴方向上的大小，即形成椭圆形；④ 拖曳范围控制点，可以同时改变横轴与纵轴方向的大小，即改变了渐变色的填充范围；⑤ 旋转方向控制点，可以改变渐变色的填充方向，当径向渐变色为椭圆形时，改变方向才有效果，如图 1-94 所示。

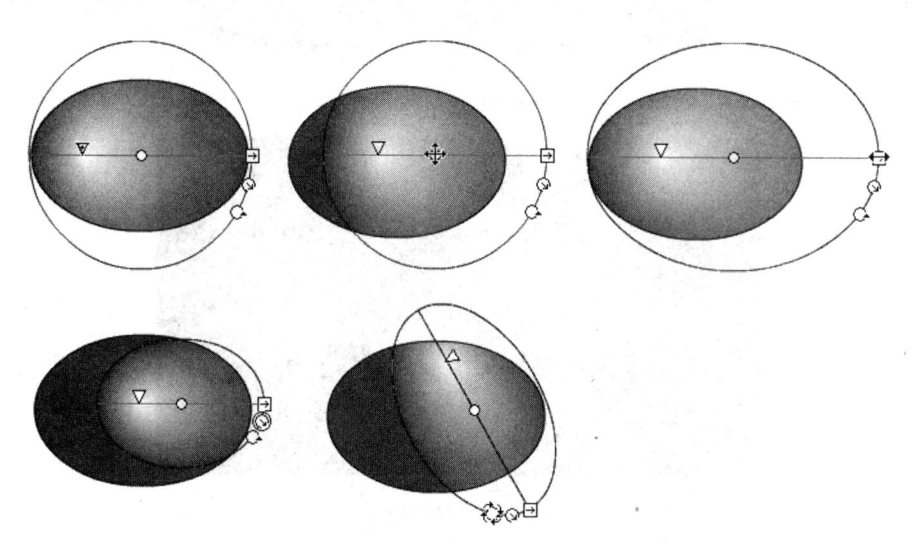

图 1-94　调整径向渐变色

1.5 项 目 实 训

运用 Flash 绘画工具绘制动画对象或场景，是一项很常见的工作任务。每一位 Flash 从业者都应该熟练应用 Flash 绘画工具。下面，使用 Flash 绘画工具绘制一组切开的鸡蛋或动画场景。

任务分析

制作 Flash 动画时，动画对象或场景通常使用 Flash 或 Photoshop 进行绘制，本项目是为了训练 Flash 基本工具而设计的，所以动画尺寸没有要求，关键是灵活运用渐变色、任意变形工具、椭圆工具、矩形工具等。

任务素材

光盘位置：光盘\项目 01\实训，素材如图 1-95 所示。

图 1-95　素材

参考效果

光盘位置：光盘\项目 01\实训，参考效果如图 1-96、图 1-97 所示。

图 1-96　参考效果

图 1-97　参考效果

项目02

绘制一个动漫角色

KEEP SMILING, KEEP SHINING

KNOWING YOU CAN ALWAYS COUNT ON ME

THAT'S WHAT FRIENDS ARE FOR

2.1 项 目 说 明

使用 Flash 制作动漫影片或者 MTV 的时候，角色设计是一项很重要的任务。小李想设计一部关于武侠题材的动画片，所以，他要为自己的影片设计一个“武僧”形象的动画角色。在本项目中，我们将学习如何使用 Flash 绘制短片中的动画角色。

2.2 项 目 分 析

无论多么短小的 Flash 动画片，它都是一个比较系统的项目工程，一般包括故事场景、情节、动画角色、背景音乐等内容。本项目只绘制动画角色，大致思路如下：

第一，首先使用铅笔在一张白纸上绘制出角色的草图，然后通过扫描仪或数码相机将其输入到电脑中。

第二，根据设计要求设置影片尺寸，该动画影片的尺寸是 800 像素 × 600 像素。

第三，将绘制的草图导入到舞台中，然后使用“钢笔工具”按照草图进行描绘，描绘的轮廓必须是完全闭合的线条，以利于填色。

第四，最后进行填色，并绘制出明暗区域，增加立体感。

2.3 项 目 实 施

绘制动漫角色时，可以在 Flash 中徒手绘画，也可以通过绘画板进行绘画。本项目则采用了最实用的描绘草图法，这种方法既方便准确，又高效快速，比较适合制作短小精悍的 Flash 动画。本项目的最终效果如图 2-1 所示。

图 2-1　动漫角色参考效果

任务一：创建文档并导入草图

(1) 启动 Flash CS5 软件，在欢迎画面中单击【ActionScript 3.0】选项，创建一个新文档。

(2) 按下 Ctrl + J 键，在弹出的【文档设置】对话框中设置舞台的尺寸为 800 像素 × 600 像素，其他设置保持默认值。

(3) 单击菜单栏中的【文件】/【导入】/【导入到舞台】命令，将本书光盘“项目 02”文件夹中的“和尚.jpg”文件导入到舞台中，如图 2-2 所示。

(4) 这时发现导入的图片比舞台大得多。选择工具箱中的“任意变形工具”，按住 Shift 键的同时拖动变形框角端的控制点，将导入的图片等比例缩小，并移动到舞台中央，如图 2-3 所示。

图 2-2　导入的图片

图 2-3　缩小后的图片

任务二：描绘人物的轮廓

(1) 在【时间轴】面板中单击【锁定或解除锁定所有图层】按钮，将“图层 1”锁定，如图 2-4 所示，这样可以保护“图层 1”中的内容，以方便描绘。

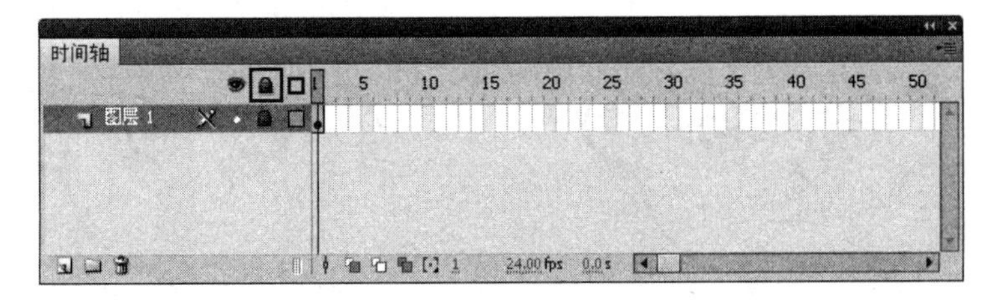

图 2-4　锁定“图层 1”

(2) 在【时间轴】面板中单击【新建图层】按钮，创建一个新图层“图层 2”，如图 2-5 所示。

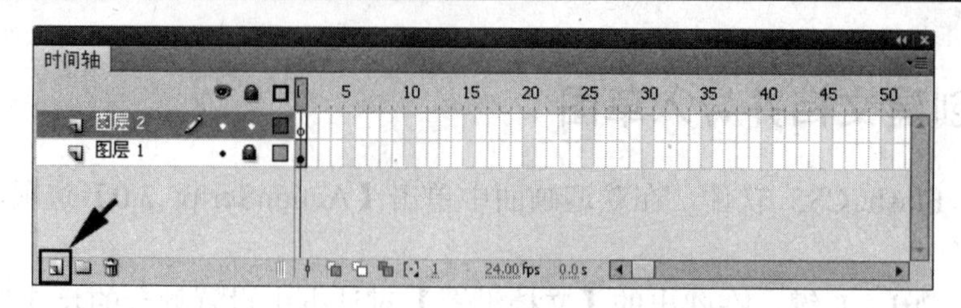

图 2-5　创建新图层

(3) 选择工具箱中的“缩放工具”，在人物的头部拖动鼠标，将其放大显示(也可以直接按下快捷键 Ctrl + + 键)，以便于精确描图，结果如图 2-6 所示。

(4) 选择工具箱中的“钢笔工具”，在【属性】面板中将【样式】改为“极细线”，设置【笔触颜色】为红色(#FF0000)，如图 2-7 所示。

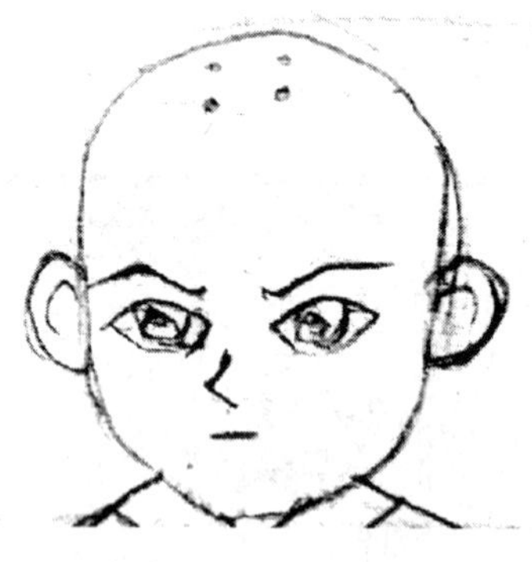

图 2-6　放大显示人物头部

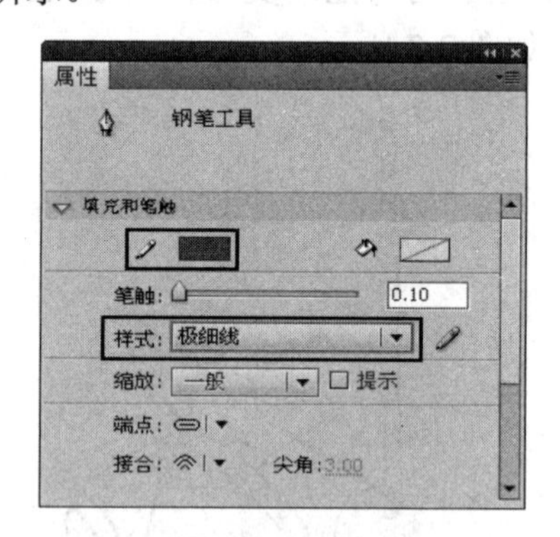

图 2-7　【属性】面板

(5) 在小和尚的头顶部位单击鼠标，创建第一个锚点，然后向右移动光标，在右侧耳朵的上方按住鼠标左键并拖动，则创建第二个锚点并出现两个控制柄，如图 2-8 所示，通过改变控制柄的方向与大小，可以使创建的路径紧贴人物的脸庞。

(6) 继续在下颌部位按住鼠标左键并拖动，创建第三个锚点，并使创建的路径紧贴人物的脸庞，如图 2-9 所示。

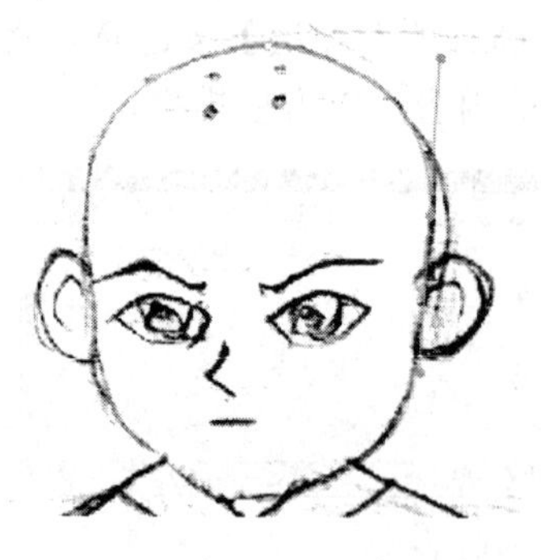

图 2-8　创建的锚点

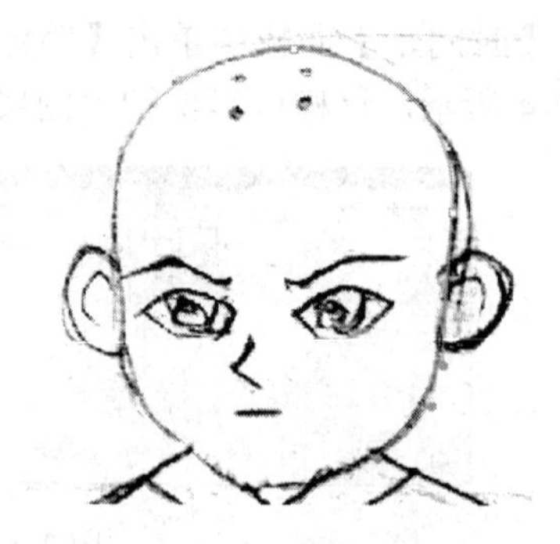

图 2-9　创建的锚点

(7) 按照以上方法，沿着人物的脸庞不断地创建锚点，并使创建的路径紧贴人物的脸庞，直到回到第一个锚点为止。将光标指向第一个锚点时，光标的右下角会出现一个小圆圈，这时单击鼠标就闭合了路径，则描绘出了头部轮廓，如图 2-10 所示。

(8) 连续按快捷键 Ctrl + [+] 键，继续放大显示眼睛的部位，然后沿着眉毛的上边缘进行描绘，如图 2-11 所示。

图 2-10　绘制头部的路径

图 2-11　描绘眉毛

(9) 当到达眉毛边界时，按住 Alt 键拖动最后一个锚点外侧的控制柄，调整其方向，从而改变路径的方向，以便于控制下一段路径，如图 2-12 所示。

(10) 用同样的方法，继续沿着眉毛的下边缘进行描绘，并尽量使路径弯曲度比较平滑，如图 2-13 所示。

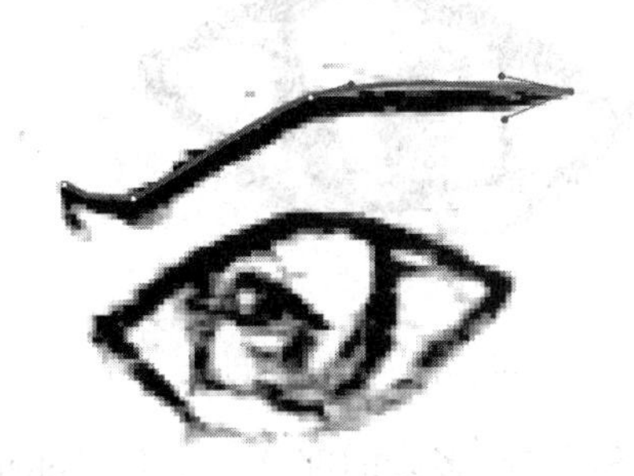

图 2-12　调节控制柄

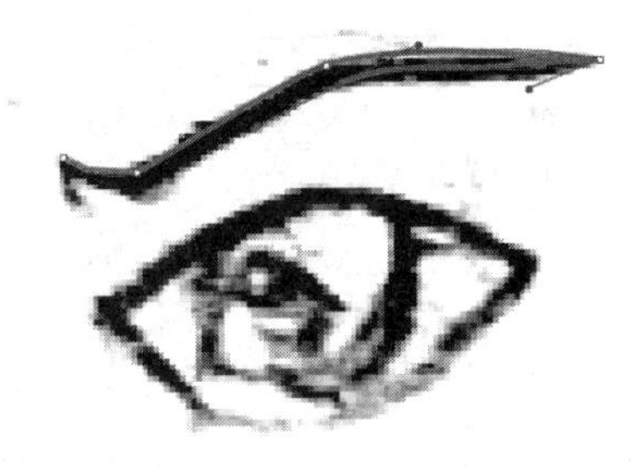

图 2-13　描绘眉毛

指点迷津

在 Flash 中使用钢笔工具绘制路径时，按住 Ctrl 键拖动锚点两侧的控制柄，可以改变路径的曲度；按住 Alt 键拖动锚点一侧的控制柄，可以改变路径的方向或者改变控制柄一侧的路径曲度。

(11) 一直描绘到第一个锚点处，单击鼠标创建一个闭合路径，结果如图 2-14 所示。

(12) 用同样的方法，继续使用“钢笔工具”绘制另外一侧的眉毛以及眼眶、鼻子、嘴巴等，结果如图 2-15 所示。

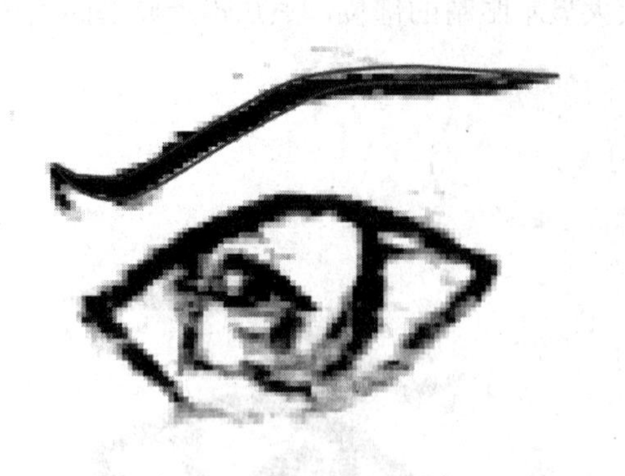

图 2-14 创建的闭合路径

图 2-15 绘制的路径

(13) 选择工具箱中的“椭圆工具”，在【属性】面板中设置【笔触颜色】为红色，【填充颜色】为无色，并设置【样式】为“极细线”，如图 2-16 所示。

(14) 确保取消了对象绘制模式，按住 Shift 键在眼睛部分拖动鼠标，绘制一个眼球大小的圆形，如图 2-17 所示。

图 2-16 【属性】面板

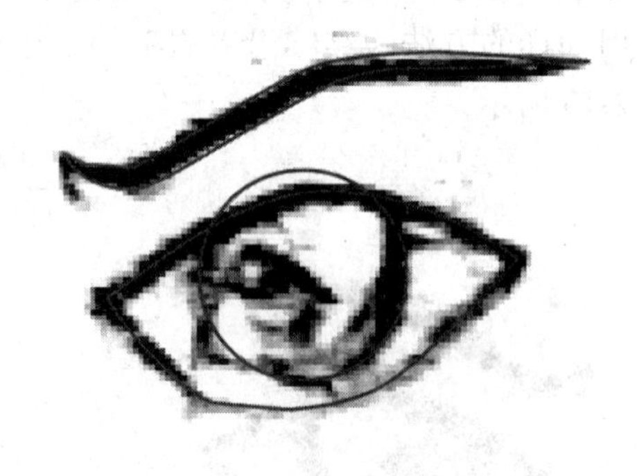

图 2-17 绘制的圆形

(15) 使用“选择工具”单击眼眶外的线条，选择多余的部分，按下 Delete 键将其删除，如图 2-18 所示。

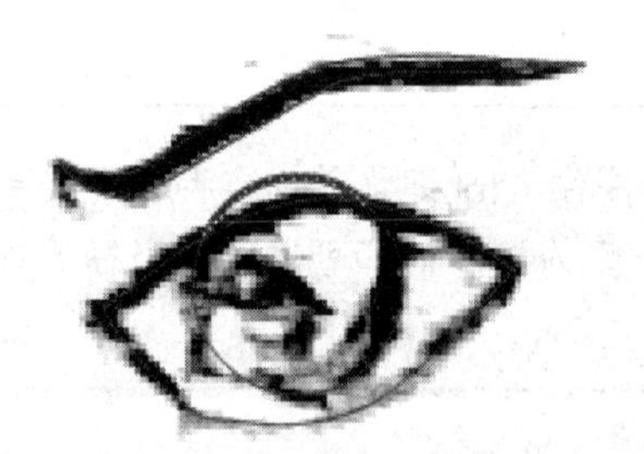

图 2-18 选择与删除多余的线条

(16) 按照上面的方法，将另外一个眼球也绘制出来，结果如图 2-19 所示。

(17) 继续使用“钢笔工具”将耳朵绘制出来，在绘制耳朵时，一定要在耳朵与脸部交接的地方多绘制一段出来，以便形成闭合路径，利于后面的填色操作，如图 2-20 所示。

图 2-19　绘制另一个眼球

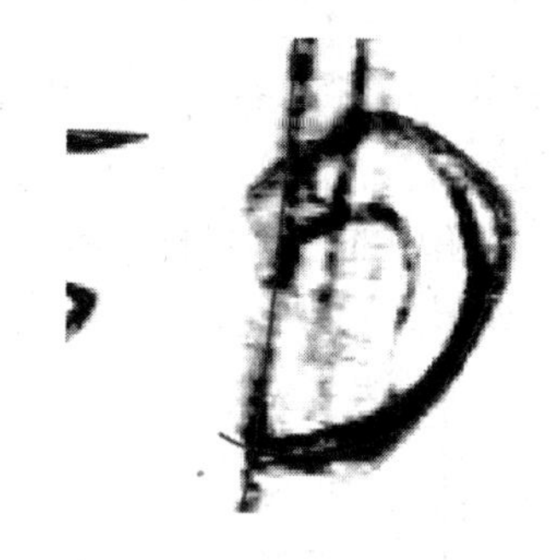

图 2-20　绘制耳朵

(18) 继续使用“选择工具”选择多余的部分，然后按下 Delete 键将其删除，结果如图 2-21 所示。

图 2-21　选择并删除多余的部分

(19) 按照上面的方法，使用“钢笔工具”将所有的线条都绘制完成，最终结果如图 2-22 所示。

(20) 在【时间轴】面板中隐藏“图层 1”，则可以清晰地看到描绘的轮廓，结果如图 2-23 所示。

图 2-22　绘制完成所有的线条

图 2-23　描绘的轮廓

任务三：对人物进行填色

(1) 按下 Ctrl + A 键，选择舞台中所有的线条，在工具箱中设置【笔触颜色】为黑色，则所有的线条都变成了黑色，如图 2-24 所示。

(2) 选择工具箱中的“颜料桶工具”，在【属性】面板中设置【填充颜色】为淡黄色(#FEF0CB)，如图 2-25 所示。

图 2-24 更改线条的颜色

图 2-25 【属性】面板

(3) 在人物的脸部单击鼠标填充颜色，效果如图 2-26 所示。

(4) 继续在耳朵、手等部位单击鼠标，将其填充为淡黄色，作为皮肤的颜色，效果如图 2-27 所示。

图 2-26 填充脸部颜色

图 2-27 填充皮肤颜色

指点迷津

使用“颜料桶工具”填充颜色时，如果填充不上颜色或颜色溢出，很可能是填充区域未封闭造成的。这时可以缩小视图进行填充，或者在工具箱下方选择“封闭大空隙”选项。

(5) 在【属性】面板中修改【填充颜色】为青色(#9ADDEB)，如图 2-28 所示，然后继续使用“颜料桶工具”在人物的衣服部分(除了领口、袖口、腰带外)单击鼠标，将衣服填充为青色，如图 2-29 所示。

图 2-28　【属性】面板

图 2-29　填充衣服颜色

(6) 用同样的方法，使用“颜料桶工具”在领口、袖口、腰带上单击鼠标，将其填充为亮黄色(#F2E862)，结果如图 2-30 所示。

(7) 继续将眼珠、眉毛填充为黑色，将棍子以及白眼珠填充为白色，如图 2-31 所示。

图 2-30　填充领口等部分

图 2-31　填充颜色

(8) 使用“钢笔工具”在人物的脸部绘制一条曲线，如图 2-32 所示。

指点迷津

在这里绘制的这条曲线实际上是一条辅助线。目的是为了使其与脸型左侧的轮廓形成一个封闭区域，以便于填色操作，从而绘出人物面部的阴影区。完成填色以后还要将其删除。

(9) 将【填充颜色】修改为暗黄色(#FAD78D)，使用“颜料桶工具”填充人物脸部的暗部，如图 2-33 所示。

图 2-32　绘制的曲线

图 2-33　填充脸部的暗部

(10) 使用“选择工具”选择刚才绘制的曲线，按下 Delete 键将其删除，效果如图 2-34 所示。

(11) 再次使用“钢笔工具”分别在左、右胳膊的下方绘制两条曲线，如图 2-35 所示。

图 2-34　删除曲线后的效果

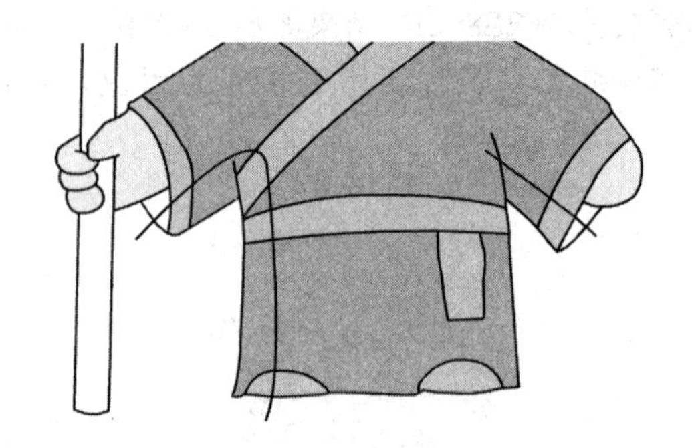

图 2-35　绘制的曲线

(12) 将衣服部分填充为暗青色(#61C7DC)，如图 2-36 所示；将领口、袖口、腰带等部分填充为暗黄色(#B5A80F)，效果如图 2-37 所示。

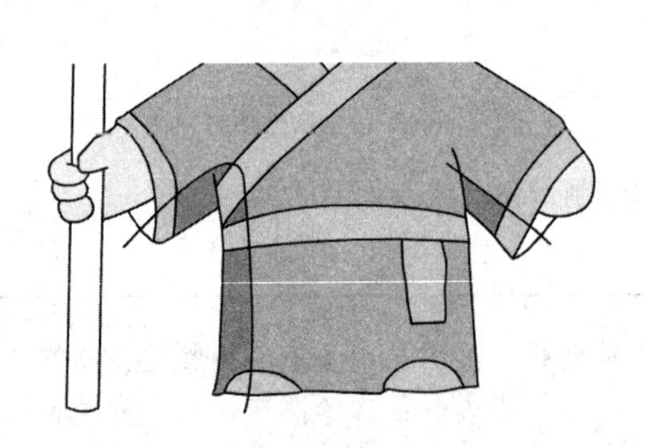

图 2-36　填充衣服部分

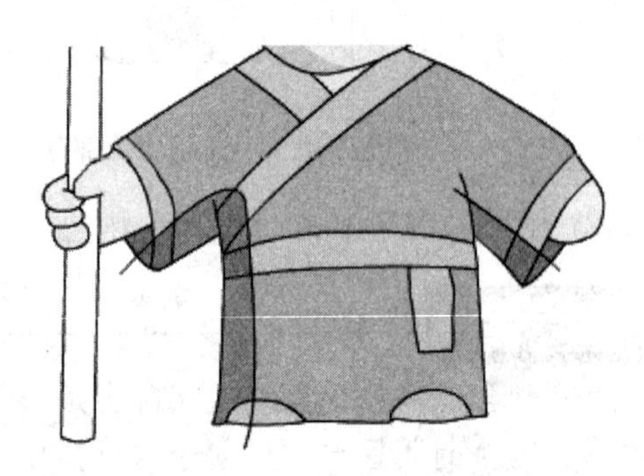

图 2-37　填充领口等部分

(13) 使用“选择工具”将前面绘制的两条曲线选择并删除。

(14) 用同样的方法，将棍子的暗部也描绘出来，效果如图 2-38 所示。

(15) 将视图放大显示，以便于进一步绘制眼球。使用“椭圆工具”分别在两个眼睛部位绘制圆形，先绘制一个深蓝色(#003399)的圆形，再绘制一个黑色的圆形，使蓝色的圆呈现月牙状，如图 2-39 所示。

图 2-38　填充棍子的暗部

图 2-39　绘制的圆形

(16) 在【属性】面板中设置【填充颜色】为白色，继续使用“椭圆工具”绘制一个更小的圆形，作为眼睛的高光，结果如图 2-40 所示。

(17) 最后再使用“椭圆工具”在人物的头顶上绘制四个深灰色的小圆形，作为和尚的香疤。至此，这个动漫角色就描绘完成了，效果如图 2-41 所示。

图 2-40　绘制眼睛的高光

图 2-41　最终效果

2.4　知识延伸

知识点一：导入对象

使用 Flash 制作复杂的动画时，往往需要借助其他辅助技术。例如，可以将 Photoshop 或 Illustrator 中绘制的图片导入到 Flash 中，或者将扫描的位图导入到 Flash 中，从而得以优势互补，提高工作效率。

1. 导入位图文件

向 Flash 中导入位图时，可以采用两种方法：使用菜单命令导入和粘贴导入方法。

如果要使用菜单命令导入位图，可以单击菜单栏中的【文件】/【导入】/【导入到舞台】命令，或者按 Ctrl + R 键，这时将弹出【导入】对话框，如图 2-42 所示。

图 2-42 【导入】对话框

在对话框中选择要导入的位图文件，然后单击 打开(O) 按钮，即可将选择的图片导入到舞台中。

如果要使用粘贴导入外部图片，则需要先在其他应用程序中将图片复制到剪贴板中，然后在 Flash 中单击菜单栏中的【编辑】/【粘贴】命令，这样也可以将外部位图导入到 Flash 中。

指点迷津

在 Flash 中导入外部文件时，既可以使用【导入到舞台】命令，也可以使用【导入到库】命令，但两者略有差别。使用【导入到库】命令时，导入的文件不会出现在舞台中，而是出现在【库】面板中。

2. 导入 PSD 或 AI 文件

自从 Flash 纳入 Adobe 公司以后，Flash 对 PSD 或 AI 格式的图像有了很好的支持，可以将 PSD 格式或 AI 格式的图像导入 Flash 中，并且可以保留图像的可编辑性。

如果导入的是 PSD 格式的图像，则弹出【将“***. psd”导入到舞台】对话框，如图 2-43 所示。

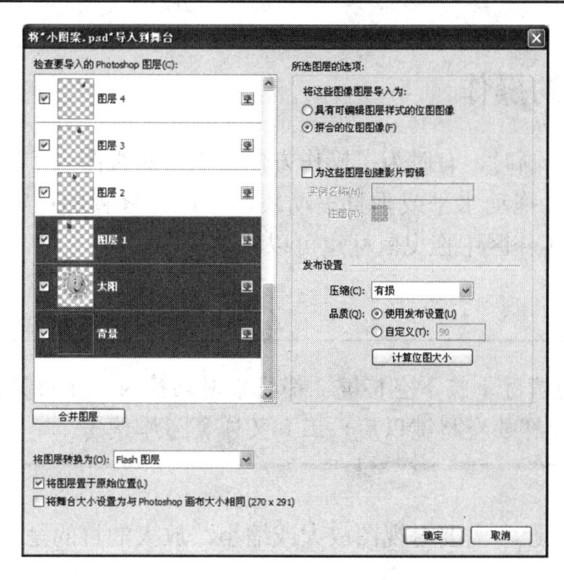

图 2-43　【将“***.psd”导入到舞台】对话框

在该对话框中可以看到 PSD 文件的图层，用户可以有选择地导入，如果不希望导入某一层，取消该层前面的“ √ ”即可。

另外，此时如果要合并图层，可以按住 Ctrl 键选择要合并的多个图层，然后单击 合并图层 按钮，这样导入到 Flash 中以后，所选择的图层就会合并为一层，但不影响源文件。

在【将图层转换为】选项中有“Flash 图层”和“关键帧”两个选项。当选择“Flash 图层”时，导入文件以后，Photoshop 图层将转换为 Flash 图层；而选择“关键帧”时，导入文件以后，Photoshop 图层将转换为时间轴中的关键帧。

如果导入的是 AI 格式的图像，则弹出【将“***.ai”导入到舞台】对话框，如图 2-44 所示，其操作与导入 PSD 文件基本一致，这里不再详细介绍。

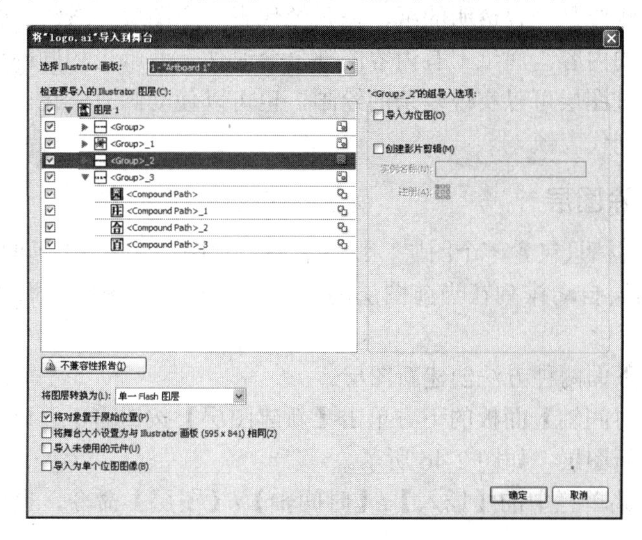

图 2-44　【将“***.ai”导入到舞台】对话框

知识点二：视图的操作

在 Flash 中进行绘画时，有时为了操作方便，需要对视图进行缩放或平移。平移视图的方法有两种：第一，拖动水平或垂直滚动块，可以平移视图；第二，选择工具箱中的“手形工具”，在工作区中拖曳鼠标也可以移动视图。

指点迷津

在 Flash 中任何情况下按下空格键，都将临时切换为“手形工具”，此时拖曳鼠标就可以平移视图，释放空格键以后，工具又恢复为原状态。

除了平移视图外，经常需要对视图放大或缩小，放大的目的是进行局部细节操作，缩小的目的是查看全局。

选择工具箱中的“缩放工具”，在视图中单击鼠标，可以放大显示；按住 Alt 键的同时单击鼠标，可以缩小显示。

另外，在工作区的右上角有一个显示比例框，在这里也可以选择百分比，如图 2-45 所示，还可以直接输入百分比(如 75%)，从而控制视图的缩放。

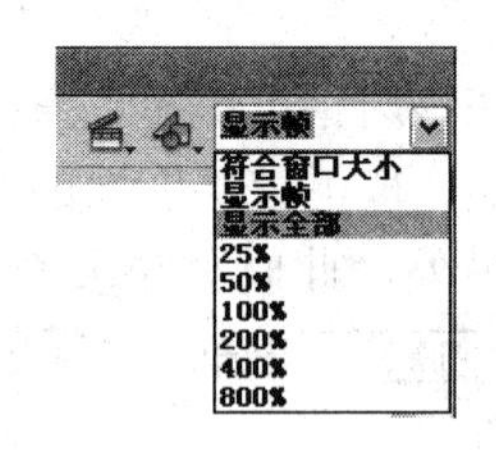

图 2-45　显示比例框

除此以外，还可以使用快捷键操作视图，Ctrl + + 为放大视图，Ctrl + − 为缩小视图。

知识点三：图层

可以将图层理解成是一叠透明的纸，每张纸代表一个图层，透过一张纸的透明部分可以观察到下面纸上的内容，而纸上有内容的部分会遮住下面纸上相同部位的内容。图层是一个空间概念，通过图层可以实现复杂的绘画，也可以使动画复杂化。在【时间轴】面板中，行代表图层，列代表帧。

1. 新建与删除图层

新建的 Flash 文档只包含一个图层，默认名称为“图层 1”。用户可以根据需要自由创建图层，新建的图层自动排列在当前图层的上方，并且以“图层 1”、“图层 2”、“图层 3”……依次命名。

用户可以使用下面两种方法创建新图层。

方法一：在【时间轴】面板的下方单击【新建图层】按钮，可以创建新图层，每单击一次，创建一个新图层，如图 2-46 所示。

方法二：单击菜单栏中的【插入】/【时间轴】/【图层】命令，也可以创建新图层，如图 2-47 所示。

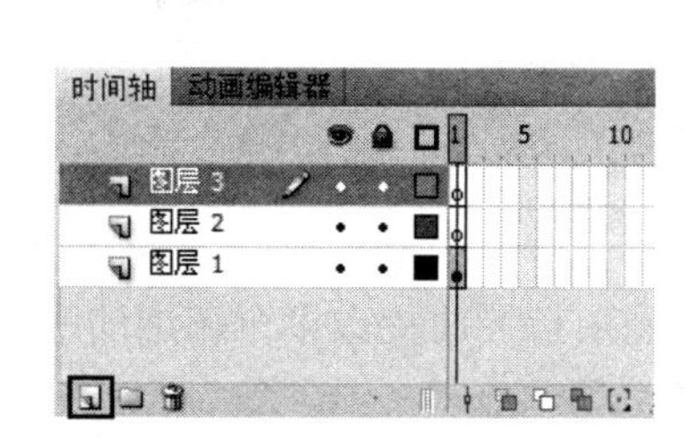

图 2-46　创建新图层

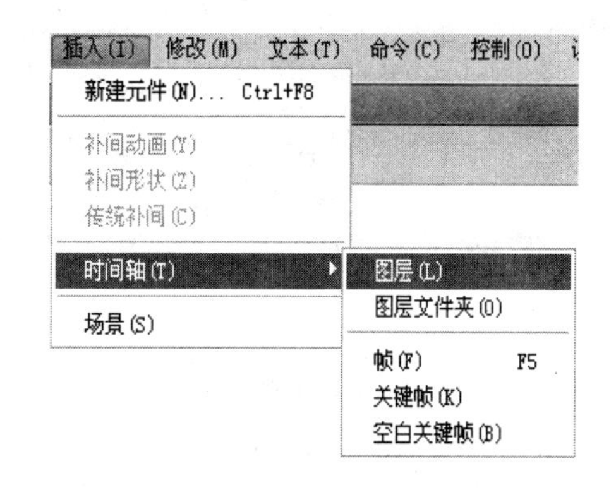

图 2-47　创建新图层

在制作动画的过程中，用户可以随时删除不需要的图层。删除图层的方法非常简单：选择要删除的图层，然后在【时间轴】面板中单击【删除图层】按钮，即可删除所选的图层。在 Flash 中删除图层时并不出现删除提示框，因此执行该操作前必须确认是否正确选择了要删除的图层。

2. 重命名图层

创建新图层时，系统会自动命名图层为“图层 1”、“图层 2”、……、“图层 n”。对于简单的动画而言，可以不理会图层的名称。但是如果动画比较复杂，存在数十、数百个图层时，就容易造成管理混乱，不知道哪一个图层放着什么内容。为了便于管理，提高工作效率，可以根据图层的内容为图层命名。

在【时间轴】面板中双击要改变的图层名称(注意，一定要双击图层名称位置)，则图层名称处于一种激活状态，此时输入新的图层名称，然后按下回车键即可，如图 2-48 所示。

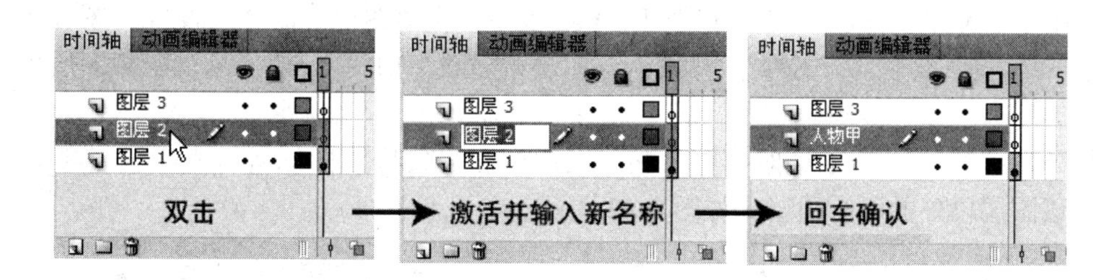

图 2-48　重命名图层

3. 调整图层的顺序

在【时间轴】面板中创建图层时，将以自下向上的顺序进行添加，如果对象之间存在重叠现象，则上层中的对象将遮挡下层中的对象。为了方便用户制作动画，Flash 允许用户根据需要调整图层的顺序。

选择要更改顺序的图层，按住该层并拖曳鼠标，将其拖曳到目标位置释放鼠标即可，在拖曳鼠标时以一条黑线为标记，如图 2-49 所示。

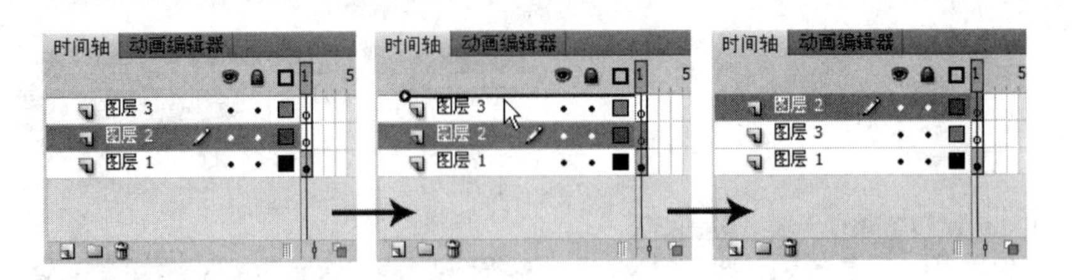

图 2-49　更改图层的顺序

更改图层顺序时，可以更改一个图层的顺序，也可以同时更改多个图层的顺序，操作方法相同，但是在拖曳鼠标之前要先选择多个图层。

4. 显示/隐藏图层

默认情况下，图层处于显示状态。当存在多个图层时，为了便于查看和编辑各个图层中的内容，有时需要将其他图层隐藏。

隐藏图层的操作非常简单，只要在【时间轴】面板上方单击【显示或隐藏所有图层】图标即可，这时将隐藏所有图层，大眼睛图标所对应的一列均显示为红色的叉号，再次单击【显示或隐藏所有图层】图标，则显示所有图层，大眼睛图标所对应的一列均显示为黑色的圆点，如图 2-50 所示。

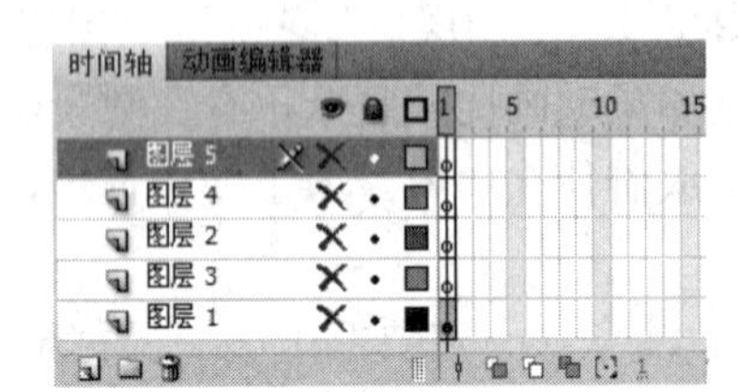

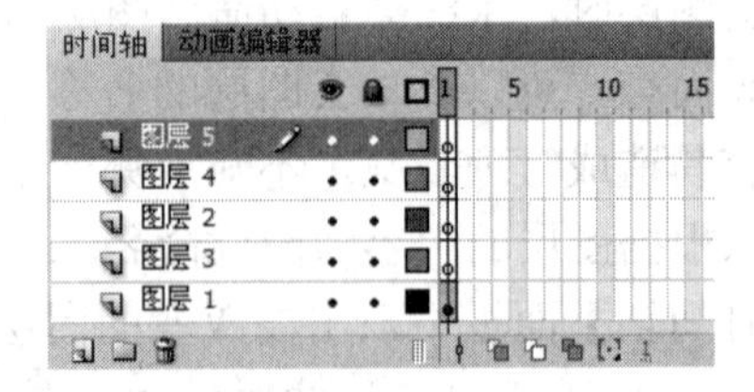

图 2-50　隐藏与显示所有图层的状态

如果要隐藏单个图层，则在【时间轴】面板中单击该图层右侧的大眼睛图标所对应的黑点，则黑点显示为叉号，表示该图层被隐藏，如图 2-51 所示，隐藏图层后，该图层中的所有对象也被隐藏。

另外，按住 Alt 键的同时，单击某一图层右侧大眼睛图标所对应的黑点，可以隐藏除该图层以外的所有图层，如图 2-52 所示。

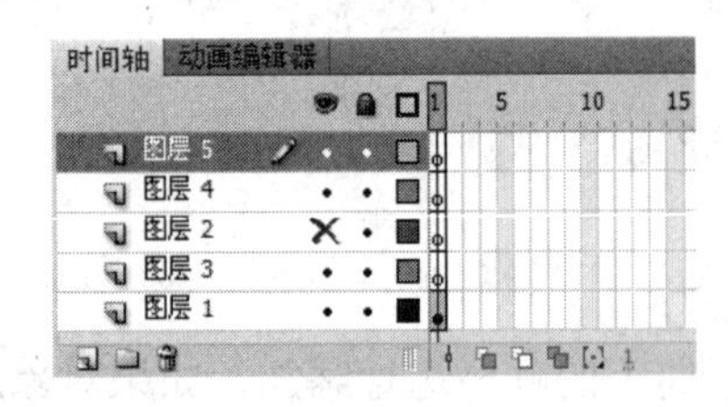

图 2-51　隐藏单个图层

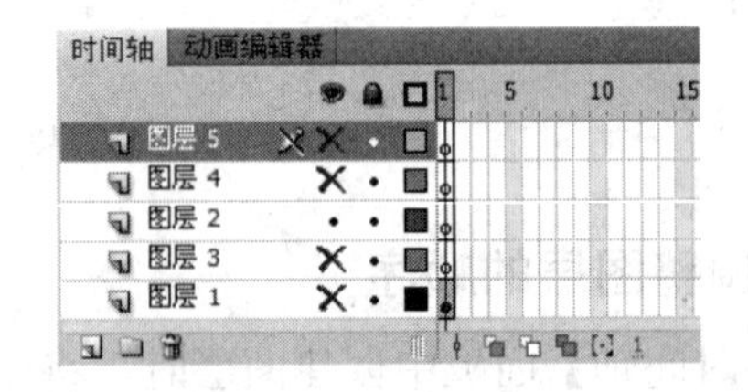

图 2-52　按住 Alt 键隐藏其他图层

5. 锁定/解锁图层

在编辑某个图层的对象时，常会对其他图层中的对象产生误操作。为了避免影响到其他图层的内容，可以将其他图层锁定。

锁定/解锁图层的操作可以参照显示/隐藏图层的操作进行。如果单击【时间轴】面板上方的【锁定或解除锁定所有图层】图标，则所有图层被锁定，如图 2-53 所示；再次单击该图标，则解除锁定所有图层。

单击某图层右侧的锁形图标所对应的黑点•，可以锁定该图层。另外，如果按住 Alt 键的同时，单击某图层右侧的锁形图标所对应的黑点•，可以锁定该图层以外的所有图层，如图 2-54 所示。

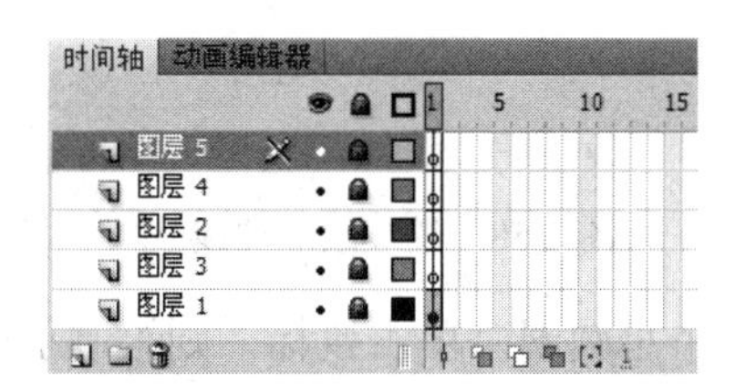

图 2-53　锁定所有图层

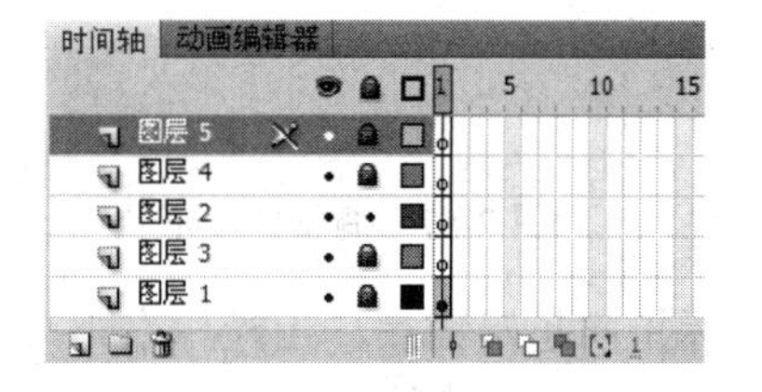

图 2-54　按住 Alt 键锁定其他图层

知识点四：钢笔工具

钢笔工具是 Flash 中最灵活的绘图工具，也是功能最强的绘图工具。它既可以用来绘制线条，也可以用来绘制图形。如果绘制的线条不是封闭的，则绘制的就是线条；如果绘制的线条是封闭的，则绘制的就是图形。

钢笔工具是基于贝塞尔曲线原理而设计的，不但功能强大，而且调整起来非常方便。它是描绘动画背景、绘制动画角色的必用利器。

1. 绘制直线

在工具箱中选择“钢笔工具”，在舞台中单击鼠标，则在单击的位置出现了一个小的圆圈，这就是第一个锚点；移动光标到其他位置，再单击一次则创建第二个锚点，则两个锚点之间形成一段直线路径；依此类推，在舞台中多次单击鼠标创建锚点，则会生成折线路径，如图 2-55 所示。

如果要结束绘制，可以单击工具箱中的其他工具，也可以按下 Esc 键。另外，如果将光标指向第一个锚点，当光标的右下方出现一个小圆圈时单击鼠标，可以产生闭合路径，如图 2-56 所示。

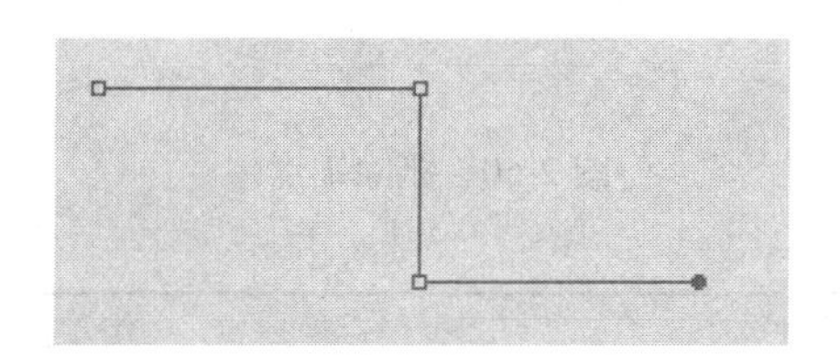

图 2-55　折线路径

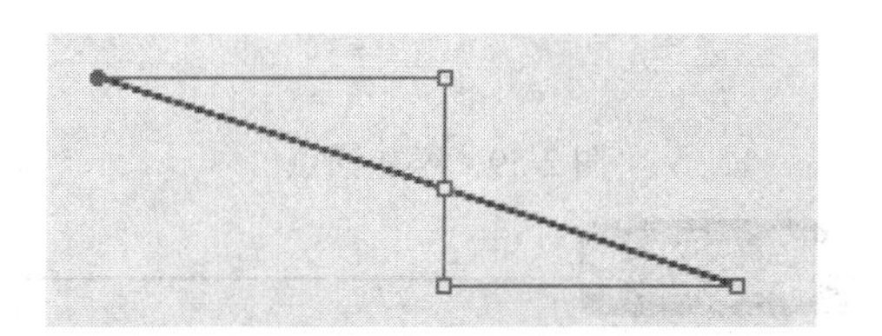

图 2-56　闭合路径

2. 绘制曲线

在舞台中确定第一个锚点之后，绘制第二个锚点的时候，需要按住鼠标左键不放并拖曳鼠标，这时会产生一个锚点和一个调节柄，拖动调节柄可以调整曲线的弧度，两个锚点之间出现了一条曲线，改变调节柄的长度与角度，则曲线的形状也随着改变，如图2-57所示。重复上面的操作，可以继续绘制曲线，如图2-58所示。

图2-57　调整曲线形状　　　　图2-58　继续绘制曲线

将光标指向起始锚点，当光标右下方出现一个小圆圈时单击鼠标，则绘制了一个封闭曲线路径；如果要结束绘制曲线，可以按下Esc键。

知识点五：路径的调整

在Flash中，路径就是指图形的轮廓，无论使用基本图形工具还是钢笔工具绘制的图形，当使用“部分选取工具”选择它时，图形周围就会出现一个绿色的轮廓，它就是我们所说的“路径”，它由锚点与线段构成，可调节性非常强。绘制图形时，如果不能一步到位，则需要对锚点进行调整，从而达到理想状态。

1. 添加与删除锚点

编辑路径的锚点可以改变路径的形态，所以路径的编辑实质上就是锚点的编辑。在Flash中使用“添加锚点工具”与“删除锚点工具”可以添加或删除锚点。

添加锚点的方法比较简单：选择“添加锚点工具”，在路径上单击鼠标，可以添加一个锚点，如图2-59所示。

删除锚点与添加锚点的操作基本相同，但是需要使用“删除锚点工具”，选择该工具以后，在要删除的锚点上单击鼠标，可以将锚点删除，如图2-60所示。

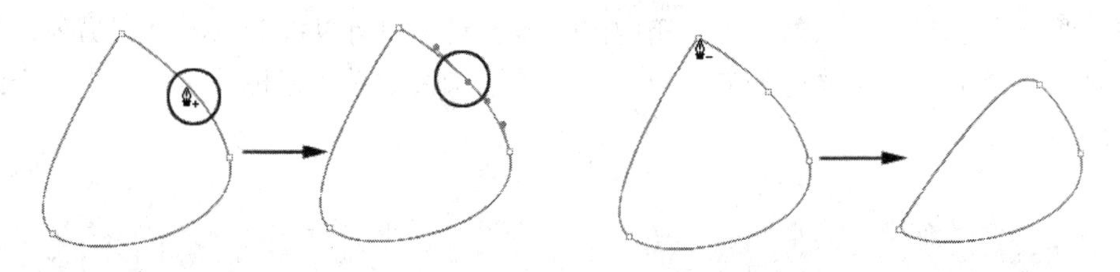

图2-59　添加锚点　　　　图2-60　删除锚点

指点迷津

使用“钢笔工具”也可以添加与删除锚点，但是锚点的类型必须为角点时才可以删除，否则，单击锚点时只能转换锚点的类型。

2. 锚点的转换

路径上的锚点有三种类型，即平滑点、拐点和角点，如图 2-61 所示。它们影响着路径的形状。使用“转换锚点工具”可以将锚点在平滑点、角点和拐点之间进行转换，从而随心所欲地控制路径的形状。

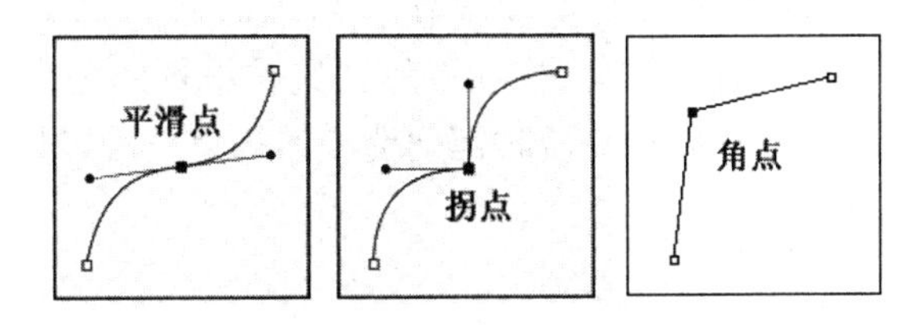

图 2-61　锚点的三种类型

选择工具箱中的“转换锚点工具”，将光标指向路径上的平滑点或拐点，单击鼠标，可以将平滑点或拐点转换为角点，如图 2-62 所示。

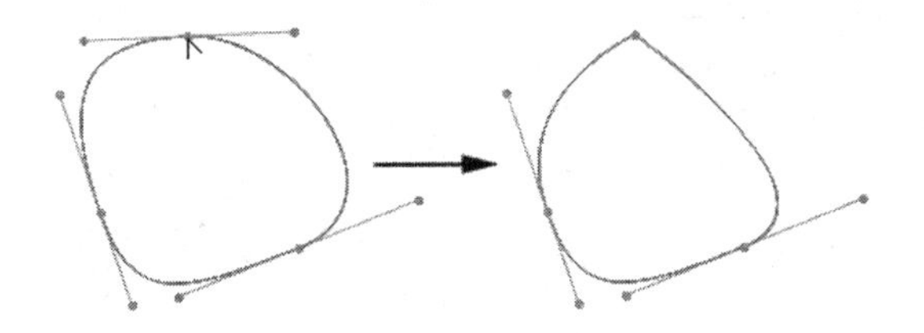

图 2-62　将平滑点转换为角点

将光标指向角点，按住鼠标左键拖曳鼠标，可以将角点转换为平滑点，如图 2-63 所示。

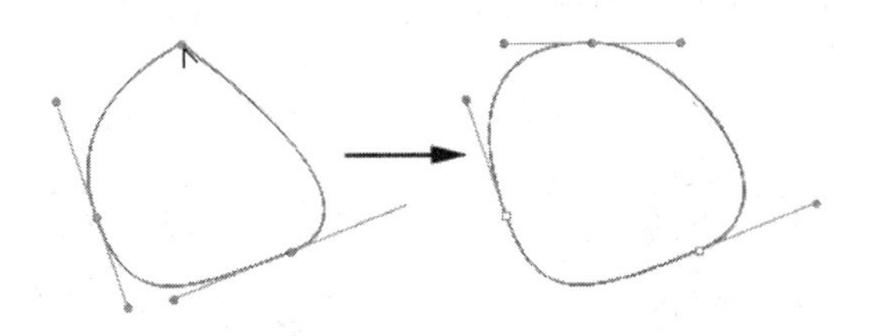

图 2-63　将角点转换为平滑点

将光标指向平滑点的一个方向线，拖曳鼠标，可以将平滑点转换为拐点，如图 2-64 所示。

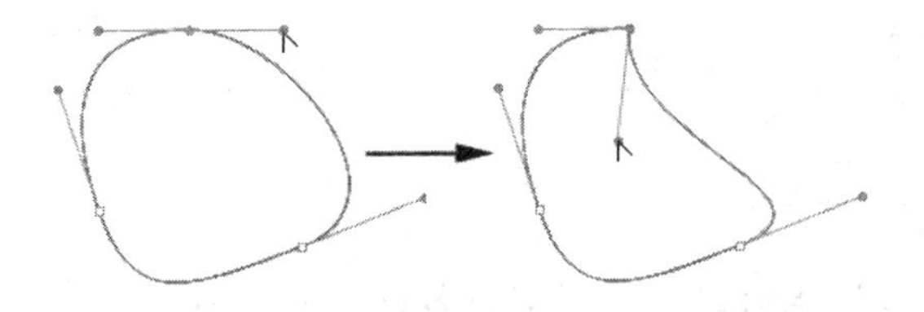

图 2-64　将平滑点转换为拐点

3. 路径的调整

在 Flash 中，使用“部分选取工具”可以更加精确地调整图形，它与“钢笔工具”配合使用，可以精确地控制对象的形状。

对于 Flash 中的任何图形，使用“部分选取工具”选择后，其轮廓都会显示为路径形态，这时既可以选择并移动锚点，也可以调节路径的曲率。

使用“部分选取工具”在图形上拖动鼠标，则被框选的锚点以实点的方式显示，而未选择的锚点呈空心点的方式显示。这时拖动选中的锚点，可以移动锚点，从而改变图形的形态，如图 2-65 所示。

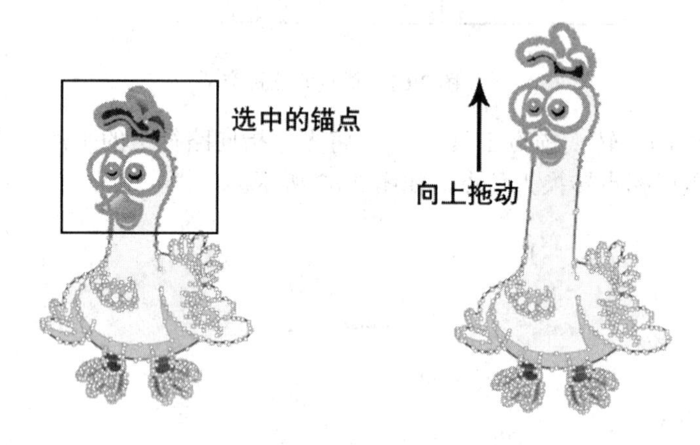

图 2-65　选择并向上移动部分锚点

使用“部分选取工具”单击一个锚点，则该锚点被选中，同时会出现调节柄，如图 2-66 所示。将光标移动到调节柄的一侧，光标将会变成黑色箭头，这时拖动鼠标可以改变调节柄的方向与长短，从而改变路径的形态，如图 2-67 所示。

图 2-66　选择一个锚点

图 2-67　调节锚点

知识点六：颜料桶工具

使用“颜料桶工具”可以为图形填充各种各样的颜色，该工具与【颜色】面板相结合，还可以为图形填充渐变色与位图。

选择工具箱中的“颜料桶工具”，这时在工具箱下方的选项中将出现颜料桶的相关选项，如图 2-68 所示。

图 2-68　颜料桶工具的选项

- 【不封闭空隙】：选择该项，填充区域的轮廓线必须为全封闭，否则将不能填充。
- 【封闭小空隙】：选择该项，允许填充区域的轮廓有微小的空隙。
- 【封闭中等空隙】：选择该项，允许填充区域的轮廓有中等的空隙。
- 【封闭大空隙】：选择该项，允许填充区域的轮廓有稍大的空隙。

当图形的轮廓存在空隙时，可以根据空隙的大小选择相关的选项，如果选择【封闭大空隙】都无法完成填充的话，有两种解决方法：一是缩小视图后进行填充，因为这样相当于将空隙缩小了；二是将空隙封闭之后再填充。如图 2-69 所示为填充轮廓存在空隙的图形。

图 2-69　填充轮廓存在空隙的图形

使用“颜料桶工具”填充图形时，可以分为以下几种情况：

如果填充颜色是纯色或位图，在图形的内部单击鼠标即可，如图 2-70 所示。

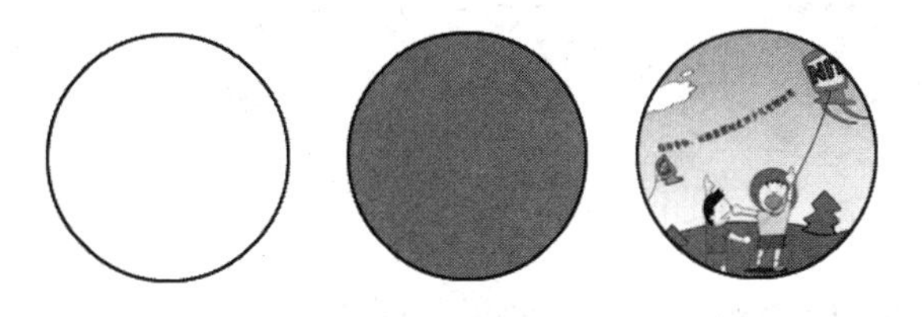

图 2-70　填充纯色与位图

如果填充颜色是线性渐变色，可以通过拖曳鼠标完成填充，如图 2-71 所示。

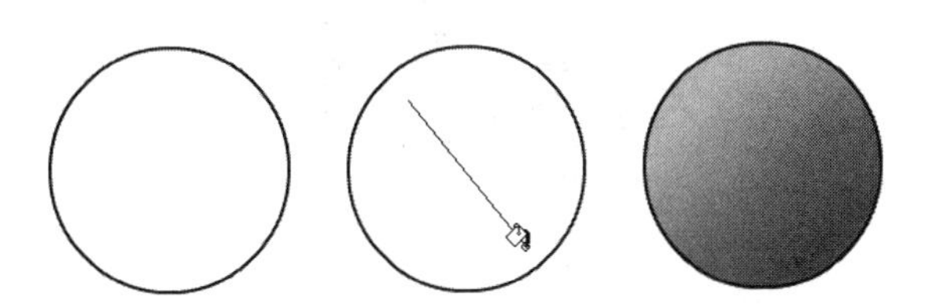

图 2-71　填充线性渐变色

如果填充颜色是径向渐变色，也是单击鼠标完成填充，但是单击的位置是填充色的中心，如图 2-72 所示。

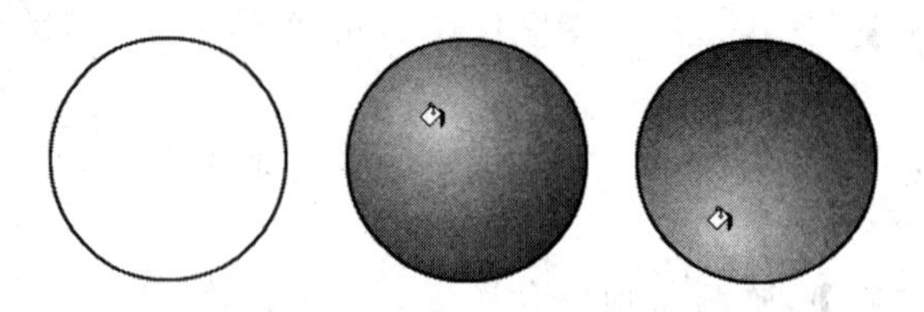

图 2-72　单击不同的位置填充径向渐变色

2.5　项 目 实 训

无论是绘画还是描图，都必须熟练使用钢笔工具，特别是绘制人物角色时，更离不开钢笔工具。灵活运用 Flash 的绘画与填色工具，可以完成大部分绘画效果。下面使用钢笔工具、颜料桶工具绘制一个人物角色的侧面。

任务分析

由于人物角色的线条是不规则的，所以先使用钢笔工具勾画轮廓，一次不到位可以使用部分选取工具进行调整；然后使用颜料桶工具进行填色，在填色时先使用辅助线条封闭填充区域，填色后再将辅助线条删除，这是完成本例的关键；另外也可以分层管理，这样也很方便。

任务素材

该实训项目没有素材，属于徒手绘画，绘制步骤示意如图 2-73 所示。

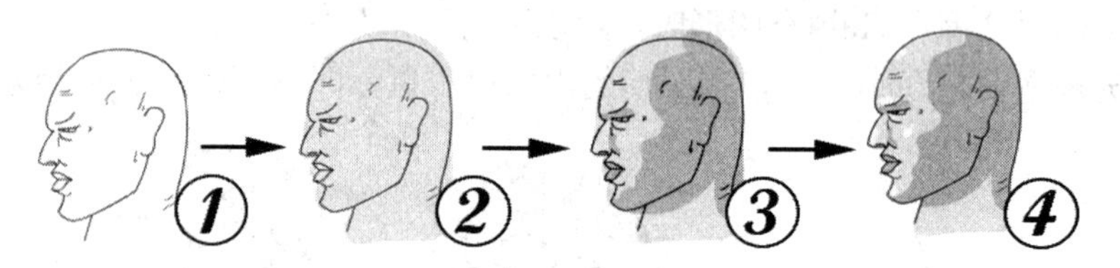

图 2-73　绘制步骤

参考效果

光盘位置：光盘\项目 02\实训，参考效果如图 2-74 所示。

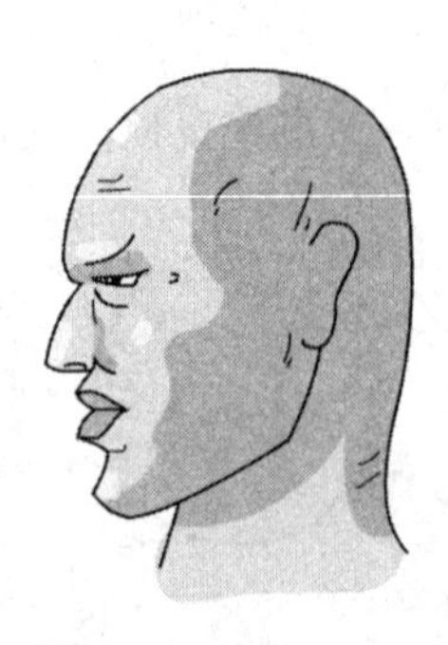

图 2-74　参考效果

项目 03

绘制漂亮的动画场景

3.1 项 目 说 明

Flash 动画中的场景设计是构成动画作品的重要组成部分，漂亮的场景可以提升动画片的美感、强化主题，影响整个动画作品的风格与水平。本项目是动画作品“森林里的小白兔”的场景设计，使用 Flash 中的各种绘画工具完成森林的绘制，要求表现出森林的幽静与纵深感。

3.2 项 目 分 析

创作 Flash 动画作品时，角色的绘制与场景的设计都非常重要，要求设计师有一定的绘画功底以及一些相关的绘画技巧。在上一项目中，我们通过描摹草图的方式完成了动画角色的绘制，本项目将直接在 Flash 中绘制，大致思路如下：

第一，首先根据项目要求设置好影片尺寸，该动画影片的尺寸是 800 像素 × 400 像素，将来上传到网络上，既不至于不清晰，也不至于文件太大而需要较长时间的缓冲。

第二，根据设计构思在一个独立的图层上勾画出场景的基本构图与轮廓。

第三，灵活运用图层、铅笔工具和刷子工具，绘制出动画场景。

第四，原创动画往往需要设计者具有一定的美术功底，同时也需要熟练掌握 Flash 绘画工具的使用，掌握鼠绘的一些方法。

3.3 项 目 实 施

本项目的实施是在 Flash 中直接鼠绘完成的，基本绘画过程可以分为构图、勾勒、填色三大步骤，绘制过程中的关键是图层的灵活运用以及使用复制、粘贴操作提高绘画效率。本项目的效果如图 3-1 所示。

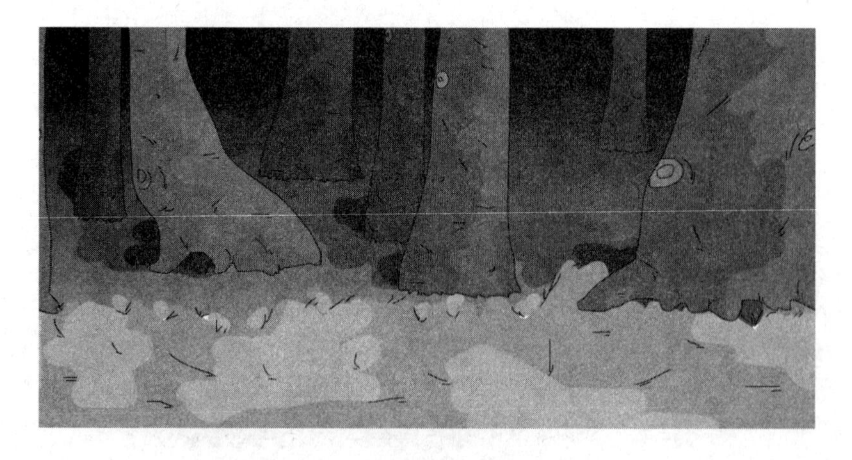

图 3-1 动画参考效果

任务一：对版面进行构图分割

(1) 启动 Flash CS5 软件，在欢迎画面中单击【ActionScript 3.0】选项，创建一个新文档。

(2) 按下 Ctrl＋J 键，在弹出的【文档设置】对话框中设置舞台的尺寸为 800 像素×400 像素，其他设置保持默认值。

(3) 选择工具箱中的“铅笔工具”，在工具箱的下方设置【铅笔模式】为“平滑”，如图 3-2 所示。

(4) 在【属性】面板中设置【笔触颜色】为灰色(#CCCCCC)，并设置其他参数如图 3-3 所示。

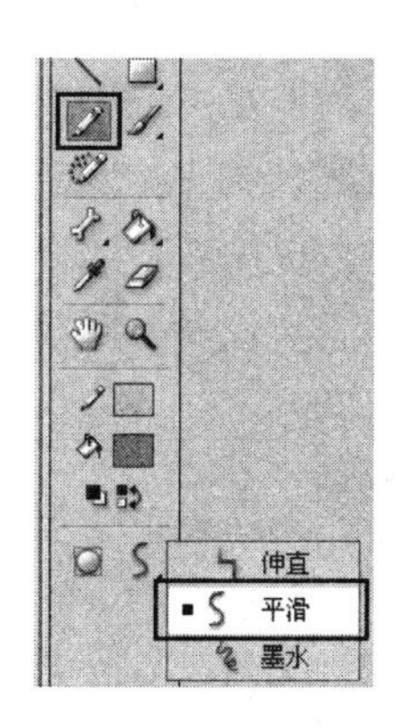

图 3-2　设置铅笔模式

图 3-3　【属性】面板

(5) 在舞台中先绘制一条横线作为地平线，然后大体绘制出几棵树的形状，以及草地的形状，这只是一个大体的构图，结果如图 3-4 所示。

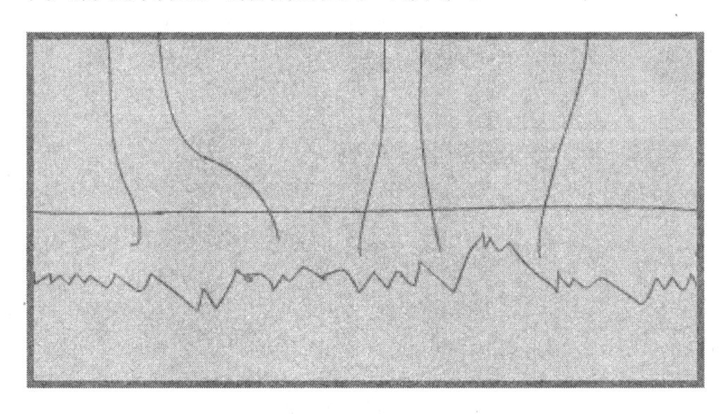

图 3-4　绘制草图

任务二：勾画大树的轮廓

(1) 在【时间轴】面板中锁定“图层 1”，并在该层的上方创建一个新图层，命名为“树”，如图 3-5 所示。

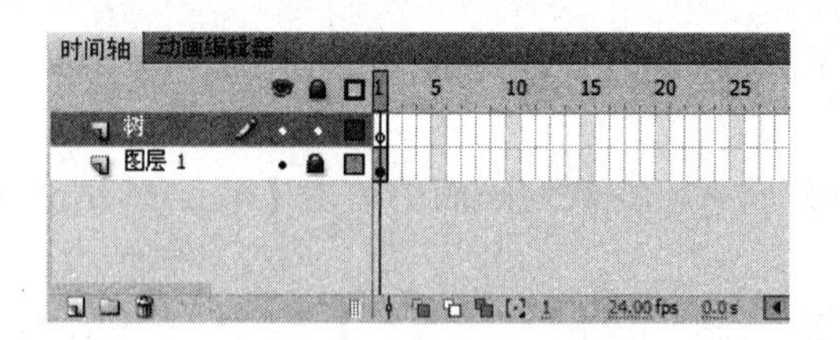

图 3-5 【时间轴】面板

(2) 在【属性】面板中设置【笔触颜色】为黑色，继续使用“铅笔工具”，就像画速写一样，将左边一棵树的外轮廓绘制出来，绘制时要将整个树绘制完整，尽量不要出现缝隙，如图 3-6 所示。

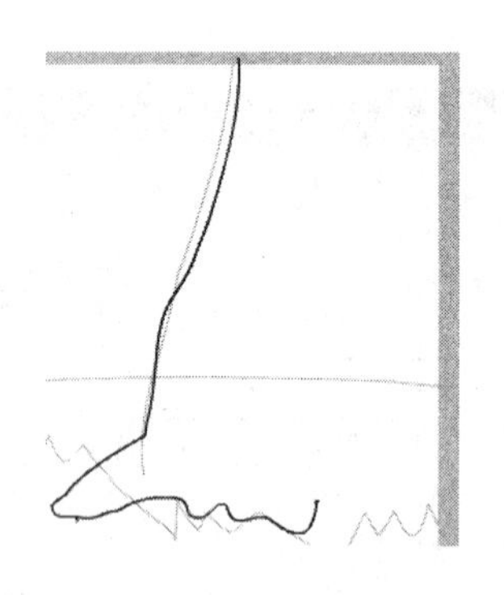
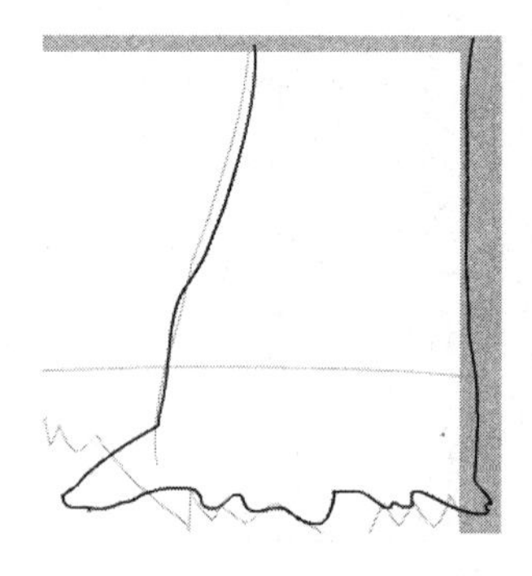

图 3-6 绘制树木的外轮廓

(3) 外轮廓绘制完成后，再将内轮廓绘制好，并在舞台外的树木上方绘制一个线条，使大树的轮廓形成封闭区域，如图 3-7 所示。

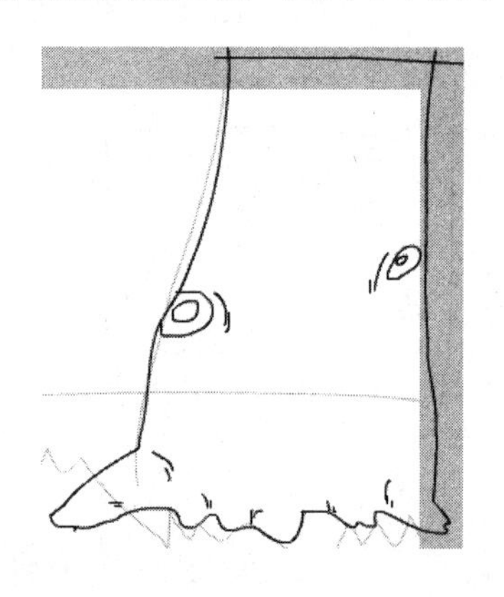
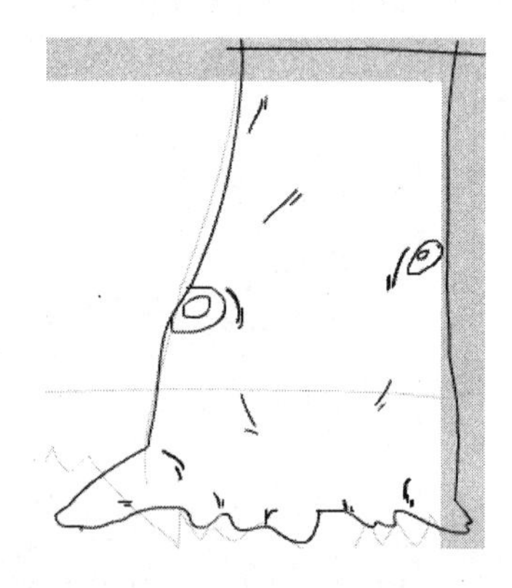

图 3-7 绘制内轮廓

指点迷津

本例要求操作者具有一定的绘画基础，在绘画之前先打好腹稿，做到心中有数。另外，绘画时每一笔尽量拖长，减少缝隙的产生，便于后期填色操作。

(4) 继续使用“铅笔工具”绘制第二棵树，与前面的方法一样，也要先绘制出外轮廓，再绘制内轮廓，如图 3-8 所示。

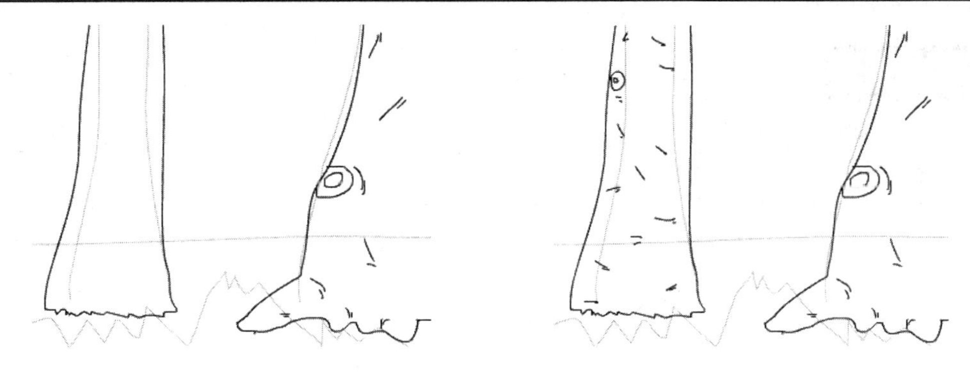

图 3-8　绘制第二棵树

(5) 按照上面的方法，将第三棵树也绘制出来，在绘制的时候可以自由一些，没必要与草稿完全一致，如图 3-9 所示。

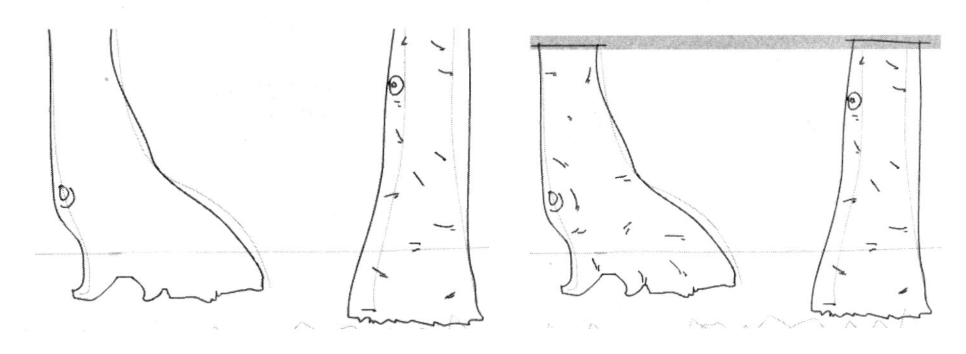

图 3-9　绘制第三棵树

任务三：为大树填充颜色

(1) 选择工具箱中的“颜料桶工具”，在【属性】面板中设置【填充颜色】为土黄色(#7A5B2E)，如图 3-10 所示。

(2) 在最右侧的大树轮廓内单击鼠标填充颜色，效果如图 3-11 所示。

图 3-10　【属性】面板

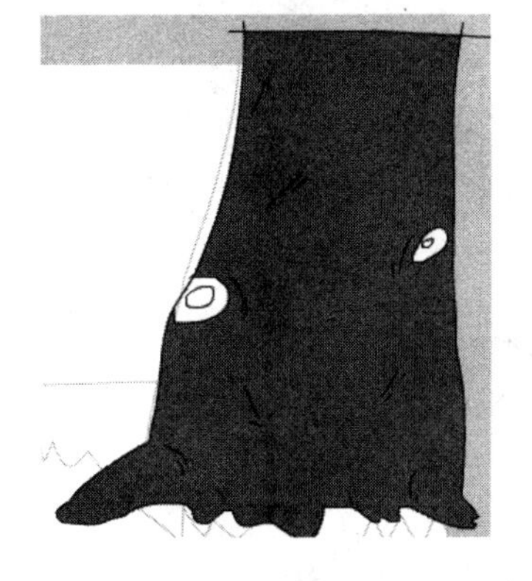

图 3-11　填充树木颜色

指点迷津

填色时如果填充不上，说明所填充的区域没有完全闭合，这时可以用“选择工具”调整路径，使其充分闭合，然后再进行填色。

(3) 选择工具箱中的“刷子工具”，在【属性】面板中设置【填充颜色】仍为土黄色，但是将明度调亮一些(#9A743A)，然后在工具箱的下方设置【刷子模式】为“内部绘画”，如图 3-12 所示。

(4) 在树木的右侧拖动鼠标进行涂抹，绘出树木的亮部，结果如图 3-13 所示。

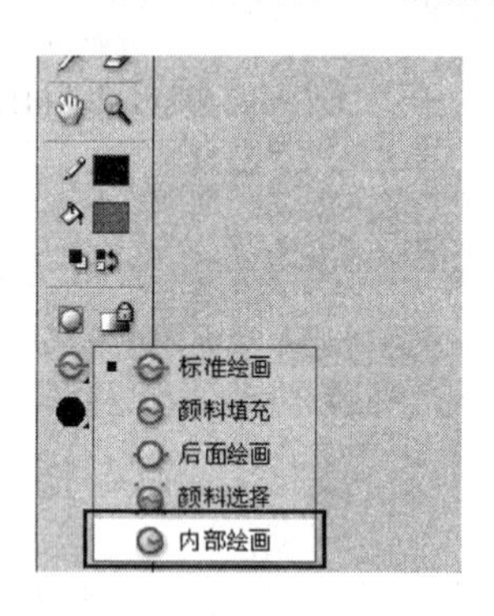

图 3-12　设置刷子模式

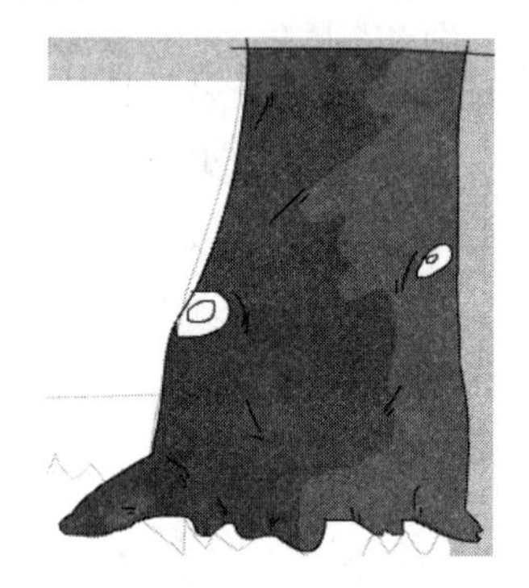

图 3-13　绘出树木的亮部

(5) 再次使用“颜料桶工具”填充树疤部分，颜色为绿黄色(#A59C52)，填充后的效果如图 3-14 所示。

(6) 继续使用“颜料桶工具”为第二棵树填色，颜色为深绿色(#515F3A)，结果如图 3-15 所示。

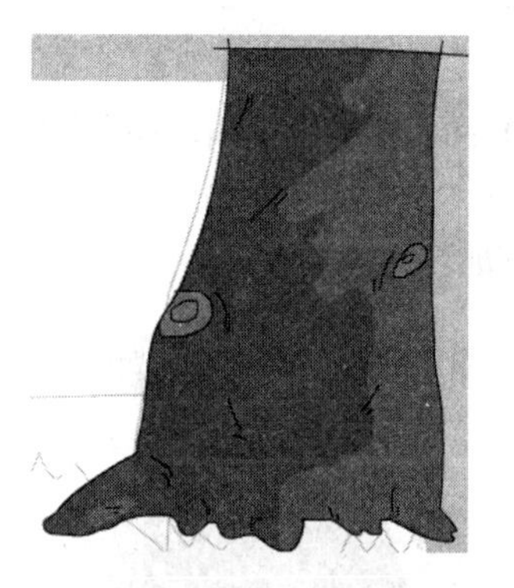

图 3-14　填充树疤颜色

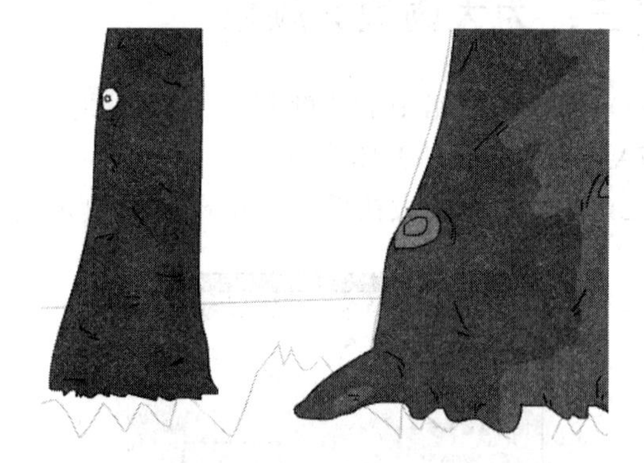

图 3-15　为第二棵树填色

指点迷津

绘画时为了表现出层次感，需要使用“刷子工具”在树干的一侧涂抹阴影区，这时要注意颜色的调整，只需加深一些即可，不要改变颜色的色相，在【颜色】面板中使用 HSB 模式调整比较方便。

(7) 参照前面的方法，使用“刷子工具”绘制出第二棵树的亮部(#677447)，并将树疤部分也填充为绿黄色(#A59C52)，结果如图 3-16 所示。

(8) 使用“颜料桶工具”将第三棵树填充为灰黄色(#836B49)，效果如图 3-17 所示。

图 3-16　绘制第二棵树的亮部与树疤

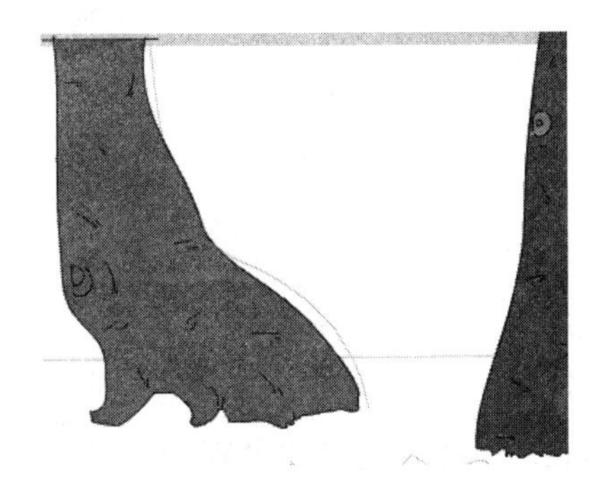

图 3-17　为第三棵树填色

(9) 使用“刷子工具”绘制出第三棵树的亮部，颜色略明亮一些(#997D55)，效果如图 3-18 所示。

(10) 在【时间轴】面板中创建一个新图层，命名为“背景”，并调整图层的顺序如图 3-19 所示，使“图层 1”位于最顶层。

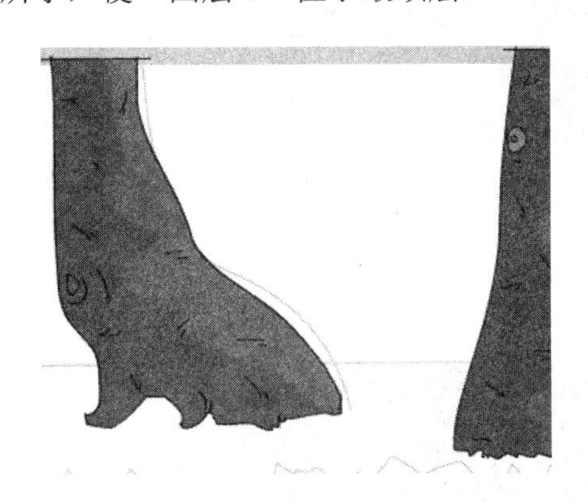

图 3-18　绘制第三棵树的亮部

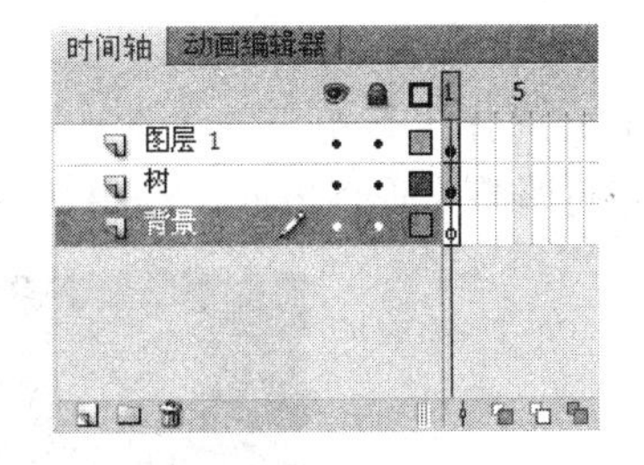

图 3-19　【时间轴】面板

指点迷津

由于 Flash 图形具有自动粘合的特点，所以在绘画时，要合理运用图层、群组、对象绘制模式、元件等功能，它们可以使绘画更加方便自如，能够有效地控制对象的前后关系。

(11) 按下 Alt + Shift + F9 键打开【颜色】面板，先单击【笔触颜色】按钮，将其设置为无色，然后再单击【填充颜色】按钮，在【颜色类型】下拉列表中选择“线性渐变”，设置左侧色标为黑色(#000000)，右侧色标为绿色(#78C529)，如图 3-20 所示。

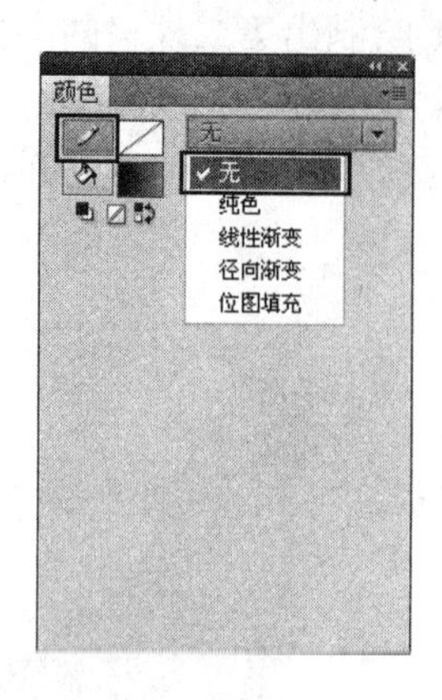

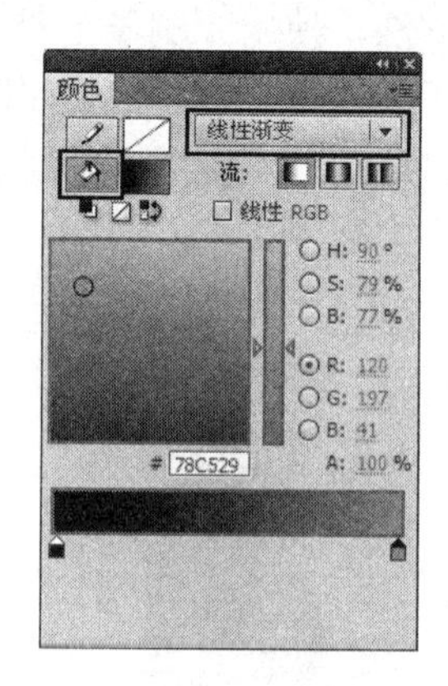

图 3-20　【颜色】面板

(12) 选择工具箱的“矩形工具”，在舞台中拖动鼠标，绘制一个与舞台大小一致的矩形，结果如图 3-21 所示。

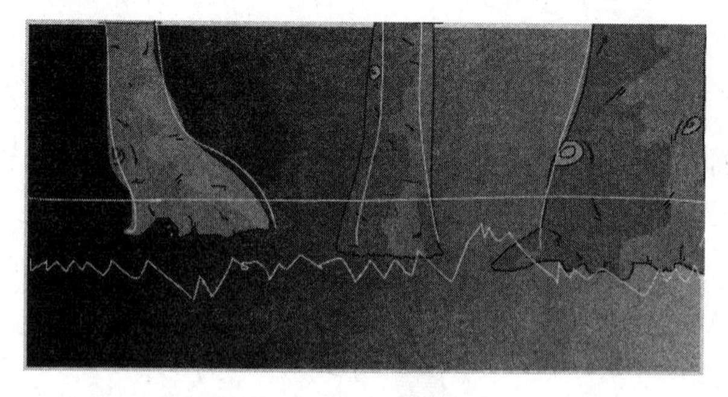

图 3-21　绘制的矩形

(13) 选择工具箱中的“渐变变形工具”，在矩形上单击鼠标，通过渐变控制柄将渐变方向调整为垂直方向，结果如图 3-22 所示。

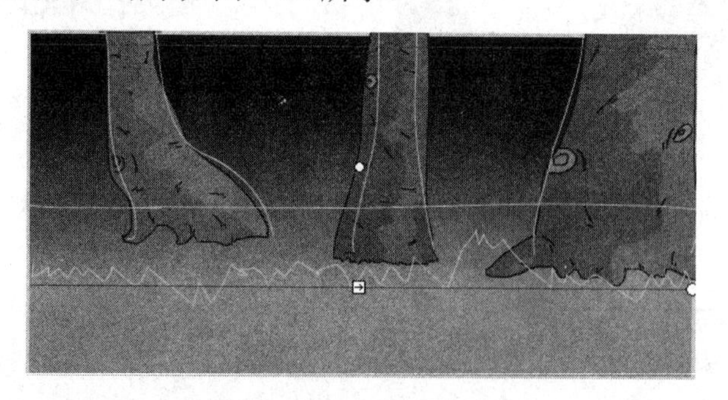

图 3-22　调整渐变方向

任务四：绘制道路与草地

(1) 在【时间轴】面板中创建一个新图层，命名为“路”，并调整到“背景”层的上方，如图 3-23 所示。

(2) 在【颜色】面板中单击【填充颜色】按钮，在【颜色类型】下拉列表中选择“纯色”，并设置颜色为土黄色(#BBA782)，如图 3-24 所示。

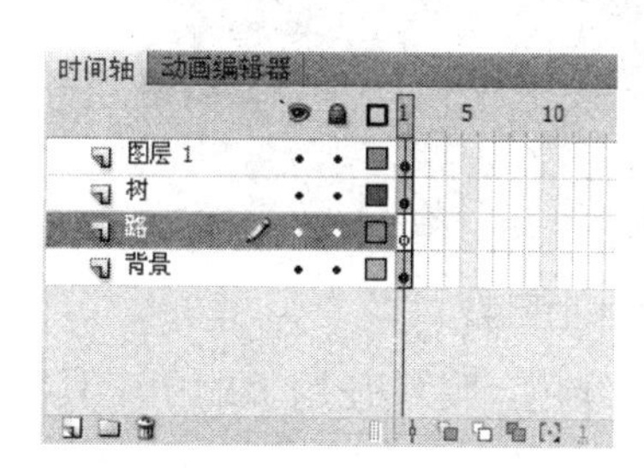

图 3-23　【时间轴】面板

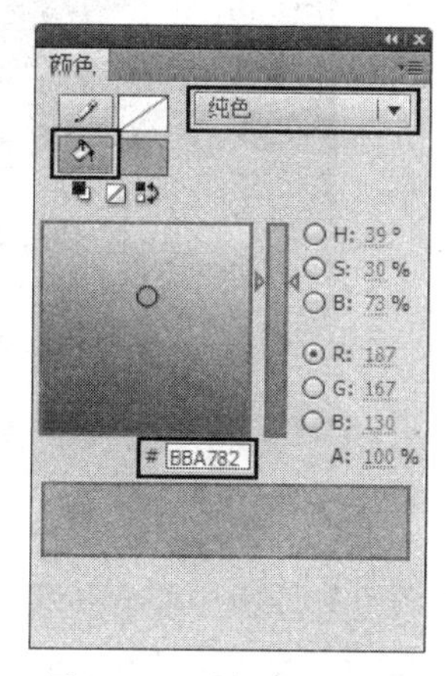

图 3-24　【颜色】面板

(3) 选择工具箱中的“刷子工具”，在工具箱下方将笔刷大小调至合适，然后沿着草图大体描绘出道路与草地的边界，如图 3-25 所示。

(4) 将舞台缩小显示，继续使用“刷子工具”在舞台中拖动鼠标，将整个路面部分绘制完成，结果如图 3-26 所示。

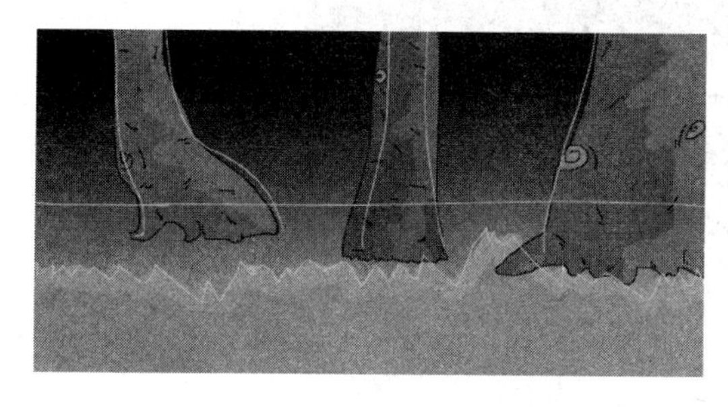

图 3-25　描绘道路与草地的边界

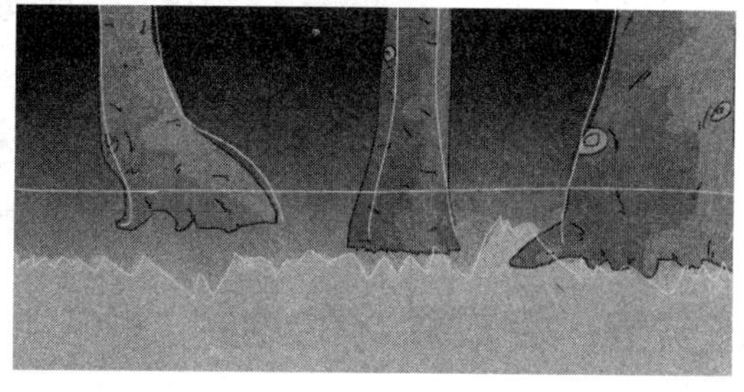

图 3-26　绘制的整个路面

(5) 在【颜色】面板中将填充颜色调亮一些(#CDBEA3)，并设置刷子工具的【刷子模式】为“内部绘画”，然后绘制出路面的亮部，使其具有立体感，如图 3-27 所示。

(6) 选择工具箱中的“铅笔工具”，在【属性】面板中设置【笔触颜色】为黑色，然后绘制出道路的凹凸起伏，如图 3-28 所示。

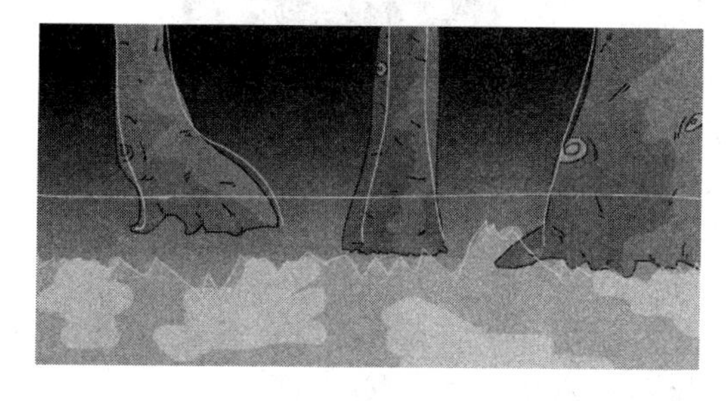

图 3-27　绘制路面的亮部

图 3-28　绘制出道路的凹凸起伏

(7) 在【时间轴】面板中选择“背景”层，在【颜色】面板中将填充颜色调整为暗绿色(#495F29)，使用“刷子工具”绘出树木的阴影，如图 3-29 所示。

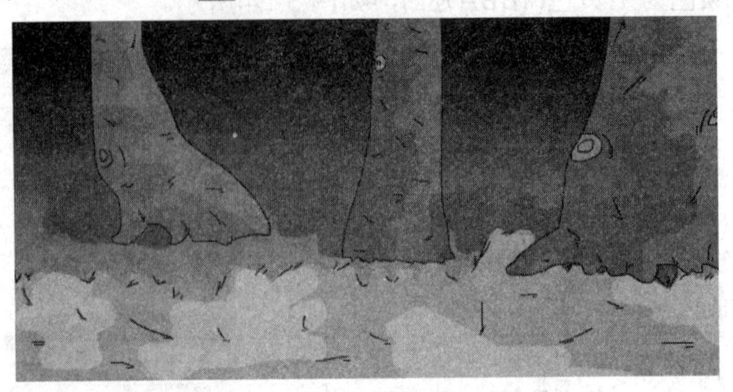

图 3-29 绘制树木的阴影

(8) 在【颜色】面板中将填充颜色调整为淡绿色，继续使用“刷子工具”在草地与路的交界处绘制高光效果，如图 3-30 所示。

图 3-30 绘制的高光效果

任务五：完成森林的绘制

(1) 在【时间轴】面板中选择“树”层为当前图层，然后锁定其他图层，如图 3-31 所示。

(2) 使用“选择工具”选择中间的大树，如图 3-32 所示。

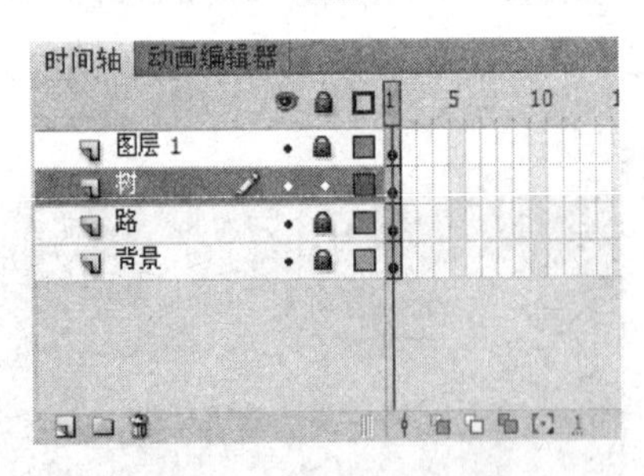

图 3-31 【时间轴】面板

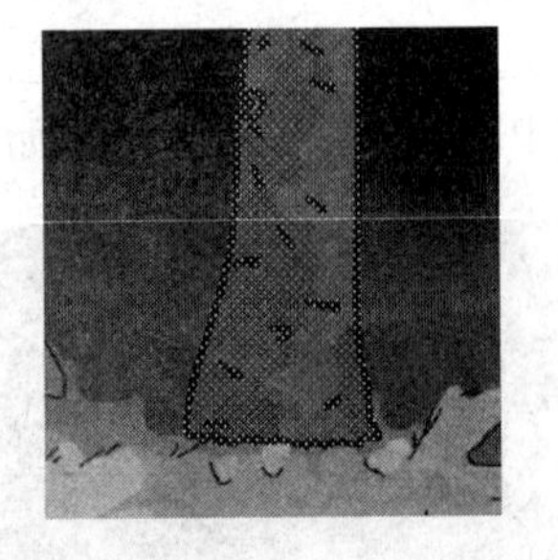

图 3-32 选择中间的大树

(3) 单击菜单栏中的【修改】/【转换为元件】命令(或者直接按下 F8 键)，在弹出的【转换为元件】对话框中设置参数，如图 3-33 所示。

(4) 单击 确定 按钮，将其转换为图形元件“树”。

(5) 按下 Ctrl + C 键复制舞台中的“树”实例，然后在【时间轴】面板中创建一个新图层，命名为“远景树”，将该层调整到“树”层的下方，如图 3-34 所示。

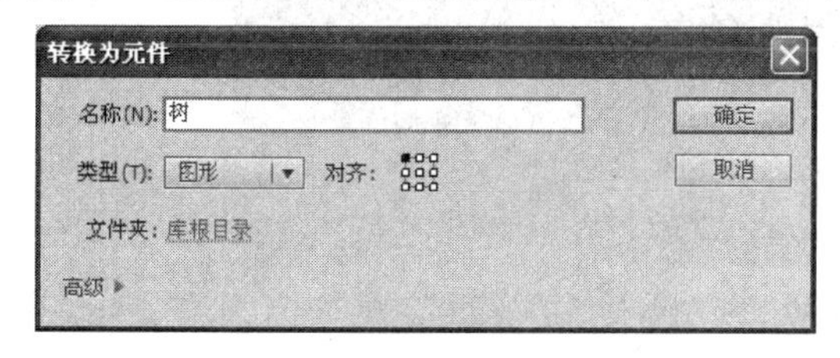

图 3-33　【转换为元件】对话框

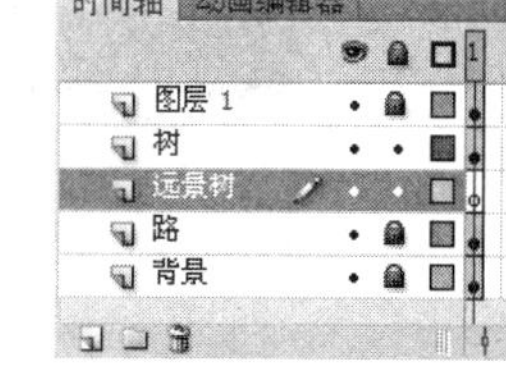

图 3-34　【时间轴】面板

(6) 按下 Ctrl + V 键，将复制的“树”实例粘贴到该图层中，然后使用“任意变形工具” 调整其大小与位置等，结果如图 3-35 所示。

图 3-35　调整后的效果

(7) 确认调整后的“树”实例处于选择状态，在【属性】面板的【色彩效果】选项中设置【样式】为“色调”，并调整参数，使大树呈深绿色，如图 3-36 所示。

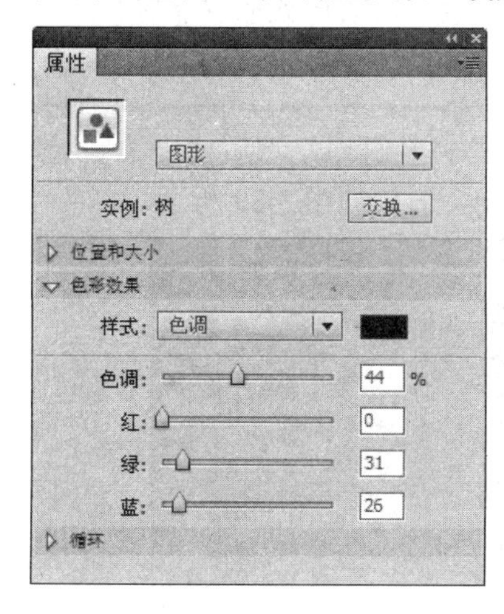

图 3-36　调整“树”实例的色彩

(8) 用同样的方法，将“树”实例多次复制并调整其大小、位置、色调等，表现出森林的纵深感，效果如图 3-37 所示。

图 3-37　复制调整后的效果

(9) 在【时间轴】面板中选择“树”层，使用“选择工具”选择最右侧大树多出舞台的部分，将其移动至左侧，与舞台左对齐，如图 3-38 所示。

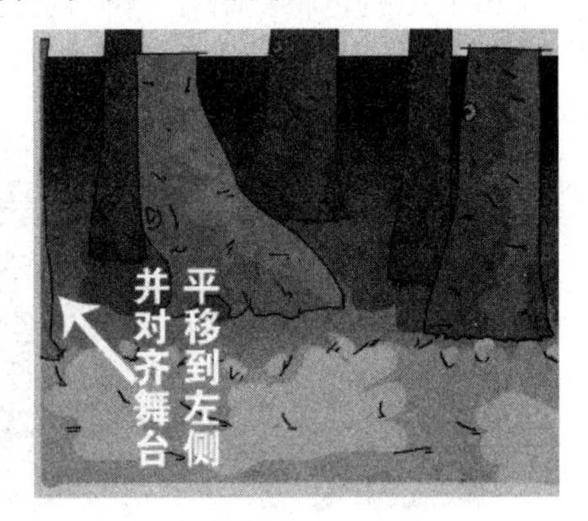

图 3-38　选择移动大树多出舞台的部分

指点迷津

这步操作的目的是为了制作二方连续图，也就是将来把整个场景复制并平移后，可以完全对接起来而看不到边界。这样，制作动画时就能够非常平滑、自然地连续移动，而不会出现“抖动或跳动”现象。

(10) 在【时间轴】面板中选择“背景”层并将其解锁，然后使用“刷子工具”为新复制的大树绘制阴影，颜色为暗绿色(#252F15)，效果如图 3-39 所示。

图 3-39　绘制复制大树的阴影

(11) 在【时间轴】面板中删除“图层 1”，然后将图层全部解锁，并按下 Ctrl + A 键，选择所有的图形对象。

(12) 按下 Ctrl + C 键复制选择的图形，然后新建一个图层，命名为“场景”，再按下 Ctrl + V 键粘贴复制的图形，最后只保留“场景”层，删除其他图层。这样就完成了场景的绘制，如图 3-40 所示。

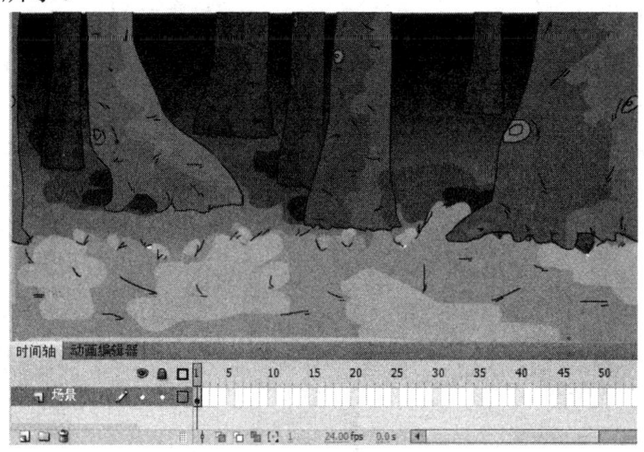

图 3-40　最终的场景效果

3.4　知 识 延 伸

知识点一：铅笔工具

在 Flash 动画创作过程中，铅笔工具主要用于绘制一些不规则的线条或勾勒背景轮廓，应用十分广泛。它的使用与我们平时使用的铅笔一样，可以随意绘制各种形状的线条，使用起来非常方便，如图 3-41 所示为使用铅笔工具绘制的线条。

选择工具箱中的“铅笔工具”后，【属性】面板中将显示“铅笔工具”的相关属性，如图 3-42 所示。

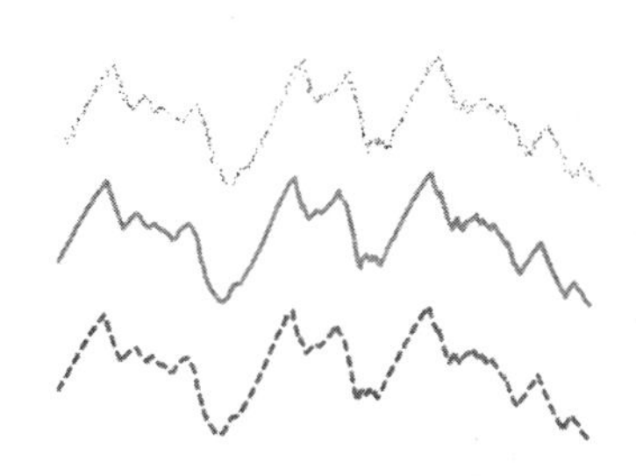

图 3-41　使用铅笔工具绘制的线条

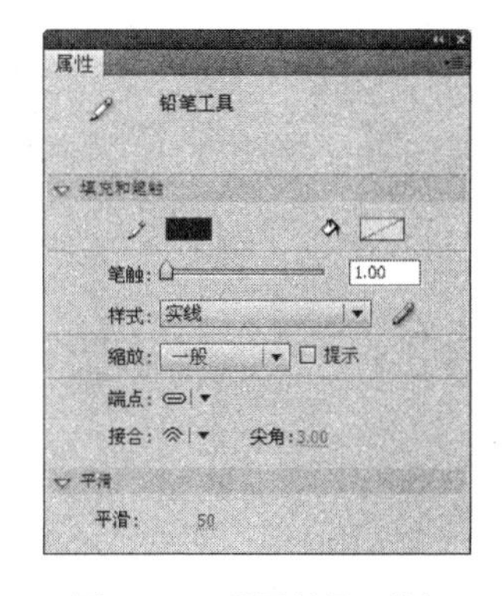

图 3-42　【属性】面板

通过【属性】面板可以设置铅笔笔触的颜色、粗细、线条样式等，其方法与“线条工具”类似，铅笔工具的【属性】面板中多了一个【平滑】选项，它主要用于控制使用铅笔绘制线条时的平滑度，该选项只有在“平滑”模式下才有效。数值越大，绘制的线条越趋于曲线；数值越小，绘制的线条越趋于直线。

Flash 中预置了三种铅笔模式，分别是“伸直”模式、“平滑”模式和“墨水”模式。在工具箱的下方可以选择不同的铅笔模式，如图 3-43 所示。

➢ “伸直”模式：选择该模式，绘制线条时系统会自动将其主要部分转成直线，同时锐化其拐角处，因此适合画有棱角的图形。该模式下绘制闭合线条时会自动适应三角形、矩形、圆形等基本形状，如图 3-44 所示。

➢ “平滑”模式：选择该模式，绘制线条时系统会尽可能地光滑曲线，从而弥补电脑作图的缺陷，这种模式适合绘制平滑的图形，如图 3-45 所示。

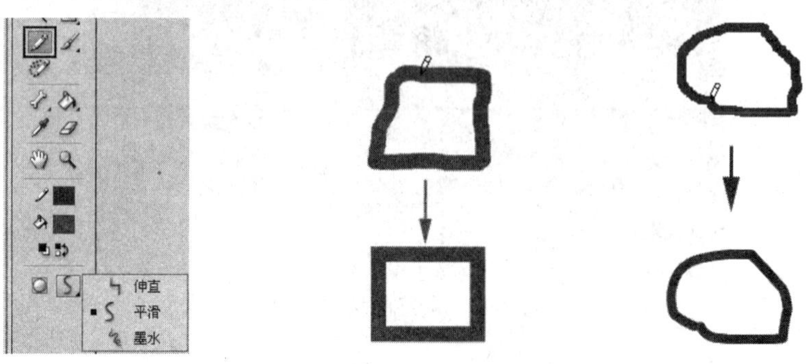

图 3-43　铅笔模式　　图 3-44　“伸直”模式　　图 3-45　“平滑”模式

➢ “墨水”模式：选择该模式，所绘制的线条将最大限度地保持原样，此模式适合绘制具有手绘效果的图形。

知识点二：刷子工具

刷子工具用于绘制图形或为图形填充颜色。使用方法与“铅笔工具”相同，不同之处在于：铅笔工具绘制的对象性质为轮廓线，而刷子工具绘制的对象性质为填充色。

选择工具箱中的“刷子工具”，工具箱下方将出现刷子工具的相关选项，包括刷子模式、刷子形状、刷子大小等，如图 3-46 所示。

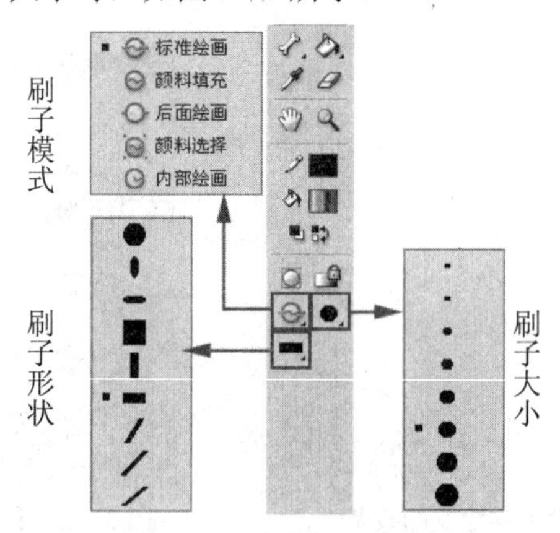

图 3-46　刷子工具的相关选项

➢ 【刷子形状】：用于设置刷子工具的形状，如圆形、矩形、椭圆形、斜线形等。

➢ 【刷子大小】：用于设置刷子工具的笔头大小。

➢ 【刷子模式】：用于设置刷子工具的各种绘制模式，Flash CS5 提供了五种绘制模式供用户选择。

选择不同的刷子模式，绘画效果是不一样的。下面详细介绍刷子工具的各种绘制模式与绘画效果。

➢ 【标准绘画】：选择该模式，所画的图形将完全覆盖原来的图形，包括填充色区域与轮廓线，如图 3-47 所示。

图 3-47　【标准绘画】模式

➢ 【颜料填充】：选择该模式，所画的图形只覆盖原来图形的填充色区域，而不影响轮廓线，如图 3-48 所示。

图 3-48　【颜料填充】模式

➢ 【后面绘画】：选择该模式，所画的图形将位于舞台的最底层，新图形被原有的图形覆盖，如图 3-49 所示。

图 3-49　【后面绘画】模式

➢ 【颜料选择】：选择该模式，只能对选择的填充色区域进行绘画，对没有选择的区域或轮廓没有影响，如图 3-50 所示。

图 3-50 【颜料选择】模式

➢ 【内部绘画】：选择该模式，刷子所绘的线条只影响原图形内部，而图形以外的区域并不影响。但是要注意，绘画时刷子的起点应在图形内部，否则与【后面绘画】模式相同，如图 3-51 所示。

图 3-51 【内部绘画】模式

知识点三：初步认识元件

元件是 Flash 动画中特有的一种动画对象，是指在 Flash 中创建的图形、按钮或影片剪辑，它可以在动画中重复利用，但不会增加文件的体积。元件可以是由 Flash 创建的矢量图形，也可以是从外部导入的 JPG、GIF、BMP 等多种 Flash 支持的图形格式。

创建了元件之后，它就会出现在【库】面板中，当需要使用元件时，直接从【库】面板中拖曳到舞台中即可。但是将元件从【库】面板中拖动到舞台之后，它将被称为该元件的“实例”，如图 3-52 所示。

元件的重要特点就是可以重复利用，我们可以将一个元件从【库】面板中多次拖曳到舞台中，从而在舞台中创建出多个实例，如图 3-53 所示。但是在最终生成的动画中只记录一个元件的体积，并不会因为舞台中有多个元件的实例而增加文件的体积。

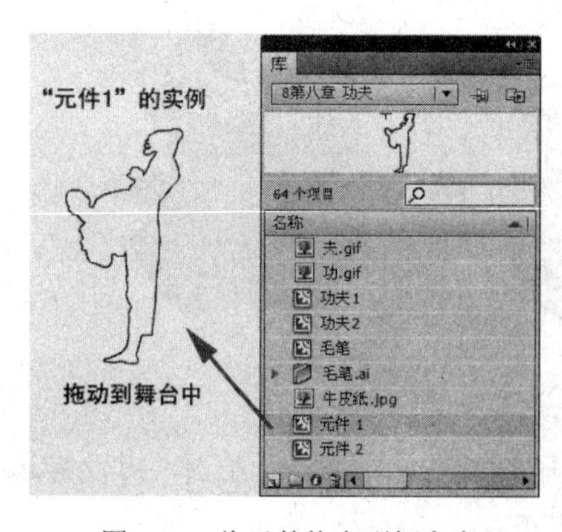

图 3-52 将元件拖曳到舞台中

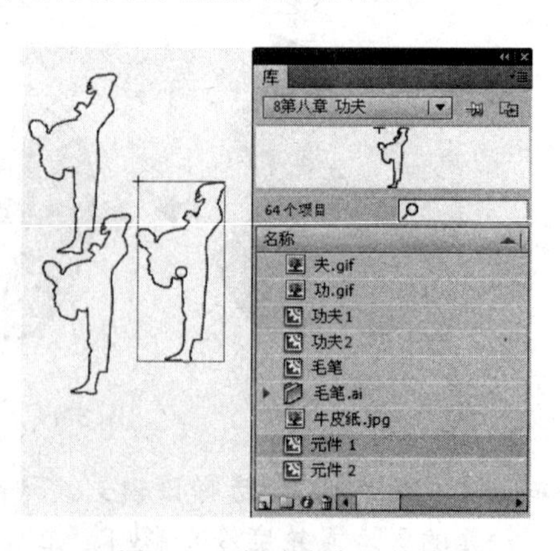

图 3-53 创建多个元件的实例

如果要重复使用一个图形，就可以将其转换为元件，例如本项目中的“大树”，如果重复绘画，显然浪费工作时间，而将其转换为元件，则大大提高了工作效率。

将图形对象转换为元件的方法很简单，只需要在舞台中选择要转换为元件的图形，如图 3-54 所示，然后单击菜单栏中的【修改】/【转换为元件】命令(或者按下 F8 键)，则弹出【转换为元件】对话框，如图 3-55 所示。

图 3-54　选择图形

图 3-55　【转换为元件】对话框

在该对话框中设置适当的选项，然后单击按钮，则将所选对象转换为元件，此时【库】面板中出现了新元件，舞台中的对象也转换成了该元件的实例。

知识点四：实例的色彩效果

在 Flash CS5 中，通过【属性】面板可以设置实例的属性，其中【色彩效果】属性是使用比较频繁的一类。在【属性】面板中展开【色彩效果】分类之后，可以看到它提供了几种不同的样式，用于控制实例的色彩属性，如图 3-56 所示。

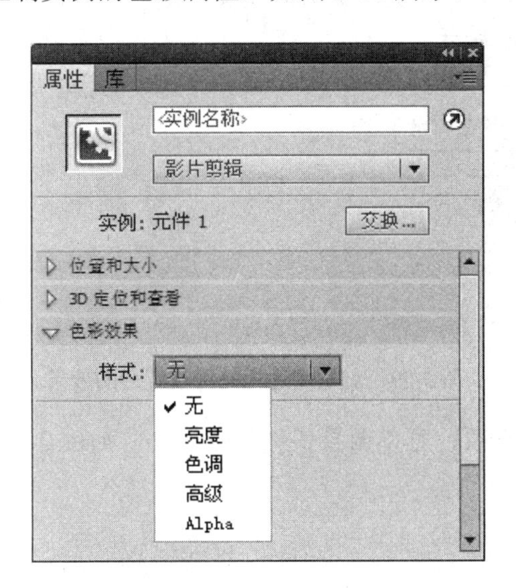

图 3-56　实例的色彩属性

- 选择【无】选项，不使用任何颜色效果。
- 选择【亮度】选项，可以调整实例的明暗度，取值范围为 −100 ~ 100，数值越大，亮度就越高，反之亮度越暗，如图 3-57 所示。

图 3-57　调整亮度后的效果

➢ 选择【色调】选项，可以为实例重新着色，单击右侧的颜色块可以设置实例的颜色，也可以通过下面的【色调】、【红】、【绿】、【蓝】等参数进行设置，如图 3-58 所示。

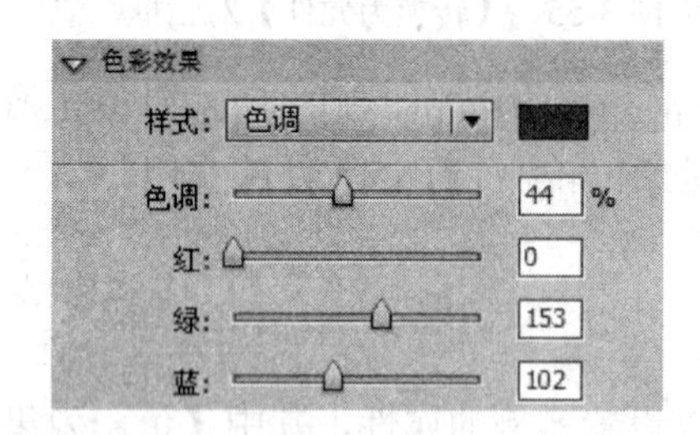

图 3-58　为实例重新着色后的效果

➢ 选择【高级】选项，可以对实例的亮度、透明度、颜色进行综合调整，功能强大，如图 3-59 所示。

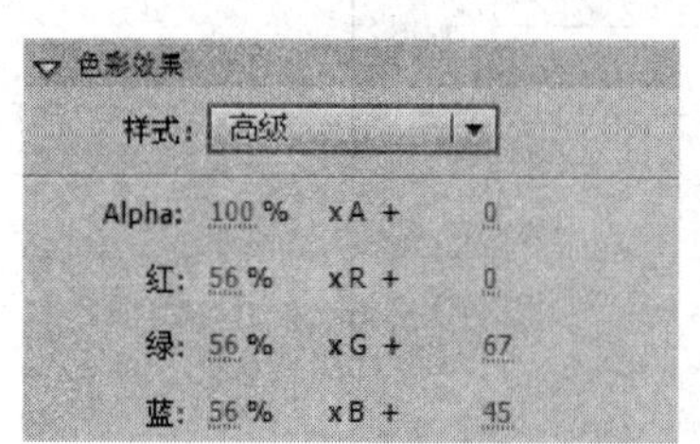

图 3-59　对实例进行高级设置后的效果

➢ 选择【Alpha】选项，可以调整实例的透明度，如图 3-60 所示。

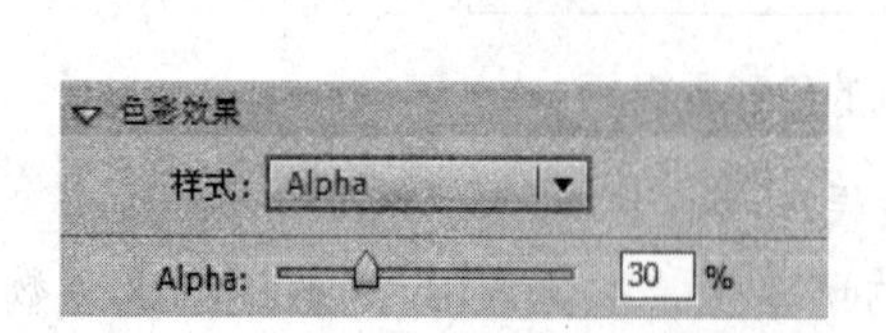

图 3-60　调整实例的透明度

知识点五：复制与粘贴

在 Flash 中使用【复制】与【粘贴】命令可以快速地得到相同的图形对象，操作方法与其他软件略有不同。下面介绍几种复制对象的方法。

选择图形对象以后，单击菜单栏中的【编辑】/【直接复制】命令，或者按下 Ctrl + D 键，相当于执行了复制与粘贴操作，新生成的图形对象将出现在原对象的右下角，如图 3-61 所示。

另外，可以先复制图形对象，然后再进行粘贴操作，Flash 中提供了三种不同方式的粘贴操作，如图 3-62 所示。

图 3-61　直接复制的对象

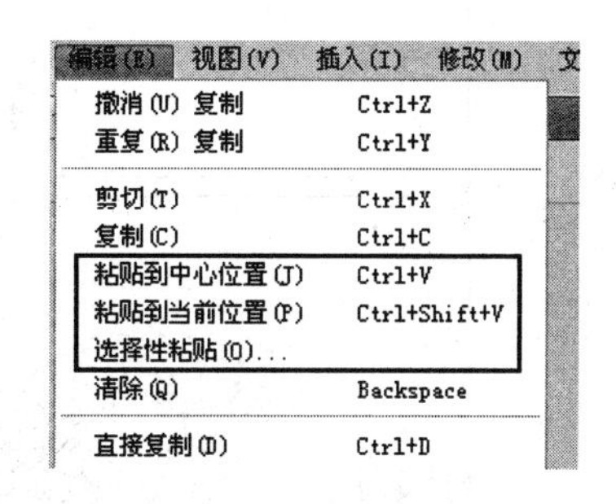

图 3-62　三种不同的粘贴操作

- 执行【粘贴到中心位置】命令，可以将复制的内容粘贴到工作区的正中央。
- 执行【粘贴到当前位置】命令，可以将复制的内容粘贴到相对于舞台的同一位置。
- 执行【选择性粘贴】命令，则弹出【选择性粘贴】对话框，如图 3-63 所示，该对话框可以将 Windows 剪贴板中的对象以图形、动画或独立的位图文件形式粘贴到文档中，并产生相关的链接。

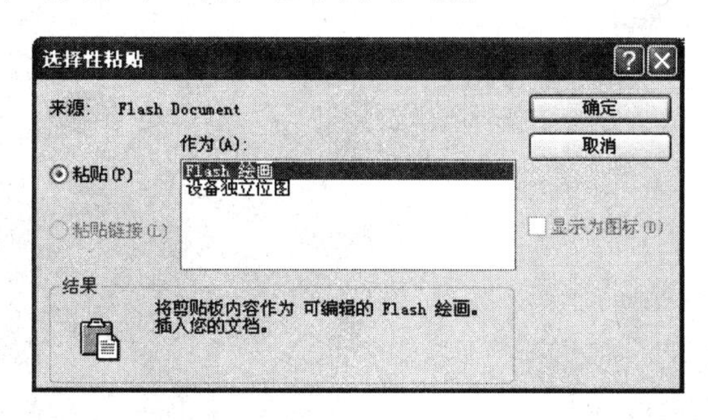

图 3-63　【选择性粘贴】对话框

3.5　项 目 实 训

如果要向 Flash 动画师的方向发展的话，首先要解决一个基础问题，也是十分重要的问题，即绘画功底，如果没有绘画功底，会影响 Flash 动画的创作。本项目绘制了一个森林场景，接下来使用学到的知识绘制一个山崖场景。

任务分析

本项目主要使用了铅笔工具与刷子工具，完全依靠良好的绘画功底来完成。在绘制时需要分层绘制，先画出线稿，然后进行描线与填色，填色时要注意表现出层次。

任务素材

该实训项目没有素材，属于徒手绘画，绘制步骤示意如图 3-64 所示。

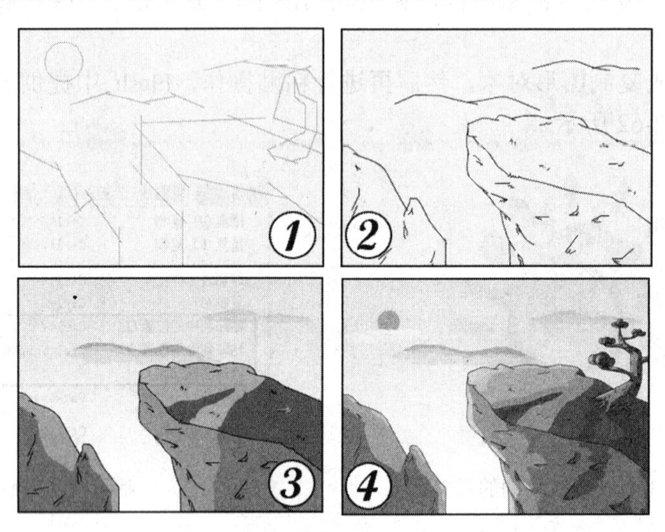

图 3-64　绘制步骤

参考效果

光盘位置：光盘\项目 03\实训，参考效果如图 3-65 所示。

图 3-65　参考效果

项目 04

森林里的小白兔动画

4.1 项目说明

动画作品“森林里的小白兔”是某动画公司策划推出的一系列儿童故事，在上一个项目中，我们完成了动画场景的绘制。本项目的任务是设计动画角色小白兔，并完成小白兔在森林里独步穿行的动画，要求自然生动，画面连续。

4.2 项目分析

本项目是一个循环动画，在网络公司或动画公司工作，循环动画是最常见的一种动画形式，可以通过背景的移动来实现，基本思路如下：

第一，将背景制作成二方连续图，因为这样才可以连续播放而不被发觉。所谓二方连续图，就是一个图案单元在左、右方向上可以连续拼接，无限延长而没有痕迹。

第二，动画角色要使用影片剪辑元件来完成，将动画角色小白兔制作成走路的姿态，然后放置在场景中。

第三，理解并掌握传统补间动画的制作方法。

4.3 项目实施

Flash 的主要功能就是动画制作，制作动画时将涉及到【时间轴】面板、关键帧、元件以及动画类型等内容，本项目将学习这方面的内容，动画效果如图 4-1 所示。

图 4-1　动画参考效果

任务一：背景的处理

(1) 启动 Flash CS5 软件，单击菜单栏中的【文件】/【打开】命令，打开上一个项目中完成的“动画场景.fla”文件。

(2) 单击菜单栏中的【文件】/【另存为】命令，将其另存为“小白兔动画.fla”文件。

(3) 按下 Ctrl + A 键选择全部图形，然后按住 Alt 键，使用“选择工具”向左拖动鼠标，将其复制一份，使其与原来的背景无缝拼接，如图 4-2 所示。

图 4-2　复制后的背景效果

(4) 接着再按下 Ctrl + A 键，选择所有的图形对象，按下 F8 键，在弹出的【转换为元件】对话框中设置【名称】为“背景”，【类型】为“图形”，如图 4-3 所示。

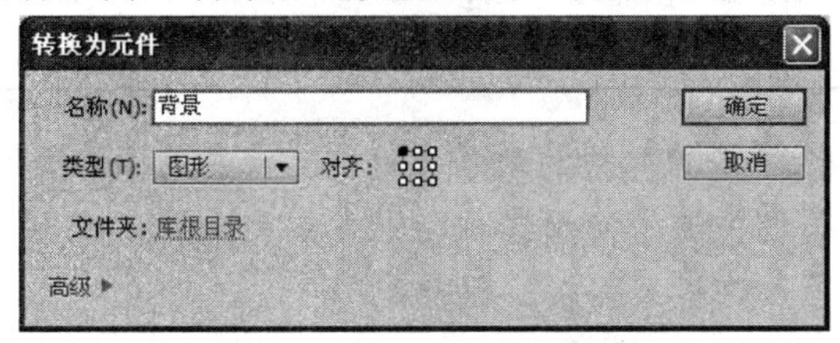

图 4-3　【转换为元件】对话框

(5) 单击确定按钮，将其转换为图形元件“背景”。

指点迷津

创建元件时，既可以单击菜单栏中的【插入】/【新建元件】命令(Ctrl+F8 键)，也可以单击菜单栏中的【修改】/【转换为元件】命令(F8 键)，但两者略有区别，前者进入元件编辑窗口以后，看不到场景中的其他对象；而后者进入元件编辑窗口以后，可以看到场景中的其他对象，只是以淡化的形式显示。

(6) 在【时间轴】面板中选择“场景”层的第 250 帧，按下 F6 键插入关键帧，结果如图 4-4 所示。

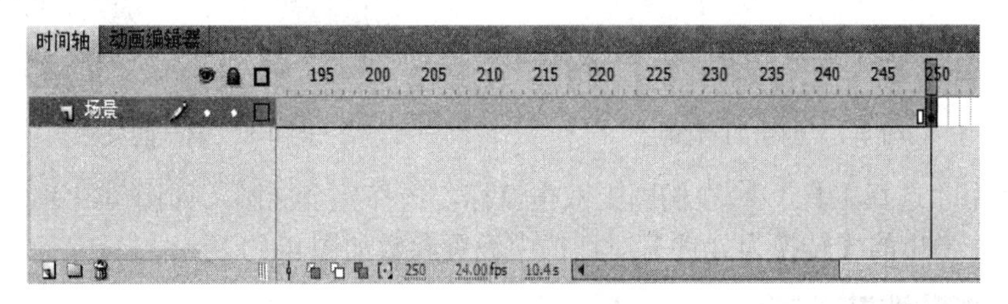

图 4-4　【时间轴】面板

(7) 在舞台中选择“背景”实例，水平向右拖动实例，使其左边缘与舞台的左边缘相对齐，如图 4-5 所示。

图 4-5　调整“背景”实例的位置

(8) 在【时间轴】面板中选择“场景”层第 1 帧～第 250 帧之间的任意一帧，单击菜单栏中的【插入】/【传统补间】命令，创建传统补间动画，如图 4-6 所示。

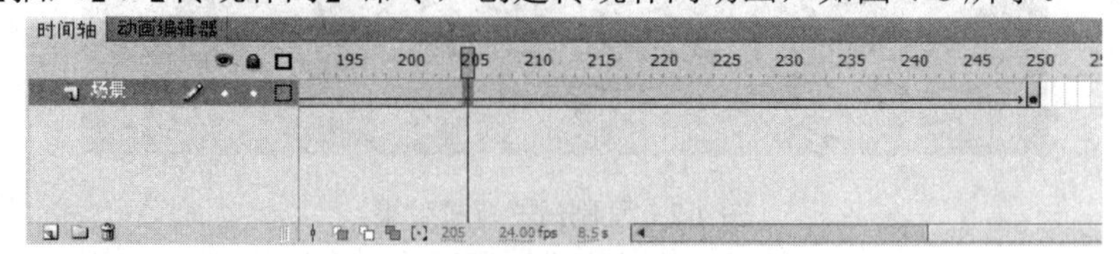

图 4-6 创建传统补间动画

(9) 这样就完成了背景动画的制作，按下 Ctrl + Enter 键来测试一下。

指点迷津

在 Flash 中可以创建多种类型的动画，其中“传统补间动画”是一种使用比较频繁的动画类型，本项目主要是使用这种动画类型完成的。关于更多的动画内容，请参考本书的后续内容，这里只需按步骤操作即可。

任务二：绘制角色

(1) 在【时间轴】面板中创建一个新图层，命名为“角色”，并选择该层的第 1 帧，如图 4-7 所示。

(2) 选择工具箱中的“椭圆工具”，在【属性】面板中设置【填充颜色】为白色，【笔触颜色】为黑色(#000000)，在舞台中绘制一个白色的椭圆，如图 4-8 所示。

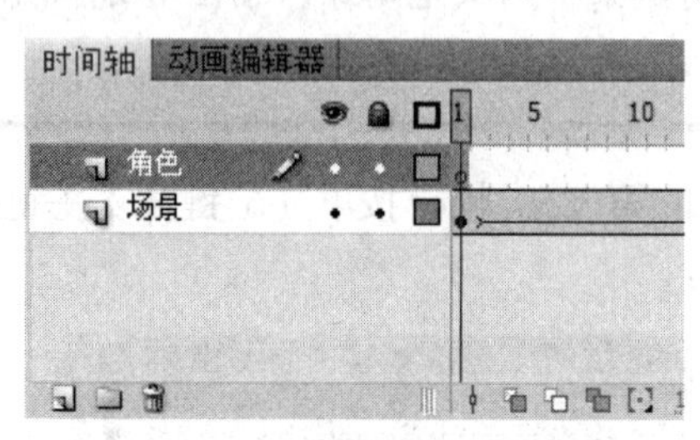

图 4-7 创建的新图层

图 4-8 绘制的椭圆

(3) 使用“选择工具”在椭圆上双击鼠标，选择整个椭圆，如图 4-9 所示，然后按下 F8 键，在弹出的【转换为元件】对话框中设置参数如图 4-10 所示。

图 4-9 选择整个椭圆

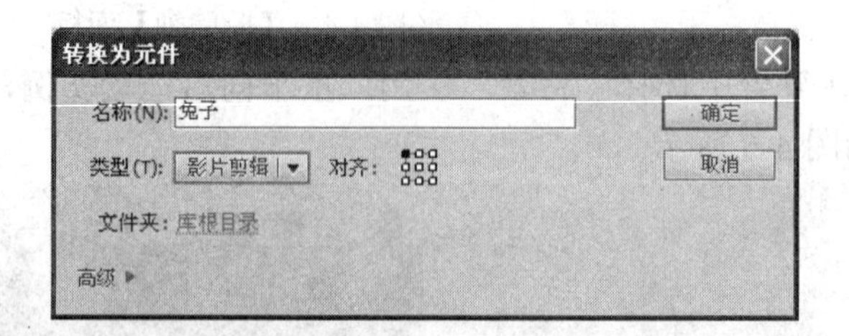

图 4-10 【转换为元件】对话框

(4) 单击 确定 按钮，将其转换为影片剪辑元件“兔子”。

指点迷津

影片剪辑元件是一种重要的元件类型，在 Flash 动画中使用最多，它拥有自己独立的时间轴，可以实现动画的嵌套，从而制作出更复杂更逼真的动画效果。

(5) 在舞台中双击“兔子”实例，进入其编辑窗口中，这时周围的背景都变为半透明状，如图 4-11 所示；此时的【时间轴】面板中只有一个图层“图层 1”，将其重新命名为“身体”，如图 4-12 所示。

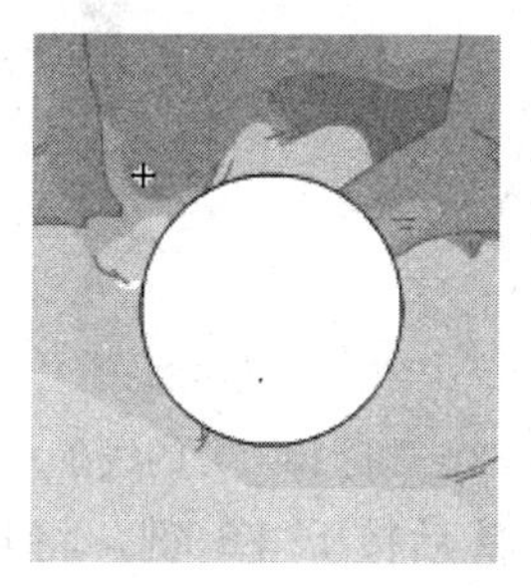

图 4-11　进入元件编辑窗口

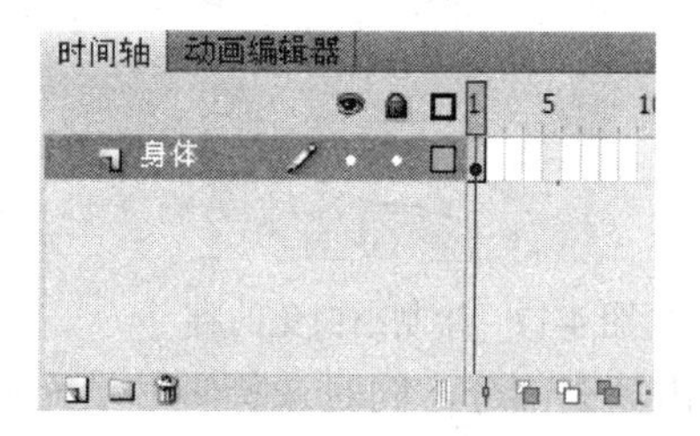

图 4-12　重命名图层

(6) 使用“选择工具”在圆形的上方按住鼠标左键调整轮廓线的弧度，使其呈如图 4-13 所示形状。

(7) 选择工具箱中的“刷子工具”，调整笔刷至合适大小，然后设置【填充颜色】为黑色，为小白兔画上眼睛，如图 4-14 所示。

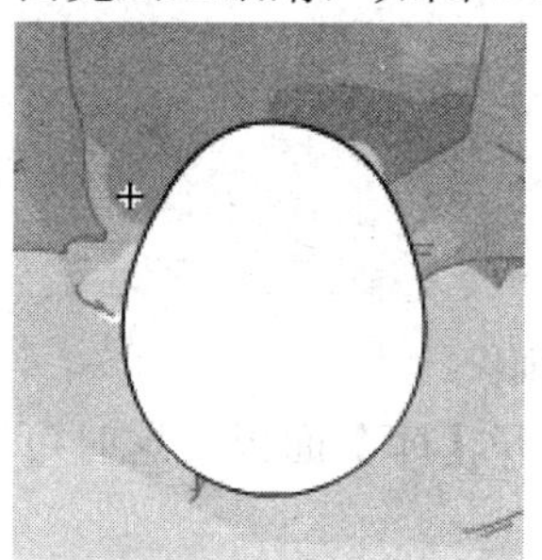

图 4-13　调整椭圆的形状

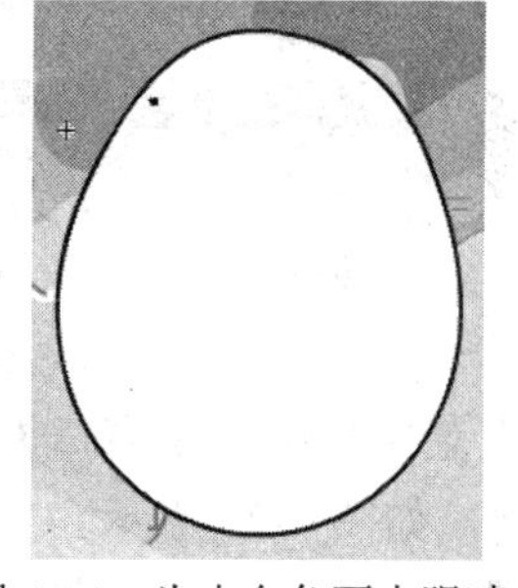

图 4-14　为小白兔画上眼睛

(8) 再使用“线条工具”为小白兔画上嘴巴，然后使用“选择工具”将其略拉弯一些，结果如图 4-15 所示。

(9) 按下 Ctrl + A 键选择所有的图形，然后按下 F8 键，在弹出的【转换为元件】对话框中设置参数如图 4-16 所示。

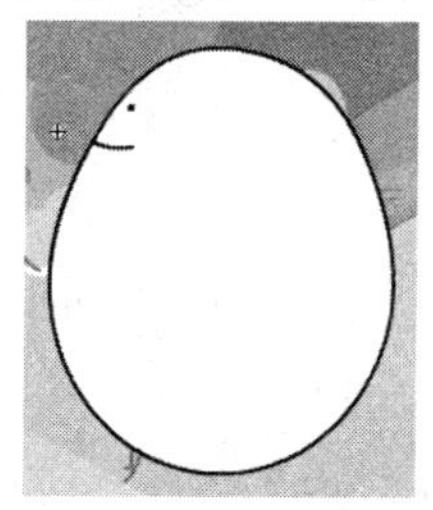

图 4-15　为小白兔画上嘴巴

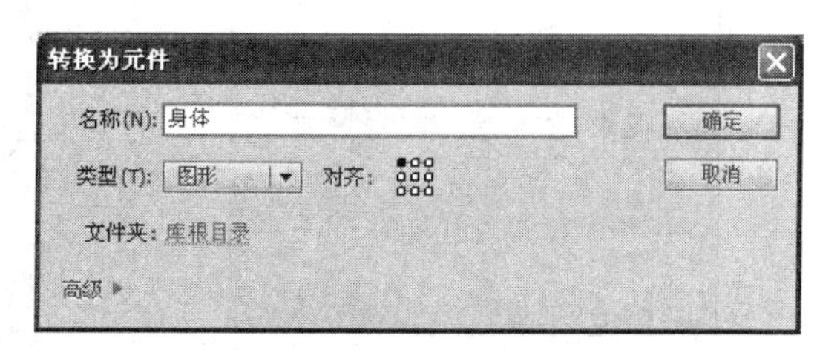

图 4-16　【转换为元件】对话框

(10) 单击 确定 按钮，将其转换为图形元件“身体”。

(11) 在【时间轴】面板中创建一个新图层，命名为“脚 1”，使用“铅笔工具”绘制出小白兔的脚，并填充为白色，如图 4-17 所示。

(12) 使用“选择工具”单击脚上方的线条将其选择，然后按下 Delete 键将其删除，结果如图 4-18 所示。

图 4-17 绘制小白兔的脚

图 4-18 删除脚上方的线条

(13) 双击填充部分，同时选择脚的填充色和轮廓，然后按下 F8 键，将其转换为图形元件“脚”。

(14) 在【时间轴】面板中创建一个新图层，命名为“脚 2”，将该层调整到“身体”层的下方，如图 4-19 所示。

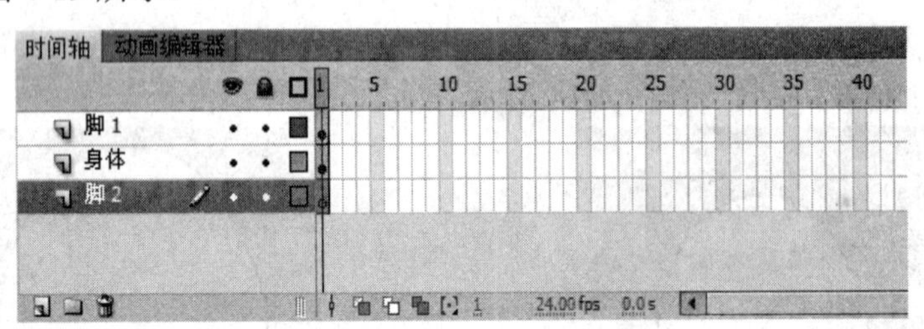

图 4-19 【时间轴】面板

(15) 单击菜单栏中的【窗口】/【库】命令，打开【库】面板，这时可以看到已经创建的各个元件，如图 4-20 所示。

(16) 从【库】面板中将“脚”元件拖动到舞台上，然后使用“任意变形工具”调整其位置与方向，结果如图 4-21 所示。

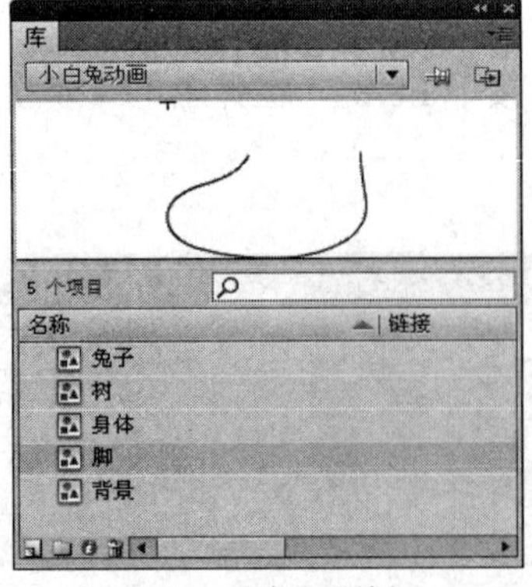

图 4-20 【库】面板

图 4-21 调整后的位置与方向

(17) 在【时间轴】面板的最上方创建一个新图层，命名为“手”，使用“铅笔工具”在窗口中绘制一个图形作为手，如图 4-22 所示。

(18) 选择作为手的图形(填充色和轮廓要同时选择)，如图 4-23 所示，然后按下 F8 键，将其转换为图形元件“手”。

图 4-22　绘制的手

图 4-23　选择手图形

(19) 在【时间轴】面板中创建一个新图层，命名为“耳朵 1”，然后使用“铅笔工具”绘制出耳朵的形状，如图 4-24 所示。

(20) 选择作为耳朵的图形，按下 F8 键，将其转换为图形元件“耳朵”。

(21) 在【时间轴】面板中再创建一个新图层，命名为“耳朵 2”，将该层调整到“身体”层的下方，然后将“耳朵”元件从【库】面板中拖动到舞台中，并调整其位置和方向如图 4-25 所示。

图 4-24　绘制的耳朵

图 4-25　调整后的位置与方向

任务三：制作动画

(1) 在【时间轴】面板中同时选择所有图层的第 10 帧，按下 F6 键，插入关键帧，如图 4-26 所示。

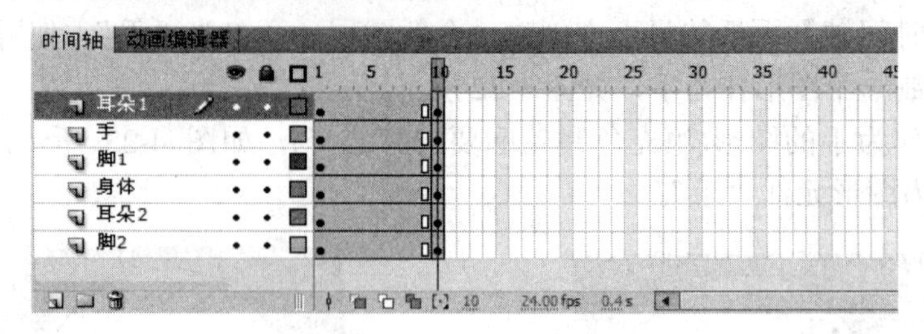

图 4-26　插入关键帧

(2) 选择小白兔前面的“脚”，如图 4-27 所示，向右移动至合理的位置，并使用“任意变形工具”将其稍微逆时针旋转一下，结果如图 4-28 所示。

图 4-27　选择的“脚”

图 4-28　调整后的效果

(3) 用同样的方法，选择另外一只“脚”，如图 4-29 所示，使用“任意变形工具”将其调整位置并适当旋转，结果如图 4-30 所示。

图 4-29　选择另一只脚

图 4-30　调整后的效果

(4) 用同样的方法，选择小白兔的“手”，如图 4-31 所示，使用“任意变形工具”将其顺时针旋转一定的角度，结果如图 4-32 所示。

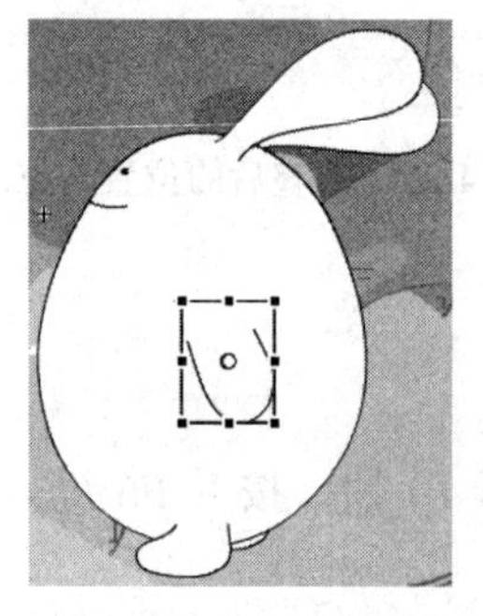

图 4-31　选择的“手”

图 4-32　调整后的效果

(5) 再选择小白兔的“身体”，按住 Alt 键，使用“任意变形工具”将其向上稍微拉长一点，如图 4-33 所示。

(6) 最后选择小白兔的两个“耳朵”，稍微顺时针旋转一下，以符合身体的变化，结果如图 4-34 所示。

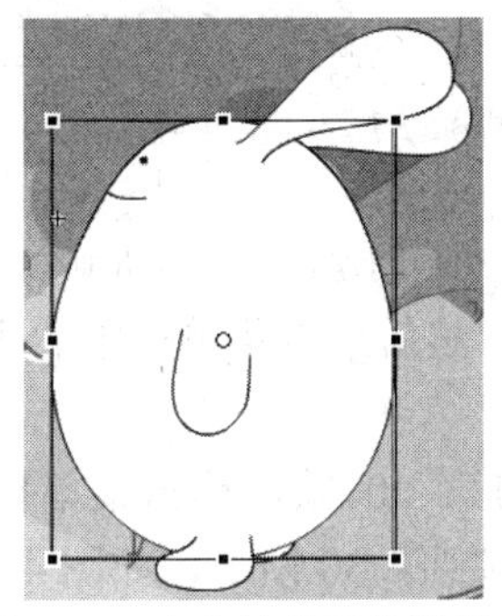

图 4-33　向上拉长后的效果

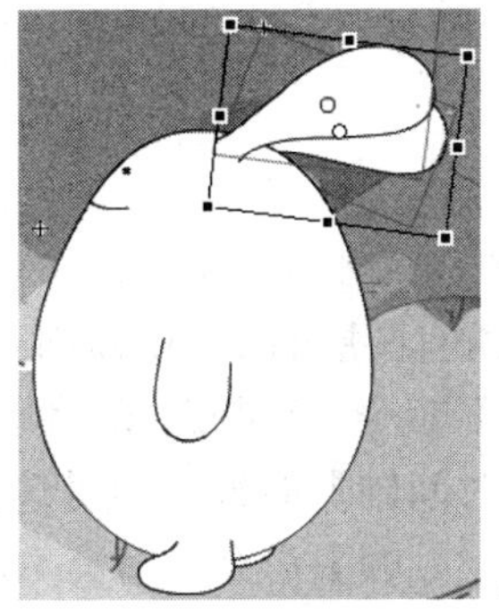

图 4-34　旋转后的效果

(7) 在【时间轴】面板中同时选择所有图层的第 1 帧，单击菜单栏中的【插入】/【传统补间】命令，为各个图层创建传统补间动画，如图 4-35 所示。

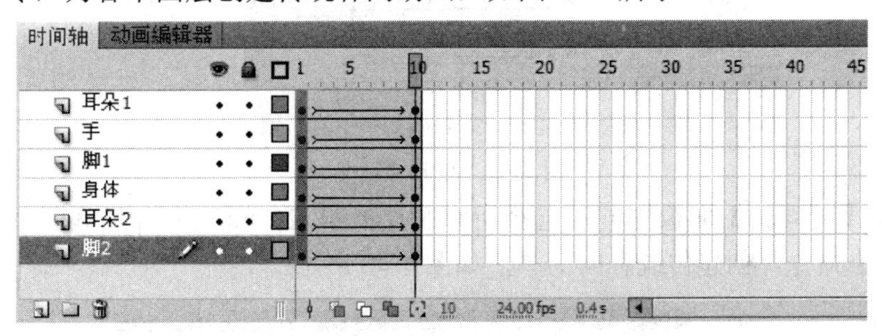

图 4-35　创建传统补间动画

(8) 在【时间轴】面板中同时选择所有图层的第 20 帧，按下 F6 键插入关键帧，如图 4-36 所示。

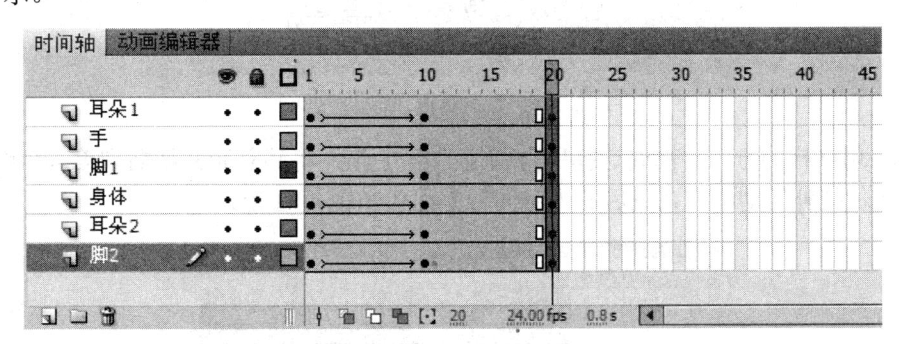

图 4-36　插入关键帧

(9) 按照运动规律，相应地调整小白兔的手、脚、耳朵、身体的位置，调整完之后的效果如图 4-37 所示，这里不再赘述具体操作。

(10) 在【时间轴】面板中同时选择所有图层的第 10 帧，单击菜单栏中的【插入】/【传统补间】命令，创建传统补间动画，如图 4-38 所示。

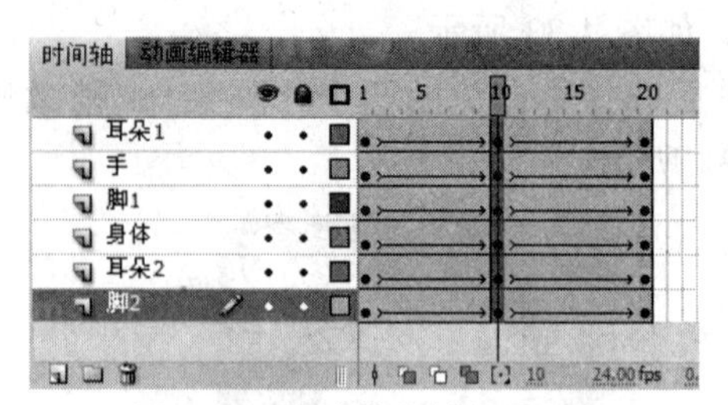

图 4-37　调整小白兔的形态　　　　图 4-38　创建传统补间动画

(11) 确保所有图层的第 10 帧都处于选择状态，然后单击菜单栏中的【编辑】/【时间轴】/【复制帧】命令，复制选择的帧。

(12) 在【时间轴】面板中同时选择所有图层的第 30 帧，单击菜单栏中的【编辑】/【时间轴】/【粘贴帧】命令，将第 10 帧的内容复制到第 30 帧中，如图 4-39 所示。

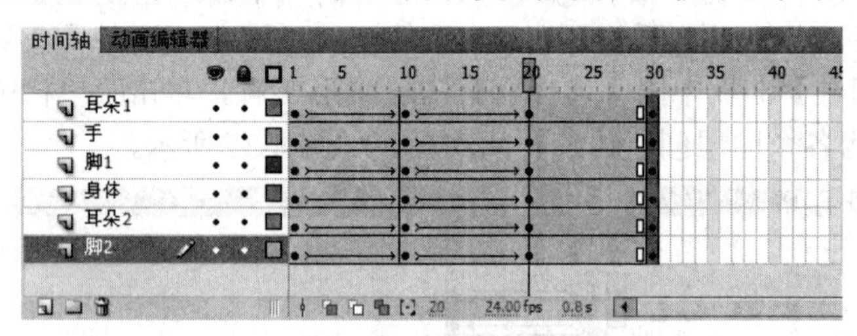

图 4-39　复制并粘贴帧

(13) 在【时间轴】面板中同时选择所有图层的第 20 帧，单击菜单栏中的【插入】/【传统补间】命令，创建传统补间动画，如图 4-40 所示。

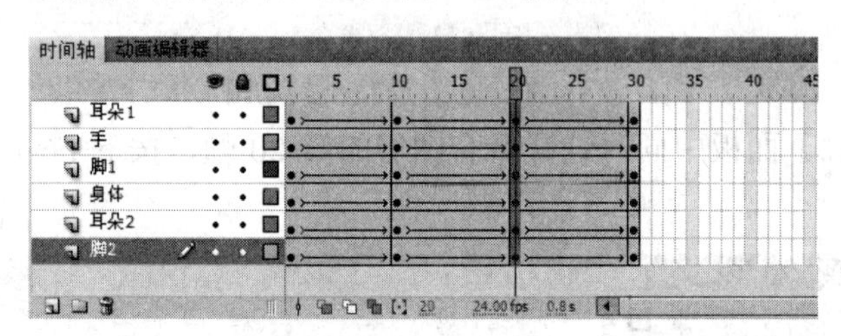

图 4-40　创建传统补间动画

(14) 用同样的方法，同时选择所有图层的第 1 帧，将其复制并粘贴到第 40 帧中，然后再创建传统补间动画，完成后的【时间轴】面板如图 4-41 所示。

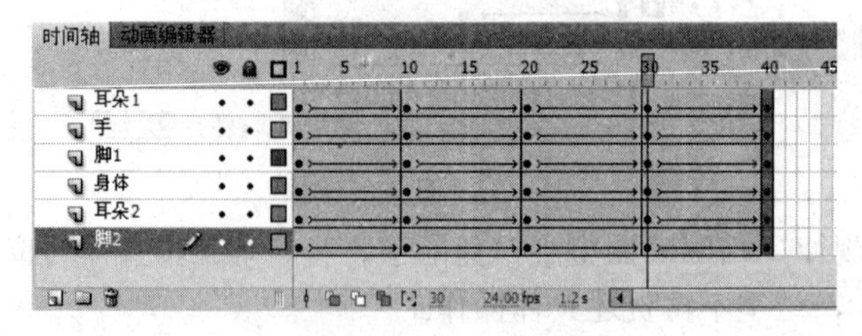

图 4-41　【时间轴】面板

(15) 单击窗口左上角的场景 1按钮，返回到舞台中，然后在【时间轴】面板的最上方创建一个新图层“图层 1”，如图 4-42 所示。

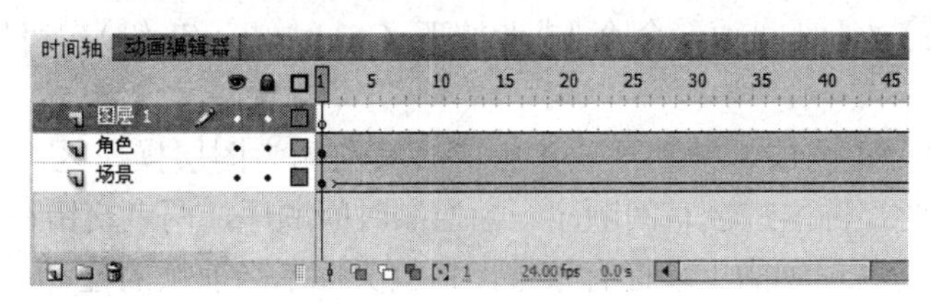

图 4-42　创建的新图层

(16) 选择工具箱中的“矩形工具”，在【属性】面板中设置【笔触颜色】为无色，【填充颜色】为任意颜色，然后在舞台中拖动鼠标，绘制一个与舞台大小一致的矩形。

(17) 使用“选择工具”选择矩形，在【颜色】面板中设置【颜色类型】为“径向渐变”，并设置左侧色标为黑色，Alpha 值为 0%；右侧色标也为黑色，Alpha 值为 60%，如图 4-43 所示。

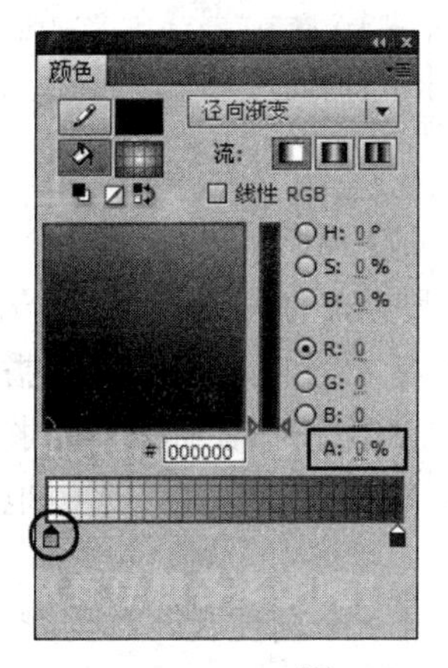

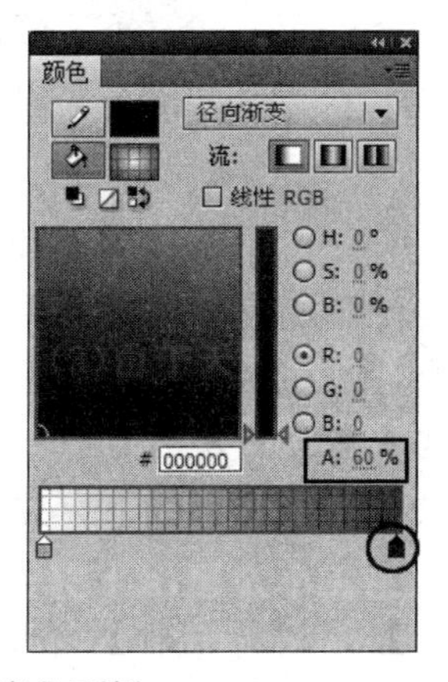

图 4-43　【颜色】面板

(18) 这样就可以营造一种黑夜的效果，最后按下 Ctrl + Enter 键测试影片，最终效果如图 4-44 所示。

图 4-44　最终效果

4.4　知 识 延 伸

知识点一：【时间轴】面板

在 Flash 中，【时间轴】面板位于窗口的最下方，是制作 Flash 动画的核心区域。单击菜单栏中的【窗口】/【时间轴】命令(或者按下 Ctrl + Alt + T 键)，可以显示或隐藏【时间轴】面板。

【时间轴】面板由图层、帧和播放头组成。其左侧为图层操作区，右侧为帧操作区。在制作 Flash 动画时，图层控制空间顺序，帧控制时间顺序，两者交错在一起就可以形成复杂的动画。另外，在时间轴的上端标有帧号，播放头标示当前帧的位置，如图 4-45 所示。

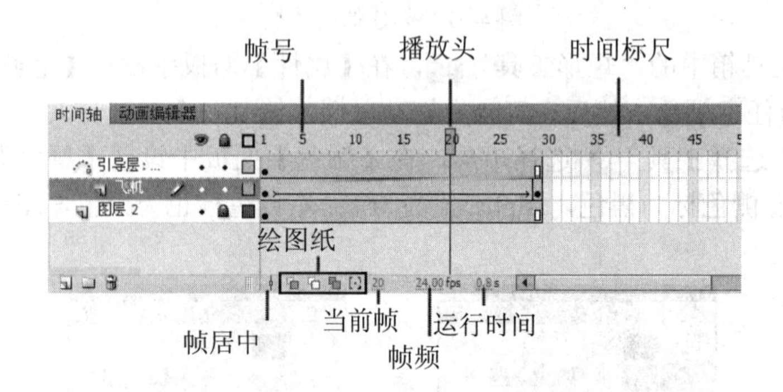

图 4-45 【时间轴】面板

- 【帧号】: 指帧的序号，显示在时间标尺上，每隔五帧显示一个序号。
- 【播放头】: 是一条红色的竖线，用于指示当前帧的位置，播放动画时，播放头由左向右移动。另外，用户在播放头上按住鼠标左键，拖动鼠标可以改变播放头的位置，或者按下键盘上的 < 键或 > 键，逐帧地移动播放头的位置。
- 【时间标尺】: 在【时间轴】面板上方有一个刻度尺，称为“时间标尺”，用于标识动画的帧数。
- 【帧居中】: 单击该按钮，可以使播放头位于【时间轴】可视区域的中间位置。
- 【绘图纸】: 用于控制与操作动画的多个帧。
- 【当前帧】: 该选项显示播放头所在的位置。
- 【帧频】: 即每秒钟播放的帧数，它影响动画的流畅程度，一般地可以设置为 24 帧/秒。
- 【运行时间】: 显示动画从开始运行到播放头的位置所需要的时间。

在【绘图纸】选项中有四个按钮，分别用于控制帧中对象的显示或编辑。一般情况下，在 Flash 舞台中一次只能编辑一帧中的内容，而使用绘图纸按钮可以一次看到多个帧中的内容，甚至可以同时编辑多个帧中的内容，它对于更好地定位和编辑动画对象提供了极大的帮助。

- 【绘图纸外观】按钮: 单击该按钮，可以打开或关闭绘图纸效果。此时每一帧中的内容如同半透明的绘图纸一样，显示了对象的移动轨迹。但是能被编辑的只有当前帧中的内容，其他帧中的内容可以作为参照，方便动画对象的定位，如图 4-46 所示。这些效果只在编辑时可以看到，并不是最后的动画效果。

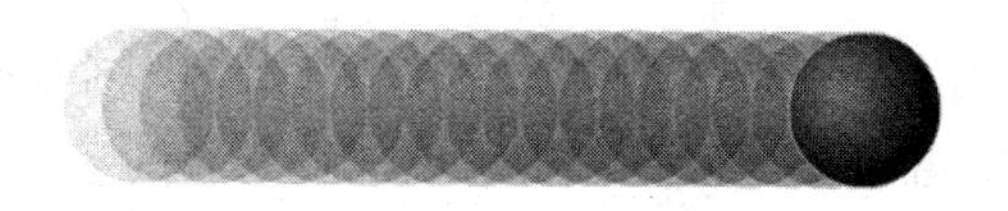

图 4-46　绘图纸外观效果

➢ 【绘图纸外观轮廓】按钮：单击该按钮，可以打开或关闭绘图纸外观轮廓效果，如图 4-47 所示。在使用绘图纸外观时，如果内容非常复杂或者帧与帧元素之间的变化不大，就可以使用这个功能，它只显示对象的轮廓，看起来会更加清晰。与绘图纸外观一样，此时只能编辑当前帧中的内容。

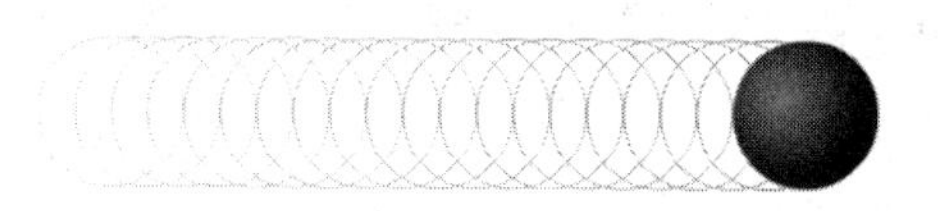

图 4-47　绘图纸外观轮廓效果

➢ 【编辑多个帧】按钮：单击该按钮，可以正常显示时间轴上绘图纸标记内的关键帧中的内容，使每一帧上的内容都可以被编辑，不管是否为当前帧。
➢ 【修改绘图纸标记】按钮：单击该按钮，将会出现一个菜单，如图 4-48 所示，通过它可以改变绘图纸效果所影响的帧数。

始终显示标记
锚记绘图纸
绘图纸 2
绘图纸 5
所有绘图纸

图 4-48　绘图纸标记菜单

知识点二：认识帧

帧是动画制作中的一个重要概念。它是组成动画的基本单位，一个动画中可以包含多个帧。在 Flash 中，一个动画可以由多个图层构成，每一个图层都具有一个独立时间轴，并由多个帧构成，图层与帧共同决定了动画的播放形式与时间。

制作 Flash 动画时主要是对帧进行操作的。Flash 中存在四种类型的帧：关键帧、空白关键帧、普通帧与过渡帧，如图 4-49 所示。

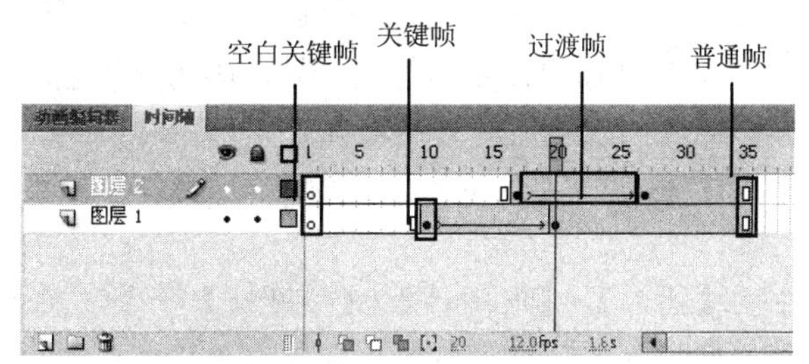

图 4-49　Flash 中的帧

1. 关键帧

关键帧是一种特殊的帧，它对定义与控制动画的变化起到关键性的作用。制作 Flash 动画时只有关键帧是可编辑的。在关键帧中可以放置所有的动画对象，如图形、文字、组合、实例和位图等，也可以放置声音、动作以及注释等。当关键帧中放置了动画对象后，它的表现状态为一个黑色的实心圆点。

2. 空白关键帧

空白关键帧是一种特殊的关键帧，是指没有放置任何动画对象的关键帧。插入空白关键帧的作用主要是清除前面帧中的动画对象，这对于转换动画的场景与角色具有十分重要的作用。在【时间轴】面板中插入空白关键帧后，其表现状态为一个空心圆点。

3. 普通帧

普通帧是延续上一个关键帧或者空白关键帧中内容的帧。它的作用是延续上一个关键帧或空白关键帧中的内容，一直到该帧为止。

4. 过渡帧

过渡帧是在创建动画的过程中由 Flash 自己创建出来的帧，在过渡帧中的动画对象也是由 Flash 自动生成的，是不可编辑的。

任何一个新建的 Flash 中，每个图层的第 1 帧都默认为一个空白关键帧，如图 4-50 所示。在空白关键帧中添加了内容以后，空白关键帧将变成关键帧，如图 4-51 所示。

图 4-50　空白关键帧

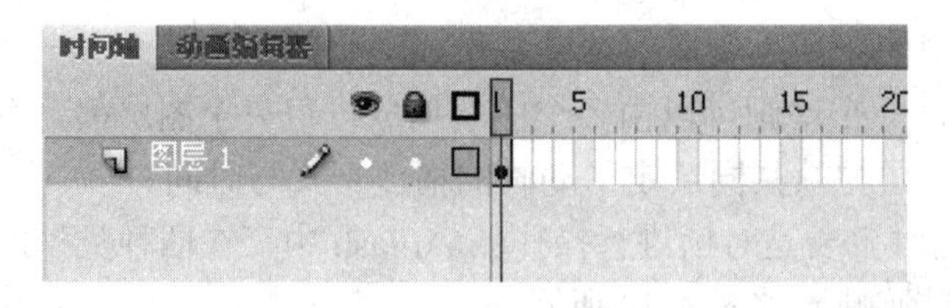

图 4-51　关键帧

制作 Flash 动画时，主要是设置控制帧与关键帧，因为它影响着动画的播放时间、转换效果等。下面分别介绍如何插入普通帧与关键帧。

- 单击菜单栏中的【插入】/【时间轴】/【帧】命令(或者按下 F5 键)，可以插入普通帧。
- 单击菜单栏中的【插入】/【时间轴】/【关键帧】命令(或者按下 F6 键)，可以插入关键帧。新插入的关键帧将复制前一个关键帧中的内容，并且表现为一个黑色的实心圆点。

➢ 单击菜单栏中的【插入】/【时间轴】/【空白关键帧】命令(或者按下 F7 键)，可以插入空白关键帧。

知识点三：元件的种类与修改

元件是 Flash 中一个比较重要的概念，元件包括图形元件、影片剪辑元件和按钮元件三种。元件保存在 Flash 的【库】面板中，可以在影片中重复使用，在制作 Flash 动画过程中，其使用频率非常高。

1. 图形元件

图形元件通常用来表现静态的图形、图像，它是 Flash 中最基础的元件类型，一般作为动画制作中的最小管理元素。它也具有时间轴，所以也可以将图形元件设置为动画形式，但是图形元件动画的播放会受到主场景的影响，它只能播放一次，不能循环。另外，不能对图形元件进行 ActionScript 脚本设置。

2. 影片剪辑元件

影片剪辑元件是一种万能的元件，它拥有自己独立的时间轴。影片剪辑的播放不受主场景时间轴的影响，并且在 Flash 中还可以为影片剪辑元件设置 ActionScript 脚本。

3. 按钮元件

按钮元件是一种特殊的元件类型，在动画中使用按钮元件可以实现动画与用户的交互。当创建按钮元件时，时间轴只有四帧，分别是：弹起、指针经过、按下和点击，用于设置按钮的不同状态与触发区。

无论是哪一种类型的元件，它们都有自己的时间轴。创建了元件以后，如果对所创建的元件不甚满意，可以对它进行编辑或修改，编辑完元件以后，场景中与该元件相关的实例都将发生变化。

如果要在元件窗口中编辑元件，可以单击菜单栏中的【编辑】/【编辑元件】命令，或者按下 Ctrl + E 键，修改完成后单击场景 1按钮，即可返回到舞台中。除此以外，还可以在【库】面板中直接双击要编辑的元件，快速进入该元件的编辑窗口中。

如果要在舞台的原位置编辑元件，可以在舞台中双击所要编辑的元件的实例，这时可以在舞台的原位置编辑元件，同时舞台中的其他对象将以淡色显示，显示一种灰蒙蒙的效果，表示它们处于不可编辑状态。

以上两种编辑元件的方法各有优点：在原位置编辑元件，可以观察到舞台中的其他对象，能够随时观察到整体效果；而在元件窗口中编辑可以排除其他对象的干扰。

知识点四：【库】面板

说到元件必须要涉及【库】面板，实际上，【库】面板是集合与管理动画元素的空间，所有的动画元素都将出现在【库】面板中。单击菜单栏中的【窗口】/【库】命令或按下 Ctrl + L 键(或 F11 键)，可以打开【库】面板，如图 4-52 所示。

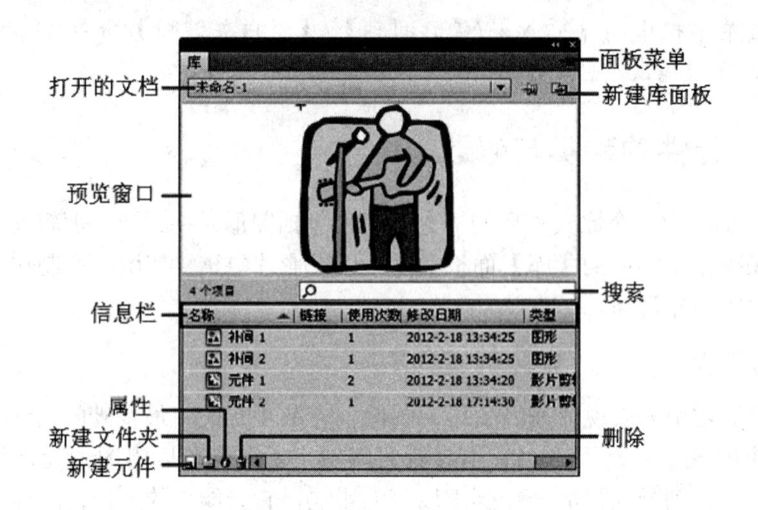

图 4-52 【库】面板

- 【打开的文档】: 用于显示打开的 Flash 文档名称，通过该下拉列表可以选择不同的文档，从而实现多个文档之间调用元件。
- 【预览窗口】: 用于显示当前【库】面板中选择的元件，如果元件的类型是影片剪辑或动态按钮，还可以在预览窗口中播放显示。
- 【面板菜单】: 单击该按钮可以打开面板菜单，执行相关的菜单命令可以实现对元件的相关操作。
- 【新建库面板】: 单击该按钮，可以再打开一个【库】面板。
- 【搜索】: 当 Flash 文档比较复杂、使用的元件比较多时，可以通过输入关键字对元件进行搜索，快速找到所需要的元件。
- 【信息栏】: 相当于一个表格的标题栏，标出了每一列所对应的元件属性，如名称、链接、使用次数、类型等。
- 【新建元件】: 单击该按钮，可以弹出【创建新元件】对话框，如图 4-53 所示，从而创建一个新元件。其作用与菜单栏中的【插入】/【新建元件】命令一样。

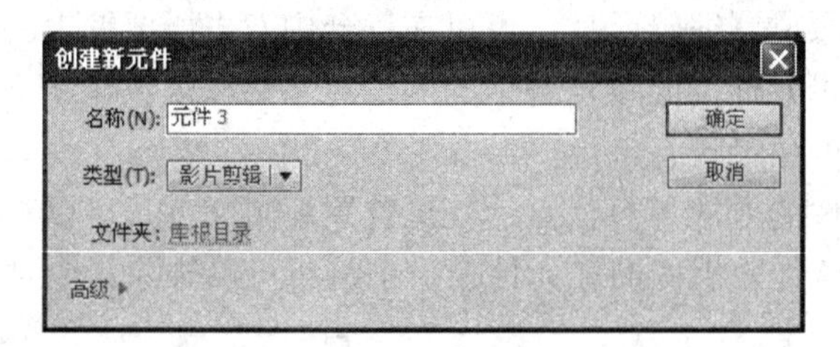

图 4-53 【创建新元件】对话框

- 【新建文件夹】: 单击该按钮，可以创建一个元件文件夹。当 Flash 文档中存在大量的元件时，使用它可以有效地组织与管理元件。
- 【属性】: 在【库】面板选择一个对象以后，单击该按钮，可以弹出相关的属性对话框。对象的类型不同，属性对话框也不同。

➢　【删除】：单击该按钮，可以将【库】面板中选择的对象删除。

创建新元件之后，它会自动出现在【库】面板中。但是对于其他对象，如位图、声音等，则需要通过导入的方法进行使用。

Flash 提供了两个导入命令：一是【导入到舞台】命令；二是【导入到库】命令，通过这两个命令可以将动画对象导入到【库】面板中，如图 4-54 所示。

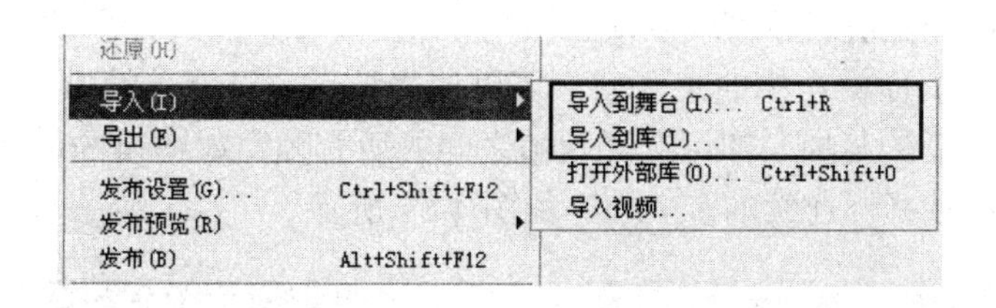

图 4-54　【导入】命令

【导入到舞台】命令可以将外部动画对象导入到舞台中，同时【库】面板中也会出现导入的对象。使用该命令导入声音文件时，舞台中看不到声音对象，只能在【库】面板中或帧中观察到；而【导入到库】命令则可以将动画对象直接导入到【库】面板，不出现在舞台上。

另外，Flash 还提供了三种类型的公用库，分别是【声音】、【按钮】和【类】。单击菜单栏中的【窗口】/【公用库】命令，在打开的子菜单中选择【声音】、【按钮】或【类】命令，可以打开相应的公用库，如图 4-55 所示。

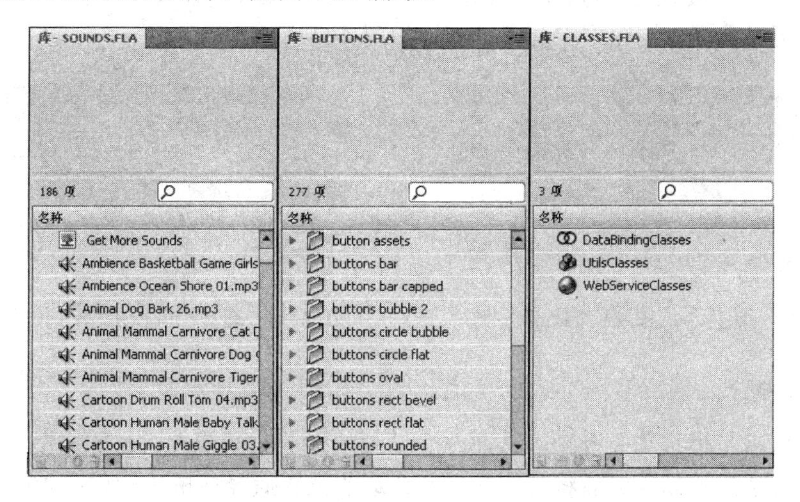

图 4-55　【声音】、【按钮】和【类】公用库

在公用库中选择所需要的元件，将其拖动到舞台中，则该元件也会出现在当前文档的【库】面板中。

知识点五：帧的操作

帧的操作主要包括选择帧、移动帧、复制帧、删除帧等，下面分别进行介绍。

1. 选择帧

在【时间轴】面板中，选择帧是对帧进行各项操作的基础，我们可以选择同一图层中的单个帧或多个帧(包括相邻以及不相邻的)，也可以选择不同图层中的单个帧或多个帧，选择的帧在【时间轴】面板中以深色显示。选择帧后，位于该帧中的对象也会同时被选择。

第一，选择同一图层的单帧或多帧。

单击【时间轴】面板右侧的某个帧，可以选择该帧；选择单帧以后，如果按住 Shift 键再单击其前或其后的某帧，即可选择两帧之间的所有帧，如图 4-56 所示；而按住 Ctrl 键单击其他帧，则选择不连续的多个帧，如图 4-57 所示。

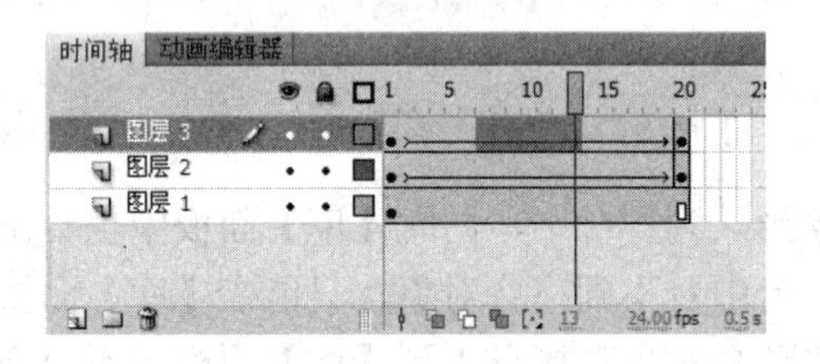

图 4-56 选择同一图层中的连续多帧

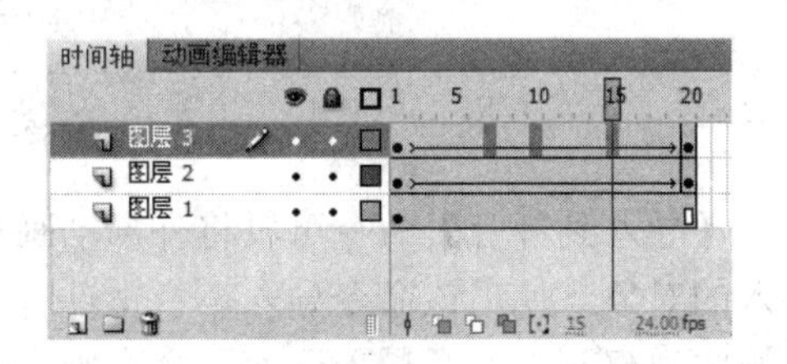

图 4-57 选择同一图层中的不相邻多帧

第二，选择不同图层的单帧或多帧。

选择单帧后，如果按住 Shift 键单击不同图层中的其他帧，则可以选择这两帧之间的相邻多个帧，不管它们位于哪一层，如图 4-58 所示；如果按住 Ctrl 键单击不同图层中的其他帧，则可以选择不同图层中的多个帧，如图 4-59 所示。

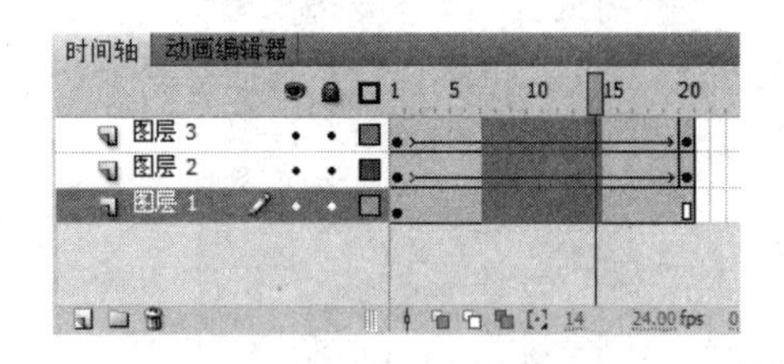

图 4-58 选择不同图层中的连续多帧

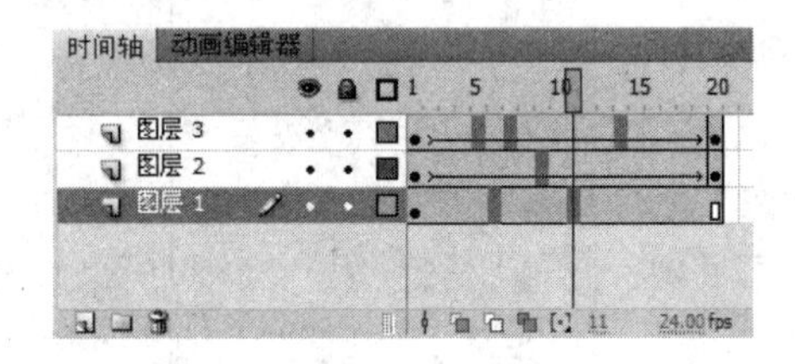

图 4-59 选择不同图层中的不相邻多帧

2. 移动帧

移动帧通常是指移动关键帧，从而改变动画的播放时间或者运行的快慢。移动帧的快速方法是：先选择各帧，然后将它们拖曳到合适的位置后释放鼠标，如图 4-60 所示。

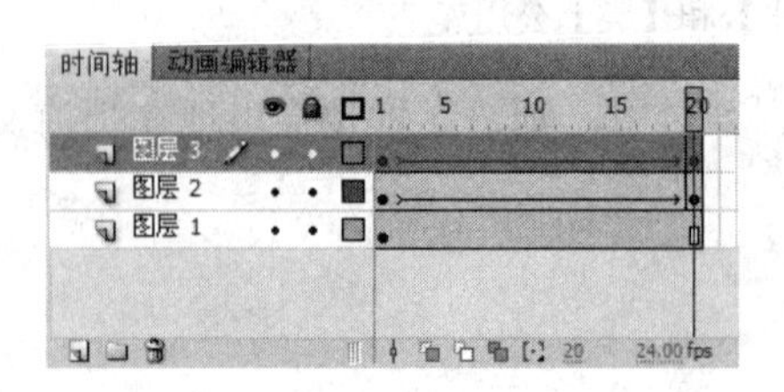

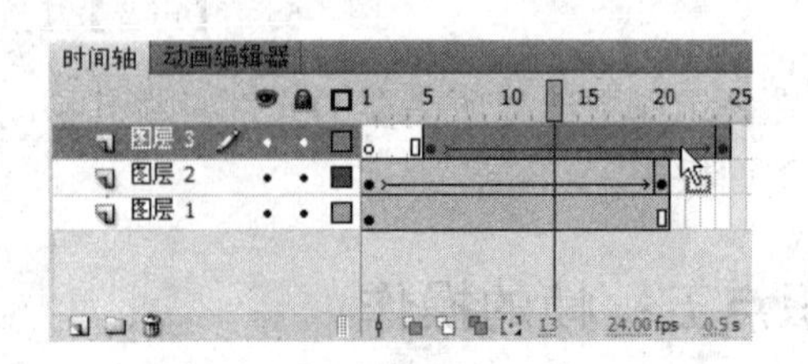

图 4-60 选择并拖动帧

使用这种方法移动帧的好处是操作方便，既可以移动单个帧，也可以移动多个帧。但是，如果动画文件的图层太多，拖动的距离太远，容易产生误操作。所以对于这种情况，可以使用剪切与粘贴帧操作来完成。

选择要剪切的单个或多个帧，单击菜单栏中的【编辑】/【时间轴】/【剪切帧】命令(或者按下 Ctrl + Alt + X 键)，可以将选择的帧剪切到 Windows 剪贴板中，然后在【时间轴】面板中单击某一帧，再单击菜单栏中的【编辑】/【时间轴】/【粘贴帧】命令(或者按下 Ctrl + Alt + V 键)，可以将剪切的帧粘贴到该处。

3. 复制帧

复制帧的目的是将选择的动画帧再复制一份，放置到其他位置，从而提高制作动画的效率。复制帧最快速的操作方法是：选择要复制的帧，然后按住 Alt 键拖曳选择的帧到合适的位置，释放鼠标，如图 4-61 所示。

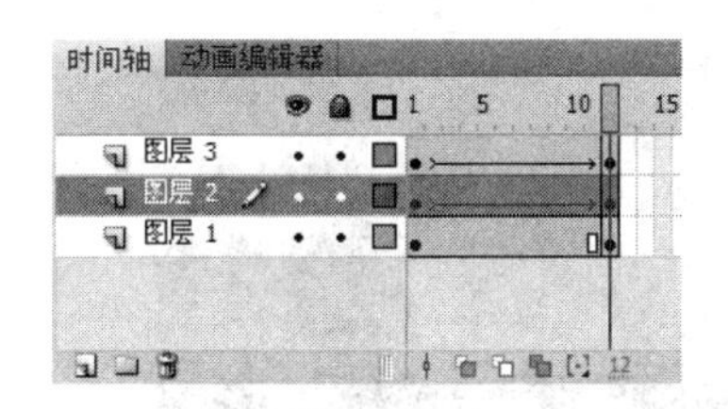

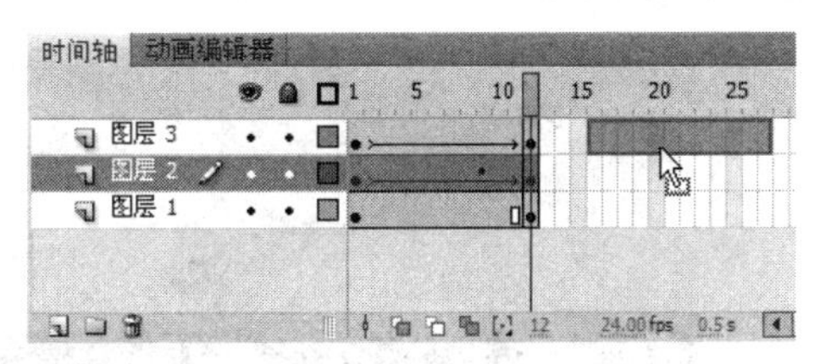

图 4-61　选择并复制帧

除此以外，还可以使用复制与粘贴帧的方法进行操作。选择要复制的帧，单击菜单栏中的【编辑】/【时间轴】/【复制帧】命令(或者按下 Ctrl + Alt + C 键)，然后在【时间轴】面板中单击某一帧，再单击菜单栏中的【编辑】/【时间轴】/【粘贴帧】命令(或者按下 Ctrl + Alt + V 键)，也可以复制帧。

4. 删除帧

如果要对帧进行删除操作，同样需要将其选择。普通帧、关键帧与过渡帧等都可以删除。删除帧的方法有以下几种。

方法一：选择要删除的帧，单击菜单栏中的【编辑】/【时间轴】/【删除帧】命令(或者按下 Shift + F5 键)，可以删除选择的帧。

方法二：选择要删除的帧，然后在选择的帧上单击鼠标右键，在弹出的快捷菜单中选择【删除帧】命令，也可以删除选择的帧，如图 4-62 所示。

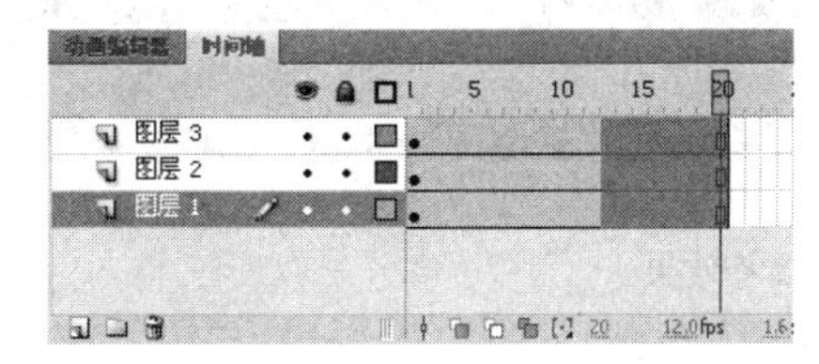

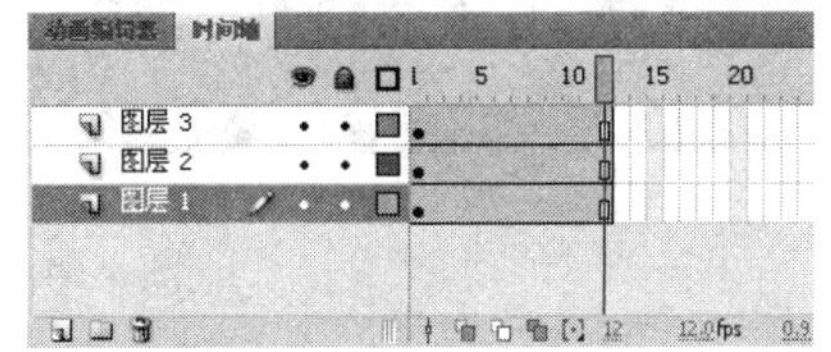

图 4-62　选择并删除帧

另外，初学者要注意一个问题，菜单栏中的【编辑】/【时间轴】/【清除帧】命令用于清除关键帧中的内容，该命令只能删除帧中的内容，而不能删除帧。

4.5 项目实训

元件是 Flash 中非常重要的知识点，制作动画时离不开元件，熟练创建元件以及灵活设置元件的实例属性，会大大提高制作 Flash 动画的效率。下面，请结合前面学习的知识与提供的素材创建一个“奔驰的骏马”动画。

任务分析

本项目提供了动画素材，直接使用它们创建 Flash 动画即可。首先创建一个影片剪辑元件，并导入“骏马.swf”文件，然后在场景中复制多个该元件的实例，并适当修改属性，制作出多匹骏马。最后再使用元件制作倒退的背景，以产生真实的奔跑动画效果。

任务素材

光盘位置：光盘\项目 04\实训，素材如图 4-63 所示。

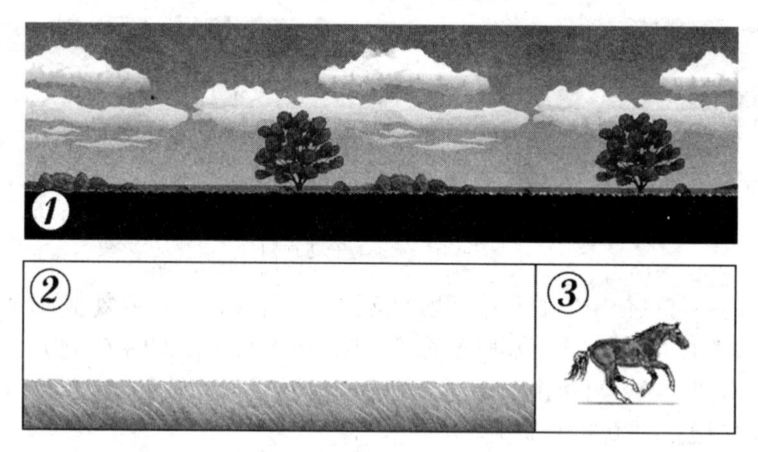

图 4-63　素材

参考效果

光盘位置：光盘\项目 04\实训，参考效果如图 4-64 所示。

图 4-64　参考效果

项目05

家政公司网络广告

5.1 项目说明

某家政公司要在一个大型门户网站上投放一期广告，要求设计人员以 Flash 动画的形式循环播放公司的主要服务“搬家、维修、保洁、开锁、陪护、保姆、家教、代购”以及电话等信息，画面主要以文字为主。

5.2 项目分析

在各种媒体宣传广告中，网络广告越来越被商家所重视，它主要分为静态图片广告、动态 Flash 广告以及 Flash 交互形式的广告。本项目为动态 Flash 广告，重点强化公司的主要服务，大体制作思路如下：

第一，网络广告的尺寸没有具体标准，不同的网站要求不一样，所以在制作广告之前要先确认作品尺寸，该广告的尺寸为 300 像素 × 300 像素。

第二，使用影片剪辑元件制作背景动画，以丰富画面。

第三，使用 Flash CS5 的动画预设功能制作文字动画。

第四，掌握文本工具的使用方法，以及与文字相关的操作。因为在 Flash 广告中，文字是最重要的信息。

5.3 项目实施

本项目的制作技术并不难，主要是了解 Flash 中文本工具的使用以及动画预设功能的便捷性，另外需要熟练运用影片剪辑元件。本项目的参考效果如图 5-1 所示。

图 5-1 动画参考效果

任务一：背景动画的处理

(1) 启动 Flash CS5 软件，在欢迎画面中单击【ActionScript 3.0】选项，创建一个新文档。

(2) 按下 Ctrl + J 键，在弹出的【文档设置】对话框中设置舞台的尺寸为 300 像素 ×

300 像素，其他设置保持默认值。

(3) 在【时间轴】面板中双击“图层 1”，将“图层 1”的名称更改为“背景”，结果如图 5-2 所示。

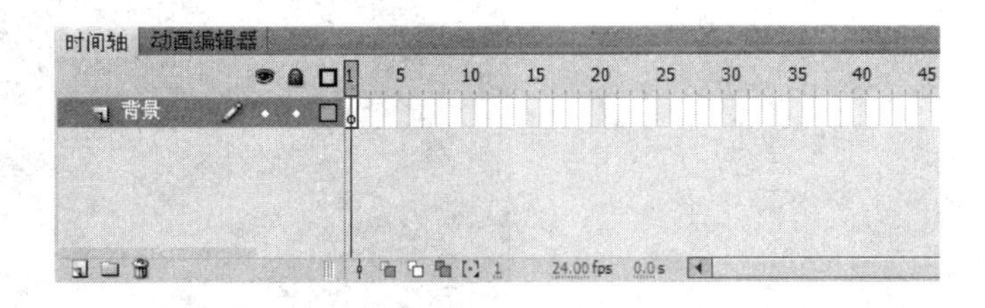

图 5-2　更改图层名称

(4) 选择工具箱中的“矩形工具”，在【属性】面板中设置【笔触颜色】为无色，【填充颜色】为任意颜色，然后在舞台中拖动鼠标，绘制一个与舞台大小一致的矩形。

指点迷津

绘制图形时，如果要精确设置其大小，可以先绘出图形，然后在【信息】面板或【属性】面板中修改其“宽”和“高”，这样可以保证图形尺寸的精确度。

(5) 选择绘制的矩形，在【颜色】面板中确认“填充颜色”按钮处于按下状态，在【颜色类型】中选择“径向渐变”，然后设置左侧色标为青色(#00A8FF)，右侧色标为深青色(#0043C4)，如图 5-3 所示，则矩形效果如图 5-4 所示。

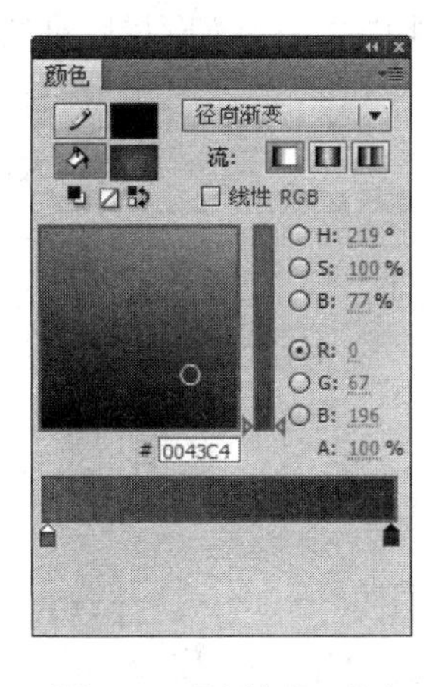

图 5-3　【颜色】面板

图 5-4　矩形效果

(6) 在【时间轴】面板中新建一个图层，命名为“星星”。

(7) 选择工具箱中的“椭圆工具”，在【属性】面板中设置【笔触颜色】为无色，【填充颜色】为任意颜色。

(8) 打开【颜色】面板，在【颜色类型】中选择“径向渐变”，然后设置左、右两侧色标均为白色，设置左侧色标的 Alpha 值为 100%，右侧色标的 Alpha 值为 0%，并调整色标的位置如图 5-5 所示。

(9) 在舞台中拖动鼠标，绘制一个虚光的圆形，如图 5-6 所示。

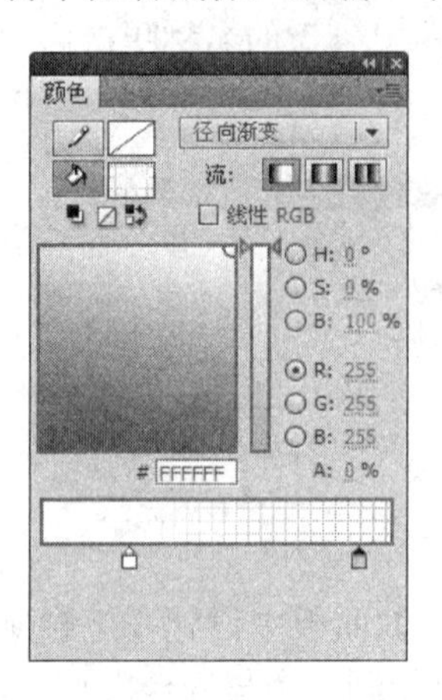

图 5-5 【颜色】面板

图 5-6 绘制虚光的圆形

指点迷津

在 Flash 中要得到图形的虚边效果，除了可以使用径向渐变色来完成，还可以使用【模糊】滤镜、【柔化填充边缘】命令，效果也不错。

(10) 选择工具箱中的“矩形工具”，并按下【对象绘制】按钮，在舞台中绘制一个矩形，其大小与位置如图 5-7 所示。

(11) 按下 Ctrl + T 键打开【变形】面板，设置【旋转】值为 45°，然后单击【重置选区和变形】按钮三次，如图 5-8 所示，使旋转复制出的三个矩形与原来的矩形、圆共同组成一个星形。

图 5-7 绘制的矩形

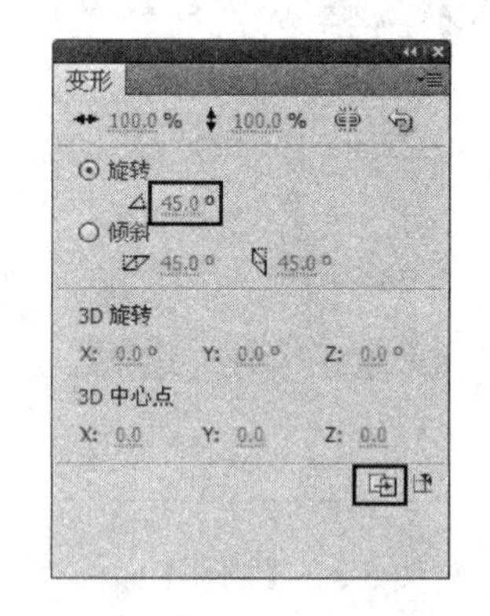

图 5-8 【变形】面板

指点迷津

很多绘图软件都具有“重复变换”的功能，让变换操作更加精确与一致，在 Flash 的【变形】面板中设定旋转角度后，连续单击【重置选区和变形】按钮，可以按设定的角度连续复制并旋转对象。

(12) 选择其中两个倾斜的矩形，使用“任意变形工具”将其适当缩小，结果如图5-9所示。

(13) 使用“选择工具”同时选择组成星星的所有图形，按下F8键，将其转换为影片剪辑元件“闪烁的星”，参数设置如图5-10所示。

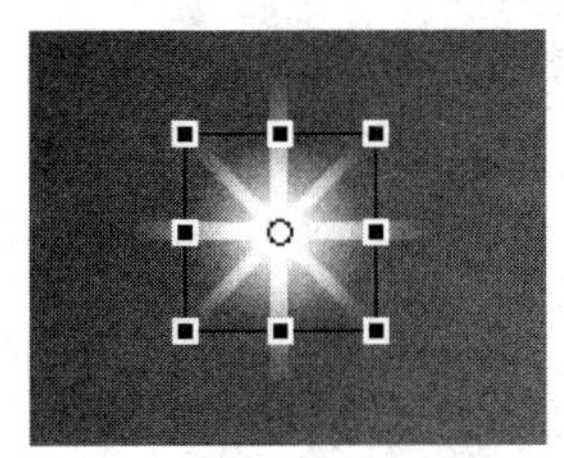

图5-9 缩小倾斜的矩形

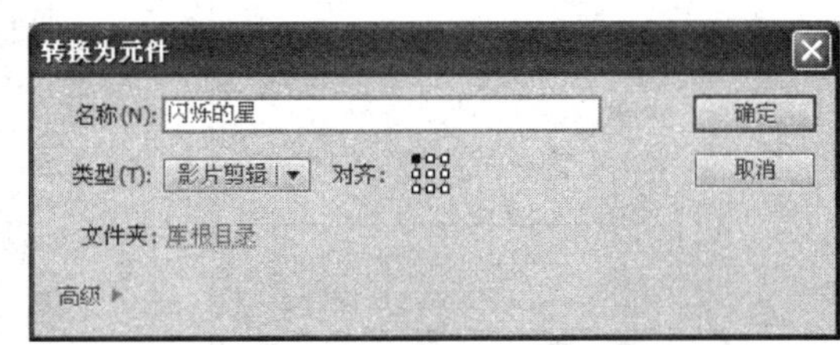

图5-10 【转换为元件】对话框

(14) 在舞台中双击“闪烁的星”实例，进入其编辑窗口中，然后选择所有的图形，按下F8键，将其转换为图形元件“星”。

(15) 在【时间轴】面板中选择第20帧，按下F6键插入关键帧，然后在第1帧上单击鼠标右键，在弹出的快捷菜单中选择【创建传统补间】命令，结果如图5-11所示。

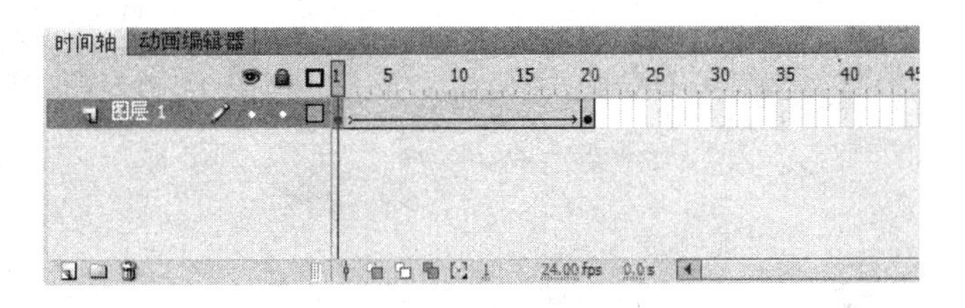

图5-11 创建传统补间动画

(16) 在窗口中选择第1帧中的“星”实例，在【属性】面板中设置【样式】为Alpha，并设置Alpha值为0%，然后在【变形】面板中设置比例为50%，如图5-12所示。

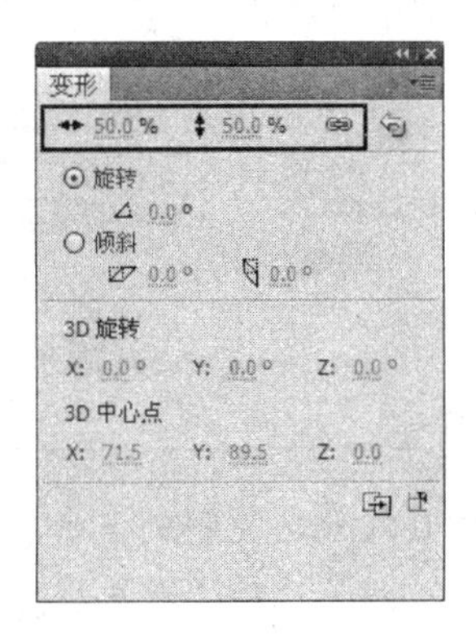

图5-12 第1帧中的“星”实例的属性

(17) 在窗口中选择第20帧中的“星”实例，在【属性】面板中设置【样式】为Alpha，并设置Alpha值为50%，然后在【变形】面板中设置大小比例为50%，并设置

【旋转】值为 350°，如图 5-13 所示。

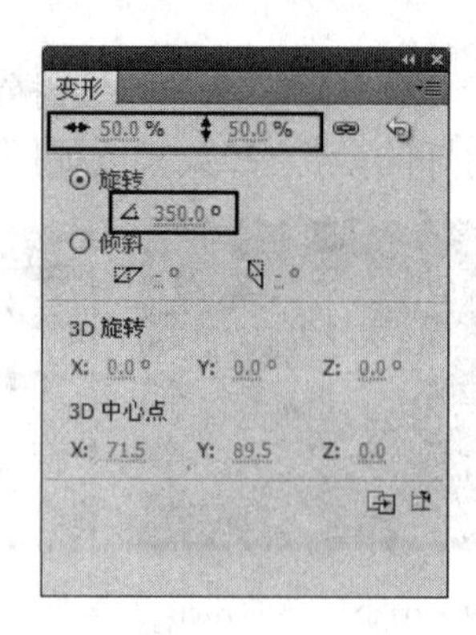

图 5-13　第 20 帧中的“星”实例的属性

(18) 在【时间轴】面板中新建一个图层“图层 2”，然后同时选择“图层 1”的第 1 帧～第 20 帧，按住 Alt 键的同时将其推动到“图层 2”上，这样就复制了选择的帧，如图 5-14 所示。

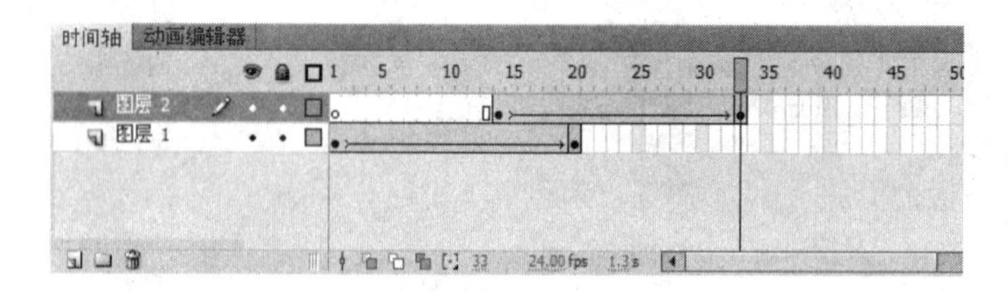

图 5-14　复制选择的帧

(19) 用同样的方法，再创建“图层 3”、“图层 4”和“图层 5”，并分别将“图层 1”的第 1 帧～第 20 帧复制到各个图层上，此时的【时间轴】面板如图 5-15 所示。

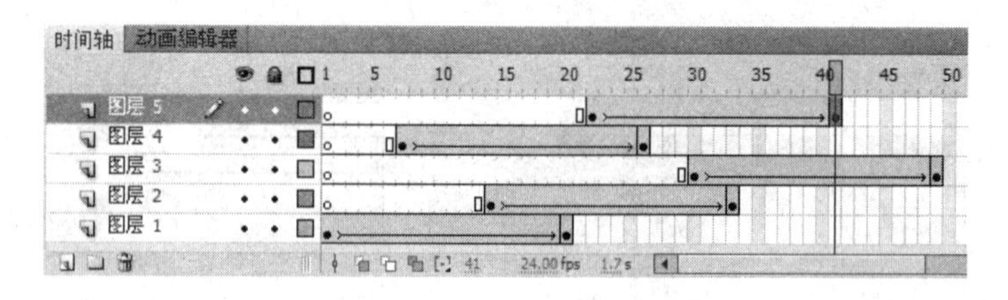

图 5-15　【时间轴】面板

指点迷津

这里将动画帧分别复制到多个图层上，目的是制作多颗闪烁的星星；而使动画帧错落不一，目的是让每一颗星星出现与消失的时间不一样，从而更加自然。

(20) 在窗口中分别选择各图层中的“星”实例，调整其位置、大小、Alpha 值，例如“图层 5”的第 41 帧中的实例属性如图 5-16 所示，这样可以使星星的闪烁效果更加随机与自然，如图 5-17 所示。

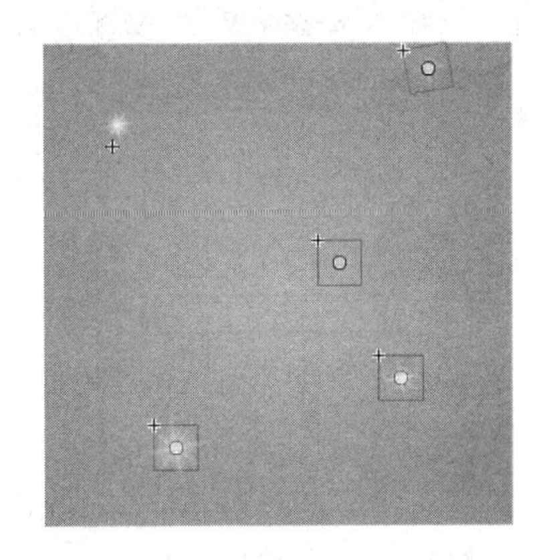

图 5-16　“图层 5”的第 41 帧中的实例属性　　　　图 5-17　星星的闪烁效果

(21) 单击窗口左上方的场景 1按钮返回到舞台中，这样就完成了背景动画的制作。

任务二：制作公司 Logo 动画

(1) 在【时间轴】面板中创建一个新图层，命名为“Logo”，如图 5-18 所示。

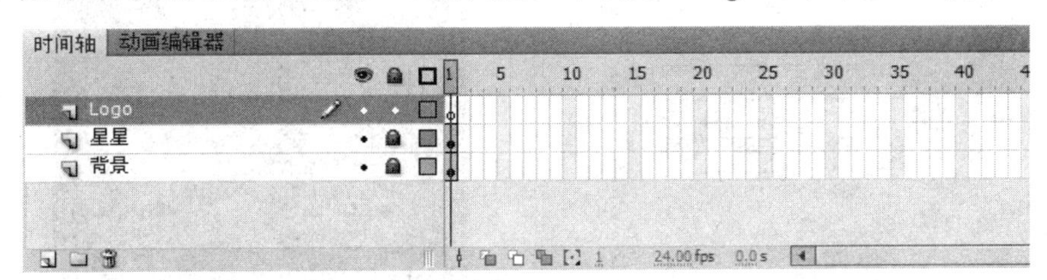

图 5-18　创建的新图层

(2) 选择工具箱中的“钢笔工具”，在【属性】面板中设置【笔触颜色】为桔黄色(#F6C422)，【笔触】为 8，【样式】为“实线”，如图 5-19 所示。

(3) 在舞台的适当位置处依次单击鼠标，绘制一段折线，如图 5-20 所示。

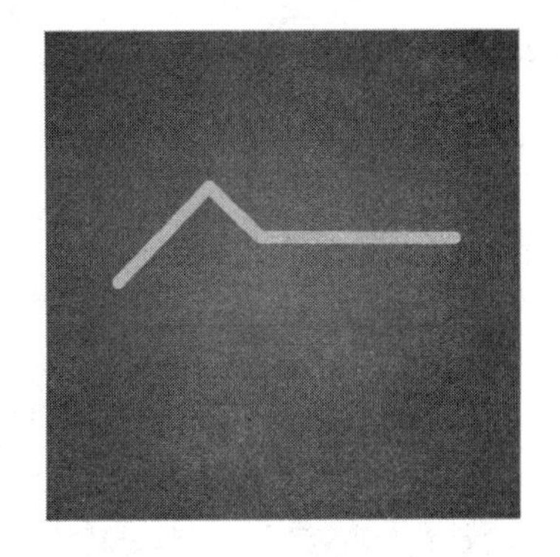

图 5-19　【属性】面板　　　　图 5-20　绘制的折线

(4) 选择工具箱中的“文本工具”，在【属性】面板中设置字符属性如图 5-21 所示，然后在舞台中输入文字“家”，位置如图 5-22 所示。

图 5-21 【属性】面板

图 5-22 输入的文字

(5) 继续使用“文本工具” T 输入文字“政中心”，然后选择输入的文字，在【属性】面板中调整文字的大小与间距，如图 5-23 所示，并调整文字的位置如图 5-24 所示。

图 5-23 【属性】面板

图 5-24 调整输入的文字

(6) 继续输入英文“Housekeeping Center”，然后选择输入的文字，在【属性】面板中调整文字的字体、大小与间距等参数，如图 5-25 所示，并调整文字的位置如图 5-26 所示。

图 5-25 【属性】面板

图 5-26 调整输入的英文

(7) 在舞台中选择“Logo”层中的所有对象，按下 F8 键，将其转换为影片剪辑元件“Logo 动画”。

(8) 双击“Logo 动画”实例，进入其编辑窗口中，然后选择所有对象，按下 F8 键，将其转换为图形元件“Logo”。

(9) 在【时间轴】面板中分别选择第 10 帧、第 20 帧和第 25 帧，按下 F6 键插入关键帧，如图 5-27 所示。

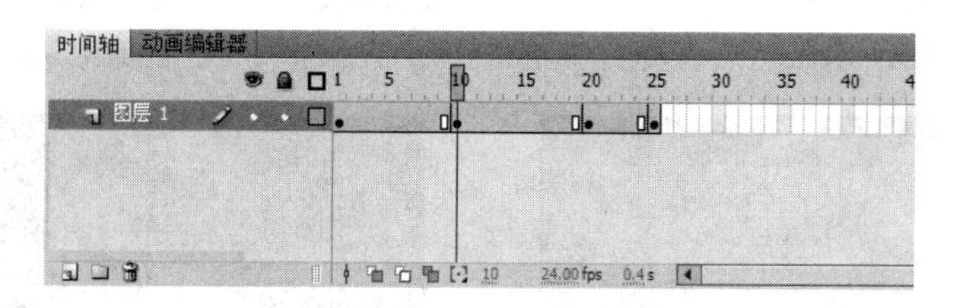

图 5-27　【时间轴】面板

(10) 选择第 1 帧中的“Logo”实例，在【属性】面板中设置【样式】为 Alpha，设置 Alpha 值为 0%；然后使用“任意变形工具”将其适当缩小，如图 5-28 所示。

(11) 选择第 25 帧中的“Logo”实例，使用“任意变形工具”将其适当缩小，并移动到窗口的上方，如图 5-29 所示。

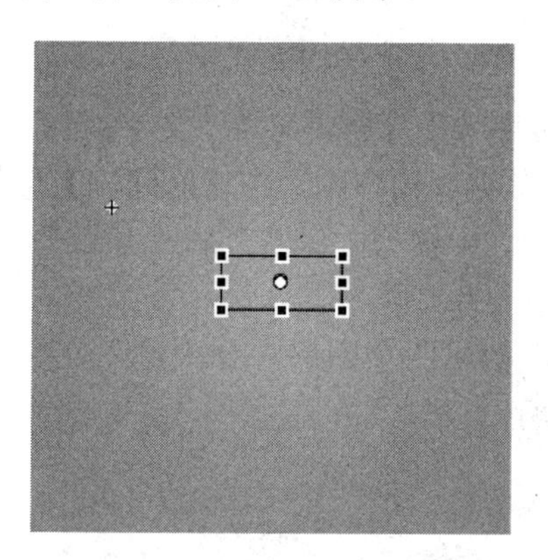

图 5-28　调整第 1 帧中的“Logo”实例

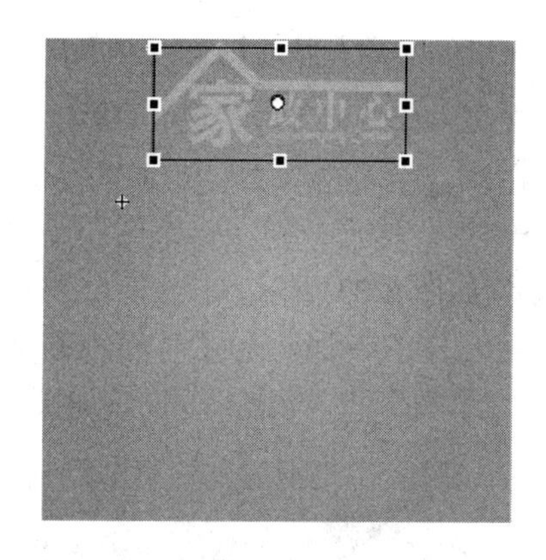

图 5-29　调整第 25 帧中的“Logo”实例

(12) 在【时间轴】面板中的第 1 帧～第 10 帧之间单击鼠标右键，在弹出的快捷菜单中选择【创建传统补间】命令，创建传统补间动画；用同样的方法，在第 20 帧～第 25 帧之间也创建传统补间动画，此时的【时间轴】面板如图 5-30 所示。

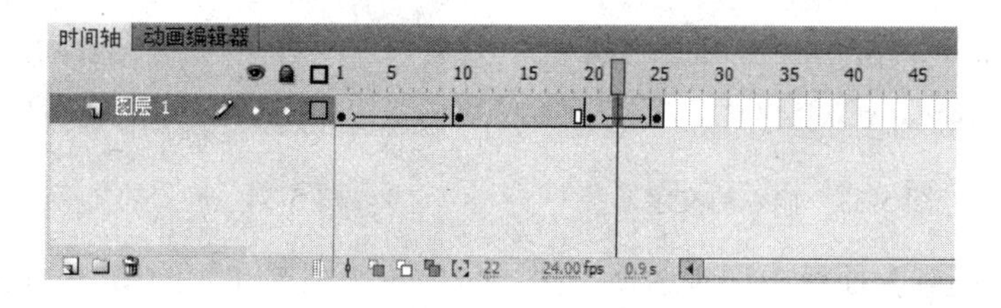

图 5-30　【时间轴】面板

(13) 选择“图层 1”的第 160 帧，按下 F5 键插入普通帧，将动画延时。

(14) 单击窗口左上方的场景 1按钮返回到舞台中，则完成了 LOGO 动画的制作。

任务三：创建文字动画

(1) 在【时间轴】面板中创建一个新图层，命名为“文字”。

(2) 选择工具箱中的“文本工具”T，在【属性】面板中设置【颜色】为白色，设置其他参数如图 5-31 所示，然后在舞台中输入文字“搬家”，位置如图 5-32 所示。

图 5-31　【属性】面板

图 5-32　输入的文字

(3) 选择刚输入的文字，按下 F8 键，将其转换为影片剪辑元件“文字动画”。

(4) 在舞台中双击“文字动画”实例，进入其编辑窗口中。在【时间轴】面板中连续创建三个图层，然后分别在每个图层中输入文字“维修”、“保洁”和“开锁”，文字参数同前，位置如图 5-33 所示。

(5) 用同样的方法，在【时间轴】面板中再创建四个图层，分别输入文字“陪护”、“保姆”、“家教”和“代购”，位置如图 5-34 所示。

图 5-33　输入的文字

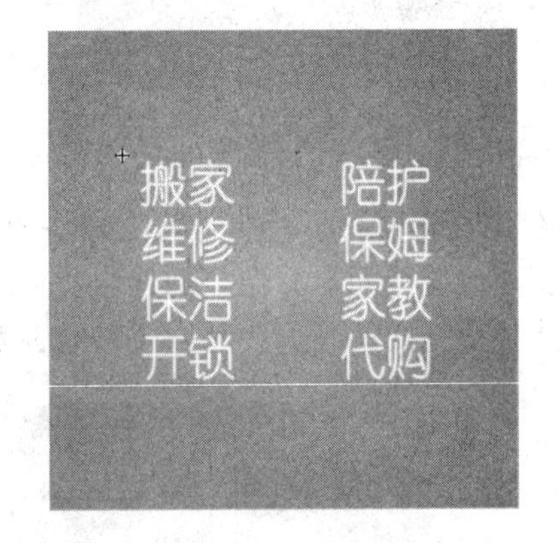

图 5-34　输入的文字

(6) 在【时间轴】面板中同时选择“图层 1”～“图层 8”的第 1 帧，将其移动到第 25 帧处，如图 5-35 所示。

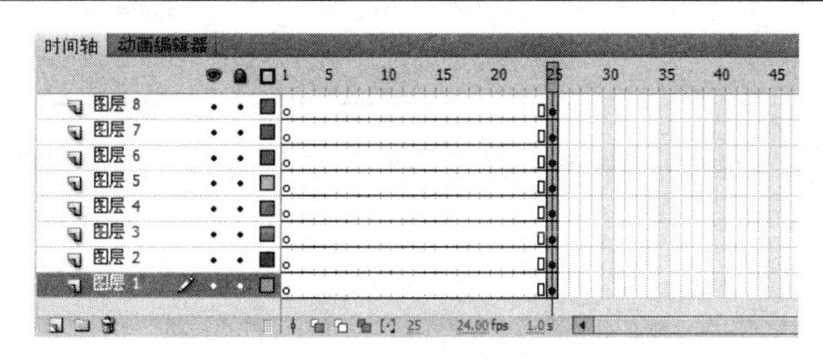

图 5-35 【时间轴】面板

(7) 同时选择“图层 1”～“图层 8”的第 35 帧，按下 F6 键插入关键帧，然后将播放头移动到第 25 帧处，如图 5-36 所示。

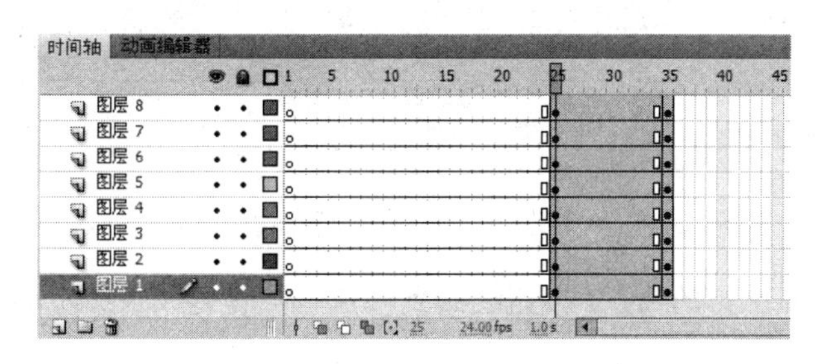

图 5-36 【时间轴】面板

(8) 使用“选择工具”选择左侧的四组文字，将其移动到舞台外侧，再选择右侧的四组文字，也移动到舞台外侧，如图 5-37 所示。

图 5-37 调整文字的位置

(9) 在【时间轴】面板中同时选择“图层 1”～“图层 8”的第 25 帧，单击菜单栏中的【插入】/【传统补间】命令，创建传统补间动画。

(10) 在【时间轴】面板中将各层中的动画帧依次错开，如图 5-38 所示。

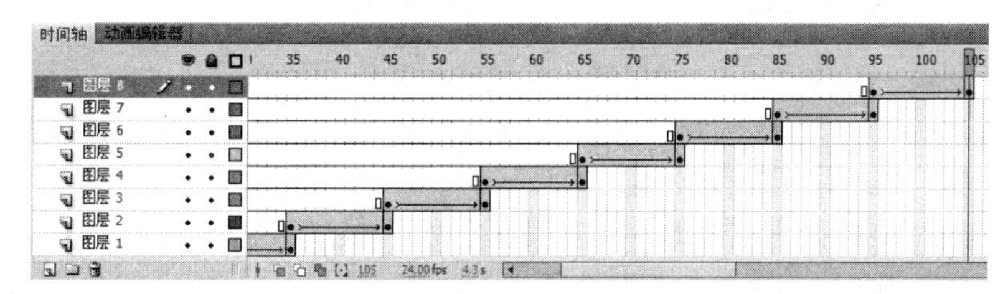

图 5-38 【时间轴】面板

指点迷津

在制作 Flash 动画时，如果多个图层的动画相同，只是出现的时间或顺序不同，往往同时添加动画效果，然后再改变各层中动画帧的位置或顺序，这样可以减少很多工作量。

(11) 在【时间轴】面板中同时选择“图层 1”～“图层 8”的第 160 帧，按下 F5 键插入普通帧，将动画延时，如图 5-39 所示。

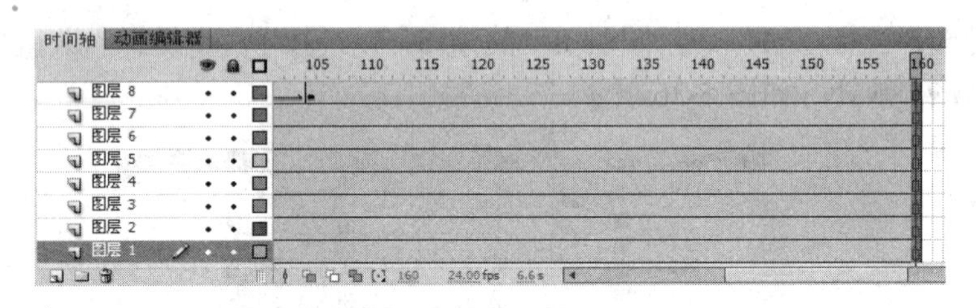

图 5-39 【时间轴】面板

(12) 单击窗口左上方的 场景 1 按钮返回到舞台中，就完成了文字动画的制作。

任务四：制作电话号码的动画

(1) 在【时间轴】面板中创建一个新图层，命名为“电话”。

(2) 选择工具箱中的“文本工具” T，在【属性】面板中设置【颜色】为任意色，设置其他参数如图 5-40 所示，然后在舞台中输入数字“98800”，位置如图 5-41 所示。

图 5-40 【属性】面板

图 5-41 输入的数字

(3) 选择刚输入的数字，按下 F8 键，将其转换为影片剪辑元件“电话动画”。

(4) 在舞台中双击“电话动画”实例，进入其编辑窗口中，然后选择数字，连续两次按下 Ctrl + B 键，将数字转换为图形。

(5) 确保数字图形处于选择状态，在【颜色】面板中设置【颜色类型】为“线性渐变”，然后设置左侧色标为黄色(#FFB600)，右侧色标为淡黄色(#FFF08A)，如图 5-42 所示，则数字产生了渐变效果，如图 5-43 所示。

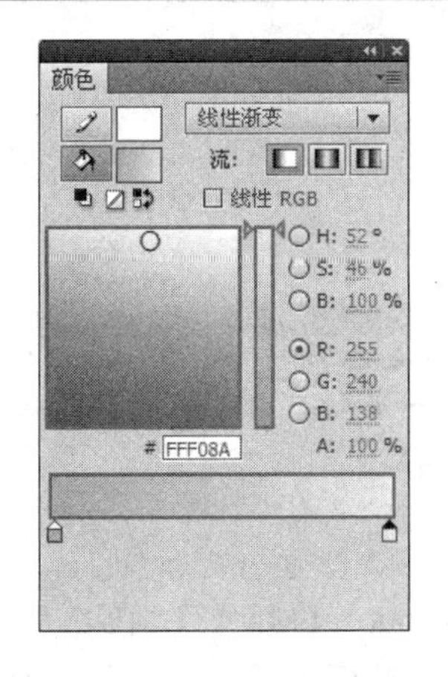

图 5-42　【颜色】面板　　图 5-43　数字的渐变效果

(6) 选择工具箱中的“墨水瓶工具”，在【属性】面板中设置【笔触颜色】为白色，其他参数设置如图 5-44 所示。

(7) 依次在数字图形的边缘上单击鼠标，为其填充白色轮廓，结果如图 5-45 所示。

图 5-44　【属性】面板　　图 5-45　填充白色轮廓

(8) 使用“选择工具”选择编辑后的数字图形，按下 F8 键，将其转换为影片剪辑元件“元件 1”。

(9) 在【时间轴】面板中将关键帧从第 1 帧移动到第 110 帧处，如图 5-46 所示。

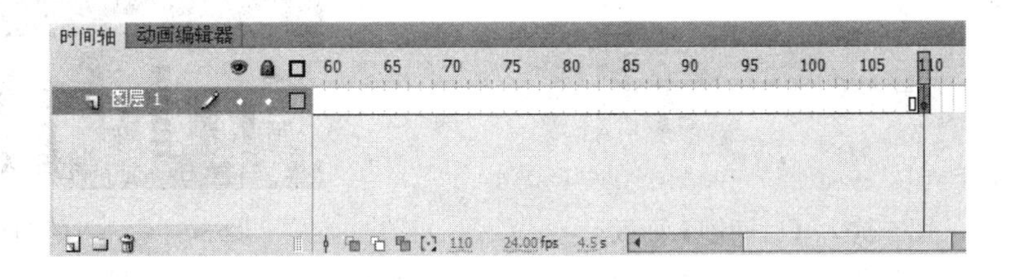

图 5-46　【时间轴】面板

(10) 单击菜单栏中的【窗口】/【动画预设】命令，打开【动画预设】面板，选择其中的“脉搏”动画，如图 5-47 所示，单击 应用 按钮，将其应用到“元件 1”实例上，此时可以看到【时间轴】面板中自动产生了一段动画帧，如图 5-48 所示。

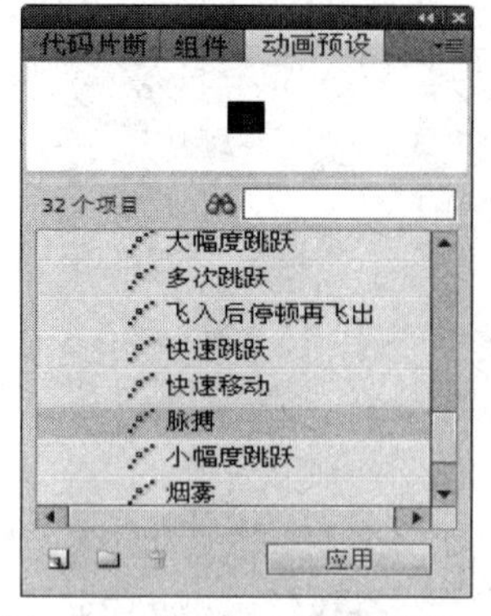

图 5-47 【动画预设】面板

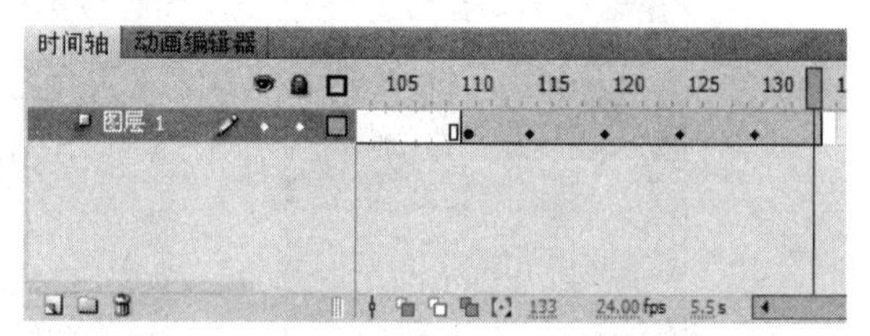

图 5-48 【时间轴】面板

(11) 在【时间轴】面板中选择第 160 帧，按下 F5 键插入普通帧，将动画延时，如图 5-49 所示。

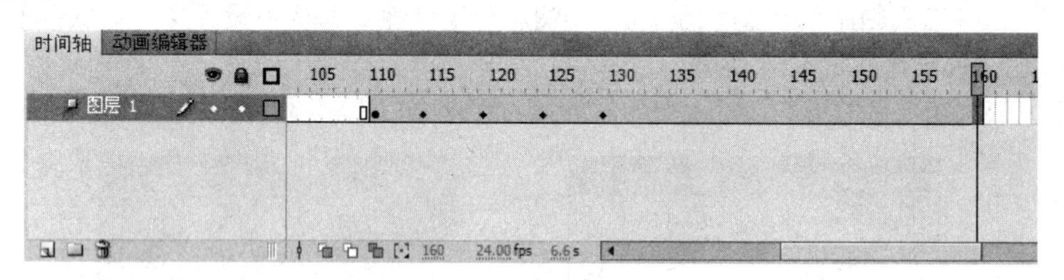

图 5-49 【时间轴】面板

(12) 单击窗口左上方的场景 1按钮，返回到舞台中。

(13) 在【时间轴】面板中创建一个新图层“图层 7”，并调整到“背景”层的上方，如图 5-50 所示。

(14) 单击菜单栏中的【文件】/【导入】/【导入到舞台】命令，将本书光盘“项目 05”文件夹中的“Back.bmp”文件导入到舞台中，并使用“任意变形工具”调整至适当大小，如图 5-51 所示。

图 5-50 【时间轴】面板

图 5-51 导入的图片

(15) 选择导入的图片，按下 F8 键，将其转换为影片剪辑元件“元件 2”。在【属性】面板中设置【混合】为“正片叠底”，如图 5-52 所示，这时图片中的白色就看不见了，如图 5-53 所示。

(16) 按下 Ctrl + Enter 键测试影片，对不足的地方进行完善；如果比较满意，将动画保存为“家政广告.fla”文件。

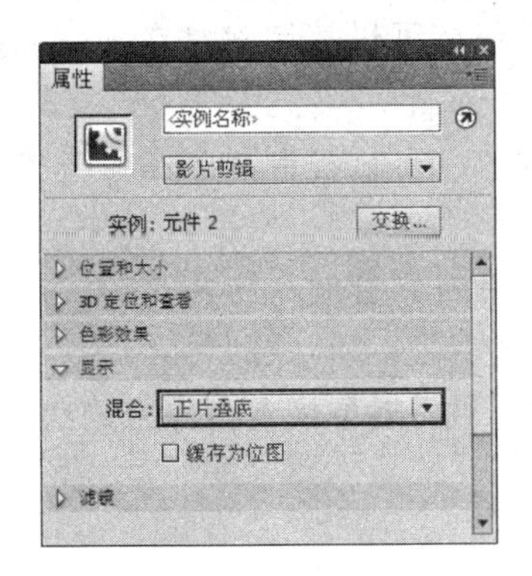

图 5-52　【属性】面板

图 5-53　图片效果

5.4 知 识 延 伸

知识点一：【变形】面板

在 Flash 中，可以通过两种方法实现对象的变形：第一是“任意变形工具”，在“项目 01”中已经介绍过它的使用方法，其特点是自由度高，可以灵活控制对象的缩放、旋转、倾斜等变形；第二是【变形】面板，其特点是精确度高，除了可以实现精确变形外，还可以实现复制并应用变形操作。

使用【变形】面板可以对所选对象进行精确的缩放、旋转、倾斜等操作，从而使对象产生变形，并且可以在变形的同时进行复制对象的操作，如图 5-54 所示。

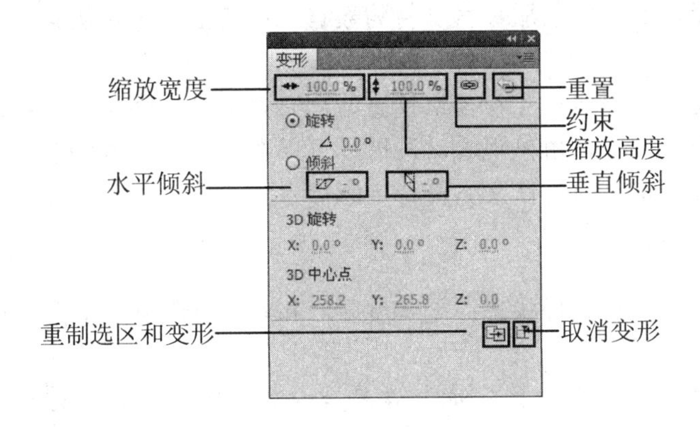

图 5-54　【变形】面板

- 【缩放宽度】：单击该选项并输入数值，可以改变对象的宽度。
- 【缩放高度】：单击该选项并输入数值，可以改变对象的高度。
- 【约束】：该按钮起到锁定的作用，单击该按钮则图标变为形状，此时可以同时改变宽度与高度的比例。
- 【重置】：单击该按钮，可以重置对象的缩放比例。
- 【旋转】：该选项用于控制对象的旋转角度，单击该选项，可以输入精确的角度值。

- 【水平倾斜】：单击该选项并输入精确数值，可以控制对象在水平方向上的倾斜角度。
- 【垂直倾斜】：单击该选项并输入精确数值，可以控制对象在垂直方向上的倾斜角度。
- 【重制选区和变形】：单击该按钮，可以将对象复制一份再变形，每一次变形都是在前一次的基础上进行的。
- 【取消变形】：单击该按钮，可以将应用变形的对象恢复到原来的状态。

知识点二：文本工具

文字作为信息传达的主要载体，它一直都是动画、平面作品的设计元素，既用于传递信息，也用于构成画面。在 Flash 中，由"文本工具"T来输入文字，并且可以将文字作为动画对象，对它进行缩放、旋转、变形、扭曲和翻转等操作。

1. 文本类型

Flash 中的文本分为三大类型：静态文本、动态文本和输入文本。不同的文本类型可以满足不同的动画要求。

- 静态文本是指制作动画时为动画加入的注释性文字，或者是作为动画对象出现的文字，也就是一般意义上的文字。
- 动态文本是指能够实时反映动作或程序对文字变量值的改变，具有鲜明的动态效果的文字。在制作动画时，使用动态文本可以建立简单的交互，如搜索表单、用户登录表单、天气预报、股票信息等。使用动态文本类型输入的文字相当于变量，其内容从服务器支持的数据库中读出，或者从其他影片中载入。
- 输入文本主要是为创作交互动画而设置的，它为用户提供了一个可以对应用程序进行修改的入口，用户观看动画时，可以在动画的文本框中输入文字，然后利用动画中定义的动作来完成特定的行为。

2. 输入文本

在输入文本时，文本框有两种状态：无宽度限制和有宽度限制，下面我们来学习这两者的区别。

- 选择工具箱中的"文本工具"T，在舞台中单击鼠标，此时文本框的右上角有一个小圆圈，输入文本时，文本框随文字的输入而扩展，如图 5-55 所示，这种文本框就是无宽度限制文本框。
- 选择工具箱中的"文本工具"T，在舞台中拖曳鼠标，舞台中同样会出现一个文本框，但其右上角有一个小正方形，而不是小圆圈，在输入文本时，文本框大小不变，当文本到达右边界时，文字会根据文本框的宽度自动换行，如图 5-56 所示，这种文本框是有宽度限制文本框。

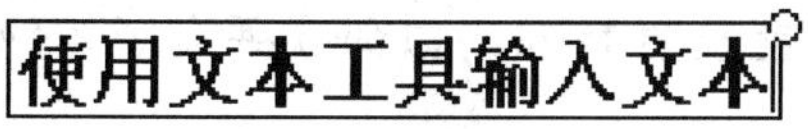

使用文本工具输入文本

图 5-55　无宽度限制的文本框

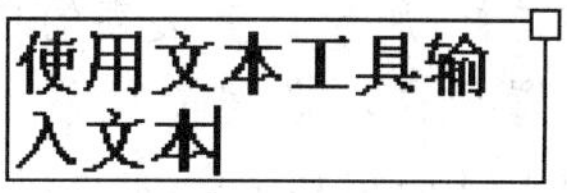

使用文本工具输
入文本

图 5-56　有宽度限制的文本框

当完成了文本的输入以后，如果存在输入错误、多输、漏输时，可以重新输入或修改文字，方法是选择“文本工具”[T]，在要输入或修改的文字处单击鼠标，这时文本框变为输入状态，输入或修改文字即可。

3. 文本的字符属性

文本的属性分为字符属性与段落属性。字符属性即字体、大小、颜色等属性。

文本的属性可以在输入文本之前设置，也可以在输入文本之后设置。在舞台中输入一段文本之后，既可以对整段文本进行属性设置，也可以对个别文字进行设置。

使用“选择工具”单击文本，则文本的周围出现一个蓝色的边框，代表选中了整段文本，如图 5-57 所示，此时可以设置所有文本的属性。如果使用“选择工具”双击文本，则激活文本框，呈输入文本的状态，此时拖曳鼠标可以选中特定的文本，设置属性时只影响选中的文本，如图 5-58 所示。

窗外的远山凝固成一幅精美画卷

图 5-57　选中整段文本

窗外的远山凝固成一幅精美画卷

图 5-58　选中特定的文本

选中所需要的文本以后，就可以通过【属性】面板设置字符属性了，如图 5-59 所示，其中的【字符】选项用于设置文本的字符属性。

- 【系列】：用于设置字体，单击右侧的小按钮，可以打开下拉列表，其中显示了本地计算机中安装的字体，选择所需要的字体即可，如图 5-60 所示。

图 5-59　【属性】面板

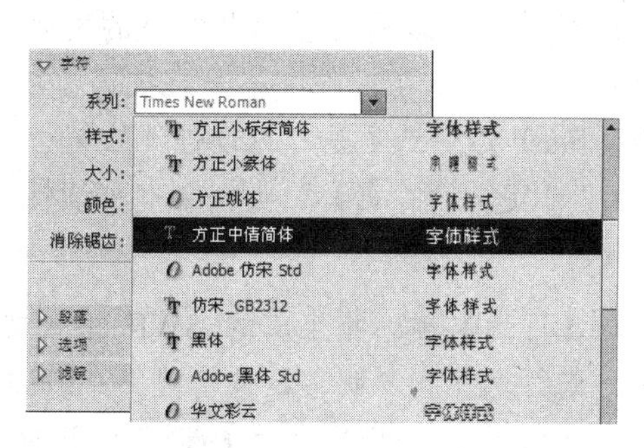

图 5-60　选择字体

- 【样式】：用于设置文字的样式，如加粗、倾斜等。并不是所有的字体都可以设置样式，通常情况下，中文字体不能设置样式，而部分英文字体(如 Arial、Myriad Pro 等)才可以设置样式。
- 【大小】：用于设置文字字体的大小(即字号)。可以在字体大小的数值上双击鼠标，输入所需要的字体大小，也可以将光标置于字体大小的数值上，拖曳鼠标更改数值的大小，如图 5-61 所示。
- 【字母间距】：用于设置文字之间的距离，数值越大，文字之间的距离越大，如图 5-62 所示是【字母间距】为 25 时的效果。

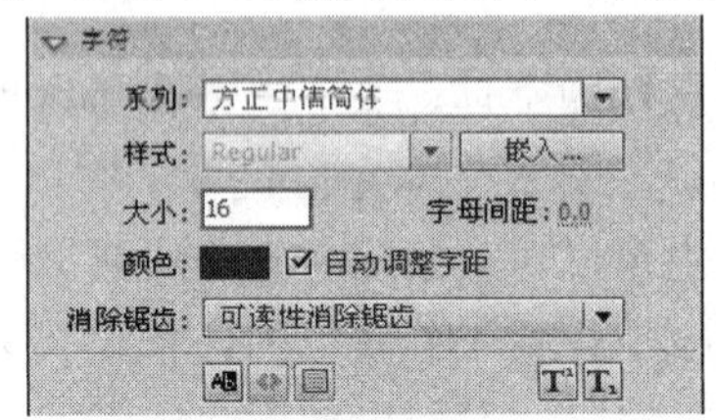

图 5-61 设置字体大小

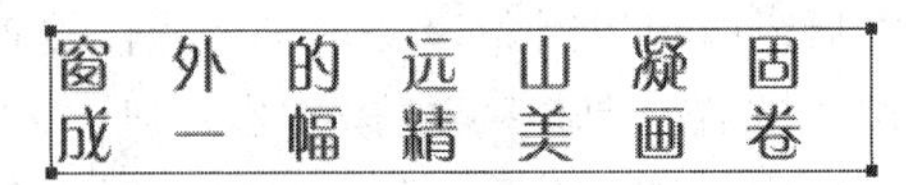

图 5-62 设置字母之间的距离

- 【颜色】：用于设置字体的颜色。
- 【消除锯齿】：用于设置文字的显示方式，即抗锯齿的方式。系统提供了“使用设备字体”、“位图文本”、“动画消除锯齿”、“可读性消除锯齿”和“自定义消除锯齿”五种方式，如图 5-63 所示。

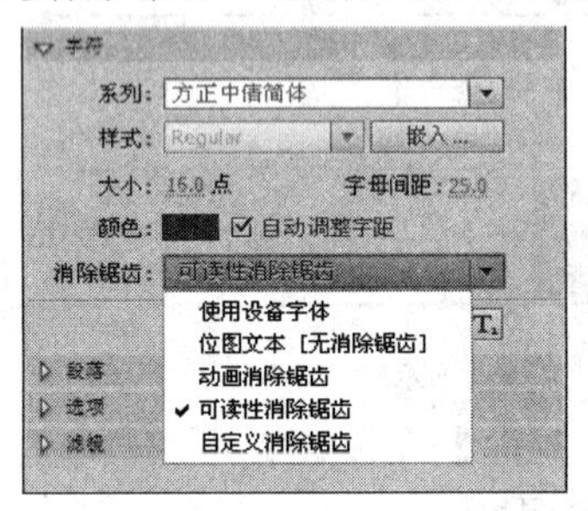

图 5-63 抗锯齿的方式与效果

指点迷津

选择“使用设备字体”，文本没有抗锯齿效果，文本字体直接按计算机系统字体显示，它的好处是可以减少文件体积的大小；选择“位图文本”将产生尖锐的文字边缘效果，适用于显示非常小的文字，产生的文件体积较大；选择“动画消除锯齿”，则文本在动画中不开启抗锯齿模式，可以更快地对文本动画进行设定和播放；Flash 默认选项是“可读性消除锯齿”，它能够提供最高质量、最清晰的文本效果；“自定义消除锯齿”类似于“可读性消除锯齿”方式，但可以自行设置。

- 【可选】：指生成的 SWF 格式文件中的文本是否能够被观看者通过鼠标进行选择和复制。默认情况下，Flash 中的文本不会被别人选择并复制。
- 【切换上标/切换下标】：选择文本中的某个字符后，单击该按钮，就可以将这个文字设置为前面字符的上标或者下标，如图 5-64 所示。

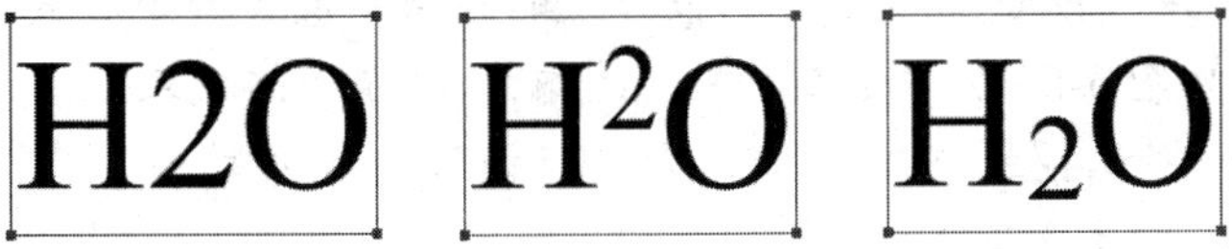

H2O
H^2O
H_2O

图 5-64　文本的正常、上标与下标效果

4. 文本的段落属性

文本的段落属性主要是针对有宽度限制的文本而言的，包括文本的对齐方式、行距、页边距等。这些属性的设置也是通过【属性】面板完成的，如图 5-65 所示。

属性
T
传统文本
静态文本
位置和大小
字符
段落
格式:
间距: 0.0 像素 - 点
边距: 0.0 像素 0.0 像素
行为: 单行
选项

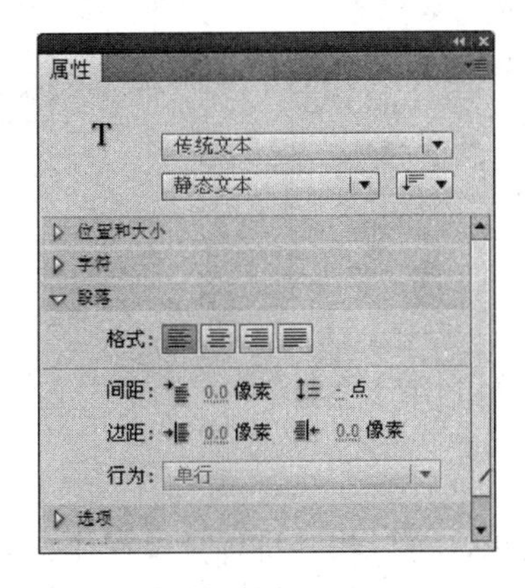

图 5-65　【属性】面板

➢ 【格式】：用于控制文本的对齐方式，它的右侧有四个按钮，分别是【左对齐】、【居中对齐】、【右对齐】和【两端对齐】。如图 5-66 所示分别为左对齐和右对齐效果。

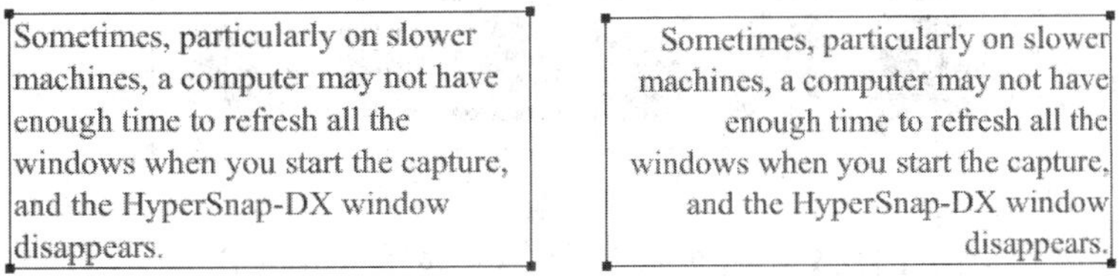

Sometimes, particularly on slower machines, a computer may not have enough time to refresh all the windows when you start the capture, and the HyperSnap-DX window disappears.
Sometimes, particularly on slower machines, a computer may not have enough time to refresh all the windows when you start the capture, and the HyperSnap-DX window disappears.

图 5-66　左对齐和右对齐效果

➢ 【间距】：该选项包含了两种参数：即缩进与行距。其中【缩进】用于设置段落中首行文本的缩进，如图 5-67 所示为缩进 60 像素的效果；【行距】用于设置文本的行间距离，如图 5-68 所示为行距 8 点时的效果。

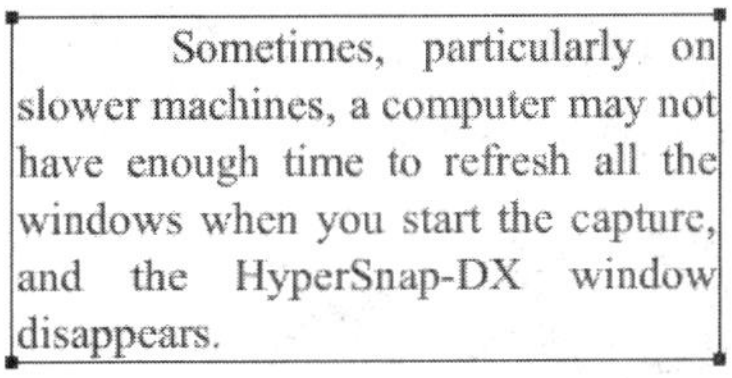

Sometimes, particularly on slower machines, a computer may not have enough time to refresh all the windows when you start the capture, and the HyperSnap-DX window disappears.

图 5-67　缩进效果

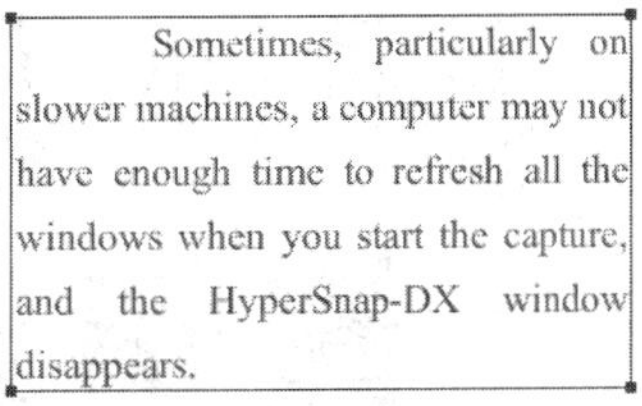

Sometimes, particularly on slower machines, a computer may not have enough time to refresh all the windows when you start the capture, and the HyperSnap-DX window disappears.

图 5-68　行距效果

- 【边距】：用于设置文本距文本框边缘的距离，包含两个参数，即左边距和右边距。如图 5-69 所示为左、右边距均为 30 像素的效果。
- 【行为】：用于控制文本的输入方式。该选项仅对动态文本与输入文本有效，对静态文本无效。
- 【方向】：用于设置文本的方向，单击按钮，在打开的列表中可以选择文字方向，分别是“水平”、“垂直”、“垂直、从左向右”。如图 5-70 所示为“垂直、从左向右”排列的效果。

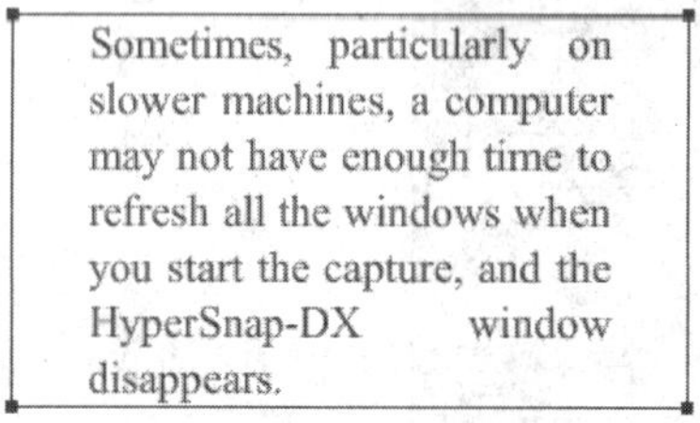

Sometimes, particularly on slower machines, a computer may not have enough time to refresh all the windows when you start the capture, and the HyperSnap-DX window disappears.

图 5-69 设置边距后的效果

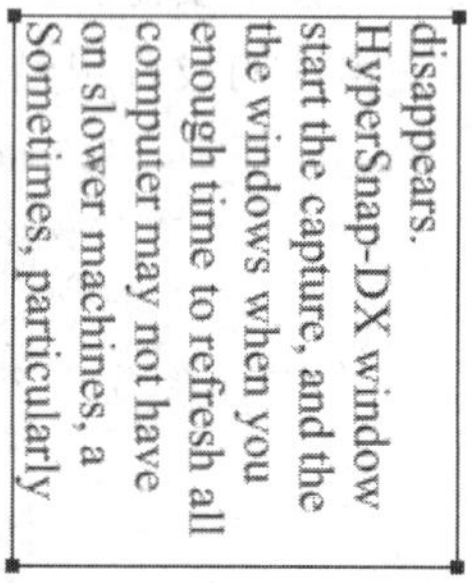

disappears.
HyperSnap-DX window
start the capture, and the
the windows when you
enough time to refresh all
computer may not have
on slower machines, a
Sometimes, particularly

图 5-70 文字的排列效果

5. 分离文本

文本是一种特殊的动画对象，可以将其进行分离操作。分离文本的操作非常实用，文本被分离后可以转换为图形，用户可以像编辑图形一样编辑它。例如，要制作一个渐变色文字，就必须先分离文本，然后再为其填充渐变色。

分离文本的具体操作步骤如下。

(1) 选择要分离的文本，如图 5-71 所示。

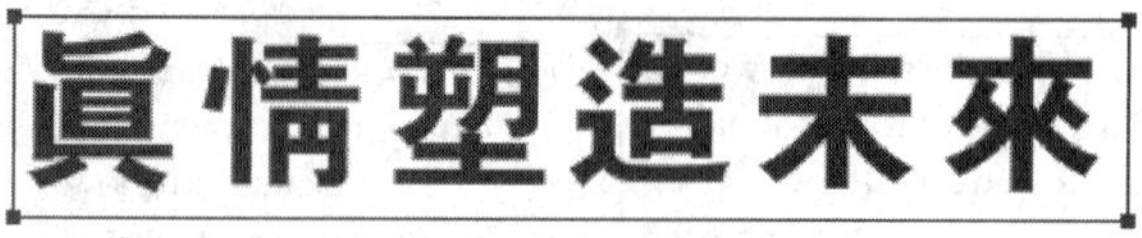

眞情塑造未來

图 5-71 选择文本

(2) 单击菜单栏中的【修改】/【分离】命令(或按下 Ctrl + B 键)，则文本被转换为自由的单个字，如图 5-72 所示。

眞 情 塑 造 未 來

图 5-72 分离后的文字

(3) 再单击菜单栏中的【修改】/【分离】命令(或按下 Ctrl + B 键)，则文字转换为图形，这时就可以像图形一样对其进行编辑，如图 5-73 所示为编辑后的效果。

眞情塑造未來

图 5-73 编辑后的效果

知识点三：墨水瓶工具

“墨水瓶工具”的作用是改变图形轮廓线的颜色与形态，功能很单一，所以使用起来也不繁琐，操作非常简单。

首先选择工具箱中的“墨水瓶工具”，然后在【属性】面板中设置笔触颜色、笔触、笔触样式等选项，如图 5-74 所示；最后在绘制的图形边缘上单击鼠标，即可改变图形的轮廓线，如图 5-75 所示。

图 5-74　【属性】面板

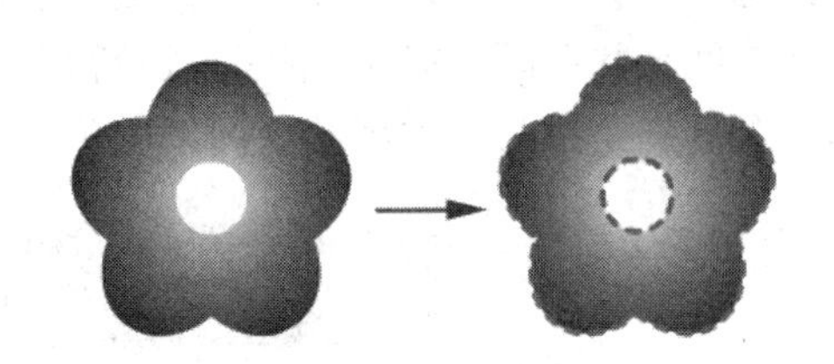

图 5-75　改变图形的轮廓线

知识点四：动画类型与【时间轴】面板中的标识

Flash 提供了多种方法用来创建动画和特殊效果。每一种方法的创建、能实现的动画效果、作用对象都不尽相同，所以必须先对动画类型有所了解，并能够通过【时间轴】面板的外观判定动画类型。

1. 逐帧动画

逐帧动画是一种比较传统的动画形式，这种动画中只有关键帧而没有过渡帧，在每一个关键帧中都设置一个画面，若干个连续关键帧组成动画，因此逐帧动画制作起来较为繁琐，但是它可以表现出比较细腻、复杂的动画效果，因此是一种非常重要的动画形式。在【时间轴】面板中，它的外观形态如图 5-76 所示。

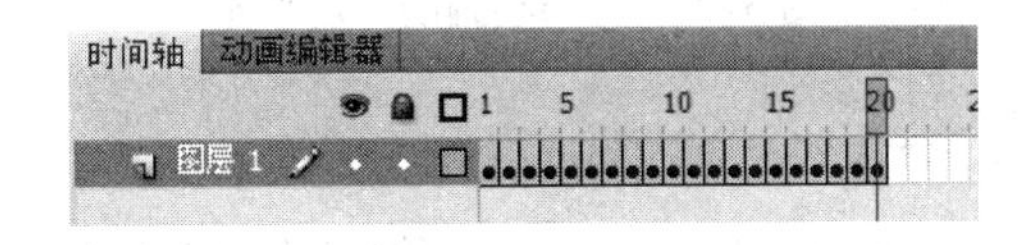

图 5-76　逐帧动画的外观形态

2. 传统补间动画

由于 Flash 新版本中引入了全新动画制作方式，类似于 After Effects 动画特点，被命名为“补间动画”，所以老版本中的“补间动画”在新版本中被命名为“传统补间动画”，它是以前使用最为广泛的动画形式，Flash 老用户比较习惯于这种动画方式，在【时间轴】面板中，它的外观形态是在两个关键帧之间以黑色箭头和淡紫色背景呈现，如图5-77所示。

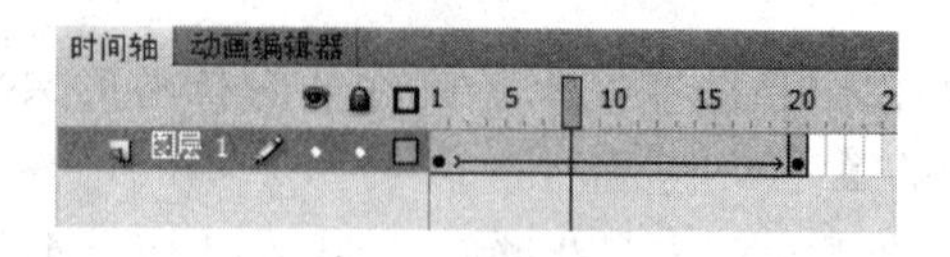

图 5-77　传统补间动画的外观形态

3. 补间形状动画

补间形状动画是一种 Flash 动画类型，不仅可以制作出图形外形的变化，也可以制作出移动、缩放、色彩变化、变速运动、遮罩等动画效果。但是补间形状动画的动画对象必须是图形，也就是说，只有图形才能用来制作补间形状动画，如果要对文字、实例、群组对象等制作补间形状动画，必须先执行【分离】命令将其分离为图形。在【时间轴】面板中，它的外观形态是在两个关键帧之间以黑色箭头和绿色背景呈现，如图 5-78 所示。

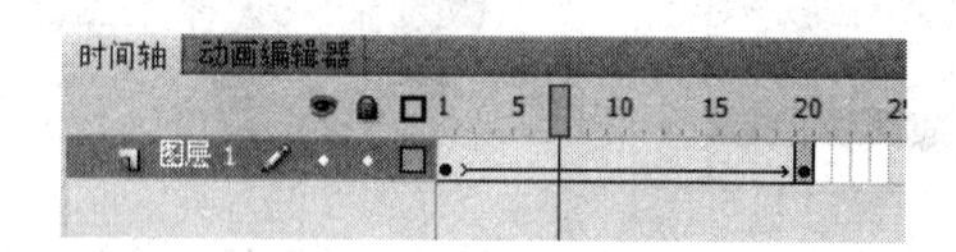

图 5-78　补间形状动画的外观形态

4. 补间动画

补间动画功能强大，易于创建，它是 Flash CS4 版本新增的功能，吸收了 After Effects 的动画特点，这种动画形式可以直接操作动画对象，而不是关键帧，更多的动画属性需要在【动画编辑器】面板中进行设置。在【时间轴】面板中，它的外观形态是一段蓝色背景的帧，黑色圆点表示动画的起始关键帧，黑色菱形点表示动画的属性关键帧，如图 5-79 所示。

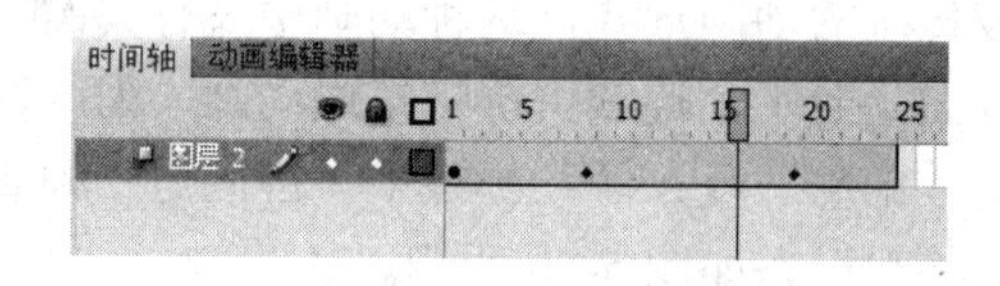

图 5-79　补间动画的外观形态

5. 骨骼动画

骨骼动画也称为反向运动(IK)动画，它是一种使用骨骼的有关结构对一个对象或彼此相关的一组对象进行动画处理的方法。用于骨骼动画的对象有两种：一种是元件的实例；一种是图形。使用骨骼动画，可以使对象按照复杂而自然的方式运动，轻松地创建人物动画，如胳膊、腿和面部表情的变化。在【时间轴】面板中，它的外观形态是一段具有绿色背景的帧，每个姿势在时间轴中显示为黑色菱形点，如图 5-80 所示。

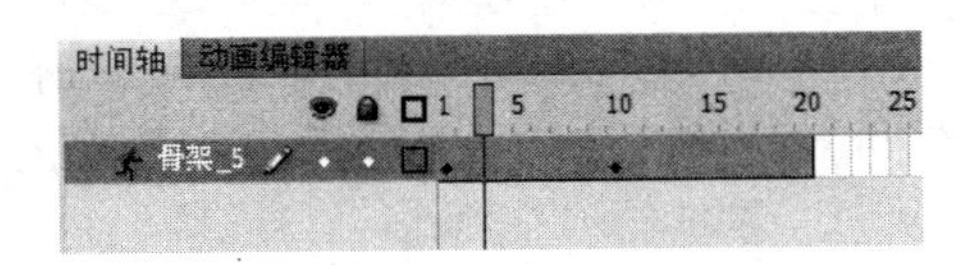

图 5-80　骨骼动画的外观形态

知识点五：动画预设

Flash 提供了动画预设功能，可以让用户通过最少的步骤实现动画制作。另外，用户也可以将自己做好的动画进行自定义预设，然后在其他文件中使用。

只有文本与元件的实例才可以使用动画预设，动画预设里的动画含有动作路径、动画属性(2D 或 3D)、缓动等，所有参数和缓动效果都包含在动画预设内。使用动画预设可以极大节约项目设计和开发的时间。

单击菜单栏中的【窗口】/【动画预设】命令，可以打开【动画预设】面板，如图 5-81 所示。展开“默认预设”文件夹，可以看到系统预设的各种动画，选择其中的一种动画预设，可以在面板上方预览到动画效果，如图 5-82 所示。如果要将选择的动画预设应用到对象上，单击 应用 按钮即可。

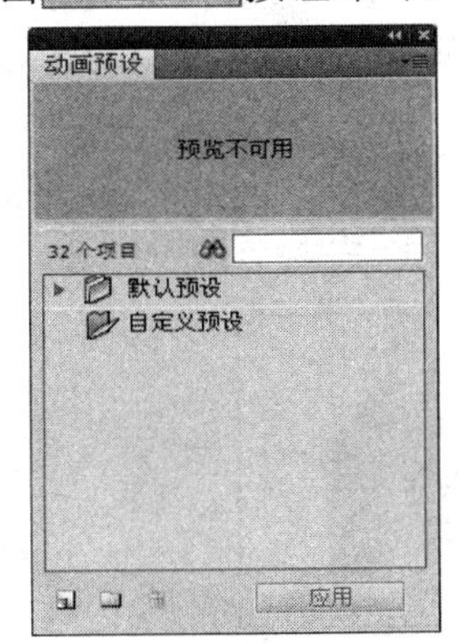

图 5-81　【动画预设】面板

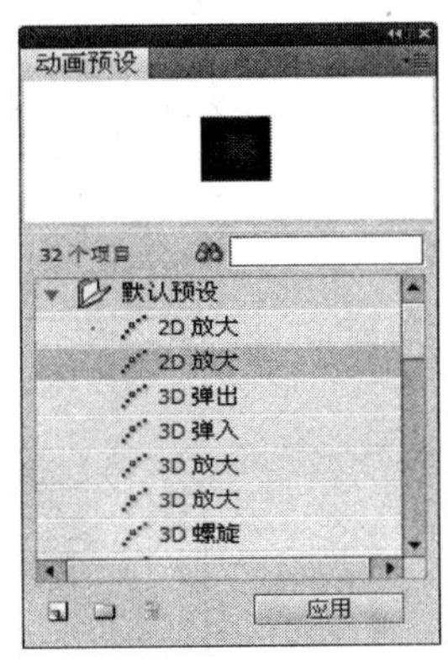

图 5-82　预览动画效果

知识点六：传统补间动画

传统补间动画是 Flash 中最常使用的一种动画形式，使用它可以制作出对象位移、放大缩小、变形、色彩、透明度、颜色亮度、旋转等变化的动画效果。制作传统补间动画时需要具备以下条件：

- 在一个传统补间动画中至少要有两个关键帧。
- 在一个传统补间动画中两个关键帧中的对象，必须是同一个对象。
- 两个关键帧中的对象必须有一些变化，否则制作的动画将没有效果。
- 制作传统补间动画时，只有图形对象不能制作传统补间动画，其他的动画对象都可以，如元件的实例、文字、群组对象等。

创建传统补间动画时，需要在【时间轴】面板的同一图层中选择两个关键帧之间的任意一帧，单击鼠标右键，在弹出的快捷菜单中选择【创建传统补间】命令，或者单击菜单栏中的【插入】/【传统补间】命令，这样即可在两个关键帧之间创建传统补间动画，如图 5-83 所示。

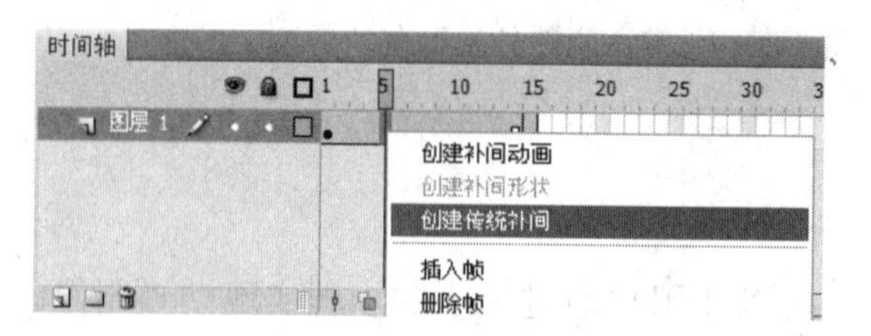

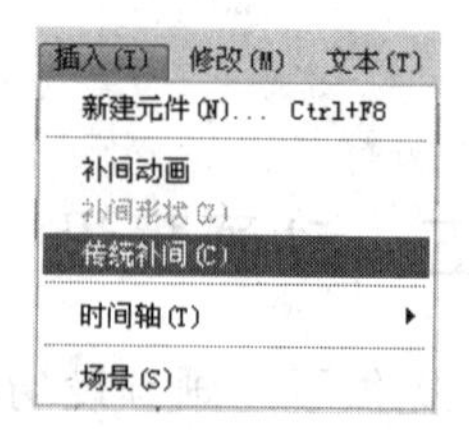

图 5-83 创建传统补间动画的两种方法

5.5 项 目 实 训

网络广告的形式是多种多样的，其中 Flash 动画是主流，它比静态广告更具冲击力，几乎涵盖了各个行业，下面请根据所学的知识，制作一个汽车的网络广告。

任务分析

本项目中提供了一幅汽车图片，其他均为文字信息。制作时设计了三个场景：第一个是 Focus 场景，即聚焦新产品；第二个是汽车与卖点宣传语；第三个是品牌信息。本项目的技术主要运用了元件、传统补间动画、遮罩动画等。

任务素材

光盘位置：光盘\项目 05\实训，素材如图 5-84 所示。

图 5-84 素材

参考效果

光盘位置：光盘\项目 05\实训，参考效果如图 5-85 所示。

图 5-85 参考效果

项目06

天正建筑网站片头

6.1 项 目 说 明

天正建筑设计公司为了扩大企业宣传，提高品牌形象，委托网络公司设计一个纯粹的 Flash 网站，要求简洁大气，突出动感，并且要求进入网站之前要有一段片头动画，本项目将设计制作该网站的片头动画。

6.2 项 目 分 析

在 Flash 的应用中，网站制作是一项比较常见的业务，通常情况下，个人网站、艺术类网站、设计公司都喜欢纯 Flash 网站，强调网站的艺术性，而此时片头动画是必不可少的。本项目的大致制作思路如下：

第一，制作生成 Logo 的动画，主要运用传统补间动画、补间形状动画以及图层制作 Logo 动画。

第二，制作主界面生成动画以及界面元素动画，其中文字动画需要使用影片剪辑元件的【模糊】滤镜，以增强视觉效果。

第三，片头动画停止以后，需要制作一个按钮，单击它可以进入站点，所以按钮元件的制作也是本项目要学习的重点内容。

6.3 项 目 实 施

通过项目分析，我们基本可以把握该项目的制作流程，其在技术上并不困难，主要特点是图层运用得比较多，所以管理好图层是关键。本项目的参考效果如图 6-1 所示。

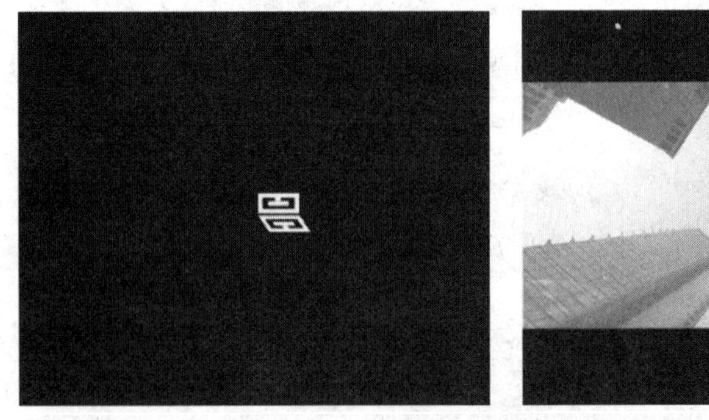

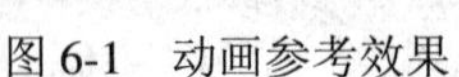

图 6-1 动画参考效果

任务一：制作 Logo 动画

(1) 启动 Flash CS5 软件，在欢迎画面中单击【ActionScript 3.0】选项，创建一个新文档。

(2) 按下 Ctrl + J 键，在弹出的【文档设置】对话框中设置舞台的尺寸为 800 像素 ×

600 像素，其他设置保持默认值。

(3) 选择工具箱中的“矩形工具”，在工具箱下方设置【笔触颜色】为无色，【填充颜色】为蓝黑色(#0E3C56)，然后在舞台中拖动鼠标，绘制一个与舞台大小一致的矩形，结果如图 6-2 所示。

(4) 在【时间轴】面板中创建一个新图层“图层 2”，然后在工具箱下方设置【笔触颜色】为白色，【填充颜色】为无色，使用“矩形工具”在舞台中绘制一个空心矩形，大小与位置如图 6-3 所示。

图 6-2　绘制的矩形

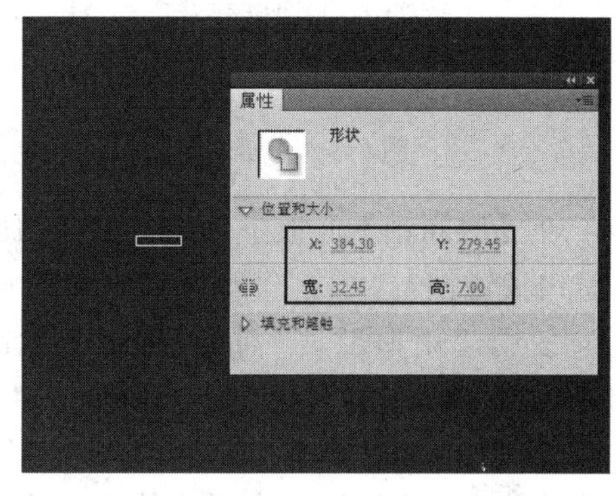

图 6-3　绘制的空心矩形

(5) 在舞台中选择刚绘制的矩形，按下 F8 键，将其转换为图形元件“线框”。

(6) 在【时间轴】面板中选择“图层 1”的第 200 帧，按下 F5 键插入普通帧，延长动画时间，然后再选择“图层 2”的第 10 帧，按下 F6 键插入关键帧。

(7) 在“图层 2”的第 1 帧上单击鼠标右键，在弹出的快捷菜单中选择【创建传统补间】命令创建动画，如图 6-4 所示。

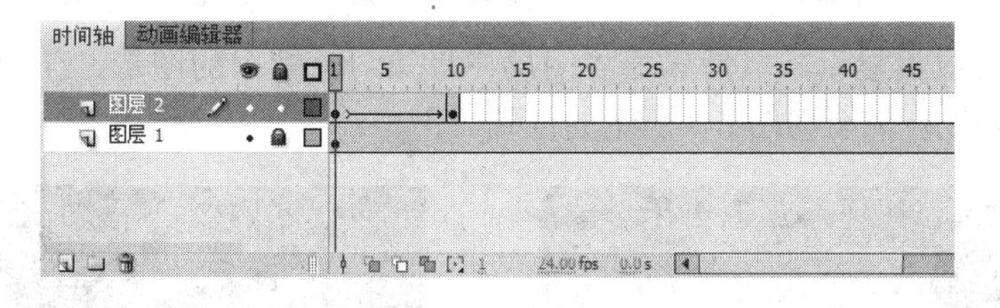

图 6-4　【时间轴】面板

指点迷津

当制作 Flash 动画时，如果不能确定动画的总长度，可以预先估计一下，例如本项目中设定在 200 帧处，完成动画后可以将多余的帧删除；如果帧不够，可以随时向后延伸。

(8) 确保“图层 2”的第 1 帧处于选择状态，在【属性】面板中设置【缓动】为 100，如图 6-5 所示。

(9) 在舞台中选择第 1 帧中的“线框”实例，按下 Ctrl + T 键打开【变形】面板，设置变形比例为 1200%，如图 6-6 所示。

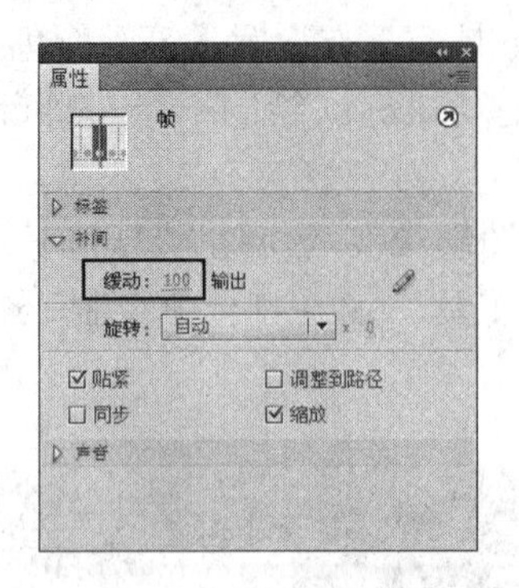

图 6-5 【属性】面板

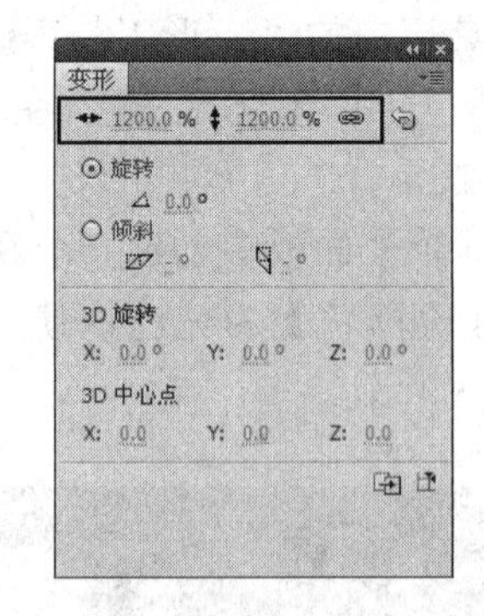

图 6-6 【变形】面板

(10) 在【时间轴】面板中创建一个新图层“图层 3”，选择该层的第 10 帧，按下 F7 键插入空白关键帧。

(11) 使用“矩形工具”在舞台中绘制一个无边框的白色矩形，使之恰好填满线框，如图 6-7 所示。

(12) 在【时间轴】面板中选择“图层 3”的第 30 帧，按下 F6 键插入关键帧，然后在第 10 帧上单击鼠标右键，在弹出的快捷菜单中选择【创建补间形状】命令，创建补间形状动画。

指点迷津

Flash 中的动画对象有很多种，例如图形、元件、位图、群组等，但是补间形状动画只能作用于图形。如果对象不是图形，必须按下 Ctrl+B 键将对象分离，使之转换成图形对象。

(13) 将舞台放大显示，然后选择“图层 3”第 10 帧中的图形，使用“任意变形工具”将其向左侧压缩至如图 6-8 所示的位置。

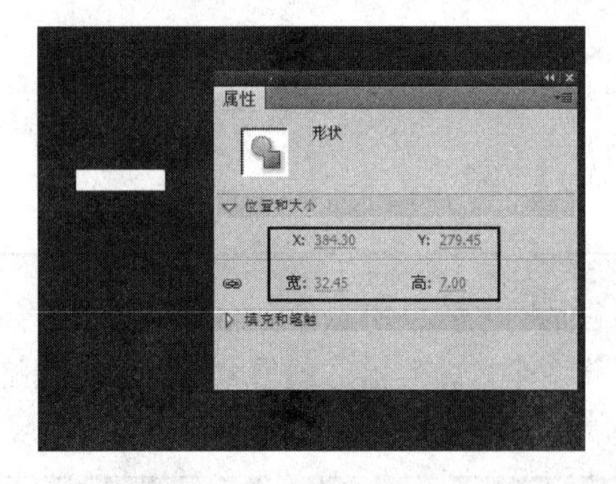

图 6-7 绘制的白色矩形

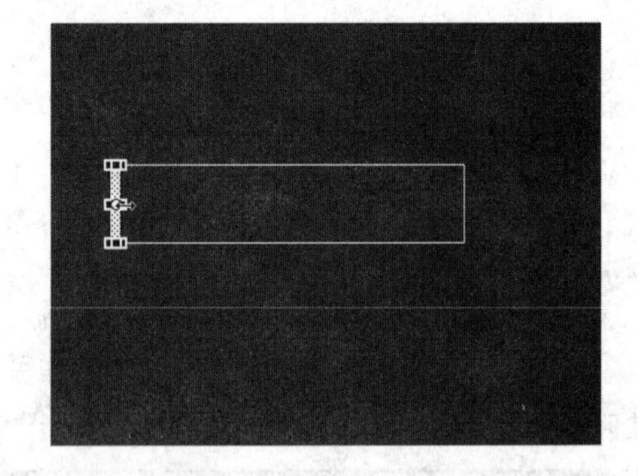

图 6-8 缩小第 10 帧中的图形

(14) 在【时间轴】面板中选择“图层 2”的第 30 帧，按下 F5 键插入普通帧，延长该层中的动画；然后再创建一个新图层“图层 4”，在该层的第 30 帧处插入空白关键帧，此时的【时间轴】面板如图 6-9 所示。

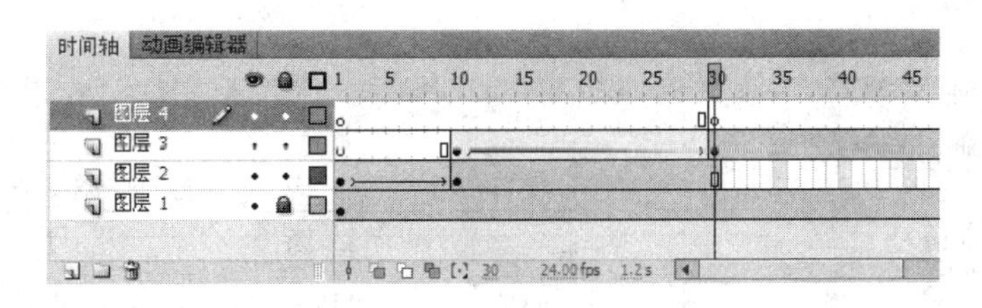

图 6-9　【时间轴】面板

(15) 继续使用“矩形工具”在舞台中绘制一个无边框的白色矩形，其大小与位置如图 6-10 所示。

(16) 在【时间轴】面板中选择“图层 4”的第 40 帧，按下 F6 键插入关键帧，然后在第 30 帧上单击鼠标右键，在弹出的快捷菜单中选择【创建补间形状】命令，创建补间形状动画。

(17) 将舞台放大显示，然后选择“图层 4”第 30 帧中的图形，使用“任意变形工具”将其向下压缩至如图 6-11 所示的位置。

图 6-10　绘制的白色矩形

图 6-11　缩小第 30 帧中的图形

(18) 用同样的方法，依次创建新图层，制作出其他各段图形的生成动画，每一段图形如图 6-12 所示。

图 6-12　各段图形的大小与位置

指点迷津

以上各段图形动画的制作，完全是重复操作。但是要注意合理安排各图层之间的关系，把控各段动画的生成方向，控制每段动画的运行速度。

(19) 在【时间轴】面板中可以看到，这段动画共使用了九个图层，各层的动画帧如图 6-13 所示。

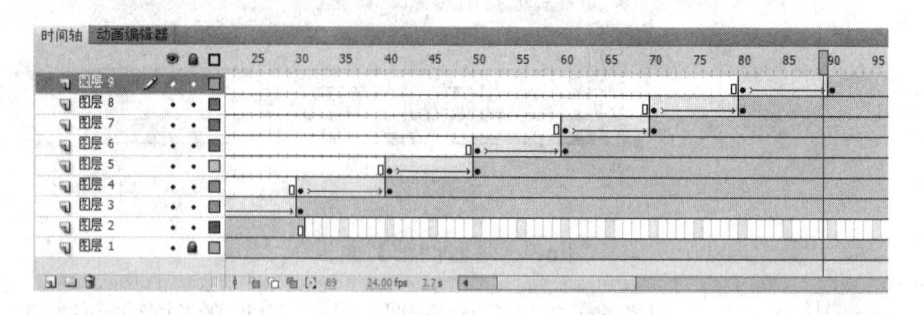

图 6 13　【时间轴】面板

(20) 在舞台中选择所有图形，单击菜单栏中的【编辑】/【复制】命令，接着在【时间轴】面板中继续创建一个新图层“图层 10”，选择该层的第 90 帧，按下 F7 键插入空白关键帧，如图 6-14 所示。

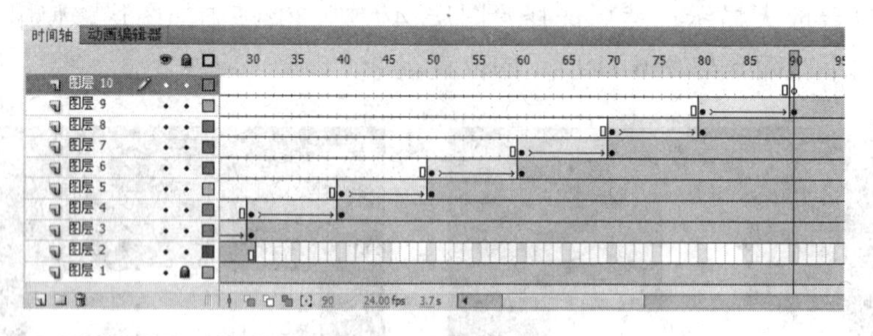

图 6-14　【时间轴】面板

(21) 单击菜单栏中的【编辑】/【粘贴到当前位置】命令，将复制的图形粘贴到“图层 10”的第 90 帧中，而图形在舞台中的位置不变，与原图形是重合的。

(22) 按下 Ctrl + G 键，将图形组合成群组对象，然后使用“任意变形工具”将其中心调整到下边缘的中点上，如图 6-15 所示。

(23) 在【时间轴】面板中选择“图层 10”的第 100 帧，按下 F6 键插入关键帧，接着单击菜单栏中的【修改】/【变形】/【垂直翻转】命令，将该帧中的图形垂直翻转，调整其位置如图 6-16 所示。

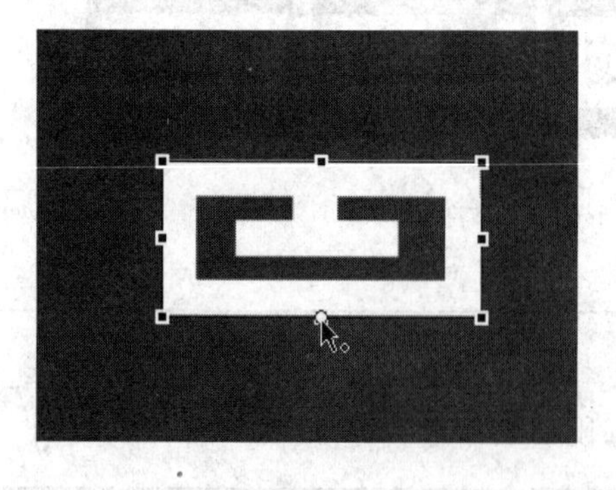

图 6-15　调整变形中心的位置

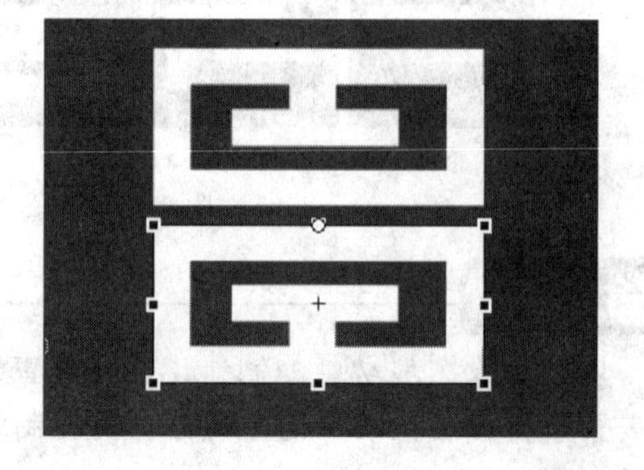

图 6-16　垂直翻转后的图形

(24) 在【时间轴】面板中“图层 10”的第 90 帧上单击鼠标右键，在弹出的快捷菜单中选择【创建传统补间】命令，创建传统补间动画，然后将所有图层（“图层 1”除外）第 100 帧以后的帧删除，结果如图 6-17 所示。

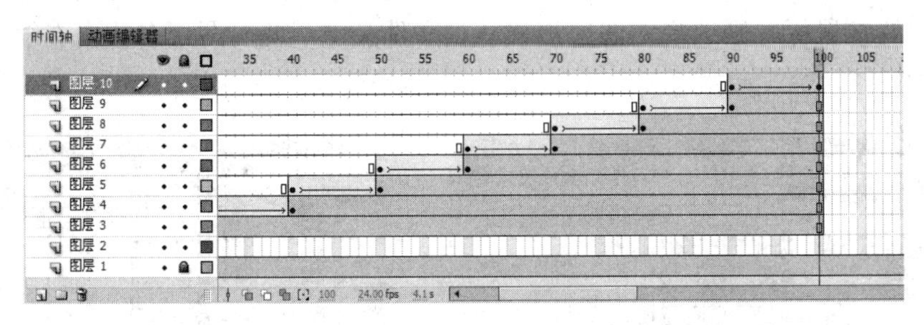

图 6-17　【时间轴】面板

(25) 参照前面的方法，选择舞台中的所有图形，将其复制并粘贴到一个新图层“图层 11”的第 100 帧中，然后按下 F8 键，将其转换为影片剪辑元件“Logo”。

(26) 在【时间轴】面板中“图层 11”的第 105 帧、第 110 帧处插入关键帧，并创建传统补间动画，如图 6-18 所示。

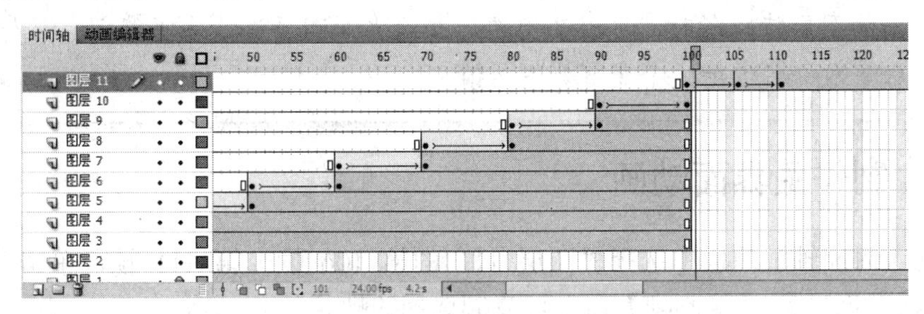

图 6-18　【时间轴】面板

(27) 选择第 105 帧中的“Logo”实例，在【属性】面板中设置 Alpha 值为 0%，然后在【变形】面板中设置变形比例为 5%，如图 6-19 所示。

(28) 选择第 110 帧中的“Logo”实例，在【变形】面板中设置【旋转】值为 45°，如图 6-20 所示。

图 6-19　第 105 帧中的实例属性

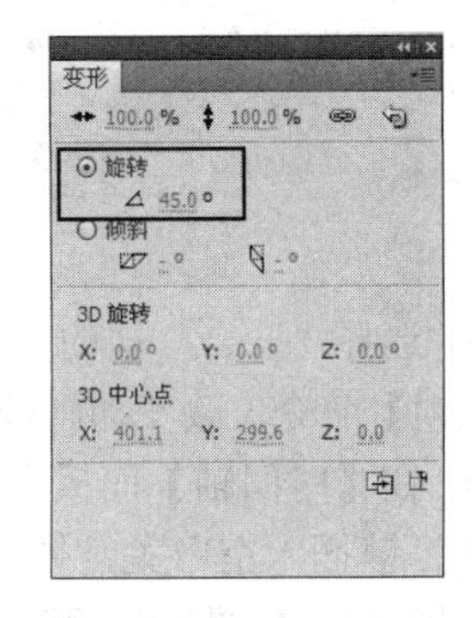

图 6-20　第 110 帧中的实例属性

(29) 在【时间轴】面板中将“图层 11”第 120 帧以后的所有帧删除，然后单击□按钮创建一个图层文件夹，双击该文件夹，将其重新命名为“Logo 动画”，如图 6-21 所示。

(30) 选择“图层 2”～“图层 11”，将其拖动到“Logo 动画”文件夹的下方，当出现一条黑线时释放鼠标，则选择的图层被移动到文件夹中，此时图层名称向右缩进显示，如图 6-22 所示。

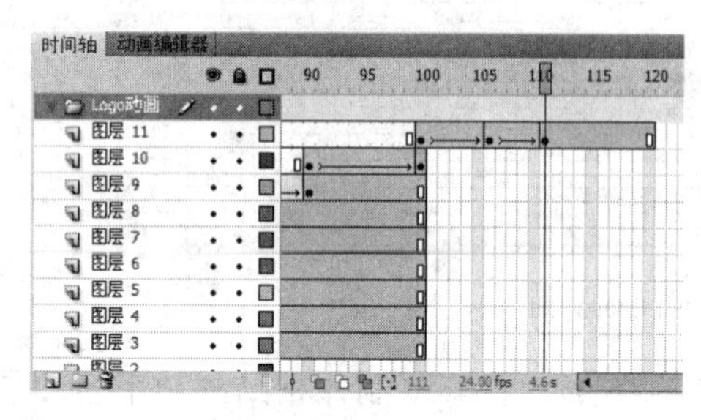

图 6-21 【时间轴】面板

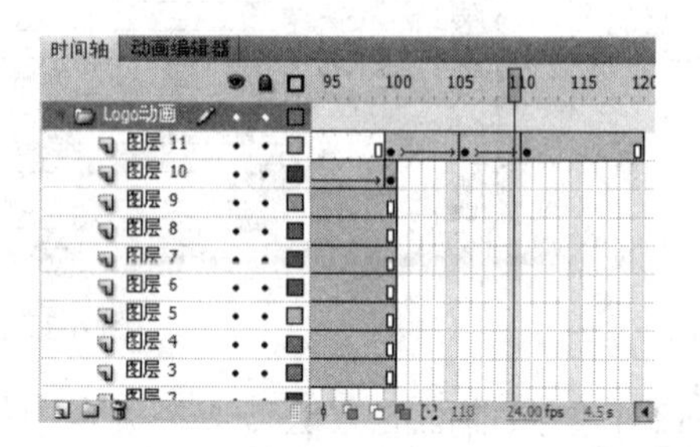

图 6-22 【时间轴】面板

指点迷津

当动画的图层特别多时，可以使用图层文件夹对图层进行分类管理。另外，为每一个图层重新命名也是一个非常好的习惯。

任务二：制作主界面动画

(1) 在【时间轴】面板中选择“图层 11”的第 106 帧～第 111 帧，单击菜单栏中的【编辑】/【时间轴】/【复制帧】命令，复制选择的帧。

(2) 在【时间轴】面板中创建一个新图层，命名为“开合”，选择该层的第 120 帧，按下 F7 键插入空白关键帧；然后单击菜单栏中的【编辑】/【时间轴】/【粘贴帧】命令，粘贴复制的帧，如图 6-23 所示。

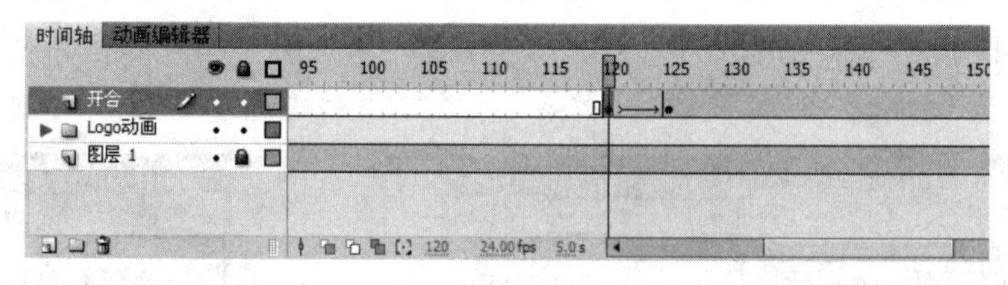

图 6-23 【时间轴】面板

(3) 选择“开合”层的第 120 帧～第 125 帧，单击菜单栏中的【修改】/【时间轴】/【翻转帧】命令，改变动画顺序。

(4) 在【时间轴】面板中创建一个新图层，命名为“动线”，选择该层的第 125 帧，按下 F7 键插入空白关键帧，然后使用“铅笔工具”在舞台的中心位置绘制一条短线（越短越好），如图 6-24 所示。

(5) 在“动线”层的第 136 帧处插入关键帧，将该帧中的短线拉长，使其与舞台等宽，如图 6-25 所示。

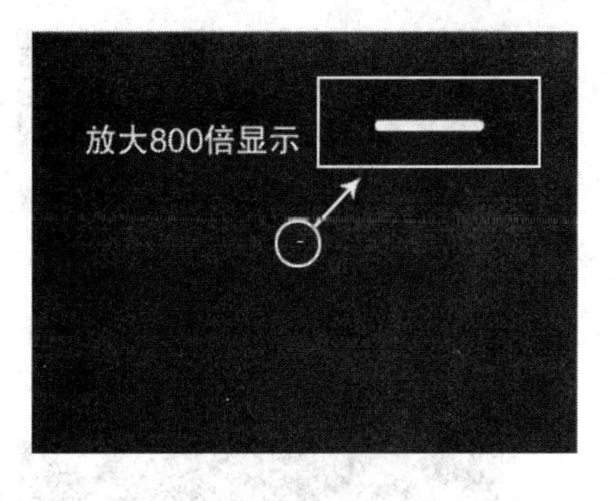

图 6-24　绘制的短线

图 6-25　拉长后的线

指点迷津

在这步操作中，拉长短线时需要按住 Alt 键，这样可以使短线同时向两个方向延长，所以制作出来的动画也会由中心向两侧生成。

(6) 在“动线”层的第 125 帧上单击鼠标右键，在弹出的快捷菜单中选择【创建补间形状】命令，创建补间形状动画，然后将各层中第 136 帧以后的帧删除，此时的【时间轴】面板如图 6-26 所示。

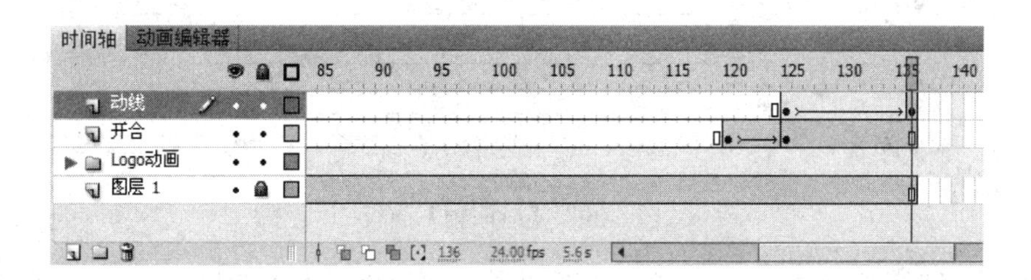

图 6-26　【时间轴】面板

(7) 在【时间轴】面板中创建一个新图层，命名为“上帘”，在该层的第 136 帧处插入空白关键帧，然后在舞台中白线的上方绘制一个蓝色（#0E3C56）的矩形；再创建一个新图层，命名为“下帘”，在该层的第 136 帧处插入空白关键帧，然后在舞台中白线的下方也绘制一个蓝色（#0E3C56）的矩形，使两个矩形恰好覆盖住舞台（白色线框代表舞台），如图 6-27 所示。

指点迷津

绘制矩形时要使用对象绘制模式，这样可以直接创建传统补间动画。另外，绘制的矩形要比舞台宽一些，以便覆盖住舞台。

(8) 同时选择“上帘”和“下帘”层的第 140 帧，按下 F6 键插入关键帧，然后在舞台中调整矩形的位置，如图 6-28 所示。

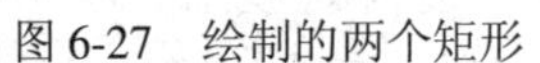

图6-27　绘制的两个矩形　　图6-28　调整矩形的位置

(9) 同时选择“上帘”和“下帘”层的第136帧，单击鼠标右键，在弹出的快捷菜单中选择【创建传统补间】命令，创建传统补间动画，此时的【时间轴】面板如图6-29所示。

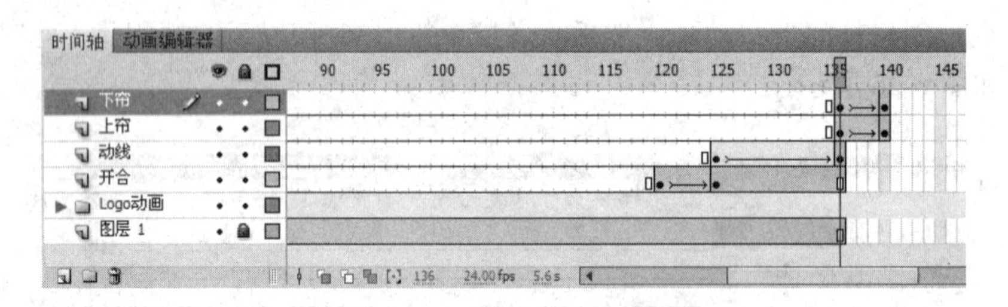

图6-29　【时间轴】面板

(10) 在【时间轴】面板中创建一个新图层，重新命名为“图片”，将该层调整到“动线”层的上方，然后在第136帧处插入关键帧，如图6-30所示。

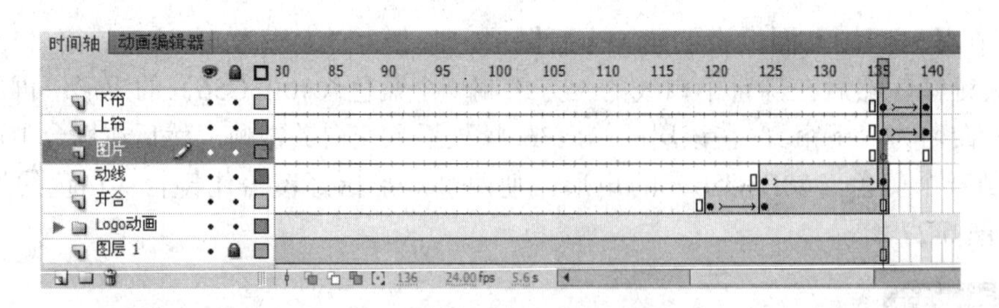

图6-30　【时间轴】面板

(11) 单击菜单栏中的【文件】/【导入】/【导入到舞台】命令（或者按下Ctrl＋R键），在弹出的【导入】对话框中选择本书光盘“项目06”文件夹中的“高楼”文件，如图6-31所示。

(12) 单击打开(O)按钮，将图片导入到舞台中，然后使用“任意变形工具”调整图片大小与舞台大小一致，如图6-32所示。

图 6-31　【导入】对话框

图 6-32　导入的图片

指点迷津

在对图片进行编辑时，需要暂时隐藏“上帘”层和“下帘”层，否则由于这两层在“图片”层之上，完全遮住了图片，无法进行编辑。

(13) 在舞台中选择刚导入的图片，按下 F8 键，将其转换为影片剪辑元件“高楼”。

(14) 在舞台中双击“高楼”实例，进入其编辑窗口中，然后再选择该图片，按下 F8 键，将其转换为图形元件“楼”。

(15) 在【时间轴】面板中分别选择“图层 1”的第 25 帧、第 50 帧、第 75 帧和第 100 帧，按下 F6 键插入关键帧。

(16) 选择第 25 帧处的“楼”实例，在【属性】面板中设置【样式】为 Alpha，并设置 Alpha 值为 30%，如图 6-33 所示。

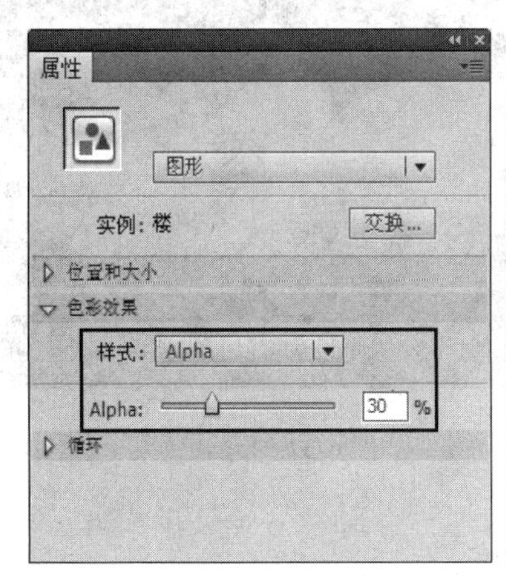

图 6-33　第 25 帧处“楼”实例的属性与效果

(17) 用同样的方法，选择第 75 帧处的“楼”实例，将其 Alpha 值也设置为 30%。

(18) 同时选择“图层 1”的第 1 帧～第 75 帧，单击鼠标右键，在弹出的快捷菜单中选择【创建传统补间】命令，创建传统补间动画，此时的【时间轴】面板如图 6-34 所示。

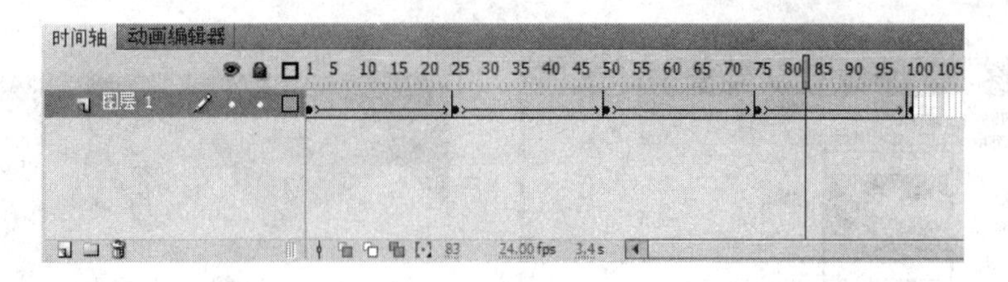

图 6-34 【时间轴】面板

(19) 单击窗口左上方的 场景 1 按钮，返回到舞台中，然后在“图片”层的上方创建一个新图层，命名为“标志”，并在该层的第 140 帧处插入关键帧，如图 6-35 所示。

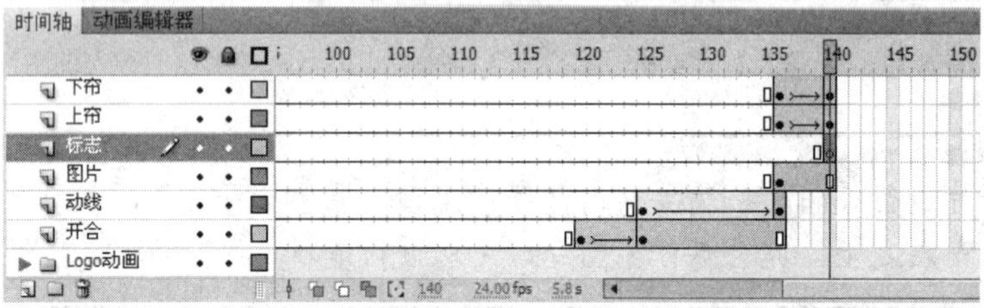

图 6-35 【时间轴】面板

(20) 按下 Ctrl + L 键打开【库】面板，将“Logo”元件拖动到舞台的中央位置，并在【属性】面板中设置参数如图 6-36 所示，则 Logo 效果如图 6-37 所示。

图 6-36 【属性】面板

图 6-37 Logo 效果

任务三：制作文字动画

(1) 在【时间轴】面板中创建一个新图层，命名为“文字”，将该层调整到“标志”层的上方，然后在该层的第 140 帧处插入关键帧。

(2) 选择工具箱中的“文本工具” T，在【属性】面板中设置文字属性如图 6-38 所示，然后在舞台中输入文字“天正建筑”，位置如图 6-39 所示。

图 6-38　【属性】面板

图 6-39　输入的文字

(3) 选择输入的文字，按下 F8 键，将其转换为影片剪辑元件“动态文字”，然后双击“动态文字”实例，进入其编辑窗口中。

(4) 在窗口再次选择文字，按下 Ctrl + B 键，将文字分离，如图 6-40 所示。

(5) 单击菜单栏中的【修改】/【时间轴】/【分散到图层】命令，将各个文字分配到独立的图层中，结果如图 6-41 所示。

图 6-40　分离后的文字

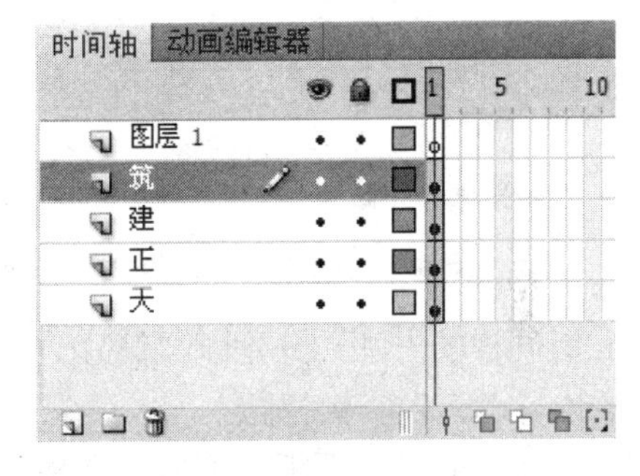

图 6-41　分散到图层

指点迷津

执行【分散到图层】命令，可以将当前图层中的每一个对象都分散到一个独立的图层中，同时，对象在舞台中的位置不变。另外，将对象分散到图层以后，原图层就变成了空层，不再有用，可以将其删除。

(6) 依次选择每一个文字，按下 F8 键，将它们分别转换为影片剪辑元件“天”、“正”、“建”、“筑”。

(7) 在【时间轴】面板中将“图层 1”删除，然后同时选择“天”、“正”、“建”、“筑”四个图层的第 10 帧，按下 F6 键，插入关键帧，如图 6-42 所示。

(8) 在【时间轴】面板中同时选择四个图层的第 1 帧，单击鼠标右键，在弹出的快捷菜单中选择【创建传统补间】命令，创建传统补间动画，如图 6-43 所示。

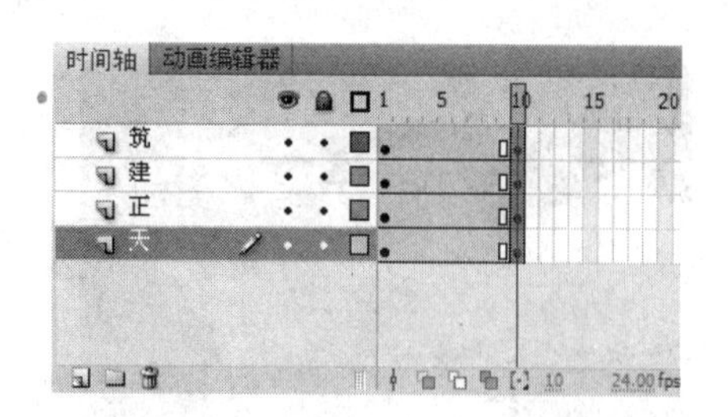

图 6-42　【时间轴】面板

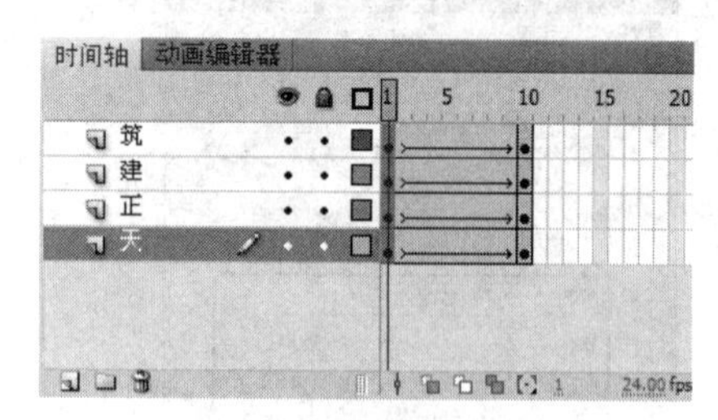

图 6-43　【时间轴】面板

(9) 在窗口中选择第 10 帧中的“天”实例，在【属性】面板的【色彩效果】中添加 Alpha 样式，并调整 Alpha 值为 0%，如图 6-44 所示；然后在【滤镜】选项中添加【模糊】滤镜，并调整模糊值如图 6-45 所示。

图 6-44　【属性】面板

图 6-45　【属性】面板

(10) 用同样的方法，分别调整第 10 帧中的“正”、“建”、“筑”实例的 Alpha 值与模糊值，参数与“天”实例相同。

(11) 在【时间轴】面板中同时选择所有的动画帧，如图 6-46 所示，单击菜单栏中的【编辑】/【时间轴】/【复制帧】命令，复制选择的帧。

(12) 在【时间轴】面板中同时选择“天”、“正”、“建”、“筑”四个图层的第 30 帧，按下 F7 键插入空白关键帧，然后单击菜单栏中的【编辑】/【时间轴】/【粘贴帧】命令，粘贴复制的帧，结果如图 6-47 所示。

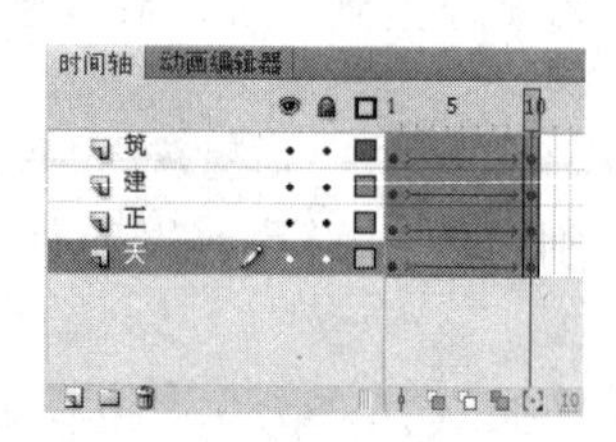

图 6-46　选择所有的动画帧

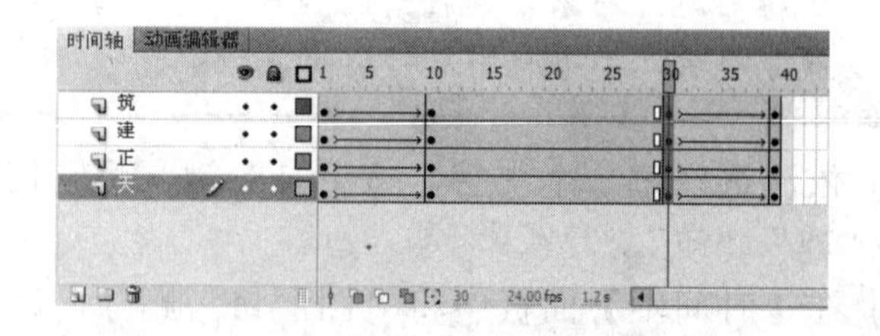

图 6-47　粘贴复制的帧

(13) 选择刚才粘贴的所有动画帧，单击鼠标右键，在弹出的快捷菜单中选择【翻转帧】命令，将所有的帧翻转，如图 6-48 所示。

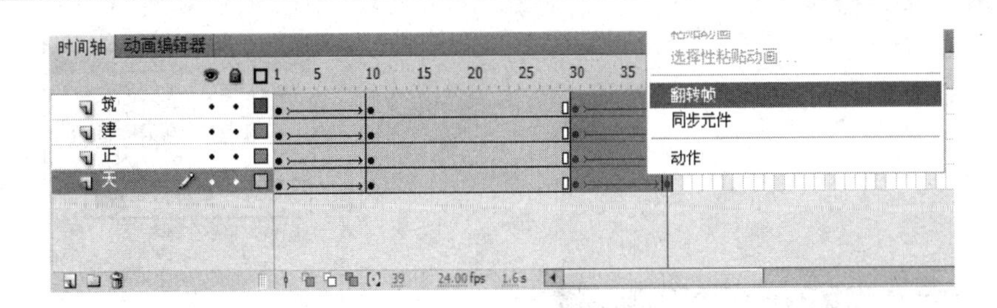

图 6-48　翻转帧

(14) 在【时间轴】面板中拖动鼠标，选择“正”层的第 1 帧～第 39 帧，将其向右移动 10 帧；同样的方法，将“建”层的第 1 帧～第 39 帧右向移动 19 帧；将“筑”层的第 1 帧～第 39 帧右向移动 28 帧，使其成阶梯状，如图 6-49 所示。

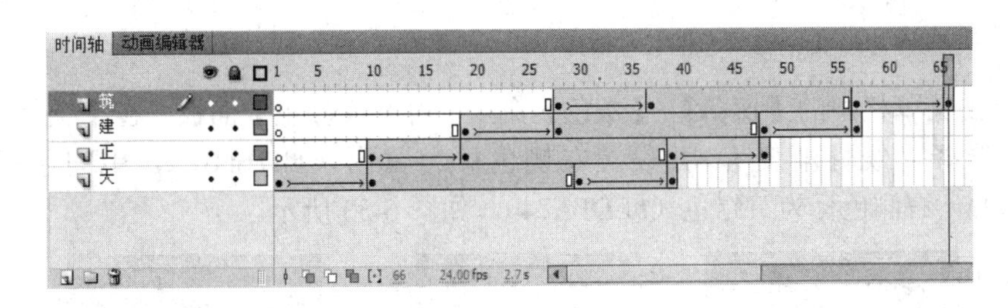

图 6-49　【时间轴】面板

(15) 同时选择“天”、“正”、“建”、“筑”四个图层的第 90 帧，按下 F5 键插入普通帧，延长动画时间，如图 6-50 所示。

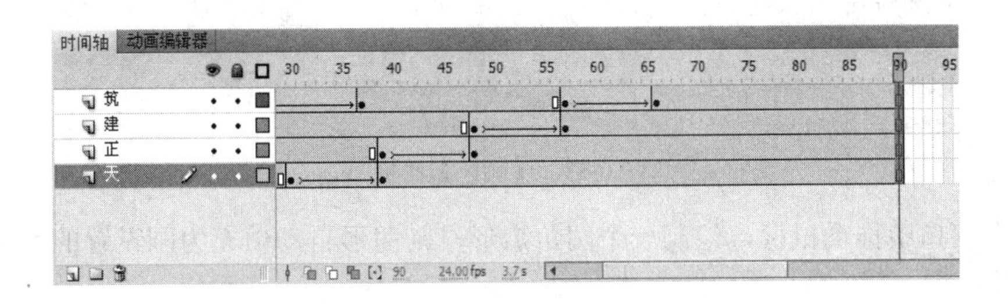

图 6-50　【时间轴】面板

(16) 单击窗口左上方的场景 1按钮，返回到舞台中，完成文字动画的制作。

任务四：制作一个控制按钮

(1) 单击菜单栏中的【插入】/【新建元件】命令，在弹出的【创建新元件】对话框中设置选项如图 6-51 所示。

(2) 单击确定按钮，新建一个按钮元件“按钮”，并进入其编辑窗口中。

(3) 选择工具箱中的“矩形工具”，在【属性】面板中设置【笔触颜色】为无色，【填充颜色】为任意颜色，【边角半径】值为 10，如图 6-52 所示。

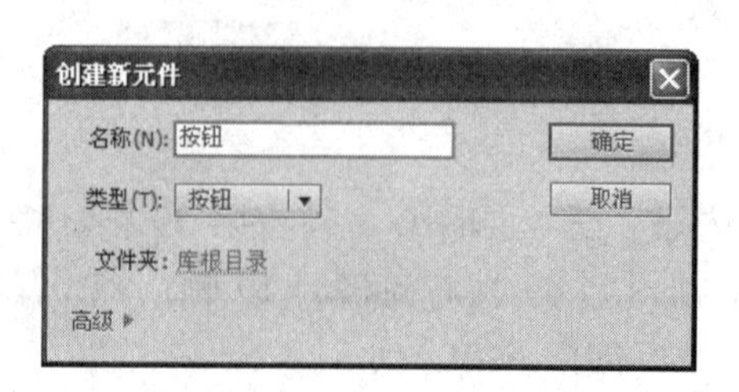

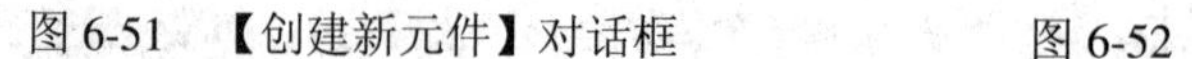

图 6-51 【创建新元件】对话框

图 6-52 【属性】面板

(4) 单击菜单栏中的【窗口】/【颜色】命令，打开【颜色】面板，在【颜色类型】下拉列表中选择“线性渐变”，并设置左侧色标为黄色（#E7FF09），中间色标为绿色（#3CC400），右侧色标为黄绿色（#EDFA74），如图 6-53 所示。

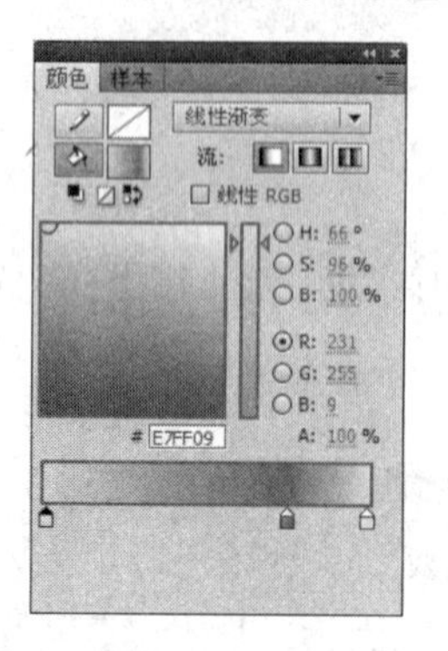

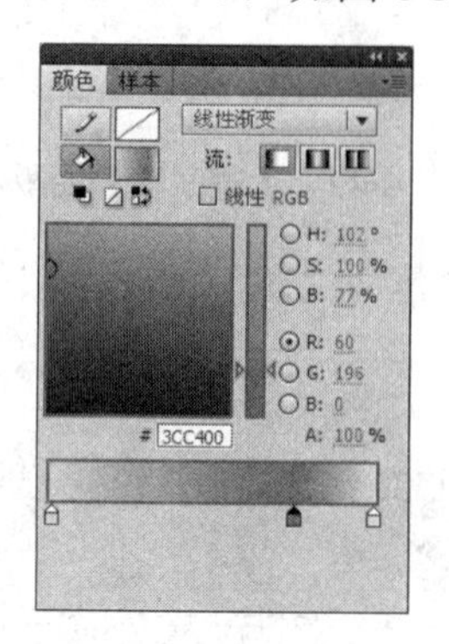

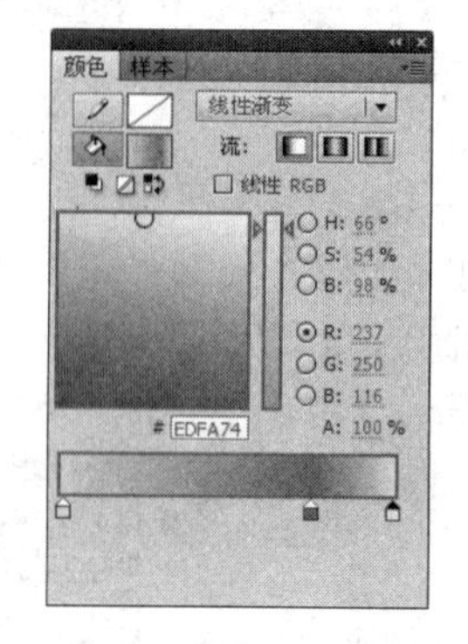

图 6-53 【颜色】面板

(5) 在窗口中拖动鼠标，绘制一个圆角矩形，则图形自动填充为刚设置的渐变色，如图 6-54 所示。

(6) 选择工具箱中的“渐变变形工具”，则矩形周围出现控制手柄，调整渐变效果如图 6-55 所示。

图 6-54 绘制的圆角矩形

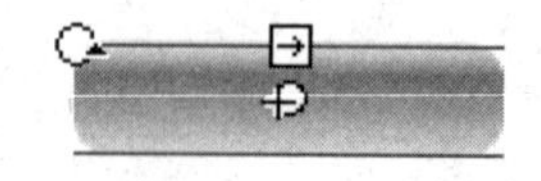

图 6-55 调整渐变效果

(7) 在【时间轴】面板中创建一个新图层“图层 2”，如图 6-56 所示，然后选择工具箱中的“文本工具”，在【属性】面板中设置【颜色】为黑色，其他参数设置如图 6-57 所示。

图 6-56 【时间轴】面板

图 6-57 【属性】面板

(8) 在窗口中单击鼠标，输入文字“Enter”，如图 6-58 所示。

(9) 在【时间轴】面板中同时选择“图层 1”和“图层 2”的【指针经过】帧，按下 F6 键插入关键帧，如图 6-59 所示。

图 6-58 输入的文字

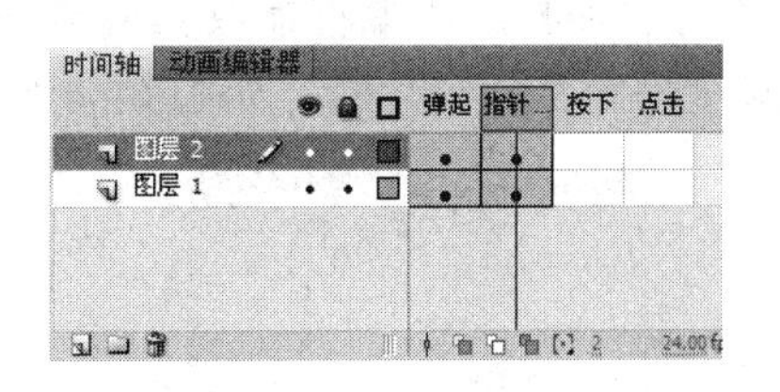

图 6-59 【时间轴】面板

(10) 在窗口中选择文字“Enter”，将其更改为红色（#CC0000）。

(11) 同时选择“图层 1”和“图层 2”的【按下】帧，按下 F6 键插入关键帧，如图 6-60 所示。

(12) 在窗口中将文字颜色更改为白色，将圆角矩形更改为暗绿色（#006633），如图 6-61 所示。

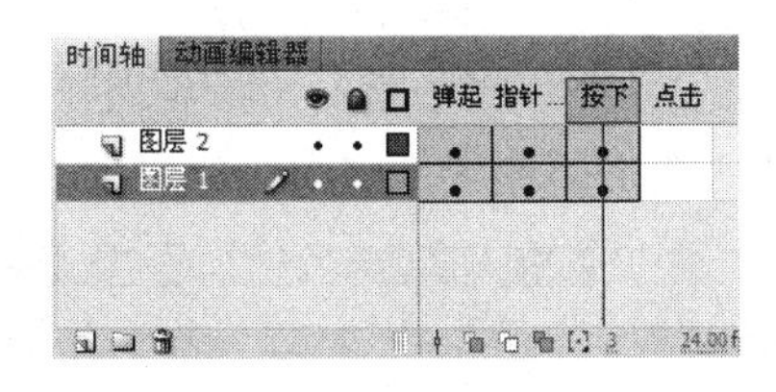

图 6-60 【时间轴】面板

图 6-61 调整后的按钮

(13) 单击窗口左上方的场景 1按钮，返回到舞台中。

(14) 在【时间轴】面板中创建一个新图层，命名为“按钮”，将该层调整到“文字”层的上方，然后在该层的第 140 帧处插入关键帧。

(15) 打开【库】面板，将“按钮”元件从【库】面板中拖动到舞台中，调整其位置如图 6-62 所示。

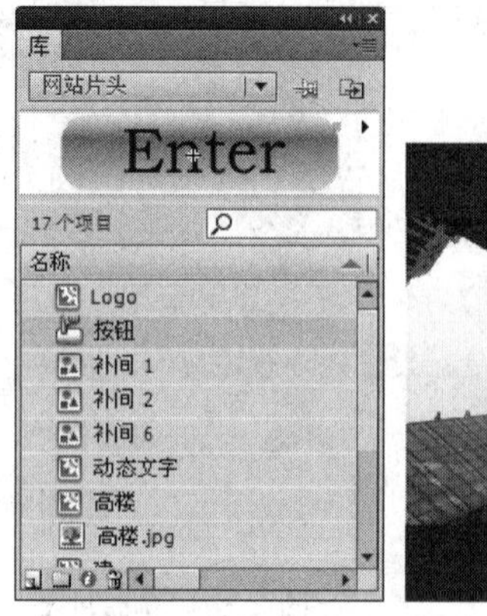

图 6-62　从【库】面板中将“按钮”元件拖动到舞台中

(16) 单击菜单栏中的【窗口】/【代码片断】命令，打开【代码片断】面板，如图 6-63 所示。

(17) 在【时间轴】面板中将播放头调整到第 140 帧处，然后双击“时间轴导航”类中的“在此帧处停止”代码片断，如图 6-64 所示。

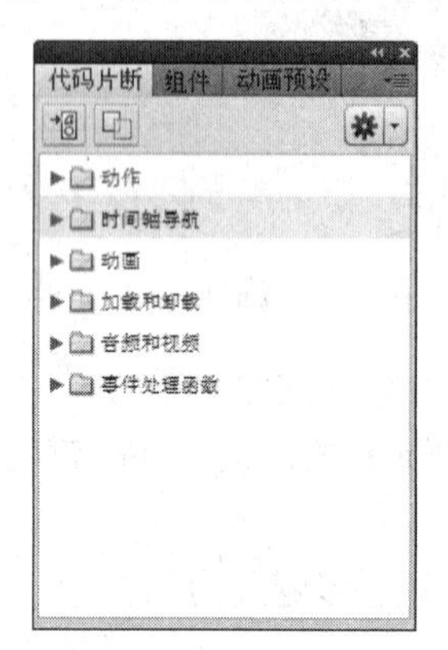

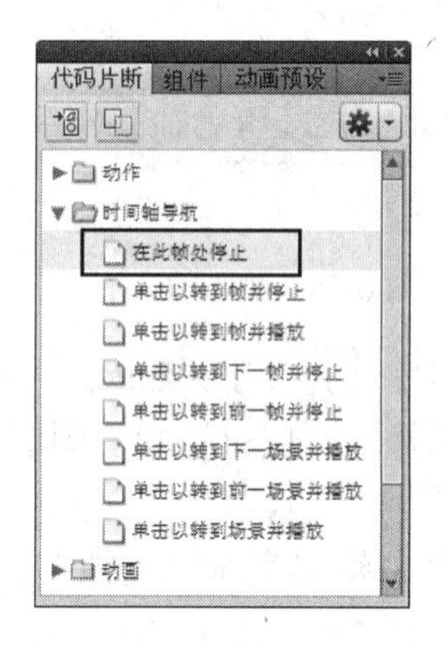

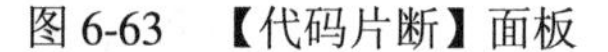

图 6-63　【代码片断】面板　　　　图 6-64　双击代码片断

(18) 此时【时间轴】面板中自动添加了一个“Actions”层，并且在第 140 帧处添加了“stop( )”语句，如图 6-65 所示，至此完成了本项目的制作。

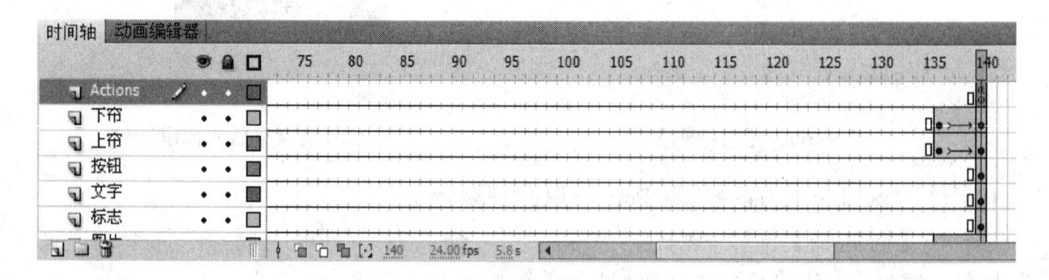

图 6-65　【时间轴】面板

(19) 按下 Ctrl + Enter 键测试影片，如果比较满意，将动画保存为“网站片头.fla”文件。

6.4 知识延伸

知识点一：补间形状动画

补间形状动画的两个关键帧中必须是图形对象，而且形态不同（包括颜色、外形、方向、大小等），两个关键帧之间的过渡帧由 Flash 自动创建。补间形状动画有一个很大的缺点，就是创建的动画文件体积较大，因为在 Flash 中它要记录每一个关键帧上的图形。因此，同样一种动画效果，能够使用传统补间动画完成就不要使用补间形状动画。除此之外，创建补间形状动画还需要具备以下三个条件：

- 在一个补间形状动画中至少要有两个关键帧。
- 两个关键帧中的对象必须是可编辑的图形，如果不是图形，需要执行【分离】命令将其转换为图形。
- 两个关键帧中的图形必须有一些变化，否则制作的动画没有动画效果，看不到变化。

创建补间形状动画的方法比较简单：在【时间轴】面板中选择两个关键帧之间的任意一帧，单击鼠标右键，在弹出的快捷菜单中选择【创建补间形状】命令，或者单击菜单栏中的【插入】/【补间形状】命令即可，这时两个关键帧之间就形成了补间形状动画。在创建动画时如果出现虚线，如图 6-66 所示，则说明存在错误，应该及时更正。

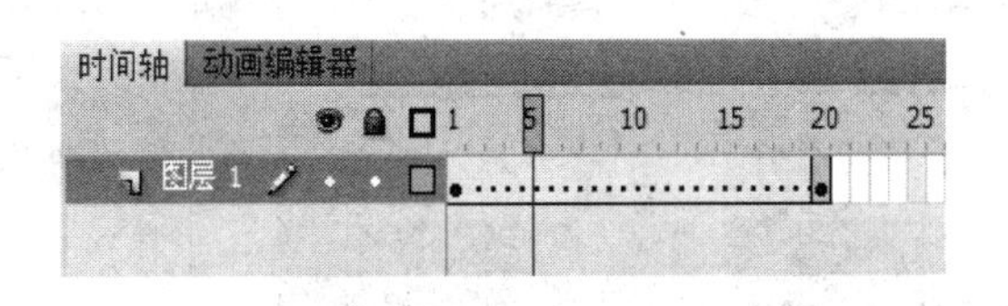

图 6-66　创建动画时出现错误

知识点二：翻转帧

制作动画时，如果将所选的帧进行翻转，则播放动画时可以产生一种类似录像机倒带的效果。翻转帧就是将【时间轴】面板中选择的帧进行头尾倒置，将第 1 帧转换为最后一帧，第 2 帧转换为倒数第 2 帧……依此类推，直至全部翻转完毕。

翻转帧的操作非常简单，只需选择要翻转的多个连续的帧（首尾必须包含关键帧），然后执行【翻转帧】命令即可，具体操作方法有两种。

方法一：选择要翻转的多个连续的帧（首尾必须包含关键帧），单击菜单栏中的【修改】/【时间轴】/【翻转帧】命令，可以将选择的帧进行头尾翻转。

方法二：选择要翻转的多个连续的帧（首尾必须包含关键帧），然后单击鼠标右键，在弹出的快捷菜单中选择【翻转帧】命令，也可以将选择的帧进行头尾翻转。

知识点三：图层文件夹

图层文件夹如同 Windows 中的文件夹一样，可以将图层分门别类进行整理，使工作更加有效，其操作方法可以参照图层的操作。

在【时间轴】面板中单击【新建文件夹】按钮，可以新建一个图层文件夹，默认名称为“文件夹 1”，如图 6-67 所示。

为了方便地识别图层文件夹中的内容，可以根据文件夹中的内容将图层文件夹重新命名：双击图层文件夹的名称，然后输入新的名字即可，如图 6-68 所示。

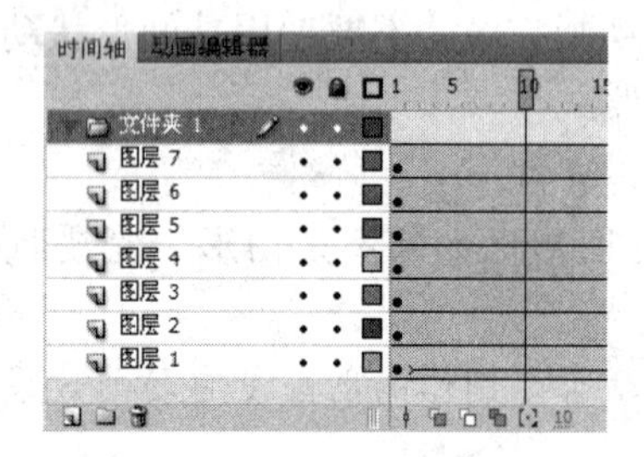

图 6-67　新建图层文件夹

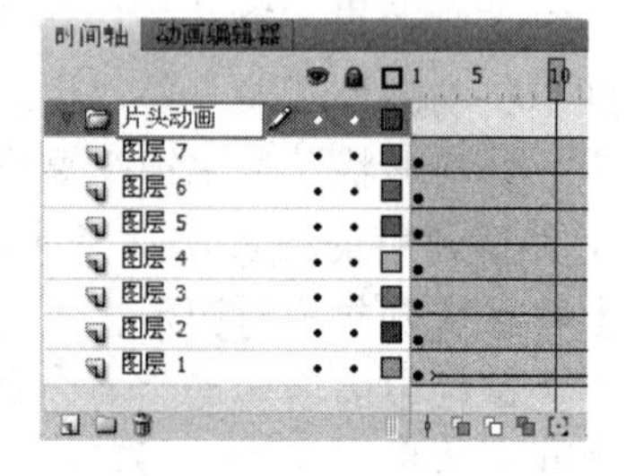

图 6-68　修改图层文件夹的名称

新建的图层文件夹中没有任何图层，如果要将图层移入图层文件夹中，首先需要选择图层，然后将其拖曳至图层文件夹的下方，当出现一条黑线时释放鼠标，则图层被移至文件夹中，文件夹中的图层名称向右缩进显示，如图 6-69 所示。

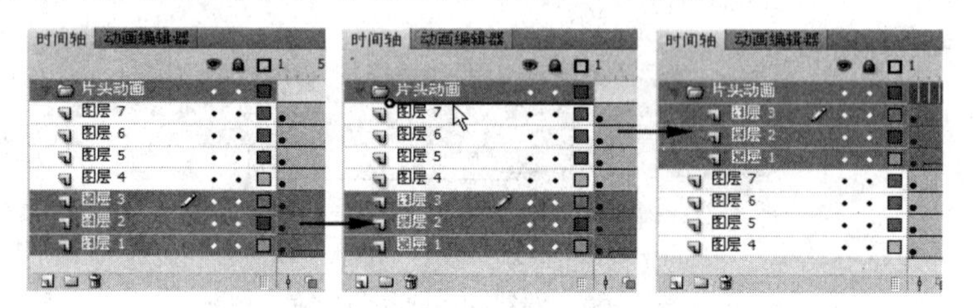

图 6-69　将图层移至文件夹中

图层文件夹可以展开与折叠，单击图层文件夹左侧的三角形按钮，三角形的方向朝下，表示展开文件夹，这里文件夹中的图层名称向右缩进显示；三角形的方向朝右，表示折叠文件夹，此时看不到文件夹中的图层，如图 6-70 所示。

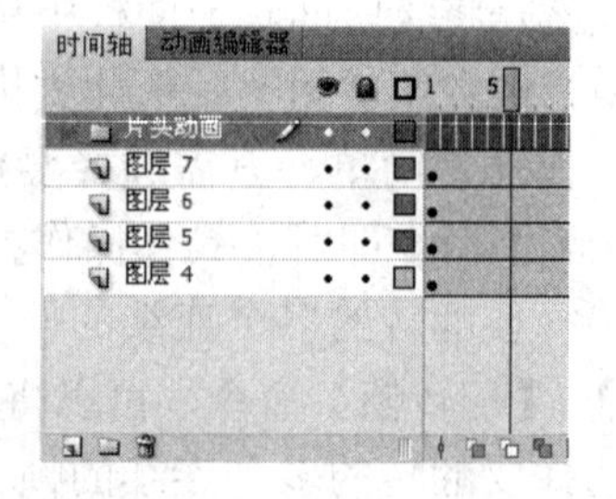

图 6-70　图层文件夹的展开与折叠状态

知识点四：滤镜

在 Flash 中，只能为文本、按钮和影片剪辑元件的实例添加滤镜效果，也就是说，如果需要使用滤镜，必须先将不是文本、按钮或影片剪辑元件实例的对象转换为影片剪辑元件的实例或按钮（文本除外）才可以使用滤镜。

选择了文本、按钮或影片剪辑元件的实例以后，在【属性】面板中将出现【滤镜】选项，如图 6-71 所示。单击下方的【添加滤镜】按钮，在弹出的【滤镜】菜单中选择相应的命令，就可以添加滤镜了，如图 6-72 所示。

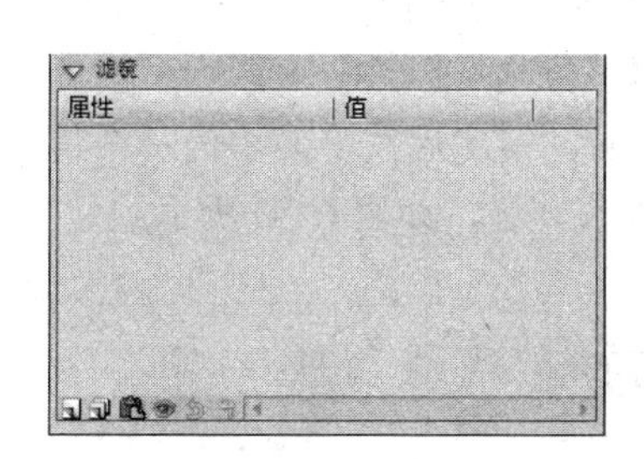

图 6-71　【滤镜】选项

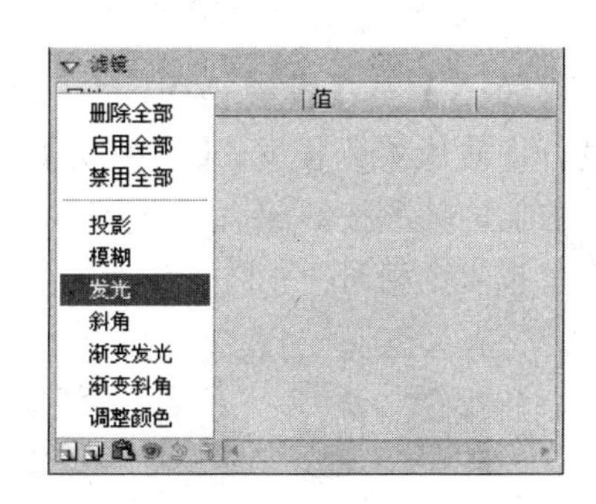

图 6-72　【滤镜】菜单

例如选择了【发光】滤镜，则【属性】面板中将出现该滤镜的参数，如图 6-73 所示。如果此时再添加滤镜，如添加【模糊】滤镜，则新滤镜将罗列在上一个滤镜的下方，如图 6-74 所示。

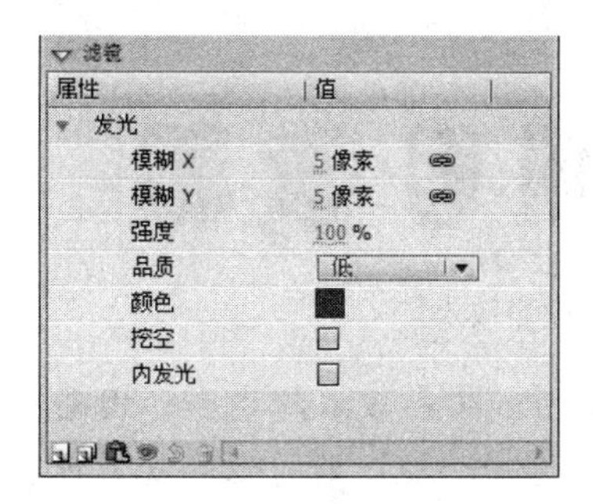

图 6-73　【发光】滤镜的参数

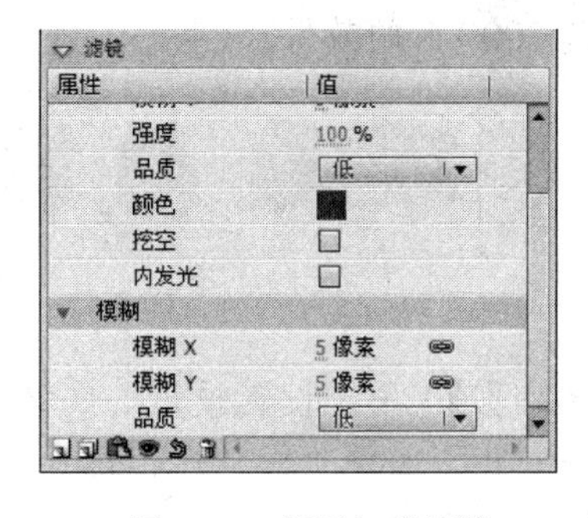

图 6-74　新添加的滤镜

如果某一个滤镜运用错误或者不再需要此滤镜，可以将其删除。删除滤镜的方法非常简单：在列表中选择要删除的滤镜，单击下方的【删除滤镜】按钮，即可将所选的滤镜删除。使用该按钮一次只能删除一个滤镜。如果要删除列表中的全部滤镜，可以单击下方的【添加滤镜】按钮，在弹出的菜单中选择【删除全部】命令。

在 Flash 中一共有七种滤镜效果，分别是【投影】、【模糊】、【发光】、【斜角】、【渐变发光】、【渐变斜角】和【调整颜色】，下面重点解释一下【投影】和【模糊】滤镜。

【投影】滤镜可以使对象产生阴影效果，添加该滤镜后，通过调整参数可以得到不同的阴影效果，如图 6-75 所示。

图 6-75 【投影】滤镜的参数

➢ 【模糊 X】与【模糊 Y】：用于设置阴影在水平方向与垂直方向上的模糊程度，即边缘柔化程度。【模糊 X】表示水平方向，【模糊 Y】表示垂直方向。其右侧的锁形按钮用于锁定 X 与 Y 方向，锁定后改变其中的一个值，另一个值也发生相同变化；不锁定时则可以单独设置，如图 6-76 所示。

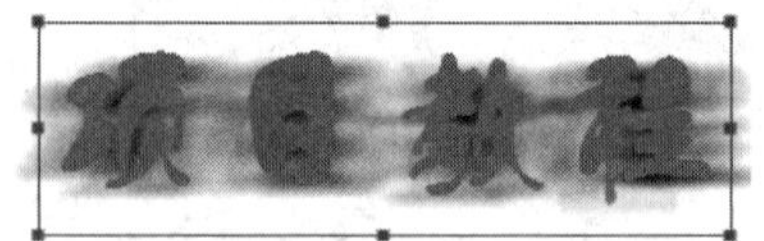

图 6-76 锁定与不锁定模糊 X 与 Y 方向的效果

➢ 【强度】：用于设置阴影的阴暗度，数值越大，阴影就越暗。强度的取值范围为 0%～25500%，值为 0%时阴影消失。如图 6-77 所示分别是强度为 30%与 200%时的效果。

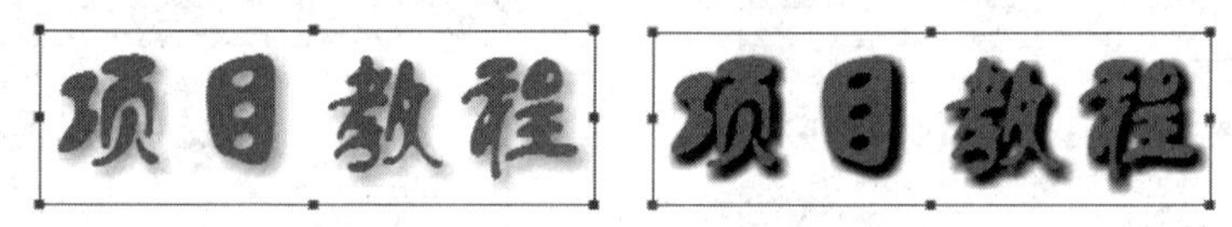

图 6-77 不同强度的投影效果

➢ 【品质】：用于设置投影的质量，质量越高，阴影效果越逼真，但播放时会慢一些。选择“高”时近似于高斯模糊；选择“低”时可以实现最佳的播放性能。

➢ 【角度】：用于设置阴影的投影方向，可以输入 0°～360°的值进行控制。

➢ 【距离】：用于设置阴影偏离对象的距离，如图 6-78 所示为不同距离的投影效果。

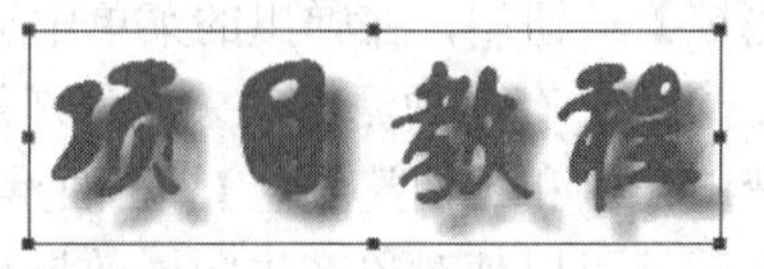

图 6-78 不同距离的投影效果

➢　【挖空】：选择该选项，可以删除对象自身，只保留阴影部分，类似于挖空效果，如图 6-79 所示。

➢　【内阴影】：选择该选项，阴影产生在对象边缘内侧。

➢　【隐藏对象】：选择该选项，可以隐藏对象只显示阴影，如图 6-80 所示。

图 6-79　挖空效果

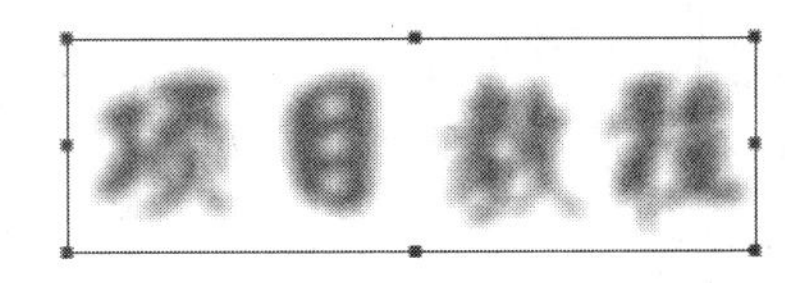

图 6-80　隐藏对象时的效果

➢　【颜色】：单击该色块，可以设置阴影颜色，从而可以创建出更艺术的阴影效果，如图 6-81 所示为不同颜色的阴影效果。

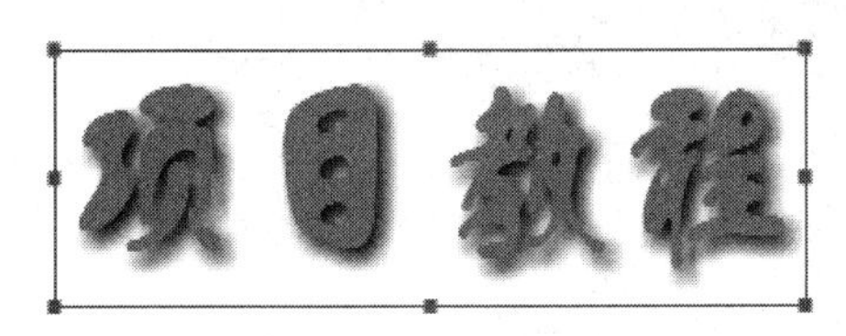

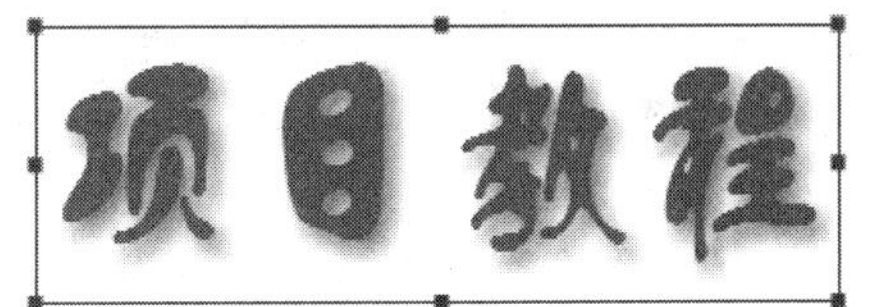

图 6-81　不同颜色的阴影效果

【模糊】滤镜可以使对象产生模糊效果，添加该滤镜后，在【属性】面板中可以对模糊的大小、品质进行调整，如图 6-82 所示。

图 6-82　【模糊】滤镜的参数

➢　【模糊 X】与【模糊 Y】：分别用于设置水平方向与垂直方向上的模糊程度。如果锁定了 X 与 Y 方向，则产生均等的模糊；否则可以分别控制水平方向与垂直方向的模糊程度，如图 6-83 所示。

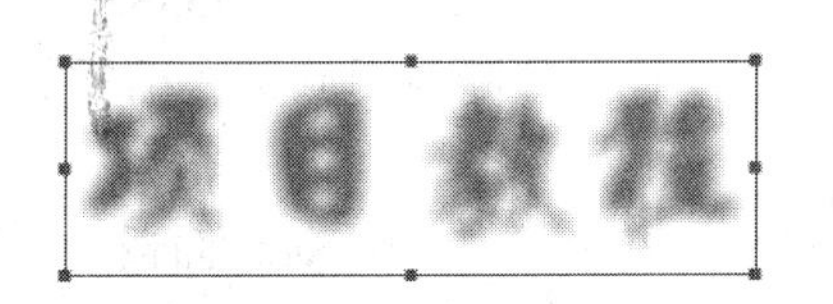

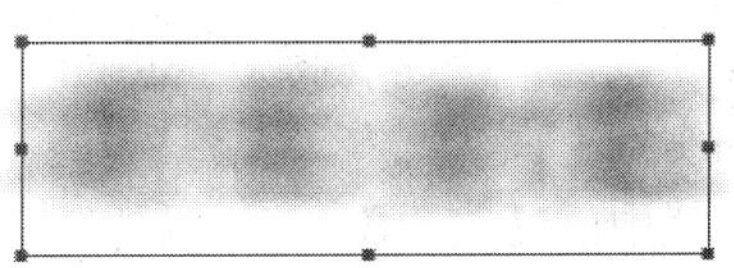

图 6-83　锁定与不锁定模糊 X 与 Y 方向的效果

➢ 【品质】：用于选择模糊的质量级别，分为“高”、“中”和“低”三个级别，选择“高”时质量最好。

知识点五：按钮元件

在前面介绍元件类型的时候曾经提到按钮元件，这里详细介绍按钮元件的相关操作。在 Flash 中，按钮是一种重要的交互对象，它通常与 ActionScript 结合使用，从而实现交互式动画的制作。

按钮元件也具有自己的时间轴，但是比较特殊，它与影片剪辑元件、图形元件不同，它只具备四个帧，分别为【弹起】、【指针经过】、【按下】、【点击】帧，每个帧都具有不同的功能，如图 6-84 所示。

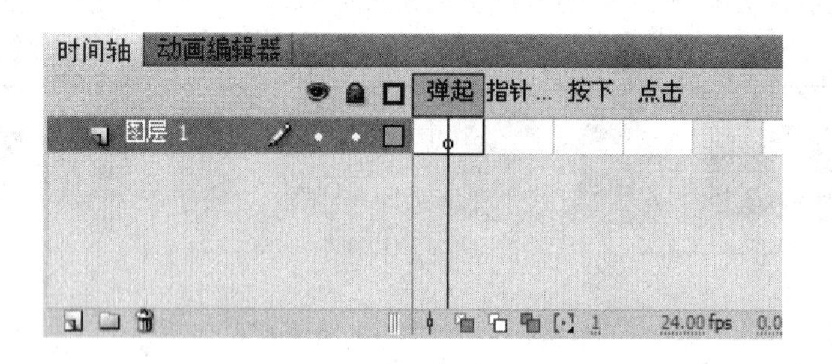

图 6-84 按钮元件的时间轴

在每一个帧中都可以插入关键帧，然后放入不同的对象，从而使按钮更加变化多样，各帧中放入的对象可以是静态的图片、影片剪辑元件的实例（动画）、文字、声音等，从而使按钮具有丰富的动感效果。

➢ 【弹起】：该帧中放置的内容是按钮未侦测到鼠标事件时所表现的状态。
➢ 【指针经过】：该帧中所放置的内容是当鼠标指针移动到按钮上时所表现的状态。
➢ 【按下】：该帧中所放置的内容是当在按钮上按下鼠标左键时所表现的状态。
➢ 【点击】：该帧中放置的内容用于设置鼠标动作的响应区域，即只有当鼠标指针移动到该区域时，按钮才会产生响应，此帧中的内容在动画中是不显示的，只起到设置响应区域范围的作用。

知识点六：代码片断

Flash CS5 新增了【代码片断】面板，这个功能可以让不了解 ActionScript 编程的用户也能够实现交互设计，快速地将一些预先设计好的代码片断应用到正在编辑的文档中或影片剪辑元件的实例上。

单击菜单栏中的【窗口】/【代码片断】命令，打开【代码片断】面板，如图 6-85 所示。在【代码片断】面板分了六类代码，要使用哪一类将其展开即可，如图 6-86 所示。

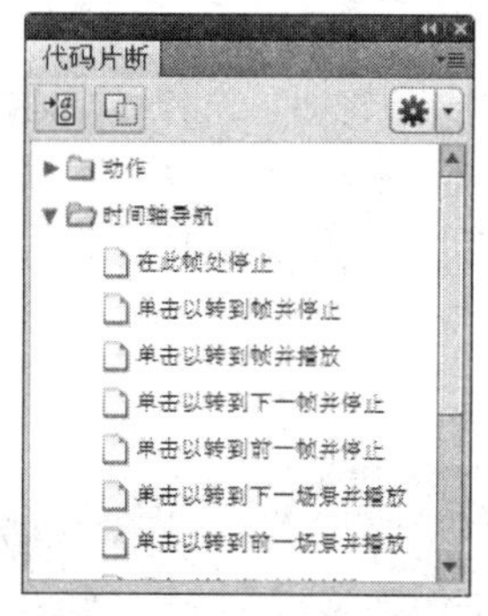

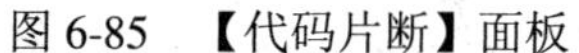

图 6-85　【代码片断】面板　　　　图 6-86　展开的代码

如果要使用其中的代码片断，需要明确要将代码片断添加到哪一个关键帧上，然后将播放头移动到该帧处，再双击代码片断，例如双击“在此帧处停止”代码片断，这时【动作】面板自动打开，可以看到有一些代码自动添加了，如图 6-87 所示。

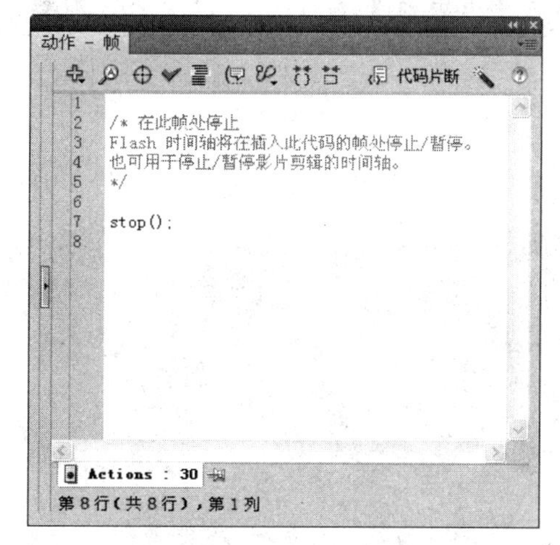

图 6-87　【动作】面板

此时还要注意，在【时间轴】面板上方多了一个 Actions 层，代码被添加到了这个层的指定帧中，即播放头所在的位置，如图 6-88 所示。

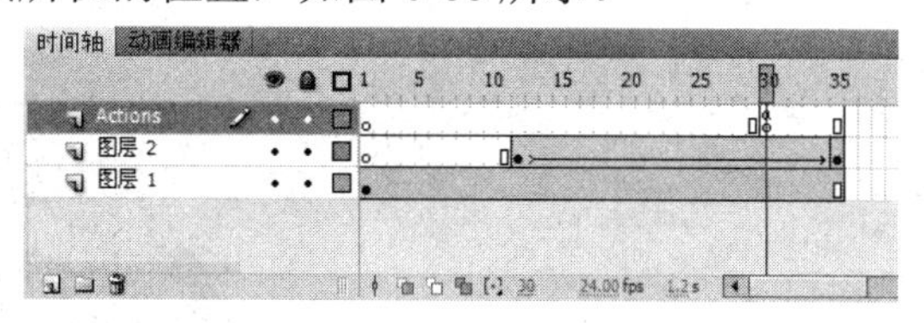

图 6-88　【时间轴】面板

6.5　项 目 实 训

一些个性 Flash 网站、多媒体作品、企业宣传片等，往往都有片头。在本项目中我们学习了网站片头的制作，接下来请运用已经学到的知识，为一家生产数码设备的企业制作一个宣传片的片头。

任务分析

使用 Flash 制作片头时要突出动感与节奏，对于企业宣传片的片头而言，要突出企业特点、标识等信息。本项目提供了三幅素材图片，制作时主要运用补间形状动画、滤镜、传统补间动画、多图层的控制等技术，没有太多难点，动画的设计与节奏的控制是关键。

任务素材

光盘位置：光盘\项目 06\实训，素材如图 6-89 所示。

图 6-89　素材

参考效果

光盘位置：光盘\项目 06\实训，参考效果如图 6-90、图 6-91 所示。

图 6-90　参考效果(一)

图 6-91　参考效果(二)

项目 07

制作网站横幅广告

7.1 项 目 说 明

所谓横幅广告，也称为 Banner 广告，是网络广告的一种形式，它横跨于整个网页，多以 Flash 动画形式呈现。小王所在的广告公司接了一项红酒广告的全程推广业务，其中有一项内容是网站横幅广告的制作。要求主题明确，重点突出，节奏感强。

7.2 项 目 分 析

从某种意义上说，横幅广告实际上就是让平面广告"动"起来，放在网站上吸引人的注意力，从而达到广告效果。在设计本项目中的红酒广告时，要求色调尊贵典雅，突出品味，动画的节奏明快，在 Flash 技术上主要运用补间动画来完成。大致思路如下：

第一，根据网站要求的尺寸创建 Flash 动画文件，尺寸为 950 像素 × 90 像素。

第二，使用 Deco 工具创建背景纹理，重点是参数的设定，它直接影响填充效果。

第三，使用补间动画技术制作幕布拉开与广告主题渐显动画，合理设置属性关键帧，使动画自然、舒畅。

第四，使用动画预设功能制作文字动画，控制好动画节奏。

7.3 项 目 实 施

网站横幅广告的最大特点是字体大，文字少，视觉冲击力强，实施的关键在于动画的设计、版面的控制，制作技术并不困难，会使用基本的 Flash 工具与动画功能，就可以制作出漂亮的网站横幅广告。本项目的参考效果如图 7-1 所示。

图 7-1　动画参考效果

任务一：背景的处理

(1) 启动 Flash CS5 软件，在欢迎画面中单击【ActionScript 3.0】选项，创建一个新文档。

(2) 按下 Ctrl + J 键，在弹出的【文档设置】对话框中设置舞台的尺寸为 950 像素×90 像素，其他设置保持默认值。

(3) 选择工具箱中的“矩形工具”，设置【填充颜色】为淡黄色(#FFFFCC)，【笔触颜色】为无色，绘制一个与舞台大小一致的矩形，如图 7-2 所示。

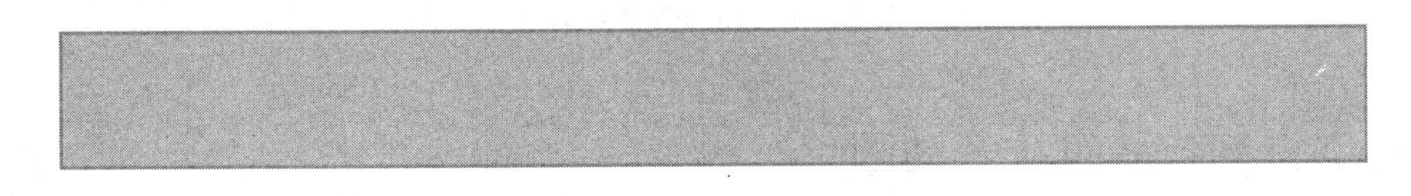

图 7-2　绘制的矩形

(4) 选择工具箱中的“Deco 工具”，在【属性】面板中选择“网格填充”，如图 7-3 所示，这时出现网格填充的各项参数，勾选“平铺 1”、“平铺 2”、“平铺 3”和“平铺 4”，并在右侧设置它们的颜色均为土黄色(#DFCB9F)，然后设置其他参数如图 7-4 所示。

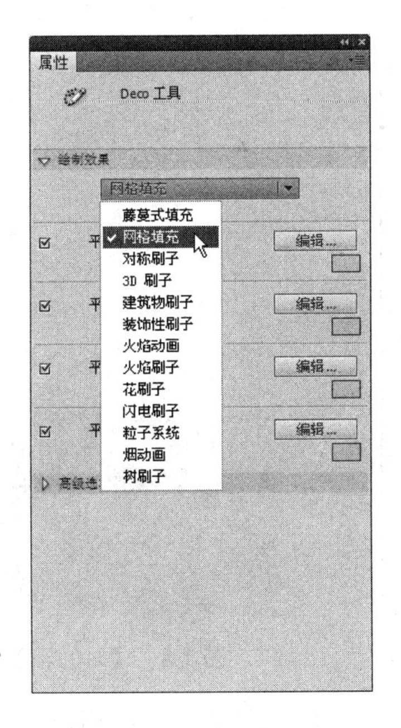

图 7-3　选择“网格填充”

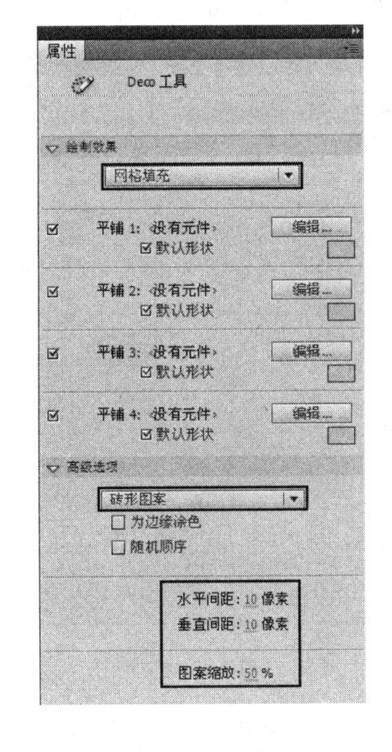

图 7-4　设置网格填充的参数

(5) 在舞台中单击鼠标填充网格，效果如图 7-5 所示。

图 7-5　填充网格后的效果

(6) 使用“选择工具”选择刚填充的网格，按下 F8 键，将其转换为图形元件“格子”，然后在【属性】面板中设置“格子”实例的 Alpha 值为 50%，则完成了动画背景的设置，效果如图 7-6 所示。

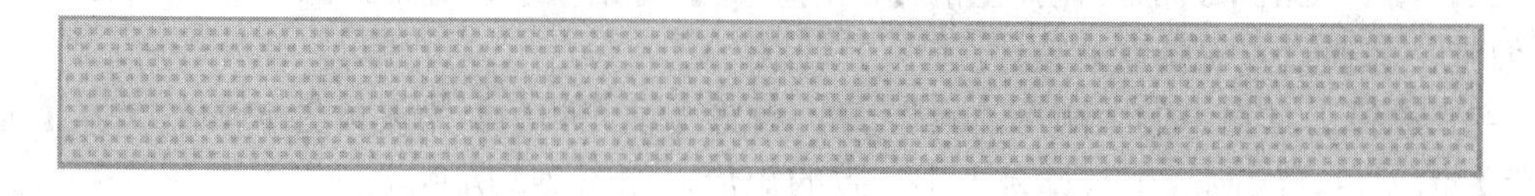

图 7-6　动画背景效果

任务二：制作幕布拉开动画

(1) 单击菜单栏中的【文件】/【导入】/【导入到舞台】命令，将本书光盘“项目07”文件夹中的“幕布.psd”文件导入到舞台，则弹出【将“幕布.psd”导入到舞台】对话框，设置【将图层转换为】选项为“Flash 图层”，如图 7-7 所示。

(2) 单击 确定 按钮，则将幕布图片导入到舞台中，这时可以看到【时间轴】面板中新增了一层“图层 2”，如图 7-8 所示。

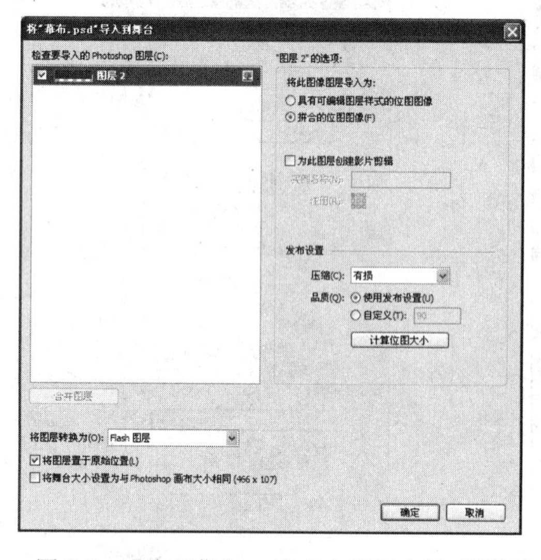

图 7-7　【将“幕布.psd”导入到舞台】对话框

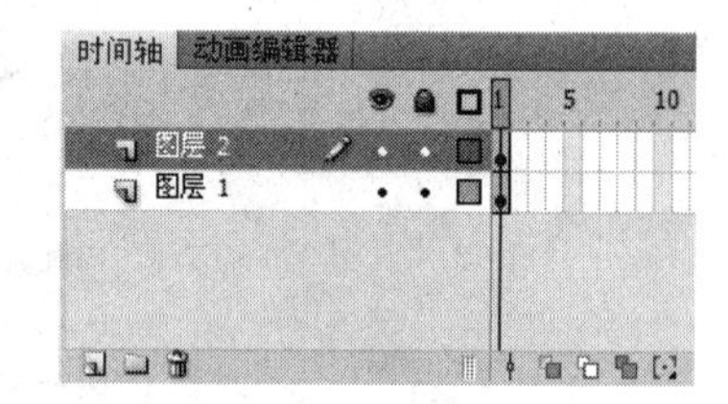

图 7-8　【时间轴】面板

(3) 在舞台中选择刚导入的幕布图片，按下 F8 键，将其转换为图形元件“幕布”。然后在【时间轴】面板中新建一个图层“图层 3”，如图 7-9 所示。

(4) 按下 Ctrl + L 键打开【库】面板，可以看到其中的元件，如图 7-10 所示。

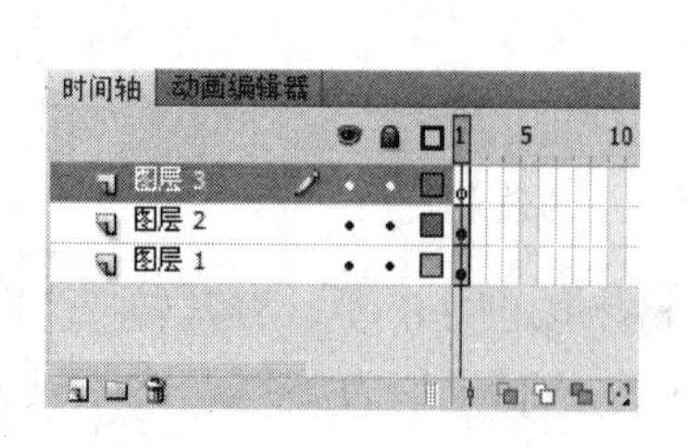

图 7-9　【时间轴】面板

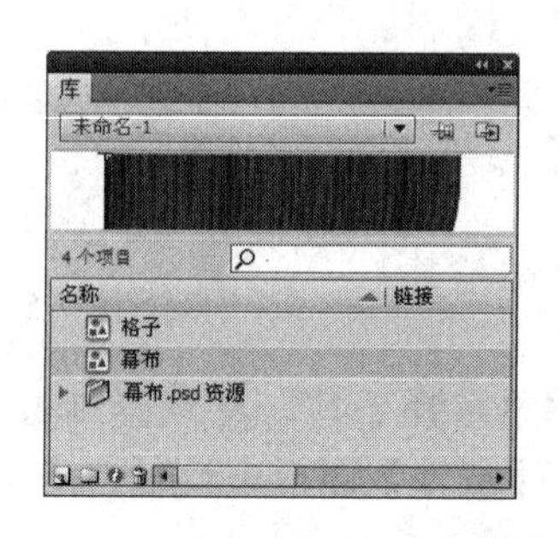

图 7-10　【库】面板

(5) 从【库】面板中将“幕布”实例拖动到舞台中，然后单击菜单栏中的【修改】/【变形】/【水平翻转】命令，将其水平翻转，并调整两个“幕布”实例的位置，使其盖住舞台，效果如图 7-11 所示。

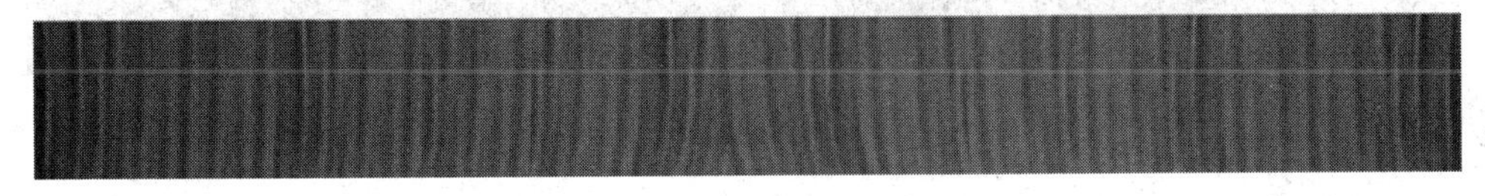

图 7-11　调整幕布的位置

(6) 单击菜单栏中的【文件】/【导入】/【导入到舞台】命令，将本书光盘“项目 07”文件夹中的“Logo.ai”文件导入到舞台中，在弹出的【将“Logo.ai”导入到舞台】对话框中设置选项如图 7-12 所示，然后在【时间轴】面板中将新产生的图层命名为“Logo”，如图 7-13 所示。

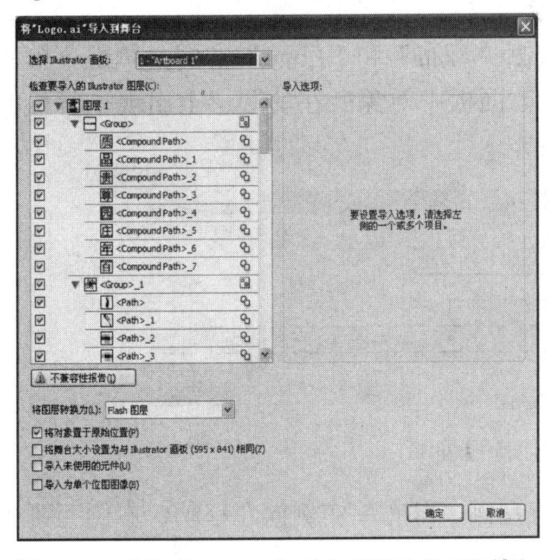

图 7-12　【将“Logo.ai”导入到舞台】对话框

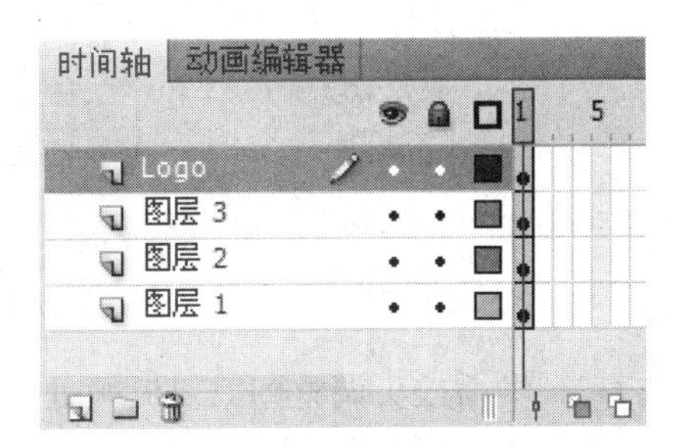

图 7-13　【时间轴】面板

(7) 在舞台中选择刚导入的所有图形，按下 F8 键，将其转换为图形元件“Logo”，然后打开【变形】面板，设置“Logo”实例的比例为 36%，如图 7-14 所示。

(8) 在【属性】面板中设置“Logo”实例的【样式】为“色调”，并设置颜色为白色，其他参数设置如图 7-15 所示。

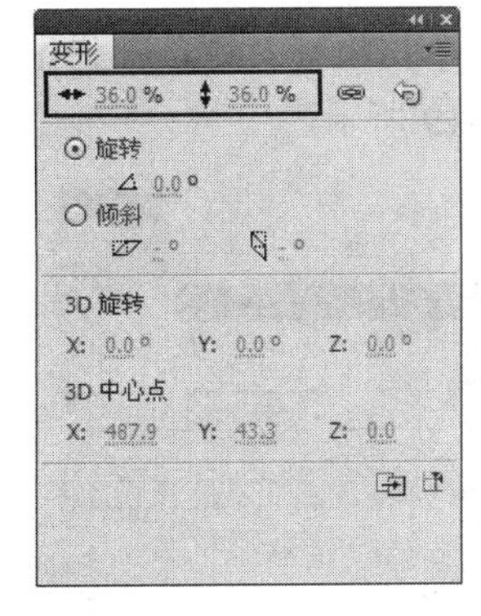

图 7-14　【变形】面板

图 7-15　【属性】面板

(9) 将“Logo”实例调整到舞台中间的位置，如图 7-16 所示。

图 7-16　调整“Logo”实例的位置

(10) 在【时间轴】面板中选择“图层 1”的第 200 帧，按下 F5 键，延长动画播放时间。

指点迷津

这里的 200 帧只是一个预设值，在制作动画的过程中可以根据实际情况进行调整，多了可以删除。

(11) 在舞台中分别选择左侧“幕布”、右侧“幕布”和“Logo”实例，单击菜单栏中的【插入】/【补间动画】命令，则【时间轴】面板中对象所在的图层上出现了蓝色的补间动画范围，如图 7-17 所示。

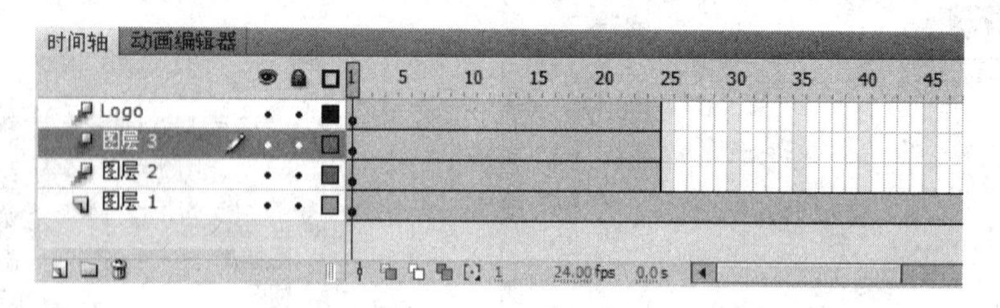

图 7-17　【时间轴】面板

(12) 将播放头调整到第 15 帧处，然后将左侧“幕布”实例向左移动，右侧“幕布”实例向右移动，使幕布拉开，如图 7-18 所示。

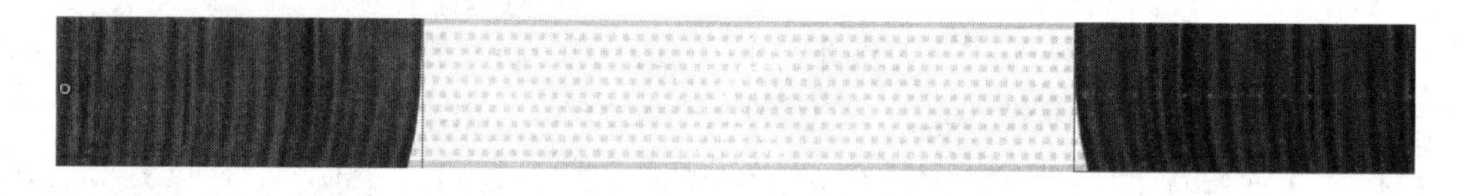

图 7-18　调整第 15 帧处的“幕布”实例的位置

(13) 在【时间轴】面板中“图层 2”的动画帧上单击鼠标右键，在弹出的快捷菜单中选择【翻转关键帧】命令，将动画翻转过来，如图 7-19 所示。

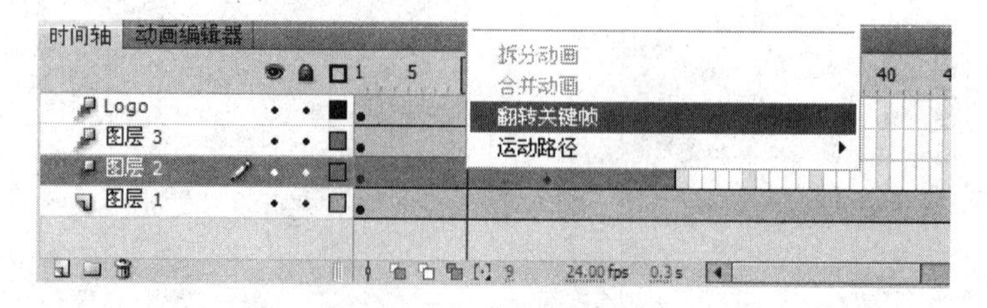

图 7-19　翻转关键帧

(14) 用同样的方法，将“图层 3”中的动画帧也进行翻转，然后将“Logo”层中的动画帧移动到第 15 帧处，此时的【时间轴】面板如图 7-20 所示。

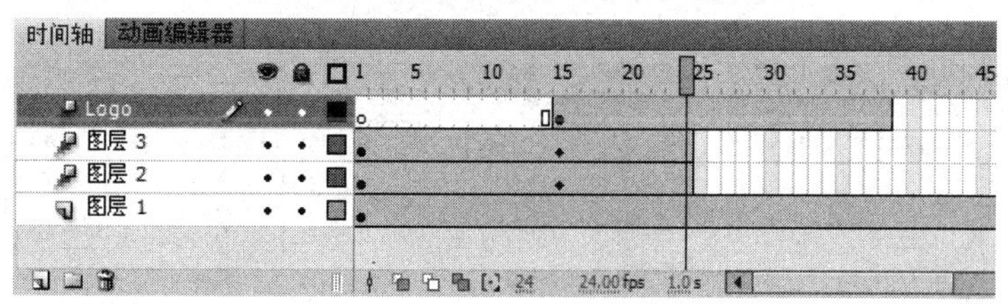

图 7-20　【时间轴】面板

(15) 按住 Ctrl 键单击“Logo”层的第 24 帧选择该帧，按下 F6 键插入关键帧；然后同时选择“图层 2”、“图层 3”和“Logo”层的第 200 帧，按下 F5 键延长动画帧，如图 7-21 所示。

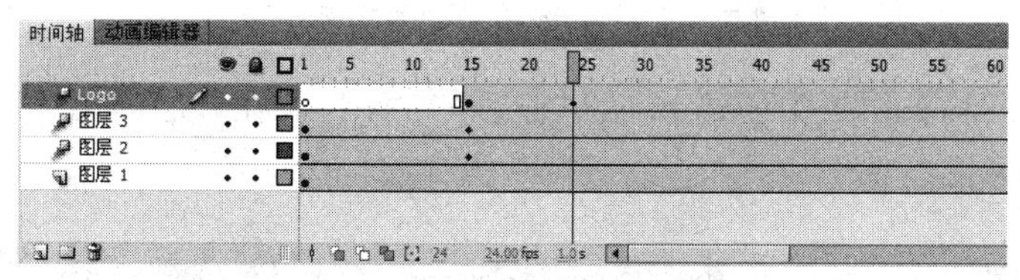

图 7-21　【时间轴】面板

(16) 按住 Ctrl 键同时选择“图层 2”、“图层 3”和“Logo”层的第 35 帧，按下 F6 键插入关键帧，如图 7-22 所示。

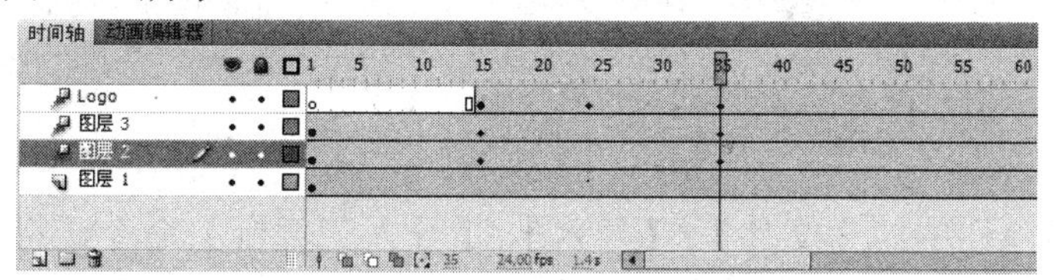

图 7-22　【时间轴】面板

(17) 将播放头调整到第 15 帧处，选择舞台中的“Logo”实例，在【变形】面板中设置比例和旋转值如图 7-23 所示。

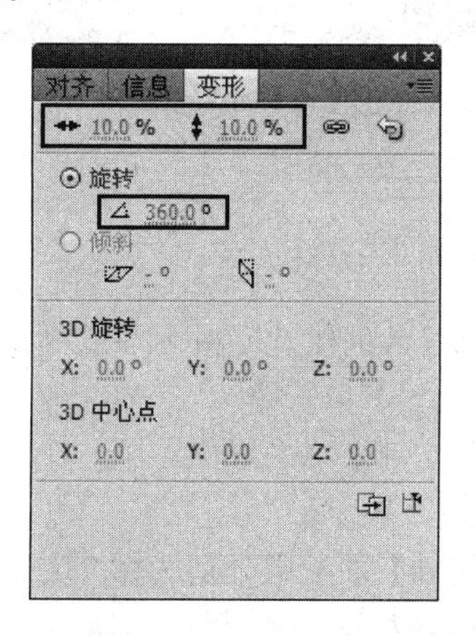

图 7-23　【变形】面板

(18) 将播放头调整到第 50 帧处，然后分别选择“Logo”、左侧“幕布”和右侧“幕布”实例，在【信息】面板中调整 X 的坐标值如图 7-24 所示。

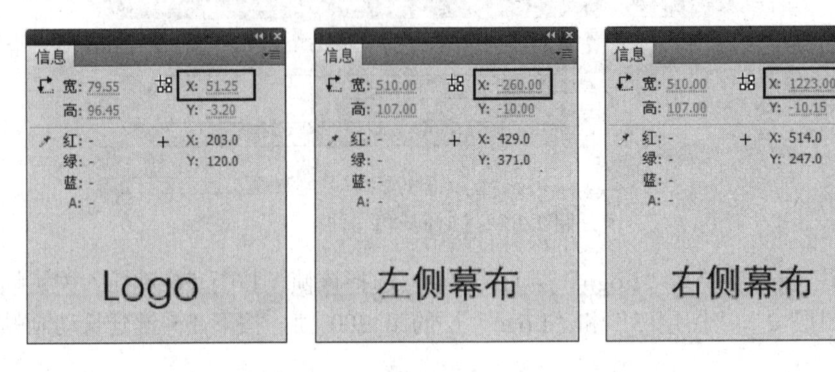

图 7-24　调整第 50 帧处的实例位置

(19) 在【时间轴】面板中创建一个新图层“文字 1”，在该层的第 40 帧处插入空白关键帧，如图 7-25 所示。

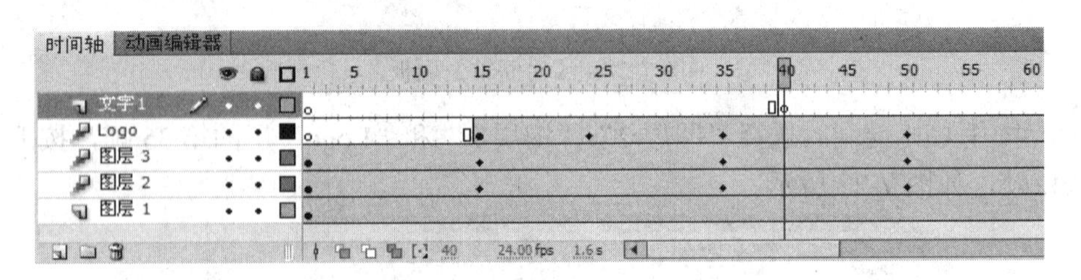

图 7-25　【时间轴】面板

(20) 单击菜单栏中的【文件】/【导入】/【导入到舞台】命令，将本书光盘“项目 07”文件夹中的“文字 1.png”文件导入到舞台中，调整其位置如图 7-26 所示。

图 7-26　导入的图片

任务三：制作文字动画

(1) 接着上一步操作，选择导入的图片，按下 F8 键，将其转换为影片剪辑元件“文字 1”。

(2) 在舞台中的“文字 1”实例上单击鼠标右键，在弹出的快捷菜单中选择【创建补间动画】命令，创建补间动画。

(3) 按住 Ctrl 键，在【时间轴】面板中分别选择“文字 1”层的第 50 帧、第 60 帧和第 65 帧，按下 F6 键插入关键帧，如图 7-27 所示。

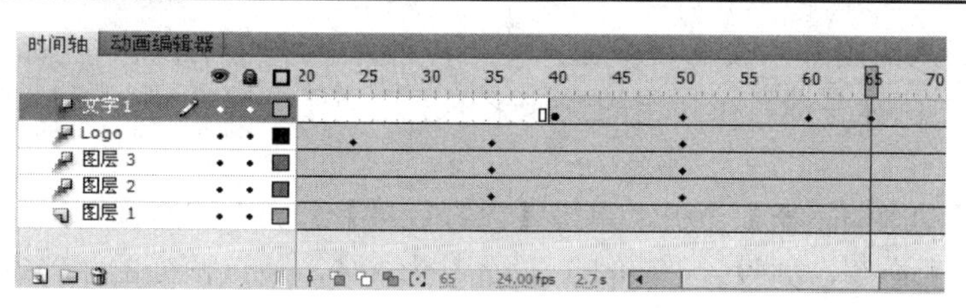

图 7-27　【时间轴】面板

(4) 将播放头调整到第 40 帧处，然后选择舞台中的“文字 1”实例，在【变形】面板中设置比例为 10%，在【属性】面板中设置【样式】为 Alpha，值为 0%，如图 7-28 所示。

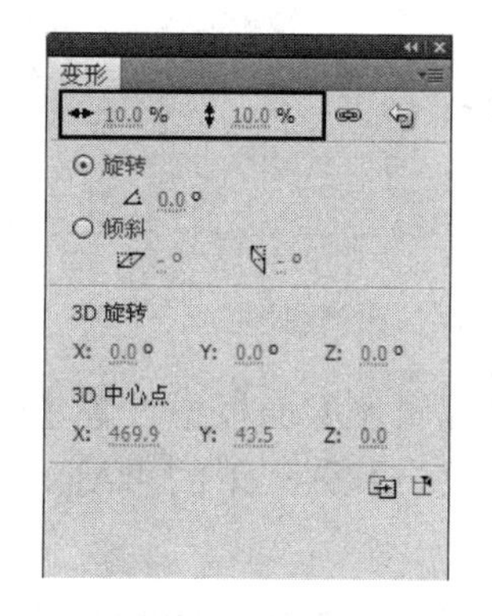

图 7-28　第 40 帧处的“文字 1”实例属性

(5) 将播放头调整到第 65 帧处，然后选择舞台中的“文字 1”实例，在【变形】面板中设置比例为 200%，在【属性】面板中设置【样式】为 Alpha，值为 0%。

(6) 在【时间轴】面板中创建一个新图层，命名为“产品”，在该层的第 65 帧处插入空白关键帧，如图 7-29 所示。

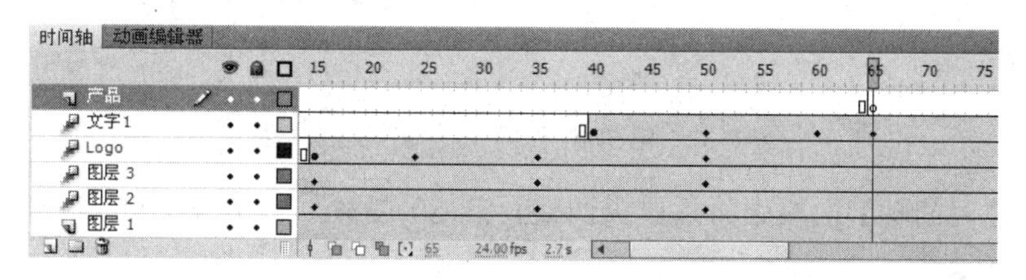

图 7-29　【时间轴】面板

(7) 单击菜单栏中的【文件】/【导入】/【导入到舞台】命令，将本书光盘“项目 07”文件夹中的“红酒.png”文件导入到舞台中，调整其位置如图 7-30 所示。

图 7-30　导入的图片

(8) 选择导入的图片，按下 F8 键，将其转换为影片剪辑元件“产品”。然后在“产品”实例上单击鼠标右键，在弹出的快捷菜单中选择【创建补间动画】命令，创建补间动画。

(9) 打开【动画编辑器】面板，单击【色彩效果】分类右侧的 按钮，在弹出的菜单中选择【Alpha】命令，并设置“Alpha 数量”为 0%，使该帧处的“产品”实例完全透明，如图 7-31 所示。

图 7-31　第 65 帧处的“产品”实例属性

(10) 将播放头调整到第 70 帧处，在【动画编辑器】面板中设置【转换】分类下的“缩放 X”与“缩放 Y”均为 36%；将【色彩效果】分类下的“Alpha 数量”设置为 100%，如图 7-32 所示。

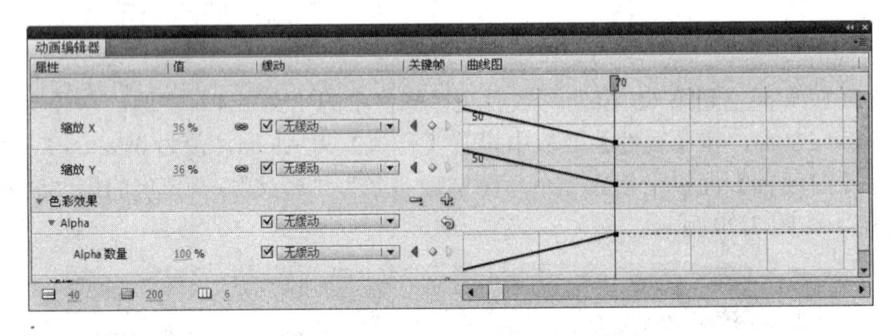

图 7-32　第 70 帧处的“产品”实例属性

(11) 在【时间轴】面板中将播放头调整到第 80 帧处，按下 F6 键插入关键帧，不作任何参数调整。

(12) 再将播放头调整到第 85 帧处，在【动画编辑器】面板中的【基本动画】分类下设置“X”的值为 318 像素，使“产品”实例水平向左移动一定的距离，如图 7-33 所示。

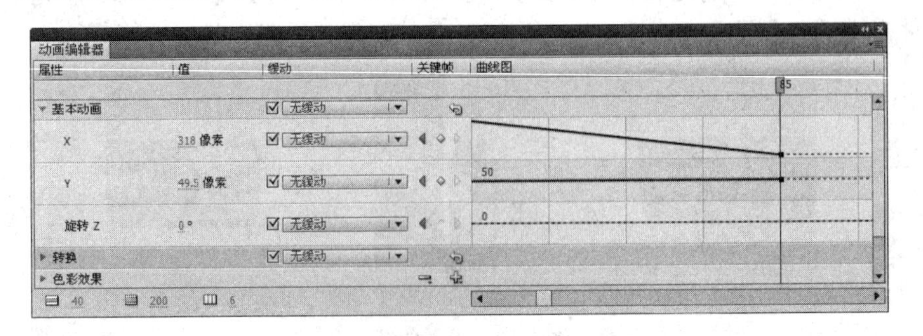

图 7-33　第 85 帧处的“产品”实例属性

(13) 在【时间轴】面板中创建一个新图层“文字 2”，在该层的第 85 帧处插入空白关键帧，如图 7-34 所示。

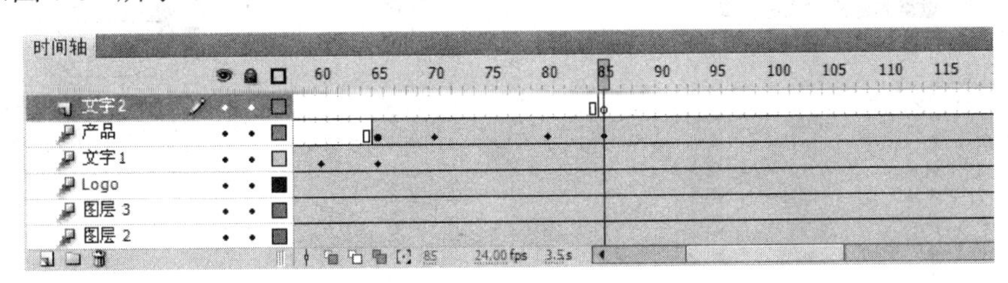

图 7-34　【时间轴】面板

(14) 选择工具箱中的“文本工具” T，在【属性】面板中设置字体颜色为黑色，并设置字体、字号等参数如图 7-35 所示。

(15) 在舞台中如图 7-36 所示位置单击鼠标，输入文字“十天之内，可随意调换”。

图 7-35　【属性】面板

图 7-36　输入的文字

(16) 在舞台中选择输入的文字，按下 F8 键将其转换为影片剪辑元件“文字 2”。然后双击“文字 2”实例，进入其编辑窗口中。

(17) 在窗口中选择文字，按下 Ctrl + B 键将文字分离成单个的文字，如图 7-37 所示。

图 7-37　分离文字

(18) 确保分离后的文字处于选择状态，单击菜单栏中的【修改】/【时间轴】/【分散到图层】命令，将每个文字都分散到一个独立的图层上，如图 7-38 所示。

(19) 在【时间轴】面板中删除“图层 1”，然后同时选择所有图层的第 10 帧，按下 F6 键插入关键帧，如图 7-39 所示。

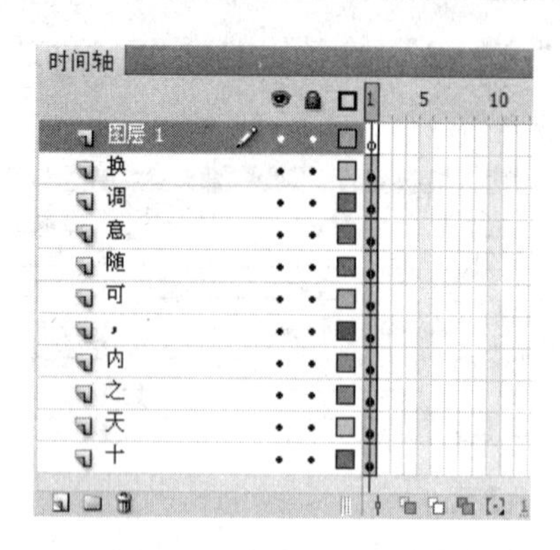

图 7-38　分散到图层　　　　图 7-39　插入关键帧

(20) 在【时间轴】面板中同时选择所有图层的第 1 帧，单击鼠标右键，在弹出的快捷菜单中选择【创建传统补间】命令，结果如图 7-40 所示。

(21) 在窗口中选择“十”字，在【属性】面板中设置【样式】为 Alpha，并设置 Alpha 值为 0%，然后在【变形】面板中设置比例为 200%，如图 7-41 所示。

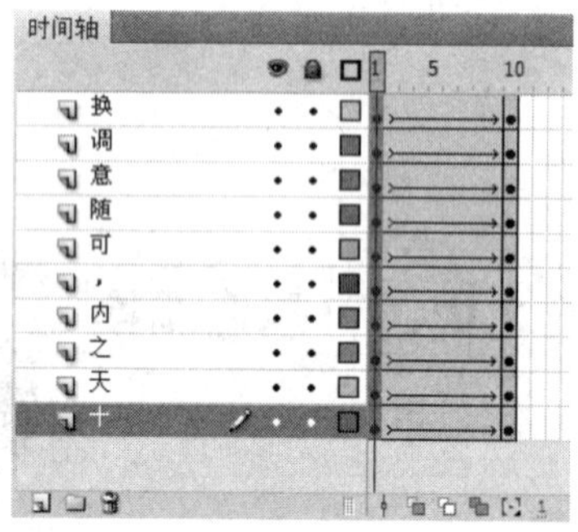

图 7-40　创建传统补间动画

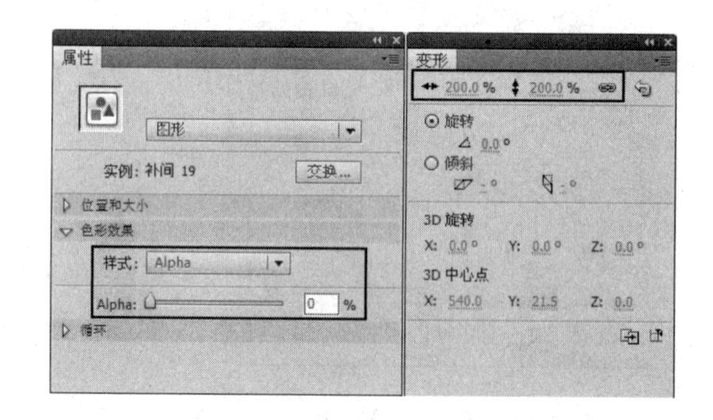

图 7-41　“十”字的属性设置

(22) 用同样的方法，将其他文字都作相同的处理，然后将各层的动画帧错开摆放，再选择所有图层的第 120 帧，按下 F5 键，延长动画时间，此时的【时间轴】面板如图 7-42 所示。

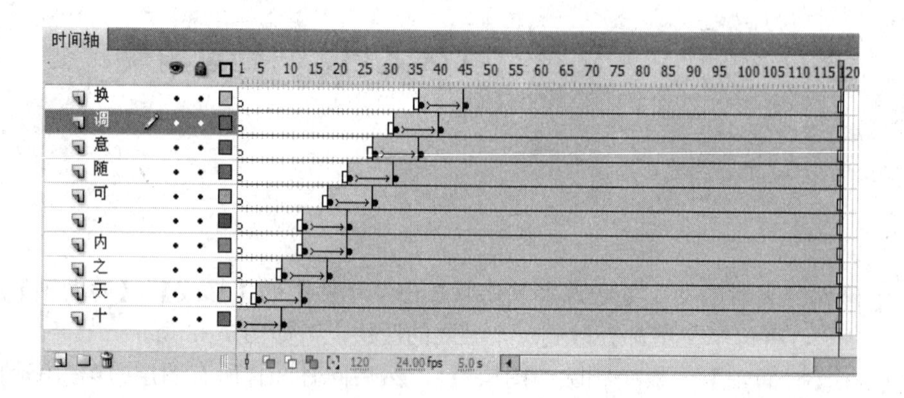

图 7-42　【时间轴】面板

指点迷津

在【时间轴】面板中调整动画帧时，将“，(逗号)”层与“内”层对齐，这是为了让文字动画中的“内”与“，(逗号)”同时出现。

(23) 单击窗口左上方的 场景 1 按钮，返回到舞台中，然后在【时间轴】面板的最上方创建一个新图层，命名为“文字 3”，并在该层的第 130 帧处插入空白关键帧，如图 7-43 所示。

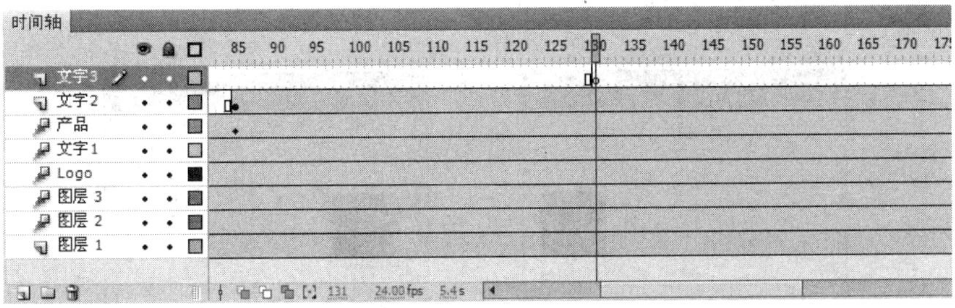

图 7-43　【时间轴】面板

(24) 选择工具箱中的“文本工具” T，在【属性】面板中设置适当的字体、大小和颜色，然后在舞台中输入文字，如图 7-44 所示。

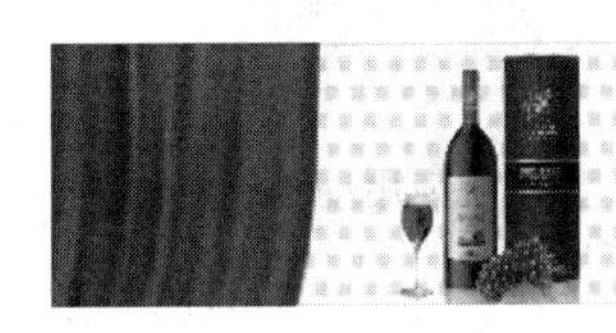

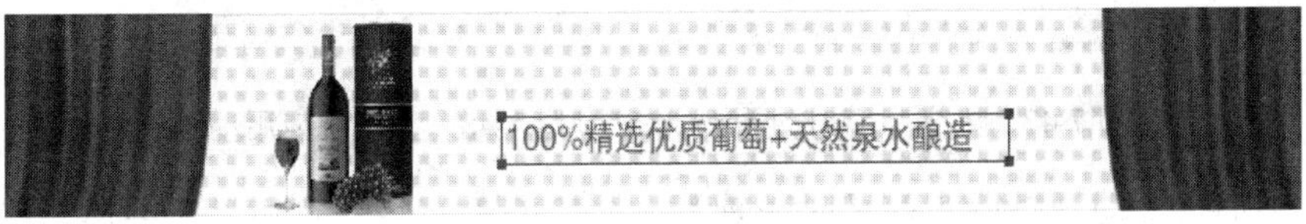

图 7-44　输入的文字

(25) 在【时间轴】面板的最上方再创建一个新图层，命名为“文字 4”，在该层的第 130 帧处插入空白关键帧，如图 7-45 所示。

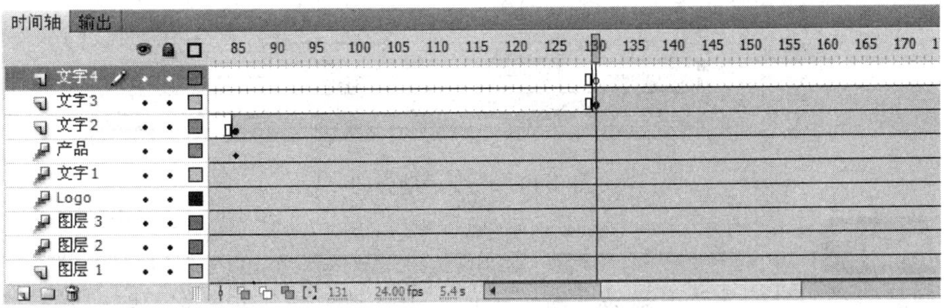

图 7-45　【时间轴】面板

(26) 选择工具箱中的“文本工具” T，在【属性】面板中设置适当的字体、大小和颜色，然后在舞台中输入文字，如图 7-46 所示。

图 7-46　输入的文字

(27) 在舞台中选择上方的一行文字，打开【动画预设】面板，选择其中的“从左边模糊飞入”，然后单击 应用 按钮，将所选动画应用到文字上，如图 7-47 所示。

(28) 用同样的方法，选择舞台中下方的一行文字，将“从右边模糊飞入”动画应用到文字上，如图 7-48 所示。

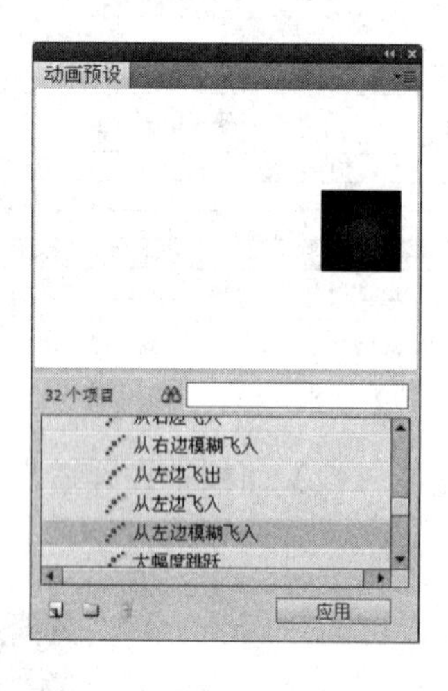

图 7-47　为文字应用动画

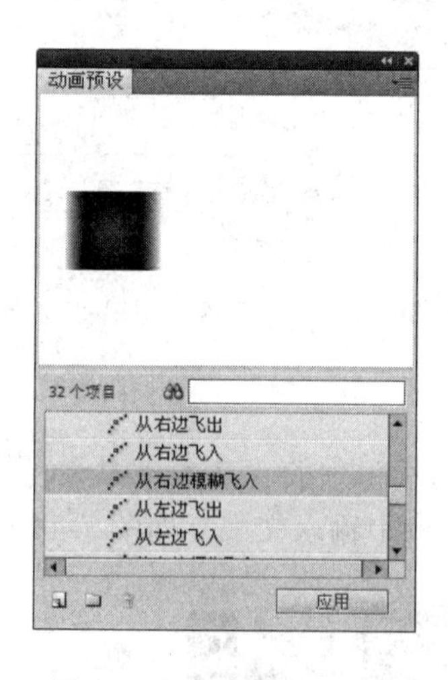

图 7-48　为文字应用动画

(29) 添加预设动画以后，在【时间轴】面板中的“文字 3”和“文字 4”层上出现了两段动画帧，分别在这两段动画帧上单击鼠标右键，在弹出的快捷菜单中选择【运动路径】/【翻转路径】命令，改变运动方向，如图 7-49 所示。

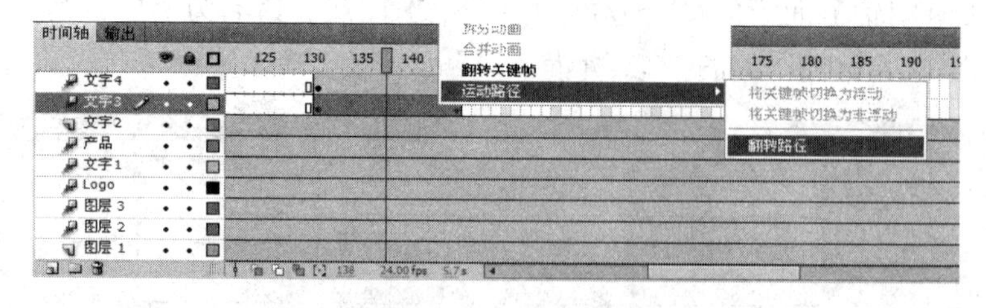

图 7-49　改变运动方向

指点迷津

翻转路径的目的是改变运动方向，例如，预设动画是从左向右，翻转路径以后就变成了从右向左。

(30) 在【时间轴】面板中同时选择“文字 3”层和“文字 4”层的第 200 帧，按下 F5 键插入普通帧，延长动画时间，如图 7-50 所示。

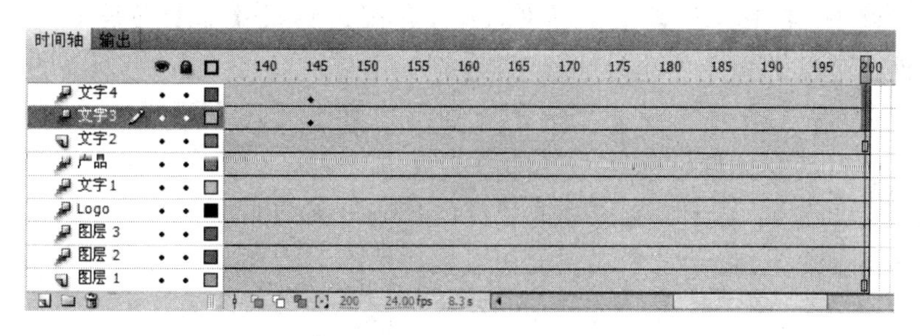

图 7-50　【时间轴】面板

(31) 按下 Ctrl + Enter 键测试影片，如果比较满意，将动画保存为“网站横幅广告.fla”文件。

7.4 知识延伸

知识点一：Deco 工具

“Deco 工具”是一个装饰画绘画工具，它可以将影片剪辑元件或图形元件作为绘图单元，以某种特定的计算方式创建复杂的几何图案。同时，它还可以创建烟动画、火焰动画等，是一个非常不错的动画辅助工具。

选择工具箱中的“Deco 工具”，则【属性】面板中将显示其相关的属性，它有 13 种绘制效果，如图 7-51 所示。选择不同的绘制效果，其属性也是不同的。

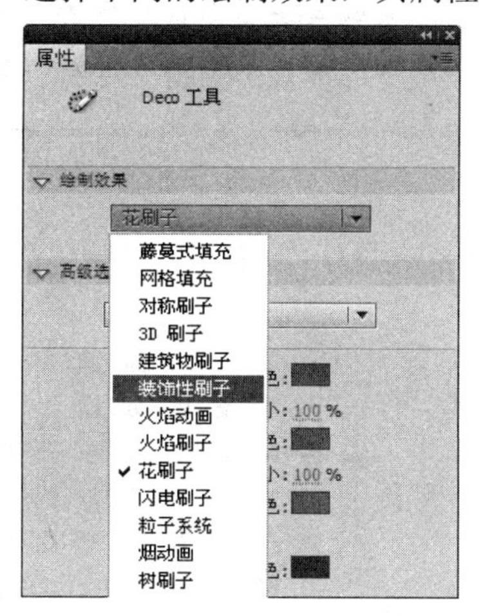

图 7-51　13 种绘制效果

下面介绍几种绘画效果的属性。

1．藤蔓式填充

在【属性】面板中选择绘制效果为“藤蔓式填充”时，【属性】面板中的参数如图 7-52 所示。

- 【树叶】：用于设置藤蔓式填充的叶子图形，如果【库】面板中有制作好的元件，可以选择元件作为叶子图形。
- 【花】：用于设置藤蔓式填充的花图形，如果【库】面板中有制作好的元件，可以选择元件作为花图形。
- 【分支角度】：用于设置藤蔓式填充的枝条分支的角度。
- 【图案缩放】：用于设置对填充图案进行填充时的缩放比例。
- 【段长度】：用于设置叶子节点和花朵节点之间的线段长度。
- 【动画图案】：选择该选项，则每次迭代都绘制在【时间轴】面板的新帧中，从而形成动画。
- 【帧步骤】：用于设置绘制藤蔓时每秒要横跨的帧数。

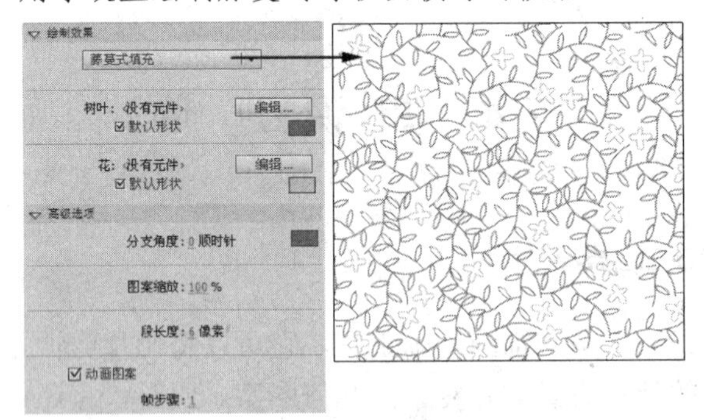

图 7-52 【属性】面板

指点迷津

选择“藤蔓式填充”时，在舞台中单击鼠标，则藤蔓开始蔓延，在有藤蔓的位置再次单击鼠标，可以结束藤蔓的蔓延；否则将在新位置处生成新的藤蔓。

2. 网格填充

在【属性】面板中选择绘制效果为“网格填充”时，【属性】面板中的参数如图 7-53 所示。

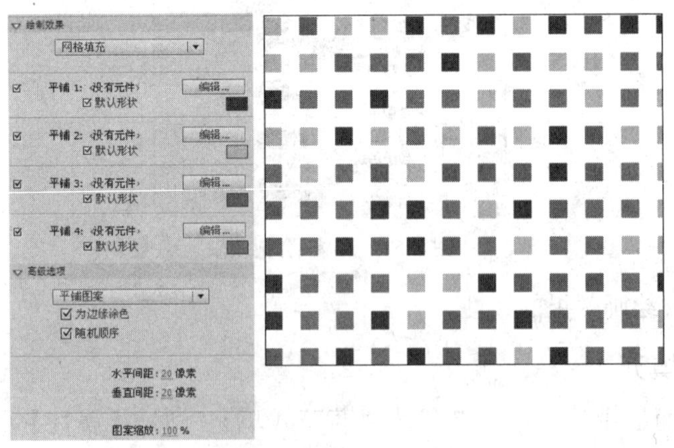

图 7-53 【属性】面板

- 【平铺 1/2/3/4】：这四个选项是一样的，用于设置网格填充的图形，并且可以设置不同的颜色；如果在【库】面板中有制作好的元件，可以选择元件作为网格图形。
- 【高级选项】：在高级选项下方可以选择填充图案的方式，如“平铺图案”、“砖形图案”和“楼层模式”。
- 【为边缘涂色】：选择该选项，填充图案以后可以重叠填充图案。
- 【随机顺序】：选择该选项，平铺 1、平铺 2、平铺 3 和平铺 4 的图案顺序是随机出现的，否则按顺序循环出现。
- 【水平间距】：用于设置网格填充中所用图形之间的水平距离。
- 【垂直间距】：用于设置网格填充中所用图形之间的垂直距离。
- 【图案缩放】：用于设置网格填充对象的缩放比例。

3. 对称刷子

在【属性】面板中选择绘制效果为“对称刷子”时，【属性】面板中的参数如图 7-54 所示。这种方式是以对称的形式绘制图案的。

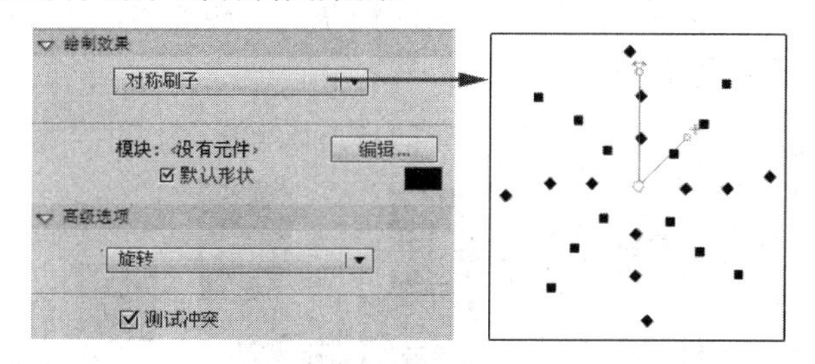

图 7-54　【属性】面板

- 【模块】：用于设置对称刷子填充效果的图形，如果在【库】面板中有制作好的元件，可以选择元件作为填充图形。
- 【高级选项】：它包括四种对称方式，分别是“跨线反射”、“跨点反射”、“旋转”和“网格平移”，即以对称或放射形式进行填充。

下面对【高级选项】中的四个选项进行解释与图示，以便于读者理解，为了便于观察，图示中使用了元件作为填充对象。

- 跨线反射：以一条指定的线为对称轴，等距离填充图形，并且镜像对称，如图 7-55 所示。
- 跨点反射：以一个固定的点为对称中心，等距离填充对象，与【跨线反射】相比，方向更自由，如图 7-56 所示。

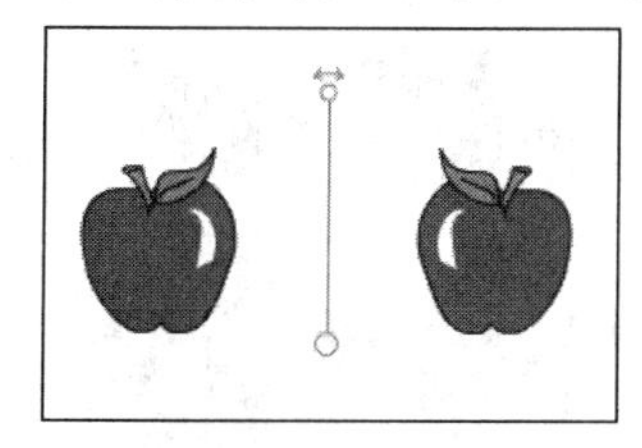

图 7-55　跨线反射

图 7-56　跨点反射

- 旋转：以一个固定点为中心，将填充对象以放射状进行填充，如图 7-57 所示。
- 网格平移：按照对称效果创建形状网格。每次在舞台上单击鼠标，都会创建一个形状网格。通过调整 X 轴和 Y 轴的控制手柄，可以调整这些形状的高度、宽度与方向，如图 7-58 所示。

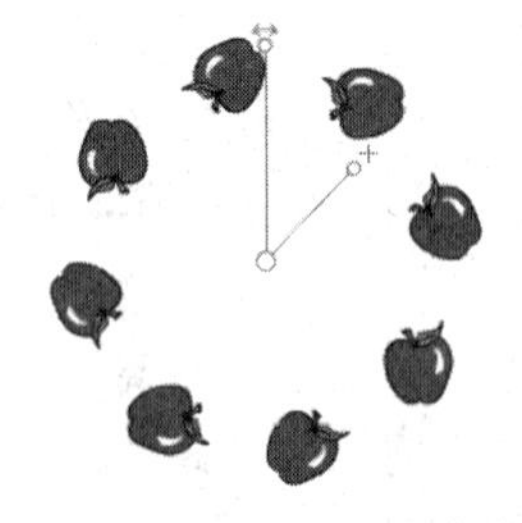

图 7-57　旋转

图 7-58　网格平移

4．建筑物刷子

在【属性】面板中选择绘制效果为“建筑物刷子”时，【属性】面板中的参数如图 7-59 所示。这种方式可以绘制出系统提供的四种摩天大楼图案，在【高级选项】中可以选择不同的摩天大楼，或者随机创建。

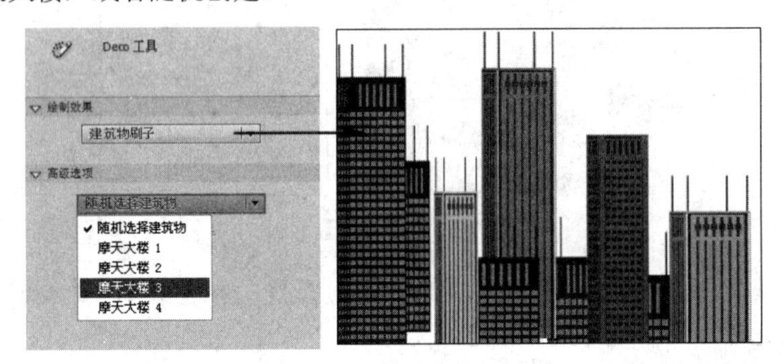

图 7-59　【属性】面板

5．花刷子

在【属性】面板中选择绘制效果为“花刷子”时，可以绘制花朵图案，此时【属性】面板中的参数如图 7-60 所示。

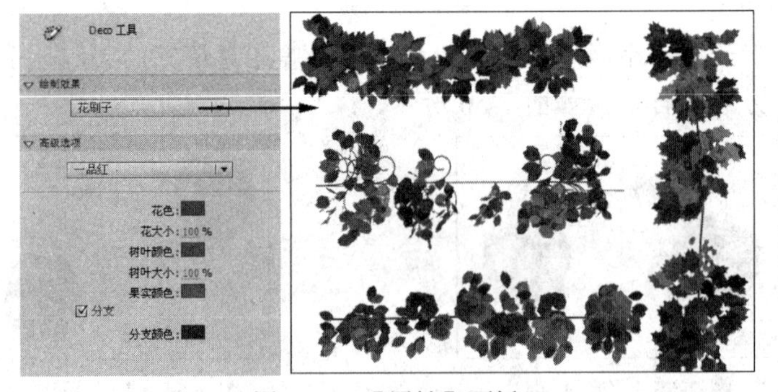

图 7-60　【属性】面板

在【高级选项】下可以选择几种花的类型，包括“园林花”、“玫瑰”、“一品红”和“浆果”，除此以外，还可以设置以下参数，从而改变花朵的状态。

- 【花色】：用于设置花朵的颜色。
- 【花大小】：用于设置花朵的大小。
- 【树叶颜色】：用于设置花叶子的颜色。
- 【树叶大小】：用于设置花叶子的大小。
- 【果实颜色】：用于设置花的果实颜色。
- 【分支颜色】：用于设置花枝的颜色，只有勾选【分支】选项后，才可以绘出花枝。

6．火焰动画

在【属性】面板中选择绘制效果为“火焰动画”时，可以创建火焰动画，此时【属性】面板中的参数如图 7-61 所示。

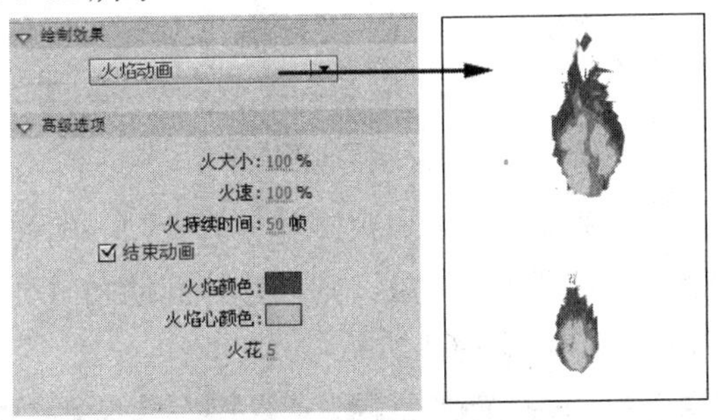

图 7-61　【属性】面板

- 【火大小】：用于设置火焰的宽度和高度。值越高，创建的火焰越大。
- 【火速】：用于设置火焰动画的速度。值越大，创建的火焰越快。
- 【火持续时间】：用于设置火焰动画在时间轴中的帧数。
- 【结束动画】：选择该选项，可以创建火焰熄灭的动画。Flash 会在指定的火焰持续时间后添加其他帧以完成熄灭动画效果。如果要循环播放持续燃烧的效果，则不要选择该选项。
- 【火焰颜色】：用于设置火苗的颜色。
- 【火焰心颜色】：用于设置火焰底部的颜色。
- 【火花】：用于设置火源底部各个火焰的数量。

创建火焰动画时会自动创建逐帧动画，如图 7-62 所示。如果不选择【结束动画】选项，则产生的帧数恰好是【火持续时间】的设定值，例如“图层 1”中的动画；而选择【结束动画】选项，则帧数会更多一些，例如“图层 2”中的动画。

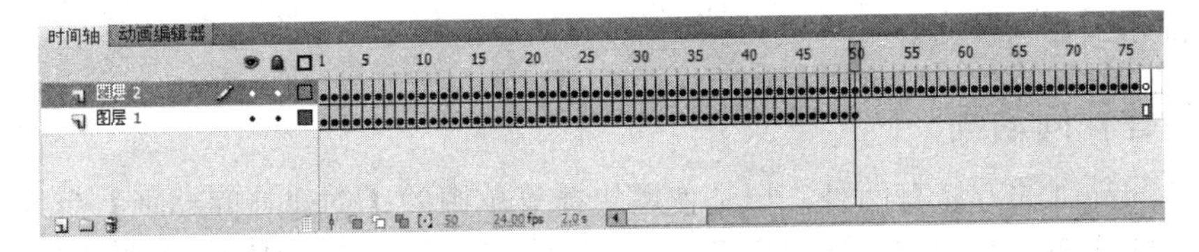

图 7-62　创建火焰动画后的【时间轴】面板

知识点二：补间动画

补间动画是一种新的动画类型，它是“基于对象的动画”。为了区别于以前版本中的补间动画，Flash 把以前版本中的补间动画改称为“传统补间动画”。

补间动画是通过对同一对象的某种属性在不同帧之间赋予不同的值来创建的，该属性在两帧之间的部分由系统自动生成。

补间动画的引入，为 Flash 增加了一个新概念——属性关键帧。在补间动画中，关键帧是指一段补间动画的第 1 帧；属性关键帧则是跟在关键帧之后，专门用于更改对象属性的帧，属性关键帧用菱形表示，如图 7-63 所示。

图 7-63 属性关键帧

补间动画只适用于元件的实例或文本对象，并且要求同一图层中只能选择一个对象。如果选择的对象不是元件的实例或文本对象，则创建补间动画时会弹出一个提示框，提示用户将选择的对象转换为元件，如图 7-64 所示。

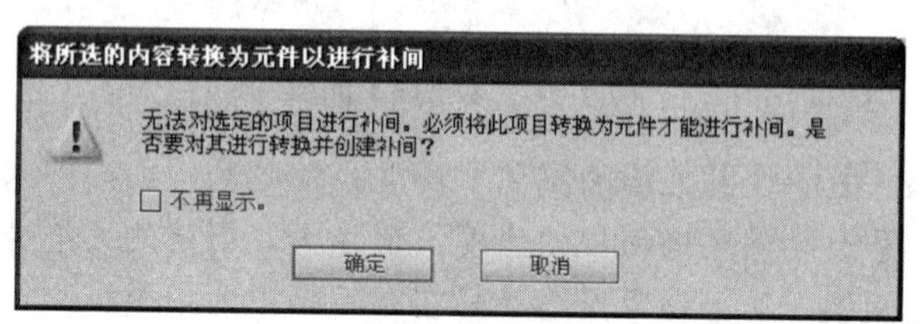

图 7-64 提示框

如果选择的对象不是一个对象，创建补间动画时也会弹出一个提示框，提示用户选择了多个对象，必须将它们转换为元件，如图 7-65 所示。

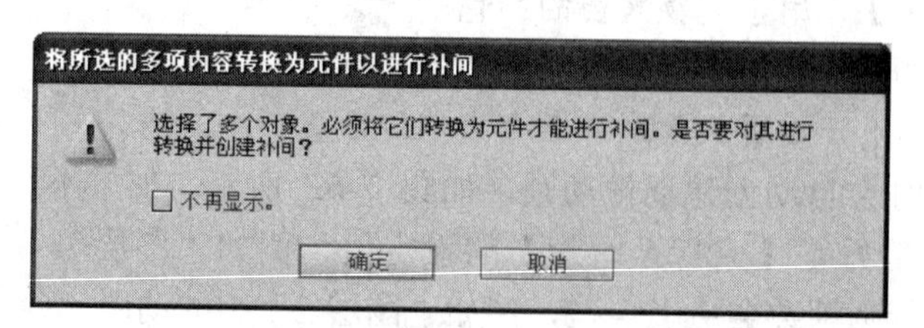

图 7-65 提示框

1. 创建补间动画

创建补间动画的方法有两种：一是使用快捷菜单中的【创建补间动画】命令；二是使用菜单栏中的【插入】/【补间动画】命令。相比而言，前一种方法更方便。

方法一：使用快捷菜单。使用快捷菜单可以方便地创建补间动画，创建了动画对象以后，在动画对象上单击鼠标右键，在弹出的快捷菜单中选择【创建补间动画】命令即可，如图 7-66 所示。除此之外，还可以在【时间轴】面板中的关键帧上单击鼠标右键，在弹出的快捷菜单中选择【创建补间动画】命令，如图 7-67 所示。

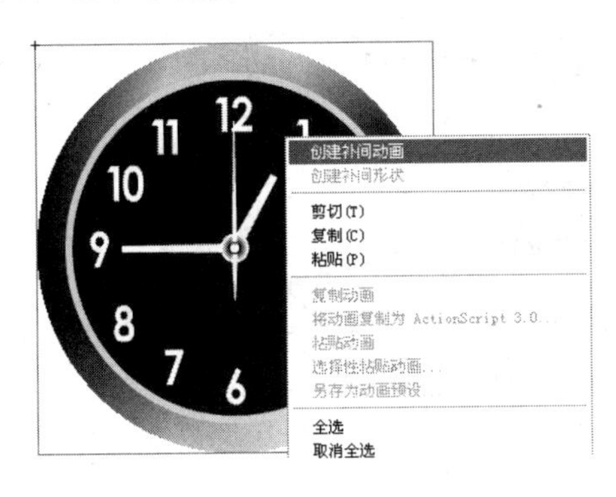

图 7-66　快捷菜单

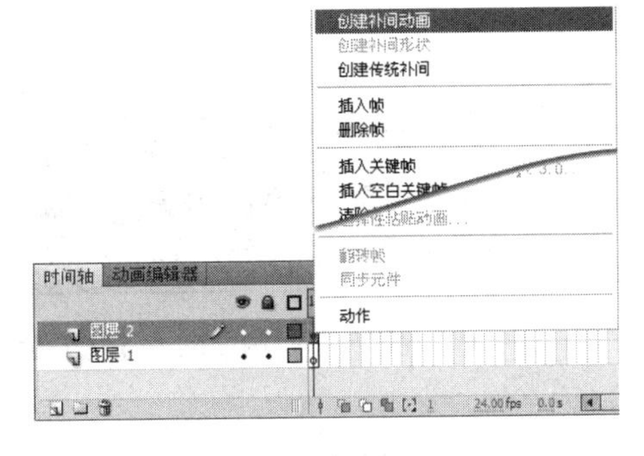

图 7-67　快捷菜单

方法二：使用菜单命令。使用菜单命令也可以创建补间动画，在【时间轴】面板中选择一个帧或者选择舞台中的对象，然后单击菜单栏中的【插入】/【补间动画】命令，就可以创建补间动画。

不论使用哪一种方法创建了补间动画以后，在【时间轴】面板中都会显示出补间动画的范围长度，以淡蓝色显示，如图 7-68 所示。

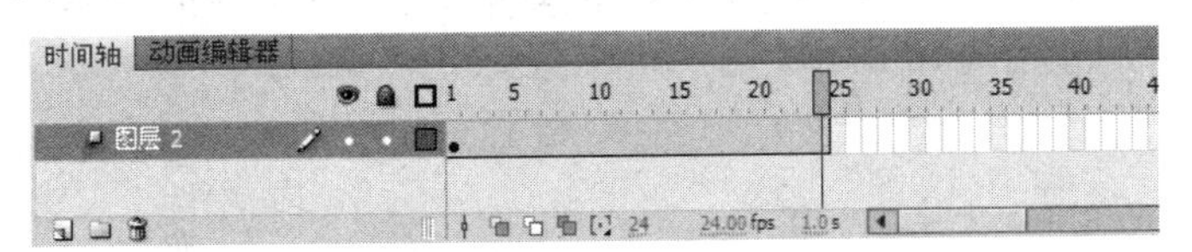

图 7-68　【时间轴】面板

补间范围的长度等于 1 秒的时间，所以与文档的【帧频】有密切的关系，假设文档的【帧频】为 25fps，那么补间范围的长度显示为 25 帧；如果【帧频】小于 5fps，则补间范围的长度显示为 5 帧。

2. 属性关键帧的创建

创建了补间动画以后，还需要设置属性关键帧，才可以得到相应的动画效果。创建属性关键帧的方法有三种。

方法一：移动播放头到相应的位置，然后按下 F6 键，就可以插入属性关键帧，此时该帧处的对象属性与前一关键帧中的对象属性相同。

方法二：移动播放头到相应的位置，然后在舞台中直接操作动画对象，如移动、旋转、缩放等，此时该帧处自动产生属性关键帧。

方法三：在【时间轴】面板中的补间动画帧上单击鼠标右键，在弹出的快捷菜单中选择【插入关键帧】命令，这时将弹出一个子菜单，其中包括【位置】、【缩放】、【倾斜】、【旋转】、【颜色】、【滤镜】和【全部】，如图 7-69 所示。选择其中的一个子菜单命令，就可以创建一个属性关键帧。

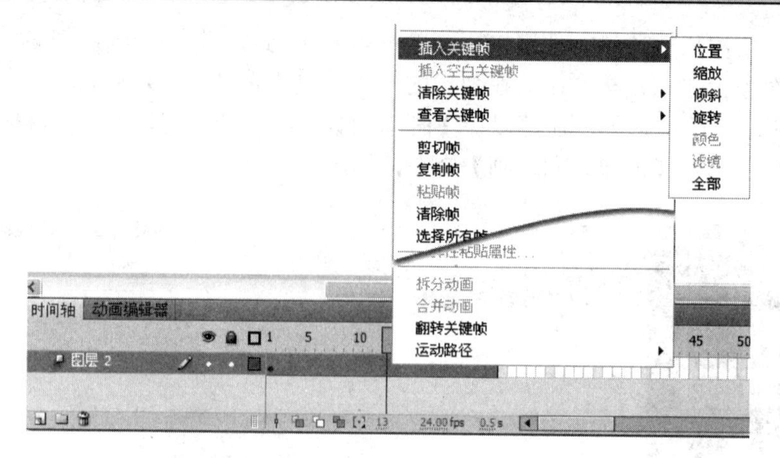

图 7-69 【插入关键帧】命令子菜单

知识点三：动画编辑器

制作补间动画时，既可以通过在舞台中直接操作对象的方式进行，也可以通过【动画编辑器】面板来完成。【动画编辑器】面板的操作非常类似于 3ds max 或 AE 的操作。通过它可以查看所有补间属性以及属性关键帧。另外，【动画编辑器】面板也是精确设置动画属性的专业工具。

Flash CS5 中的【动画编辑器】面板是通过曲线控制关键帧的参数，如旋转、大小、色彩效果、缓动等，如图 7-70 所示。

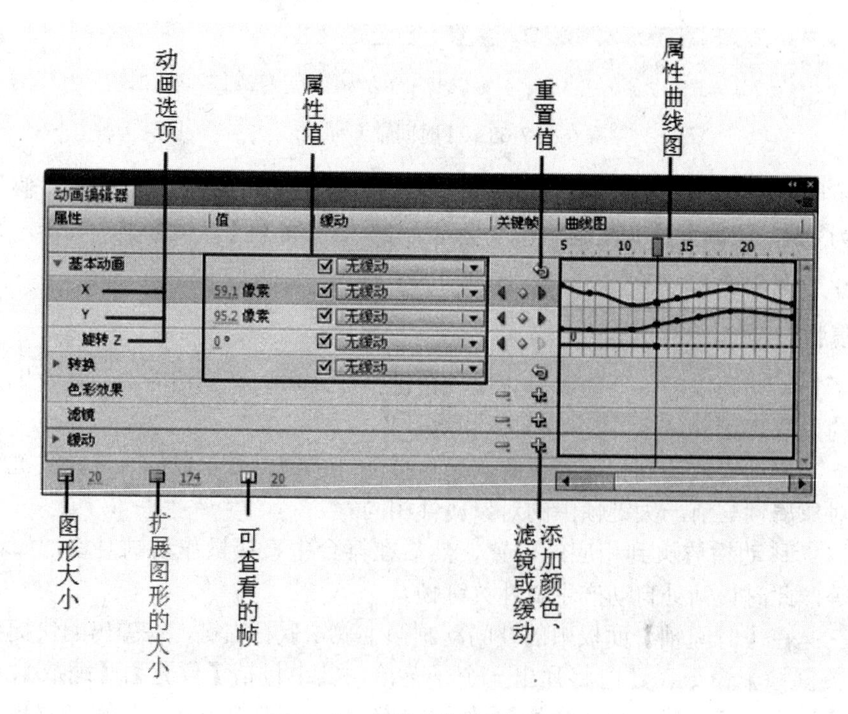

图 7-70 【动画编辑器】面板

观察【动画编辑器】面板，可以发现该面板由 5 行 5 列构成。5 行是指自上而下的五种属性类型，分别是【基本动画】、【转换】、【色彩效果】、【滤镜】和【缓动】，可以用于制作不同类型的动画；5 列分别是【属性】、【值】、【缓动】、【关键帧】和【曲线图】，每一列所对应的都是一些基本属性，也可以将其视为五个功能区。

- 【动画选项】：可以设置动画的选项，不同的动画分类中选项也不一样。
- 【属性值】：用于设置动画选项的属性值或者缓动的属性值，并且可以自定义缓动效果。
- 【重置值】：单击该按钮，将复位设置的参数值。
- 【属性曲线图】：用于编辑各种属性曲线，编辑方法类似于贝塞尔曲线。
- 【图形大小】：修改其右侧的数值，可以控制每一种属性所占的行高。
- 【扩展图形的大小】：修改其右侧的数值，可以控制已展开属性所占的行高。
- 【可查看的帧】：修改其右侧的数值，可以控制“曲线图”列中显示的帧数。
- 【添加颜色】、【滤镜】或【缓动】：单击按钮可以打开一个菜单，在不同的动画分类中，出现的菜单内容是不同的，主要用于添加滤镜、色彩效果或缓动。

下面，以【基本动画】类型中的 X 属性为例，讲解【动画编辑器】面板的用法。

当创建了补间动画以后，改变播放头的位置，在【动画编辑器】面板中修改【X】属性值，可以看到在播放头处插入了一个属性关键帧，曲线的形状也发生了变化，如图 7-71 所示。修改【X】的属性值时，既可以将光标放在数字上拖动鼠标，也可以单击该数值后输入新的数值。

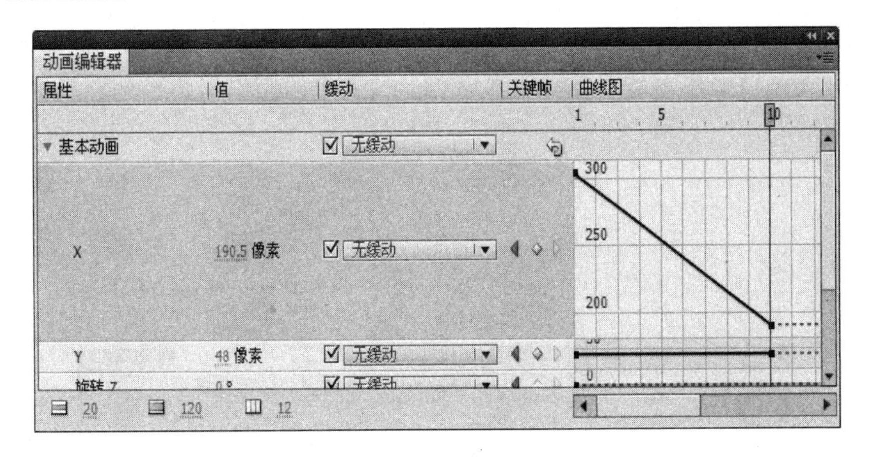

图 7-71　插入属性关键帧

通过属性曲线可以看到对象在 X 轴上的运动轨迹，先是在 X 坐标为 300 左右的位置，移动到第 10 帧时，X 坐标约为 190。

单击后面的［无缓动］，可以选择预设的缓动效果，当前没有预设缓动，所以该选项中只有默认的“简单(慢)”缓动，如图 7-72 所示。

图 7-72　缓动效果

缓动效果可以在最下面的【缓动】类型中进行设置。单击【基本动画】类型左侧的小三角形，将其折叠起来；然后单击【缓动】类型左侧的小三角形，将其展开，这时可以看到“简单(慢)”缓动效果的设置情况，如图 7-73 所示。

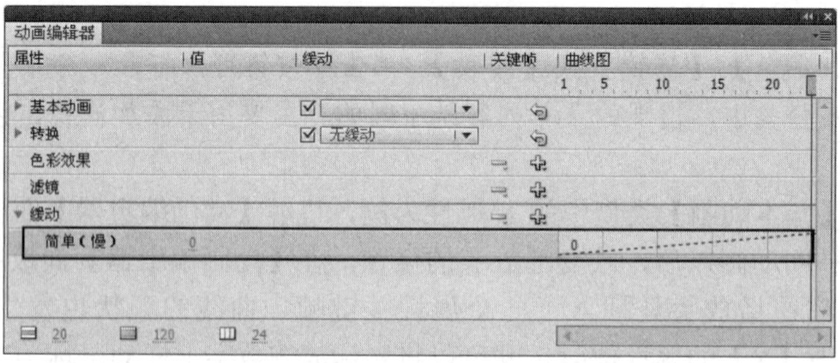

图 7-73　“简单(慢)”缓动效果的设置

单击【缓动】类型右侧的✚按钮，可以添加其他预设的缓动效果，例如弹簧、正弦波、阻尼波等。当选择了一种缓动效果以后，分类下面则出现该缓动效果，如图 7-74 所示。

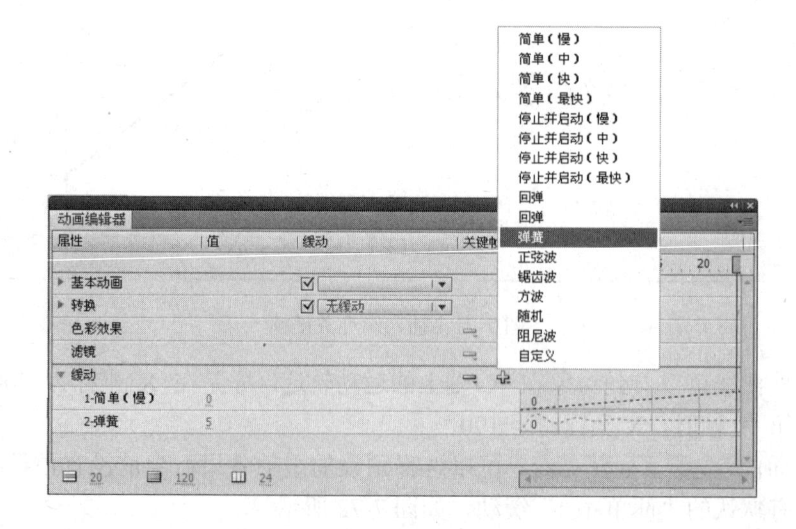

图 7-74　预设的缓动效果

如果要删除缓动，可以单击按钮，这时将弹出一个菜单，显示所有添加的缓动效果，如图 7-75 所示，选择要删除的缓动效果，即可将其删除；如果要删除所有的缓动效果，选择【删除全部】命令即可。

图 7-75　所有添加的缓动效果

在【关键帧】列中，单击按钮可以为播放头所在的位置添加一个属性关键帧。如果播放头位置已经存在一个关键帧，单击该按钮可以删除该关键帧。而单击或者按钮，可以跳转到前一个或后一个属性关键帧的位置。

在【属性曲线图】区中，除了显示当前动画的曲线状态之外，还可以对曲线进行编辑，从而精细地控制动画。在曲线图中，水平方向代表时间，以帧为单位；垂直方向代表当前属性值的大小；曲线上的小黑点代表一个关键帧。另外，如果动画使用了缓动效果，还会出现一条虚线，如图 7-76 所示。

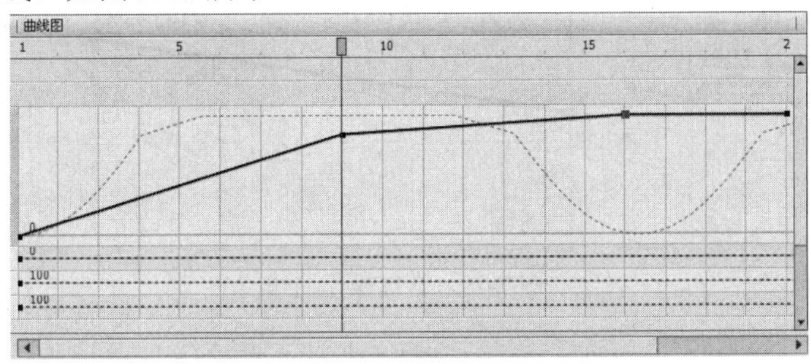

图 7-76　缓动曲线

在曲线上可以直接添加关键帧，方法是按住 Ctrl 键在曲线的某个位置上单击鼠标，这样就可以在该位置添加一个关键帧。

添加了关键帧以后，在关键帧上单击鼠标右键，可以通过转换点的平滑属性，控制曲线的形态，如图 7-77 所示。

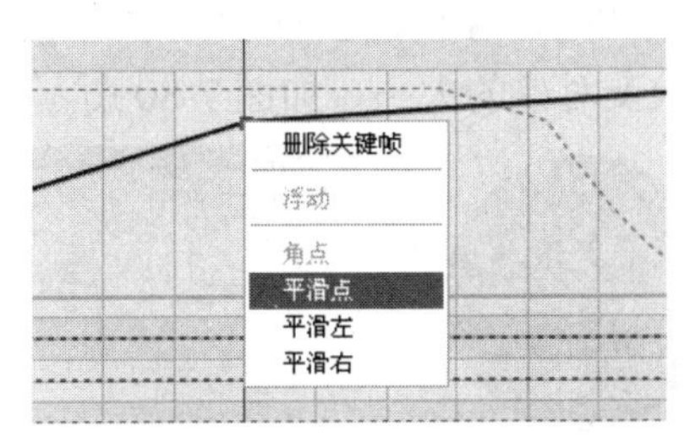

图 7-77　点的平滑属性

- 【角点】：是指没有平滑属性的点，两端没有控制柄，两端线条都是直线。
- 【平滑点】：是指有平滑属性的点，可以通过控制柄调节曲线的形态，两端线条都是曲线。
- 【平滑左】：是指左侧有控制柄、右侧无控制柄的点，左端线条为曲线，右端线条为直线。
- 【平滑右】：是指右侧有控制柄、左侧无控制柄的点，左端线条为直线，右端线条为曲线。如图 7-78 所示为四种点的类型。

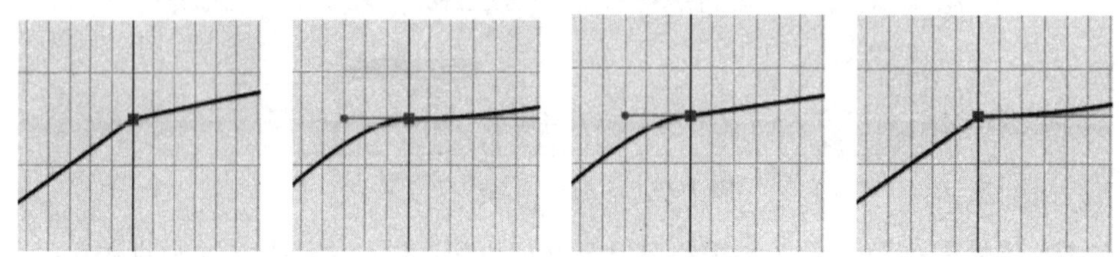

图 7-78　四种点的类型

需要注意的是，在【基本动画】类型下的关键帧是不能改变点的属性的，它的关键帧也不会有控制柄出现。

另外，还可以直接操作曲线。在直线段上拖动鼠标，可以改变直线的位置；在曲线段上拖动鼠标，可以改变曲线的曲率，如图 7-79 所示。

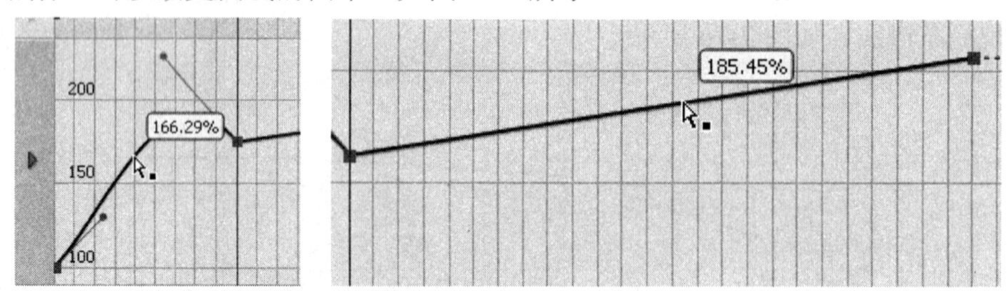

图 7-79　直接操作曲线

知识点四：【信息】面板

使用【信息】面板可以设置对象的宽度与高度，还可以设置对象在舞台中的精确位置。单击菜单栏中的【窗口】/【信息】命令，或者按下 Ctrl + I 命令，可以打开【信息】面板。

当在舞台中选择一个对象以后，【信息】面板中会显该对象的基本信息，通过修改【宽】和【高】的值，可以改变对象的大小，如图 7-80 所示。

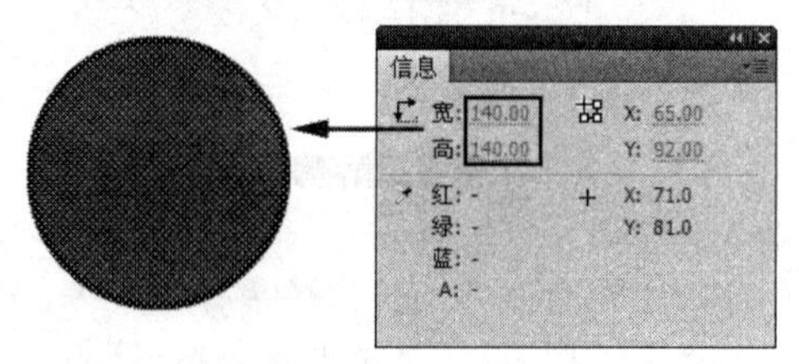

图 7-80　改变对象的大小

在【信息】面板中单击图标的左上角，使小方块变为“十”字形，然后设置【X】和【Y】值均为 0，则对象将位于舞台的左上方，如图 7-81 所示。

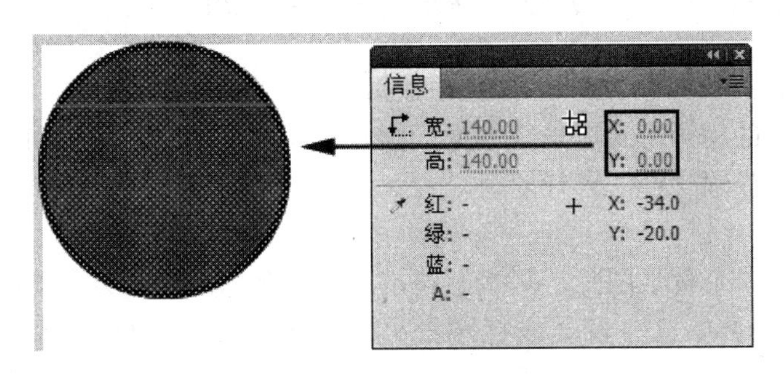

图 7-81　改变对象的位置

指点迷津

在【信息】面板中单击图标左上角的小方块，当它变为“十”字形时说明在 X、Y 文本框中显示的是对象左上角的坐标值；单击图标右下角的小方块，当它变为“圆”形时说明在 X、Y 文本框中显示的是对象的中心点坐标值。

知识点五：分散到图层

【分散到图层】命令可以快速地将同一帧中的对象分散到各个独立的图层中，从而为创建动画提供快速的操作途径。

执行该命令之前，必须先选择要操作的对象，这些对象可以位于一个图层中，也可以位于多个图层中。类型可以为图形、实例、位图、视频剪辑，也可以是分离后的单个文本。下面以文字为例介绍该命令的使用。

首先使用“文本工具”T在舞台中输入文字“工作过程导向”，文字的属性参数任意设置，如图 7-82 所示。

选择输入的文字，按下 Ctrl + B 键将文字分离成单独的字符，然后单击菜单栏中的【修改】/【时间轴】/【分散到图层】命令，则每个字符被单独放置到【时间轴】面板的一个图层中，图层名称分别为“工”、“作”、“过”、“程”、“导”、“向”，而“图层 1”中不再有这些文字，变成了空层，如图 7-83 所示。

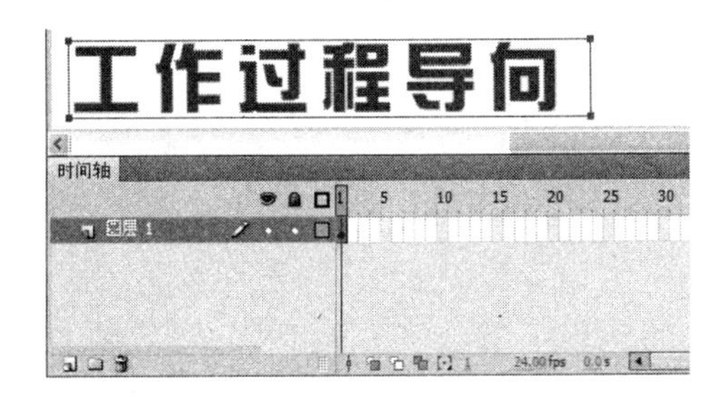

图 7-82　输入的文字

图 7-83　分散到图层

7.5 项 目 实 训

在网站的横幅广告中，地产广告是比较常见的一种类型，这类广告以文字为主要内容，并设计成不同的动画形式以丰富视觉，同时辅以相关图片。下面利用提供的图片设计一个有关新楼盘的横幅广告，自行创意。

任务分析

本项目提供了一个背景图片，基本思路是：楼盘名称由小变大出现在画面中心，然后左移；接着出现广告信息，设计成打字效果与遮罩效果；最后是空白背景出现“抢售中……”文字。在技术上以补间动画和传统补间动画为主。

任务素材

光盘位置：光盘\项目 07\实训，素材如图 7-84 所示。

图 7-84 素材

参考效果

光盘位置：光盘\项目 07\实训，参考效果如图 7-85 所示。

图 7-85 参考效果

项目 08

弹出式 Flash 广告

8.1 项目说明

一家功夫学校要对外扩大宣传，提高知名度，广揽生源，于是想在一家门户网站上做一个弹出式 Flash 广告，即打开指定的网页时，弹出一个 Flash 广告动画，播放完毕后自动关闭或人工关闭。于是委托网页设计公司的 Flash 设计师来完成这个项目，要求画面简洁，视觉效果好。

8.2 项目分析

功夫类的广告一般要求动感强、视觉效果好，风格上可以向功夫电影的风格靠近，也可以采用古代卷轴的效果，使其看起来像武功秘籍一般。本项目在制作的技术上，主要运用了传统引导线动画、遮罩动画、逐帧动画。大致思路如下：

第一，由于是弹出式广告，独立于网页文件显示，所以尺寸比较大，该动画的尺寸为 800 像素 × 450 像素。

第二，通过导入位图制作背景，然后使用功夫剪影图片制作动画，作为背景的衬托，以丰富画面。

第三，使用传统引导线动画与逐帧动画制作挥动毛笔书写“功夫”的写字效果，这是广告的视觉中心。

第四，利用遮罩动画制作界面上方的广告语文字，最后添加下方的文字信息。

8.3 项目实施

本项目涉及了多种 Flash 动画技术，既有最新的补间动画，也有传统补间动画、逐帧动画、遮罩动画等，另外还涉及了位图的编辑、套索工具的使用、对齐与分布等。本项目的效果如图 8-1 所示。

图 8-1 动画参考效果

任务一：制作背景

(1) 启动 Flash CS5 软件，在欢迎画面中单击【ActionScript 3.0】选项，创建一个新文档。

(2) 按下 Ctrl + J 键，在弹出的【文档设置】对话框中设置舞台的尺寸为 800 像素 × 450 像素，其他设置保持默认值。

(3) 单击菜单栏中的【文件】/【导入】/【导入到舞台】命令，将本书光盘“项目 08”文件夹中的“牛皮纸.jpg”文件导入到舞台中，如图 8-2 所示。

(4) 选择工具箱中的“任意变形工具”，将牛皮纸逆时针旋转 90 度，然后在【属性】面板中设置参数如图 8-3 所示，使牛皮纸的大小与舞台大小一样。

图 8-2　导入的图片

图 8-3　【属性】面板

(5) 按下 Ctrl + K 键打开【对齐】面板，勾选【与舞台对齐】选项，然后分别单击【水平中齐】和【垂直中齐】按钮，将牛皮纸与舞台对齐，如图 8-4 所示。

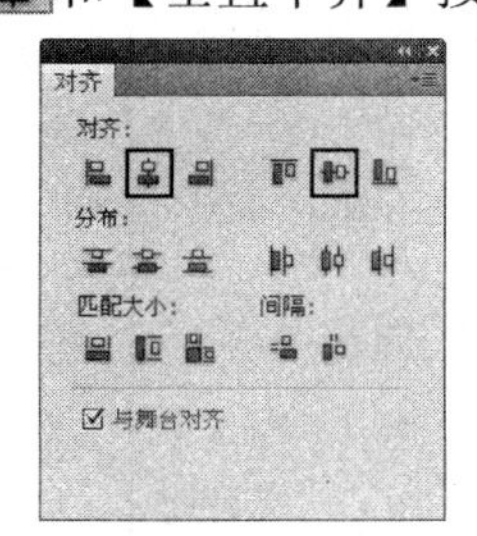

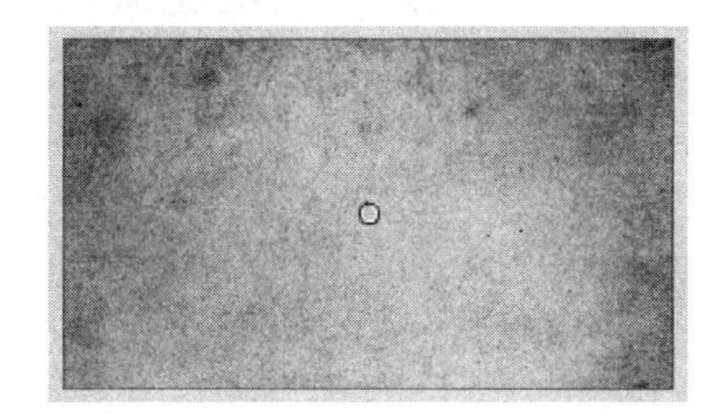

图 8-4　【对齐】面板与对齐后的效果

(6) 在【时间轴】面板中创建一个新图层，命名为“黑框”，如图 8-5 所示。

(7) 选择工具箱中的“矩形工具”，设置【填充颜色】为黑色，【笔触颜色】为无色，然后在舞台中拖动鼠标，绘制两个黑色的矩形，如图 8-6 所示。

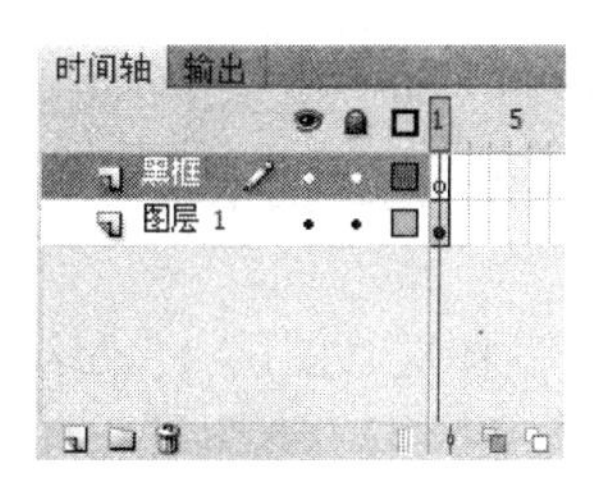

图 8-5　【时间轴】面板

图 8-6　绘制的矩形

任务二：制作剪影动画

(1) 单击菜单栏中的【文件】/【导入】/【导入到舞台】命令，在弹出的【导入】对话框中选择本书光盘“项目 08”文件夹中的“功夫 1.ai”文件，单击 打开(O) 按钮，则弹出一个提示对话框，如图 8-7 所示。

图 8-7　提示对话框

指点迷津

在导入图像时，如果文件夹中的文件以序列命令，例如“A01”、“A02”、“A03”……，这时就会弹出提示对话框，单击 是 按钮则导入序列图像文件；单击 否 按钮则只导入当前图像文件。

(2) 单击 否 按钮，则弹出【将“功夫 1.ai”导入到舞台】对话框，如图 8-8 所示。

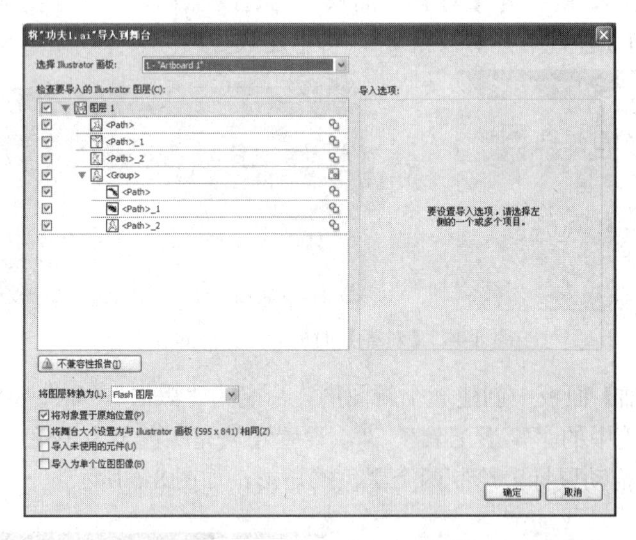

图 8-8　【将“功夫 1.ai”导入到舞台】对话框

(3) 单击 确定 按钮，将选择的文件导入到舞台中，这是四个功夫剪影，如图 8-9 所示。

(4) 在【时间轴】面板中可以看到自动产生了一个新图层“图层 1”，这是因为在导入 AI 文件时，默认将 AI 文件中的图层转换成了 Flash 图层，双击该图层，将其重新命名为“功夫 1”，并调整到“黑框”层的下方，如图 8-10 所示。

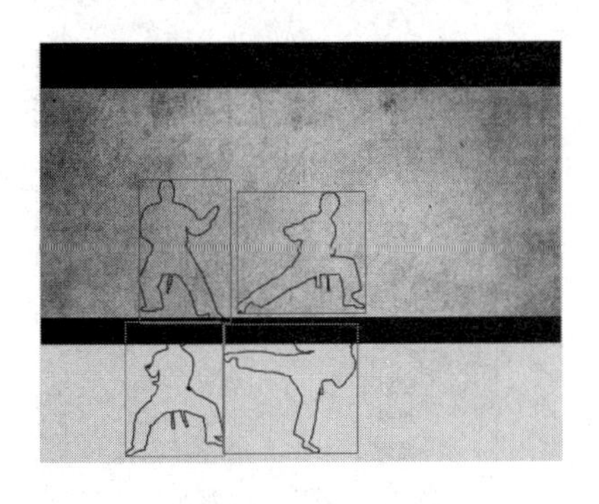

图 8-9　导入的图片

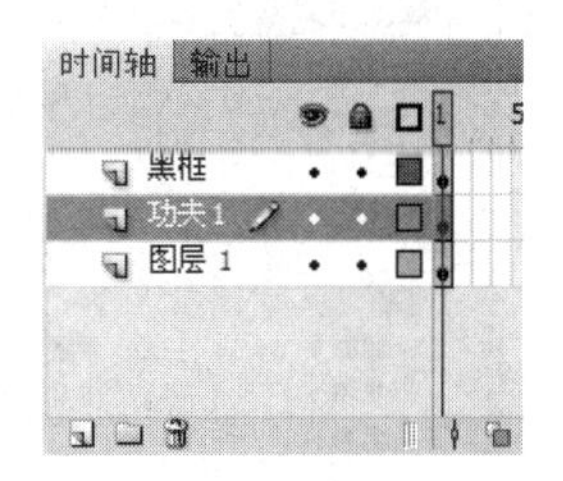

图 8-10　【时间轴】面板

(5) 选择工具箱中的“任意变形工具”，将导入的图片适当缩小，并调整到舞台的左侧，如图 8-11 所示。

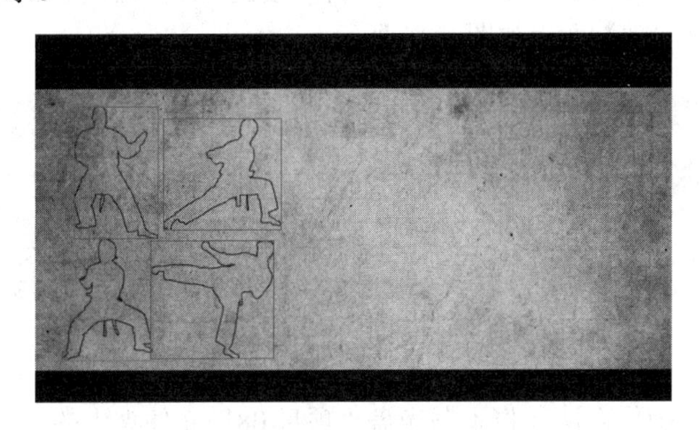

图 8-11　变形导入的图片

(6) 同时选择导入的四个剪影，按下 F8 键，将其转换为影片剪辑元件“功夫 1”。

(7) 在【时间轴】面板中同时选择这三个图层的第 200 帧，按下 F5 键插入普通帧，延长动画时间，如图 8-12 所示。

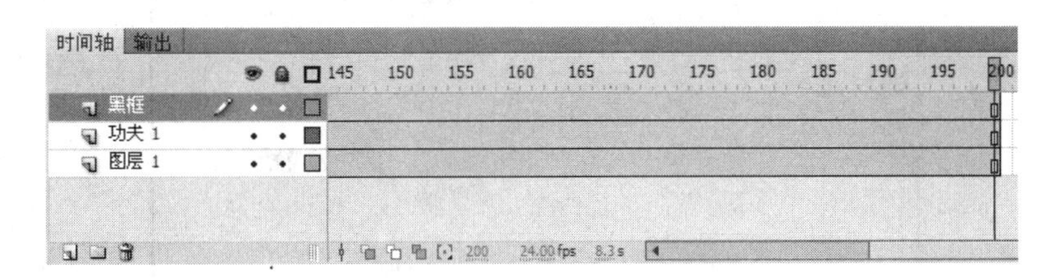

图 8-12　【时间轴】面板

(8) 在“功夫 1”层的第 1 帧上单击鼠标右键，在弹出的快捷菜单中选择【创建补间动画】命令，创建补间动画。

(9) 选择舞台中的“功夫 1”实例，在【属性】面板中展开【滤镜】组，单击按钮，在弹出的菜单中选择【模糊】滤镜，然后设置【模糊 X】和【模糊 Y】值均为 100，使舞台中的实例不可见，如图 8-13 所示。

(10) 将播放头调整到第 20 帧处，选择舞台中的“功夫 1”实例，在【属性】面板中将其模糊值调整为 0，如图 8-14 所示，这样就制作了一个从模糊到清晰的动画。

图 8-13　【属性】面板

图 8-14　【属性】面板

(11) 在“功夫 1”层的上方创建一个新图层“图层 4”，在该层的第 20 帧处插入空白关键帧，此时的【时间轴】面板如图 8-15 所示。

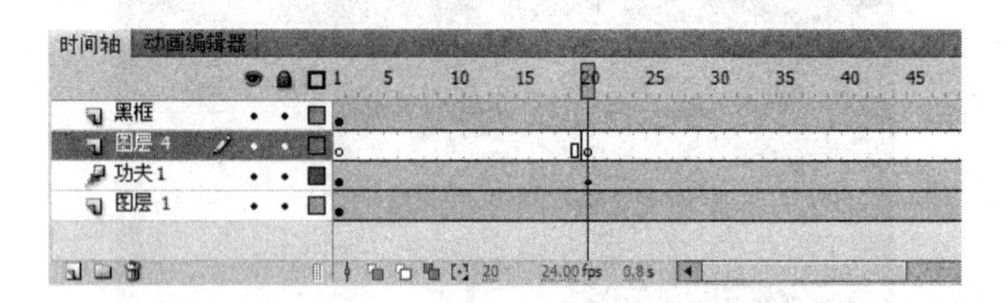

图 8-15　【时间轴】面板

(12) 参照前面的操作方法，将本书光盘“项目 08”文件夹中的“功夫 2.ai”文件导入到舞台中，在【将“功夫 2.ai”导入到舞台】对话框的【将图层转换为】下拉列表中选择“单一 Flash 图层”选项，如图 8-16 所示。

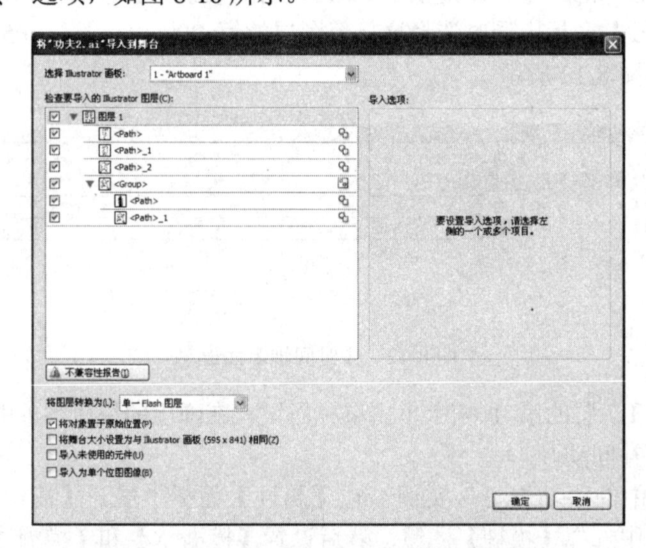

图 8-16　【将“功夫 2.ai”导入到舞台】对话框

(13) 单击 确定 按钮，将选择的文件导入到舞台中，这时，“图层 4”自动更改为导入文件的名称“功夫 2.ai”。

(14) 使用“任意变形工具” 调整导入图形的大小和位置如图 8-17 所示。

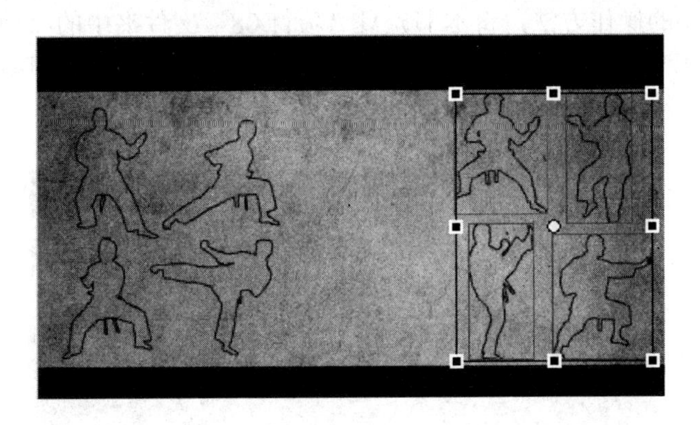

图 8-17　调整导入图形的大小和位置

(15) 确保导入的图片处于选择状态，按下 F8 键，将其转换为影片剪辑元件“功夫 2”。

(16) 在“功夫 2.ai”层的第 20 帧上单击鼠标右键，在弹出的快捷菜单中选择【创建补间动画】命令，创建补间动画，此时的【时间轴】面板如图 8-18 所示。

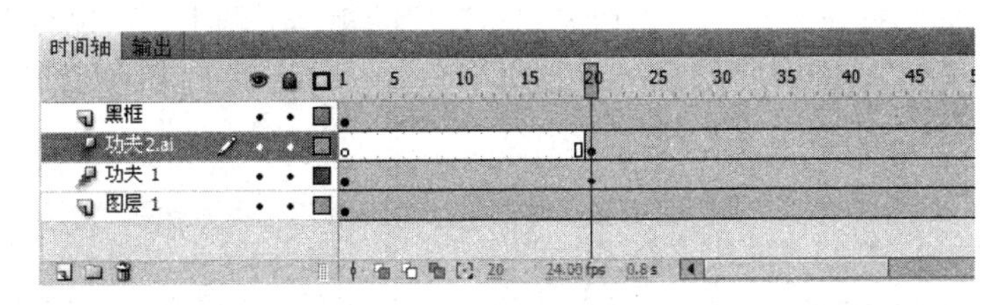

图 8-18　【时间轴】面板

(17) 在舞台中选择“功夫 2”实例，参照前面的操作方法，在【属性】面板中展开【滤镜】组，为其添加【模糊】滤镜，然后设置【模糊 X】和【模糊 Y】值均为 100，使舞台中的实例不可见，如图 8-19 所示。

(18) 将播放头调整到第 40 帧处，选择舞台中的“功夫 2”实例，在【属性】面板中将其模糊值调整为 0，如图 8-20 所示。

图 8-19　【属性】面板

图 8-20　【属性】面板

(19) 在【时间轴】面板中创建一个新图层，并在该层的40帧处插入空白关键帧。

(20) 参照前面的操作方法，将本书光盘“项目08”文件夹中的“功夫3.ai”文件导入到舞台中，并使用“任意变形工具”将其缩小到合适大小，并调整其位置如图8-21所示。

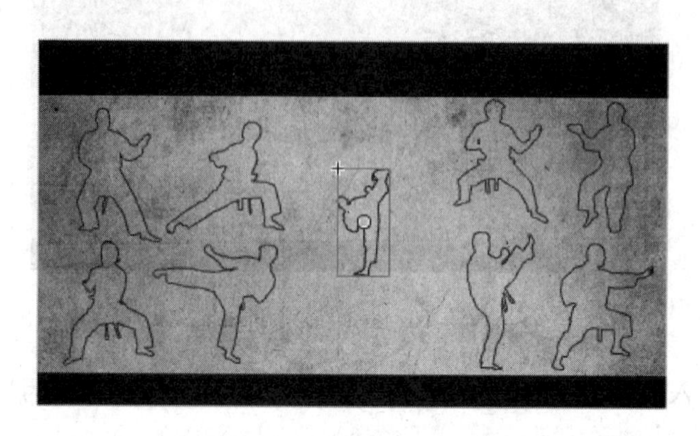

图8-21　导入的图片

(21) 按下F8键，将导入的图片转换为影片剪辑元件“功夫3”。

(22) 参照前面的操作方法，在“功夫3.ai”层的第40帧上单击鼠标右键，在弹出的快捷菜单中选择【创建补间动画】命令，创建补间动画，此时的【时间轴】面板如图8-22所示。

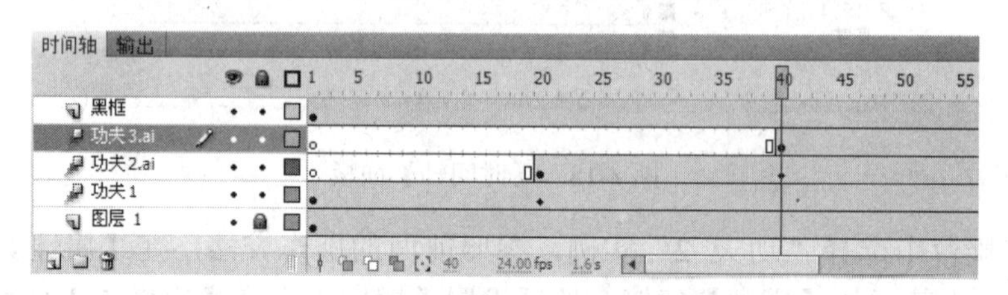

图8-22　【时间轴】面板

(23) 将播放头调整到第60帧处，使用“任意变形工具”将“功夫3”实例适当放大，如图8-23所示。

图8-23　放大“功夫3”实例

任务三：制作书法动画

(1) 在【时间轴】面板中创建一个新图层，命名为“书法”，然后在该层的第 60 帧处按下 F7 键，插入空白关键帧，如图 8-24 所示。

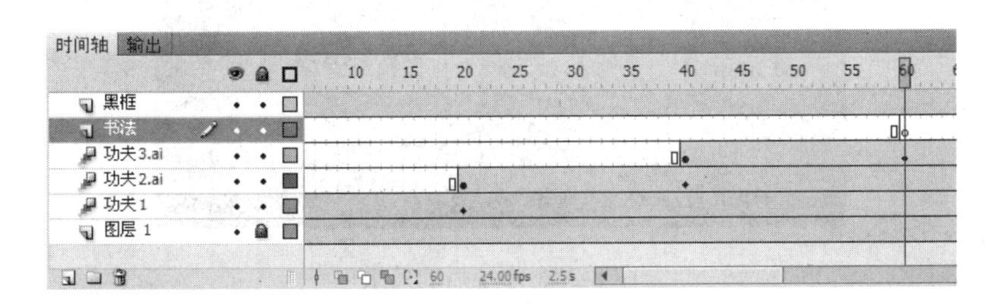

图 8-24　【时间轴】面板

(2) 将本书光盘“项目 08”文件夹中的“功.gif”文件导入到舞台中，调整其大小和位置如图 8-25 所示。

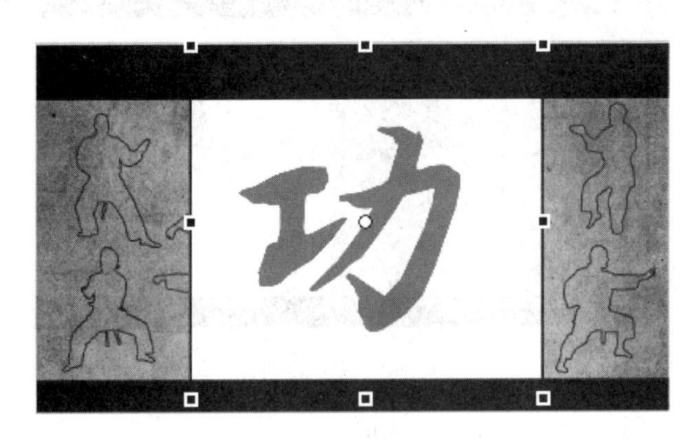

图 8-25　导入的图片

(3) 确认导入的图片处于选择状态，按下 Ctrl + B 键，将其分离。

(4) 选择工具箱中的“套索工具”，在工具箱下方单击【魔术棒设置】按钮，在弹出的【魔术棒设置】对话框中设置参数如图 8-26 所示。

(5) 在工具箱下方选择“魔术棒工具”，在图片的白色区域中单击鼠标创建选区，然后按下 Delete 键将白色部分删除，结果如图 8-27 所示。

图 8-26　【魔术棒设置】对话框

图 8-27　删除后的效果

(6) 使用“任意变形工具”将图片适当缩小，如图 8-28 所示。

图 8-28　缩小后的效果

(7) 用同样的方法，将本书光盘“项目 08”文件夹中的“夫.gif”文件导入到舞台中，如图 8-29 所示。

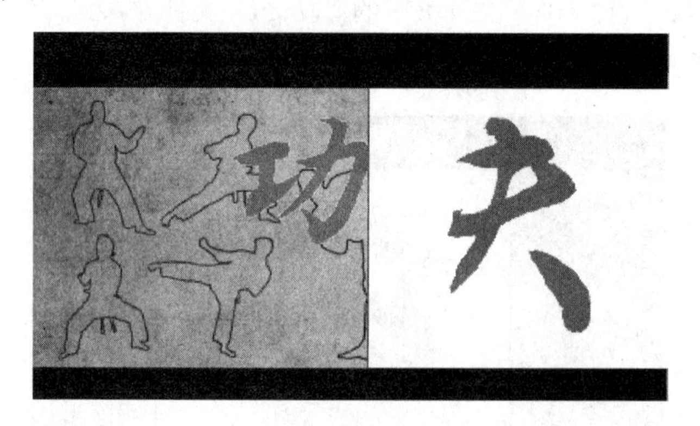

图 8-29　导入的图片

(8) 按下 Ctrl + B 键，将导入的图片分离。

(9) 选择工具箱中的“套索工具”，在工具箱的下方选择“魔术棒工具”，在白色区域中单击鼠标创建选区，按下 Delete 键将其删除，然后使用“任意变形工具”调整图片的大小和位置如图 8-30 所示。

图 8-30　调整后的效果

(10) 在【时间轴】面板中创建一个新图层，在该层的第 60 帧处插入空白关键帧。

(11) 参照前面的方法，将本书光盘“项目 08”文件夹中的“毛笔.ai”文件导入到舞台中，按下 F8 键，将其转换为影片剪辑元件“毛笔”，然后调整其位置如图 8-31 所示。这时图层的名称也自动更改为“毛笔.ai”层。

图 8-31　“毛笔”实例的位置

(12) 在【时间轴】面板中选择“毛笔.ai”层的第 160 帧，按下 F6 键插入关键帧，然后在第 60 帧～第 160 帧中间的任意一帧上单击鼠标右键，在弹出的快捷菜单中选择【创建传统补间】命令，创建传统补间动画，如图 8-32 所示。

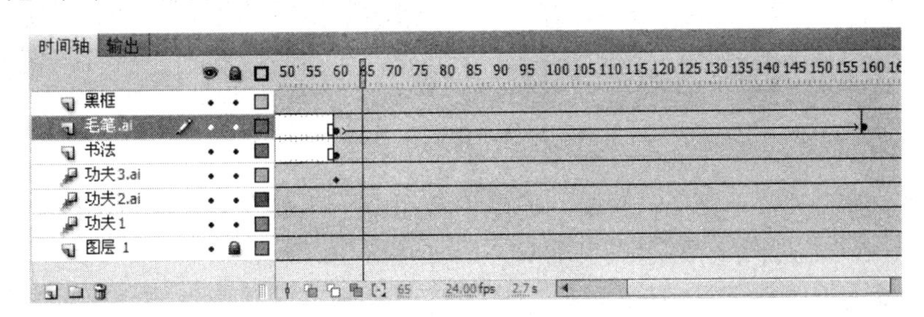

图 8-32　【时间轴】面板

(13) 在“毛笔.ai”层上单击鼠标右键，在弹出的快捷菜单中选择【添加传统运动引导层】命令，在该层的上方创建一个运动引导层，如图 8-33 所示。

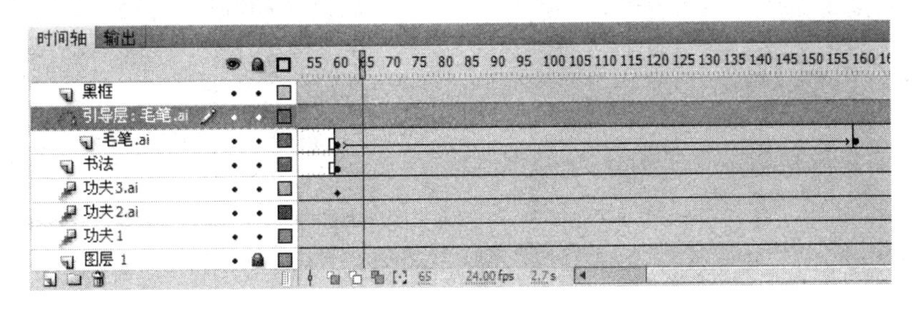

图 8-33　创建的运动引导层

(14) 选择“引导层：毛笔.ai”层的第 60 帧，按下 F6 键插入关键帧。

(15) 选择工具箱中的“钢笔工具”，在舞台中按照“功”字的笔画顺序绘制引导线，如图 8-34 所示。

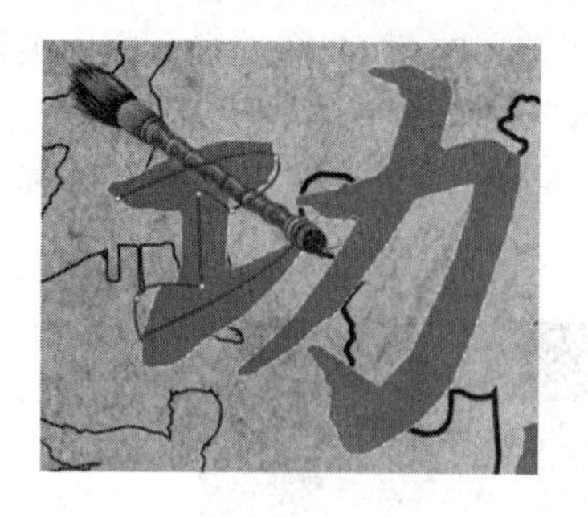
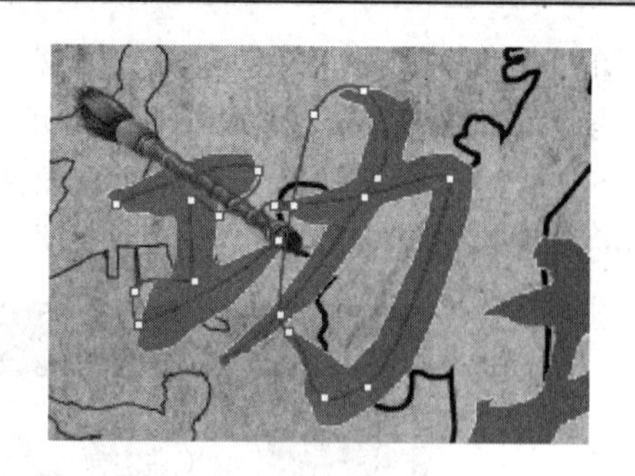

图 8-34　绘制引导线

(16) 绘制完“功”字的引导线后，继续绘制“夫”字的引导线，注意引导线要尽量圆滑，这样可以使动画更加流畅，如图 8-35 所示。

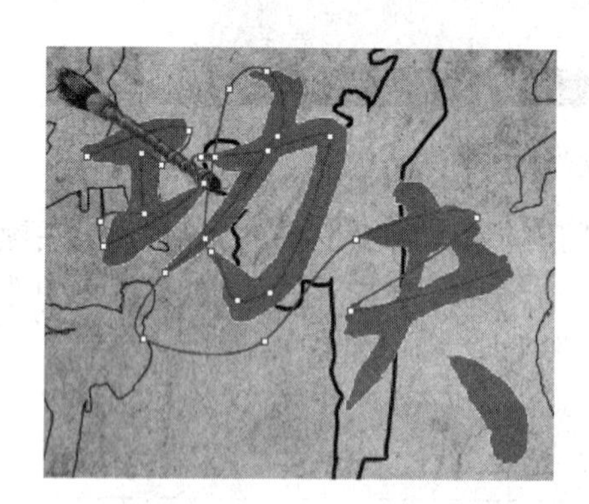
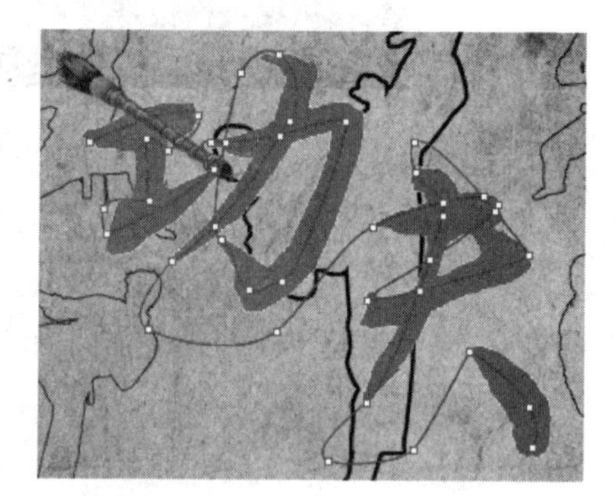

图 8-35　绘制引导线

(17) 确认播放头位于第 60 帧处，使用“任意变形工具”将毛笔的中心点移动至笔尖处，使其中心点与引导线的起点自动对齐，如图 8-36 所示。

(18) 将播放头调整到第 160 帧处，将毛笔移动至引导线的终点上，使其中心点与引导线终点对齐，如图 8-37 所示。

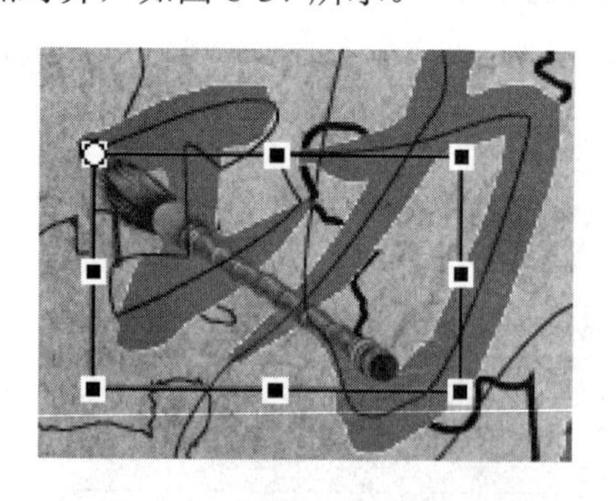

图 8-36　调整中心点的位置

图 8-37　对齐

(19) 按下 Ctrl + Enter 键测试影片，可以看到，毛笔按照引导线的路径运动。

(20) 在【时间轴】面板中将“书法”层除外的所有图层锁定，然后选择“书法”层的第 60 帧～第 161 帧之间的所有帧，按下 F6 键，将选择的所有帧都插入关键帧，如图 8-38 所示。

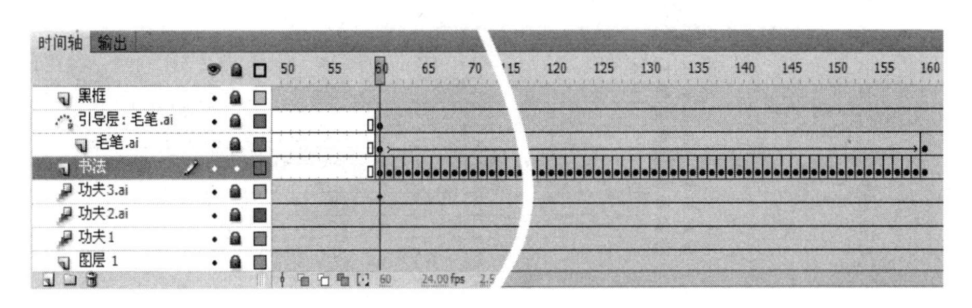

图 8-38　【时间轴】面板

(21) 选择“书法”层的第 60 帧，将起笔处的“功夫”二字删除，结果如图 8-39 所示。

(22) 将播放头调整到第 61 帧处，选择工具箱中的“套索工具”，在工具箱下方选择“多边形套索工具”，将毛笔尖以后的部分选择并删除，结果如图 8-40 所示。

图 8-39　第 60 帧的删除效果

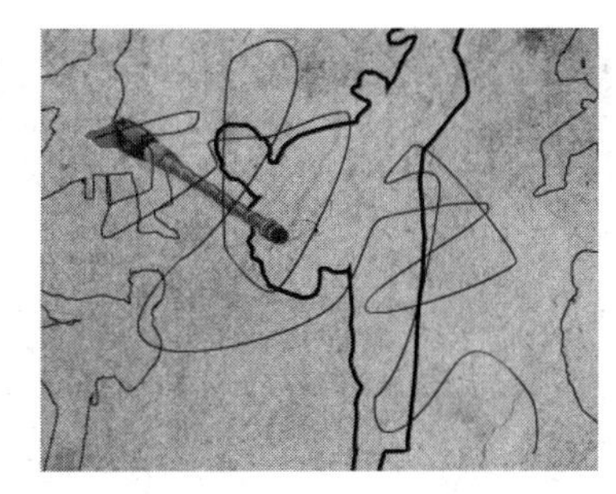

图 8-40　第 61 帧的删除效果

(23) 将播放头调整到第 62 帧处，再次选择并删除毛笔尖以后的部分，结果如图 8-41 所示。

(24) 用同样的方法，按照写字的顺序，依次逐帧进行删除，删除的时候一定要注意笔画相交部分的处理，如图 8-42 所示为第 63 帧的删除效果。

图 8-41　第 62 帧的删除效果

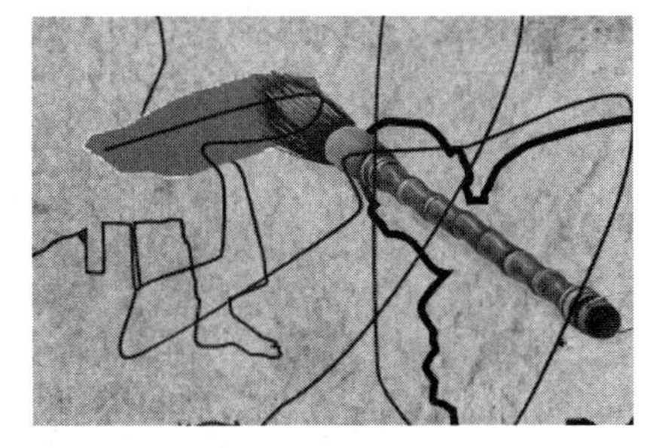

图 8-42　第 63 帧的删除效果

(25) 如果毛笔走近的位置不应该产生笔画，可以在该关键帧上单击鼠标右键，在弹出的快捷菜单中选择【清除关键帧】命令，这里的第 65 帧、第 66 帧都要清除关键帧，如图 8-43 所示。

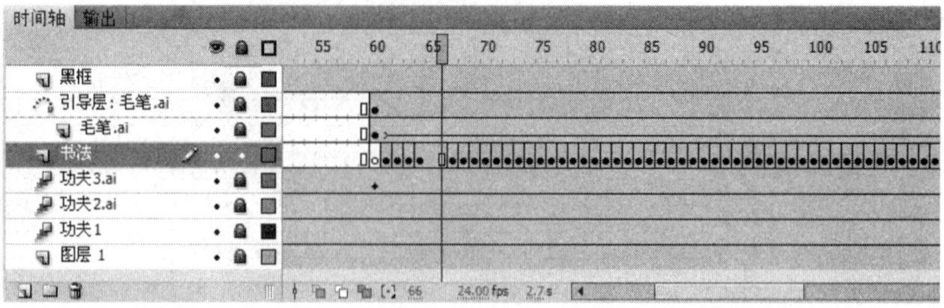

图 8-43　清除关键帧

(26) 继续一帧一帧地删除笔尖以后的笔画部分。逐帧动画的工作相当复杂，但是效果比较流畅，如图 8-44 所示是第 90 帧的删除效果。

(27) 在【时间轴】面板中将第 91 帧～第 97 帧的关键帧全部清除，接着继续删除文字的笔画，方法同前，第 106 帧的删除效果如图 8-45 所示。

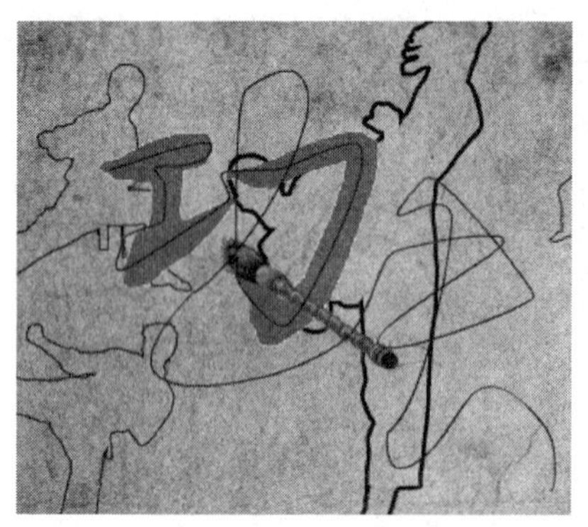

图 8-44　第 90 帧的删除效果 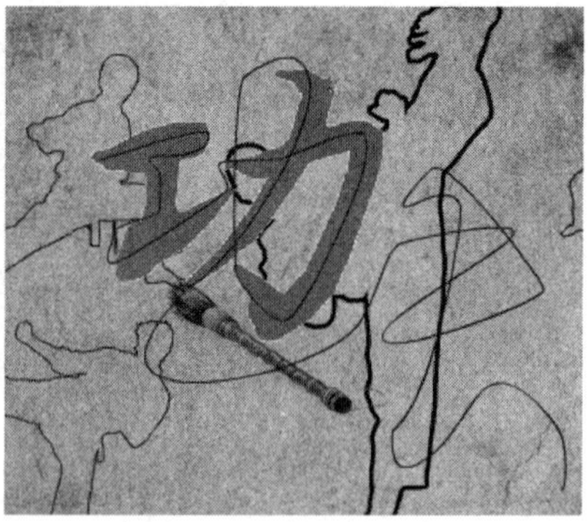　　　　图 8-45　第 106 帧的删除效果

(28) 在【时间轴】面板中将第 107 帧～第 119 帧的关键帧全部清除，结果如图 8-46 所示。

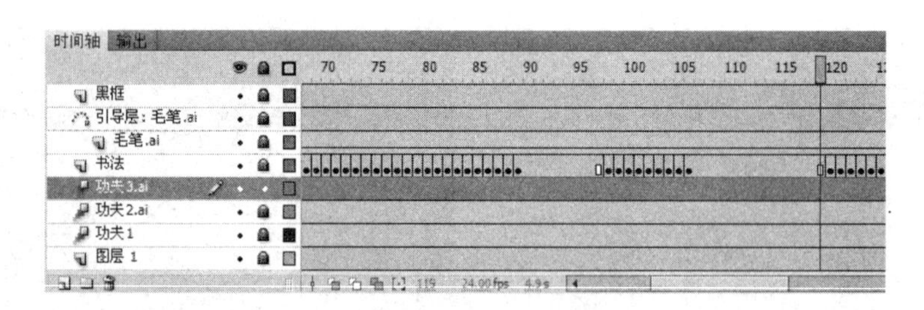

图 8-46　【时间轴】面板

(29) 用同样的方法制作“夫”字，在第 120 帧处删除文字中笔尖以后的笔画，结果如图 8-47 所示。

(30) 继续逐帧处理笔画制作“夫”字，在第 160 帧处不作任何删除，这时看到的就是两个完整的文字，如图 8-48 所示。

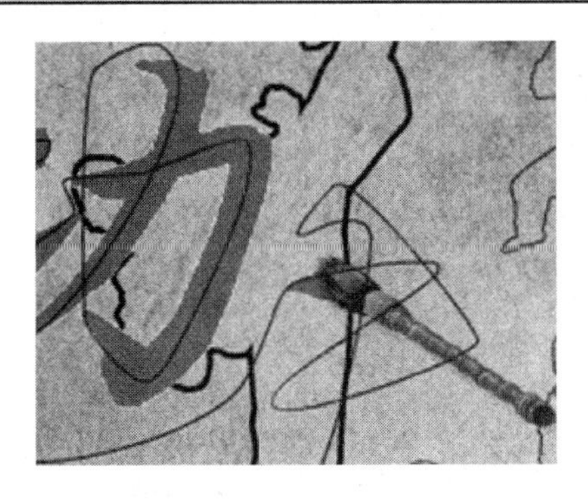

图 8-47　第 120 帧的删除效果　　　　图 8-48　第 160 帧处的效果

(31) 在【时间轴】面板中将“毛笔.ai”层解锁，然后选择该层的第 161 帧，按下 F7 键插入空白关键帧，使毛笔不可见，如图 8-49 所示。

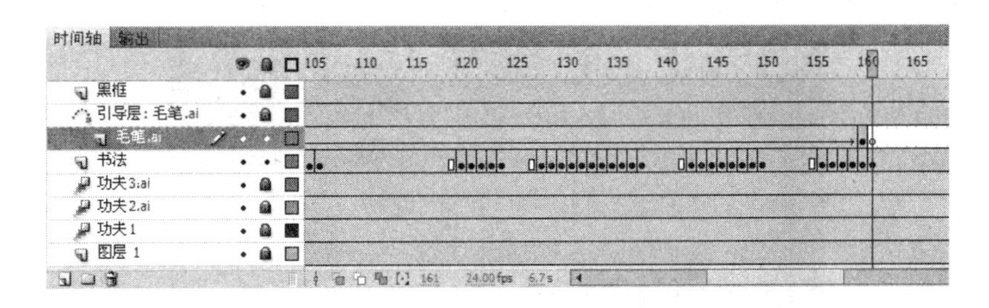

图 8-49　插入空白关键帧

(32) 使用“文本工具” T 在舞台中输入文本“GONGFU”，位置如图 8-50 所示。

图 8-50　输入的文本

任务四：制作文字信息动画

(1) 在【时间轴】面板的最上方创建一个新图层，命名为“广告词”，如图 8-51 所示。

(2) 选择工具箱中的“文本工具” T，在【属性】面板中设置文字的颜色为白色，其他参数设置如图 8-52 所示。

图 8-51 【时间轴】面板　　图 8-52 【属性】面板

(3) 在舞台中单击鼠标，输入繁体文字“弘扬中华武术 选择东方武校”，将其放置在黑框的上方，如图 8-53 所示。

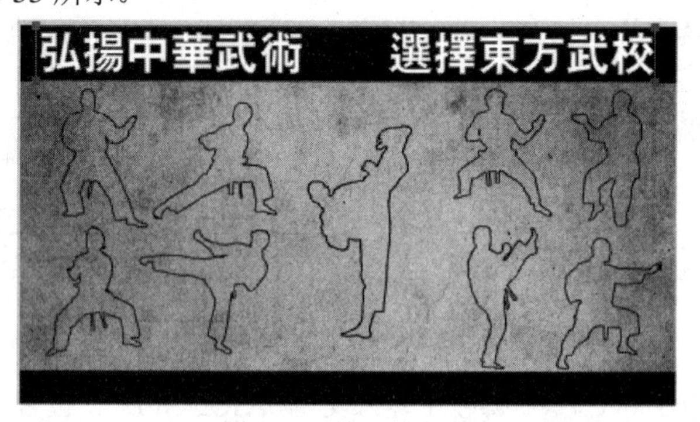

图 8-53 输入的文字

(4) 确保文字处于选择状态，按下 F8 键，将其转换为影片剪辑元件“广告词”，然后双击“广告词”实例，进入其编辑窗口中。

(5) 在【时间轴】面板中创建一个新图层“图层 2”，并将该层调整到“图层 1”的下方，如图 8-54 所示。

(6) 按下 Ctrl + L 键，打开【库】面板，如图 8-55 所示，将其中的“牛皮纸”位图拖动到窗口中。

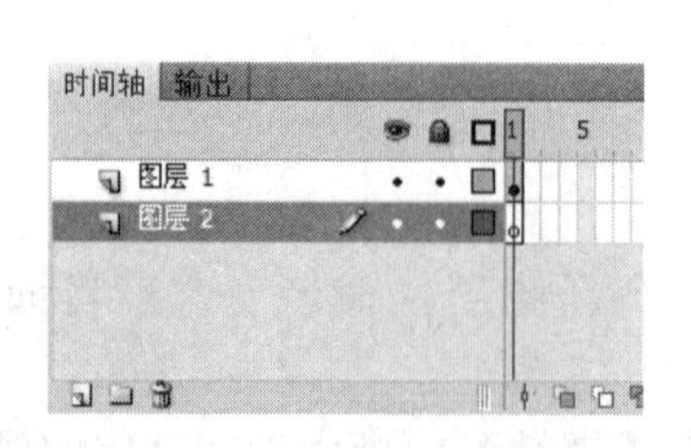

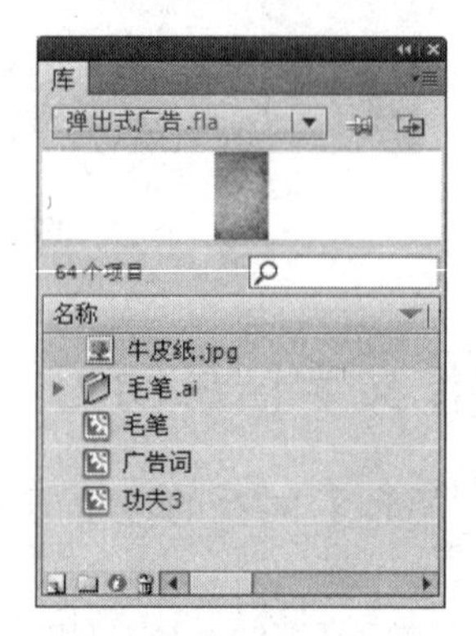

图 8-54 【时间轴】面板　　图 8-55 【库】面板

(7) 选择工具箱中的“任意变形工具”，将其旋转 90 度，然后改变其长度与宽度，如图 8-56 所示。

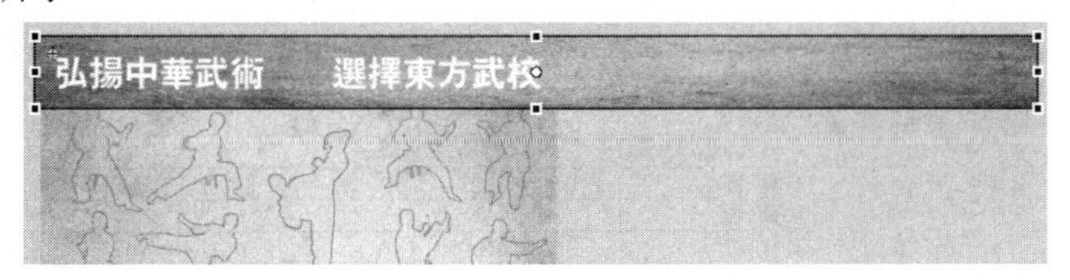

图 8-56　变形牛皮纸图片

(8) 在【时间轴】面板中同时选择“图层 1”和“图层 2”的第 20 帧，按下 F6 键插入关键帧，然后在“图层 2”的第 1 帧上单击鼠标右键，在弹出的快捷菜单中选择【创建传统补间】命令，创建传统补间动画，如图 8-57 所示。

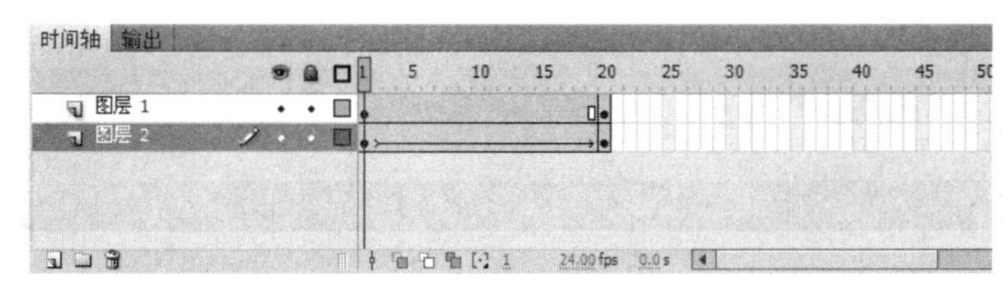

图 8-57　【时间轴】面板

(9) 将播放头调整到第 20 帧处，在窗口中将变形后的图片水平向左移动，位置如图 8-58 所示。

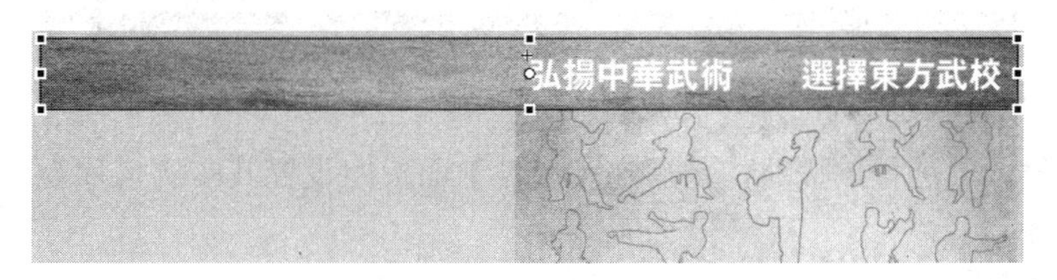

图 8-58　第 20 帧处的图片位置

(10) 在【时间轴】面板中的“图层 1”上单击鼠标右键，在弹出的快捷菜单中选择【遮罩层】命令，创建遮罩动画，如图 8-59 所示。创建遮罩动画以后，只能透过文字显示牛皮纸图片，【时间轴】面板也发生了变化，如图 8-60 所示。

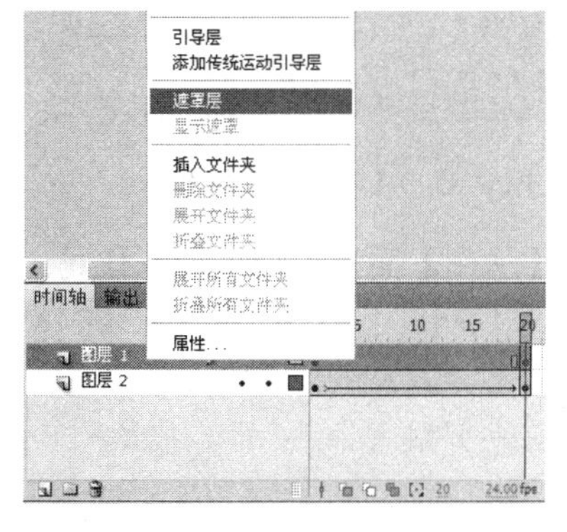

图 8-59　选择【遮罩层】命令

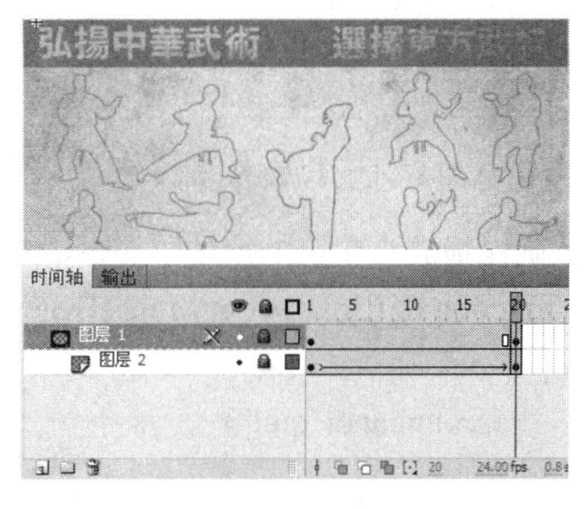

图 8-60　遮罩效果与【时间轴】面板

(11) 单击窗口左上方的 场景1 按钮，返回到舞台中，然后在【时间轴】面板的最上方创建一个新图层“文字”，如图 8-61 所示。

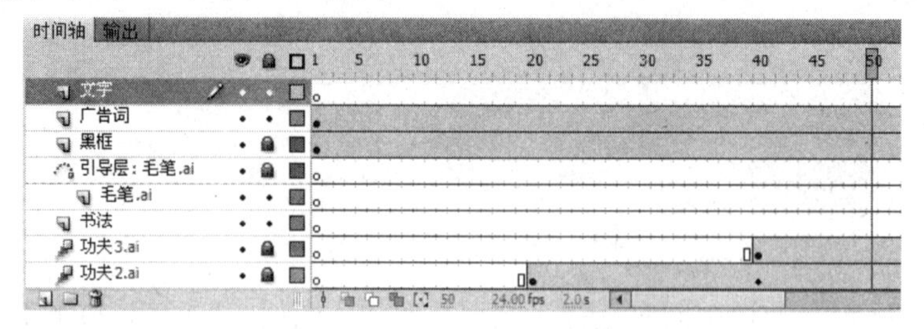

图 8-61 【时间轴】面板

(12) 选择工具箱中的“文本工具” T，在【属性】面板中设置文字的颜色为黄色(#E5AC3B)，并设置适当的字体和大小，然后输入相关的文字，如图 8-62 所示。

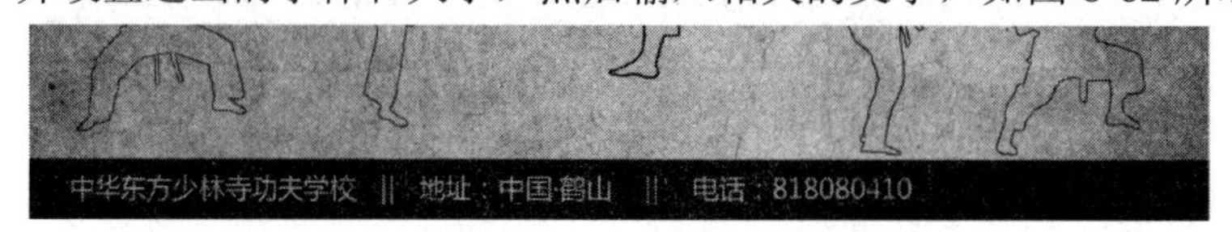

图 8-62 输入的文字

(13) 最后制作一个按钮元件，放在右下角，用于退出动画，如图 8-63 所示。

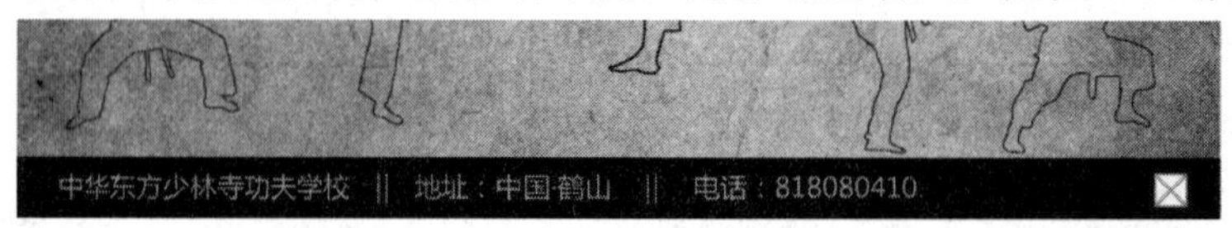

图 8-63 制作的按钮

(14) 在舞台中选择该按钮，然后在【属性】面板中设置其实例名称为“button_1”，如图 8-64 所示。

(15) 在【时间轴】面板中创建一个图层，命名为“Action”，如图 8-65 所示。

图 8-64 【属性】面板

图 8-65 【时间轴】面板

(16) 确保播放头在第 1 帧处，按下 F9 键打开【动作】面板，输入如下代码：

```
function fl_Close(event:MouseEvent):void
{
    fscommand("quit")
}
button_1.addEventListener(MouseEvent.CLICK,fl_Close);
```

(17) 按下 Ctrl + Enter 键测试影片，单击按钮可以关闭动画。如果比较满意，将动画保存为“弹出式广告.fla”文件。

8.4 知识延伸

知识点一：对齐与分布

在制作网站、相册或者其他动画作品的时候，为了使界面看上去严谨整齐，往往需要将若干对象进行严格的对齐与分布，Flash 为用户提供了多种对齐工具，使用它们可以轻松地完成这项工作。

对齐是指将选择的对象按照一定的方式进行排列；而分布是指将选择的对象按照一定的方式进行等间距排列。选择多个对象以后，可以通过【修改】/【对齐】子菜单中相应的命令完成，如图 8-66 所示；也可以通过【对齐】面板进行操作，单击菜单栏中的【窗口】/【对齐】命令，可以打开【对齐】面板，如图 8-67 所示。

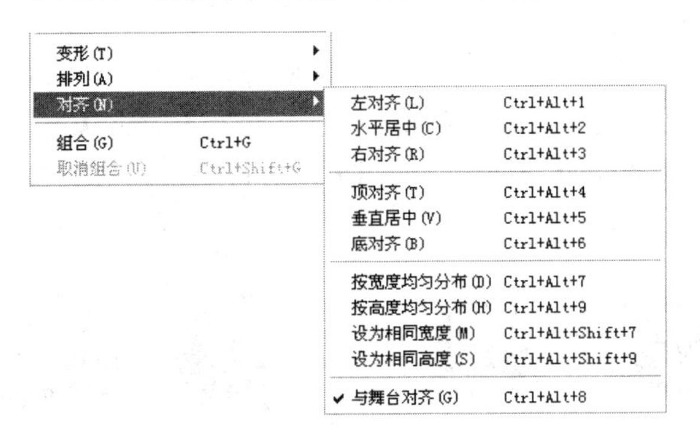

图 8-66 【对齐】子菜单

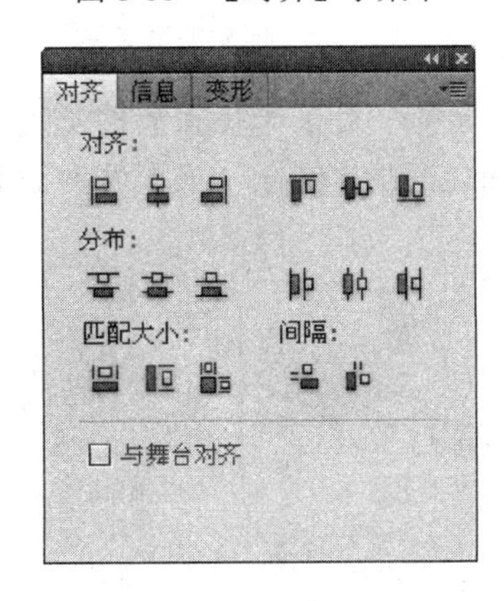

图 8-67 【对齐】面板

关于菜单命令的使用非常直观，这里不作介绍。下面重点介绍【对齐】面板的具体使用方法。在【对齐】面板中，包括【对齐】、【分布】、【匹配大小】、【间隔】和【与舞台对齐】五部分。

➢ 【对齐】：用于将选择的多个对象以一个基准线进行对齐，自左向右分别为【左对齐】、【水平中齐】、【右对齐】、【顶对齐】、【垂直中齐】、【底对齐】，各种对齐效果如图 8-68 所示。

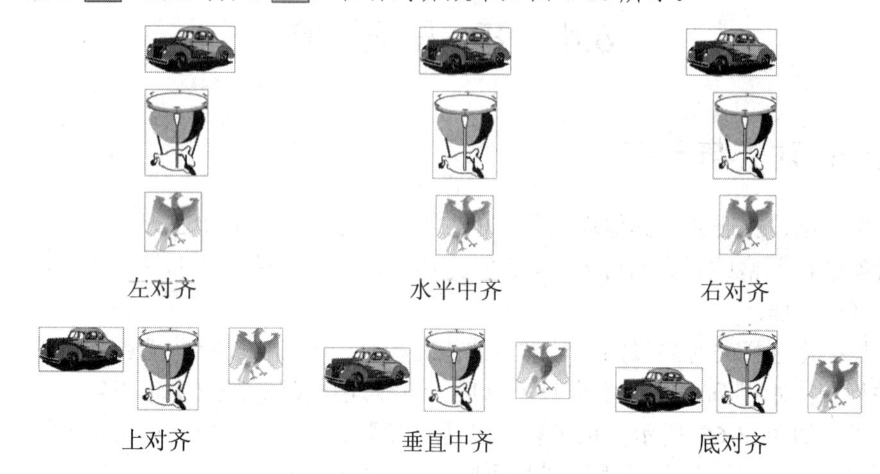

图 8-68　各种对齐效果

➢ 【分布】：用于设置多个对象之间保持相同的间距，自左向右分别为【顶部分布】、【垂直居中分布】、【底部分布】、【左侧分布】、【水平居中对齐】、【右侧分布】，如图 8-69 所示为分布前后的效果对比。

图 8-69　分布前后的效果对比

➢ 【匹配大小】：用于设置多个对象保持相同的宽度与高度，自左向右分别为【匹配宽度】、【匹配高度】、【匹配宽和高】，如图 8-70 所示为不同的匹配效果。

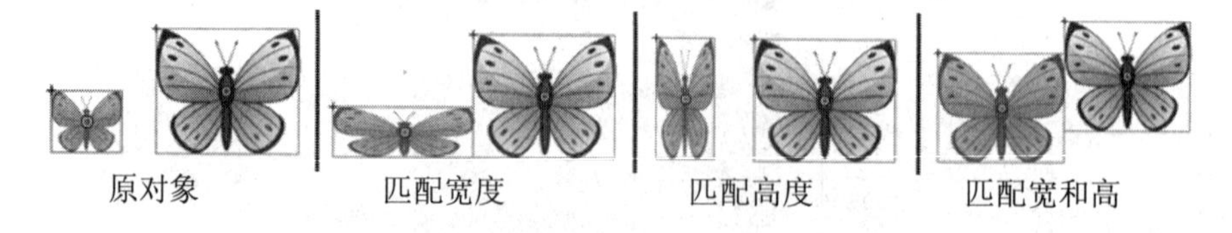

图 8-70　不同的匹配效果

➢ 【间隔】：用于设置所选多个对象中相邻对象的间隔相同，自左向右分别为【垂直平均间隔】、【水平平均间隔】。
➢ 【与舞台对齐】：选择该选项，则对齐、分布、匹配大小和间隔操作将相对于舞台；如果不选择该选项，则各操作仅相对于对象本身。

知识点二：套索工具的使用

“套索工具”主要用于选择图形或位图中的任意一部分，它的使用方法与 Photoshop 中的套索工具基本一致。选择工具箱中的“套索工具”后，工具箱的下方将出现三个基本选项，如图 8-71 所示。

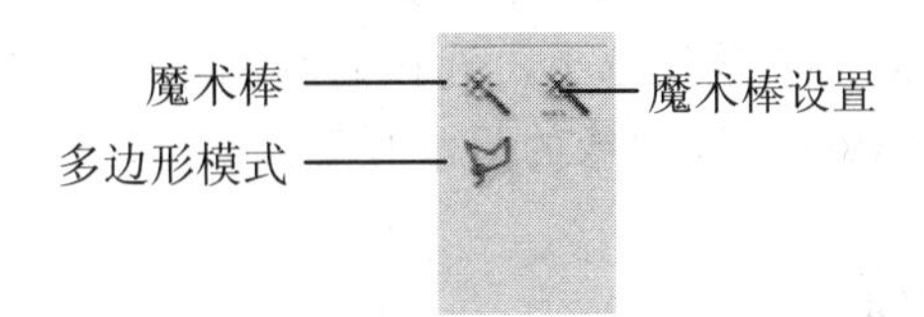

图 8-71　套索工具的选项

- 不选择任何选项时为自由套索工具，这时在舞台中拖曳鼠标，可以选择任意形状的区域，如图 8-72 所示。
- 单击按钮，可以选择多边形区域。使用方法是：在舞台中单击鼠标，设置多边形选区的起始点，然后移动光标到另外的位置再单击鼠标，如此重复，结束时双击鼠标即可，如图 8-73 所示。

图 8-72　选择任意形状的区域

图 8-73　选择多边形区域

- 单击按钮，则套索工具相当于 Photoshop 中的魔术棒工具，它主要作用于位图，对图形对象不起作用。在位图上单击鼠标就可以选择位图上颜色相近的连续区域，可以用来做简单的抠图，如图 8-74 所示。

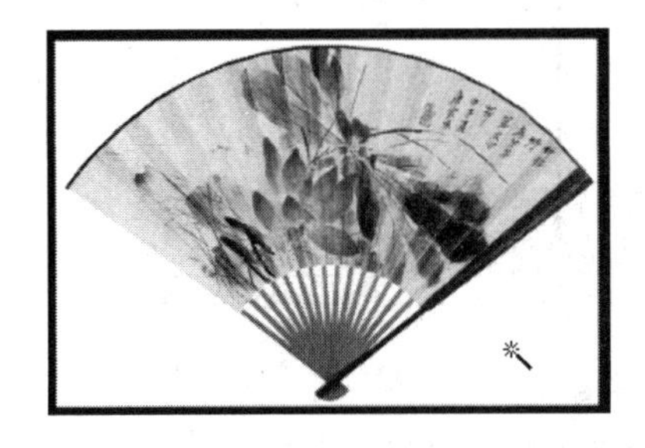

图 8-74　选择位图的背景并删除

使用“魔术棒”选择位图时，经常出现“选不全”或“选多了”的现象，这时可以设置选取图形的范围。单击【魔术棒设置】按钮，在弹出的【魔术棒设置】对话框中可以设置魔术棒的属性，如图 8-75 所示。

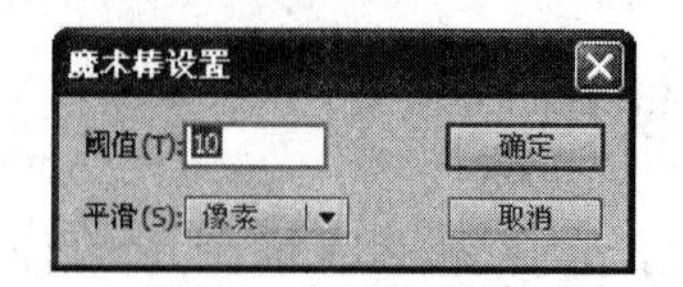

图 8-75 【魔术棒设置】对话框

- 【阈值】: 用于设置选择范围内邻近像素颜色值的相近程度，参数值越大，选择的颜色范围越多；参数值越小，选择的颜色范围越少。
- 【平滑】: 用于定义选择范围边缘的平滑程度。

知识点三：引导线动画

在日常生活中，物体的运动并不是作简单的直线运动，通常是沿着一定的轨迹运动。在 Flash 中制作这种动画时，需要创建一个运动引导线(也称为运动路径)，控制对象的运动轨迹。运动引导线需要放在独立的运动引导层中，所以制作运动引导线动画需要两个图层，上面的图层是运动引导层，用于绘制运动引导线；下面的图层称为被引导层，用于设置对象的动画效果，如图 8-76 所示。

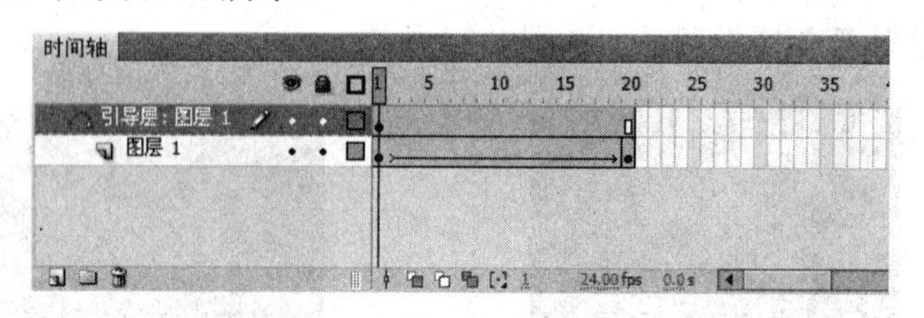

图 8-76 运动引导层与被引导层

创建了动画以后，在【时间轴】面板中的动画层上单击鼠标右键，在弹出的快捷菜单中选择【添加传统运动引导层】命令，则在该图层的上方创建了运动引导层，同时该图层变为被引导层，如图 8-77 所示。

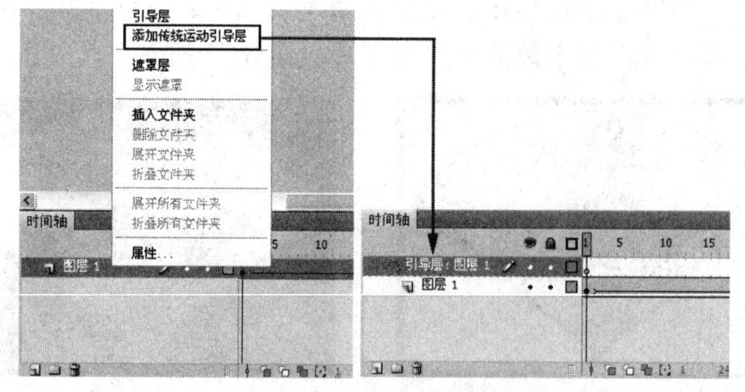

图 8-77 创建运动引导层

在运动引导层中画一条运动引导线，可以控制动画的运动轨迹。绘制了运动引导线以后，将播放头调整到动画的起始帧，将动画对象拖动到引导线的开始端点上，它会自动吸附该端点，如图 8-78 所示。

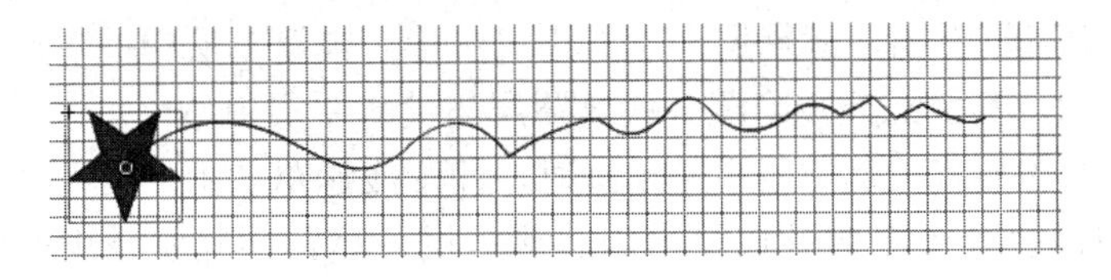

图 8-78　将动画对象吸附到引导线的开始端点

然后再将播放头调整到动画的结束帧，将动画对象拖动到引导线的末端，让它吸附到引导线的结束端点上，如图 8-79 所示，这样就形成了引导线动画。

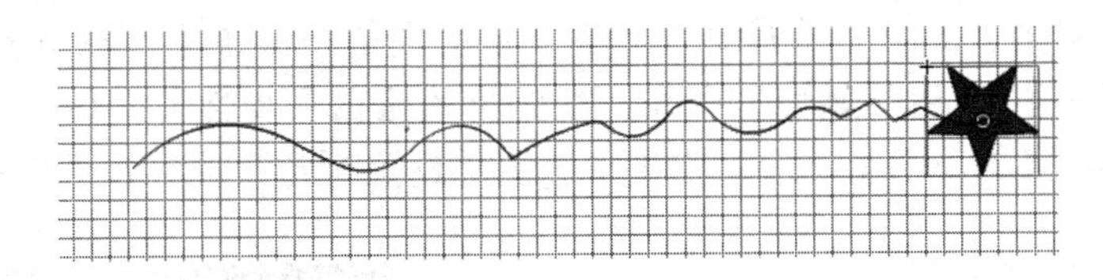

图 8-79　将动画对象吸附到引导线的结束端点

制作运动引导层动画的关键是将运动对象吸附到运动引导线的首尾两端，这是初学者容易失误的地方，经常由于未能将运动对象吸附到运动引导线上，而不能制作想要的动画效果。为了方便地将运动对象吸附到运动引导线上，通常需要激活【主工具栏】中的【贴紧至对象】按钮；也可以通过执行菜单栏中的【视图】/【贴紧】/【贴紧至对象】命令激活该功能。

知识点四：遮罩动画

在 Flash 中制作遮罩动画必须通过至少两个图层才能完成，处于上面的图层称为遮罩层，而下面的图层称为被遮罩层，一个遮罩层下可以包括多个被遮罩层。

遮罩层就像是一个镂空的图层，镂空的形状就是遮罩层中的动画对象形状，在这个镂空的位置可以显示出被遮罩层的对象，如图 8-80 所示。

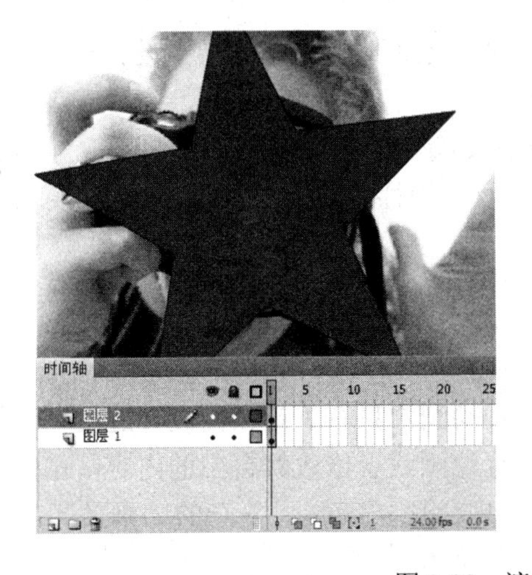

图 8-80　遮罩动画效果

从图 8-80 中可以看出，遮罩层中是五角星图形，被遮罩层中的对象只能透过五角星所在位置进行显示，其他部分被隐藏。在遮罩层与被遮罩层中不仅可以是静态的图形，也可以是动画，当遮罩层或被遮罩层中是动画时，即形成遮罩动画。

在 Flash 中没有一个专门的按钮来创建遮罩层，遮罩层其实是由普通图层转化而来的。创建遮罩层的常用方法有以下几种：

- 在【时间轴】面板中选择要设为遮罩层的图层，然后单击鼠标右键，从弹出的快捷菜单中选择【遮罩层】命令，如图 8-81 所示，即可将当前图层设为遮罩层，其下方与之相邻的图层则自动变为被遮罩层。
- 在【时间轴】面板中选择要设为遮罩层的图层，单击菜单栏中的【修改】/【时间轴】/【图层属性】命令，在弹出的【图层属性】对话框中选择【类型】中的【遮罩层】选项，则将所选图层设置为遮罩层，如图 8-82 所示。

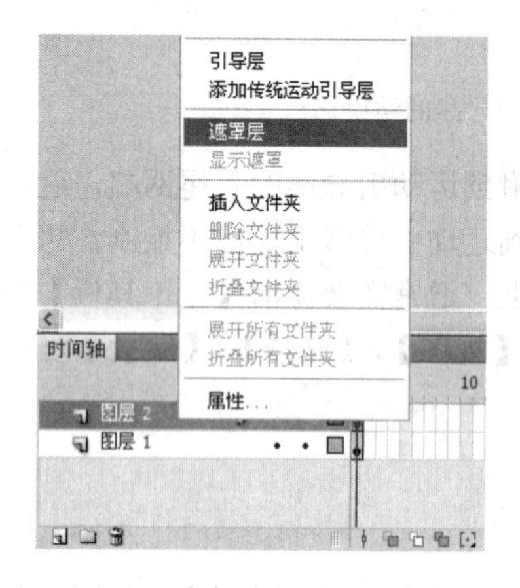

图 8-81　通过快捷菜单选择【遮罩层】命令

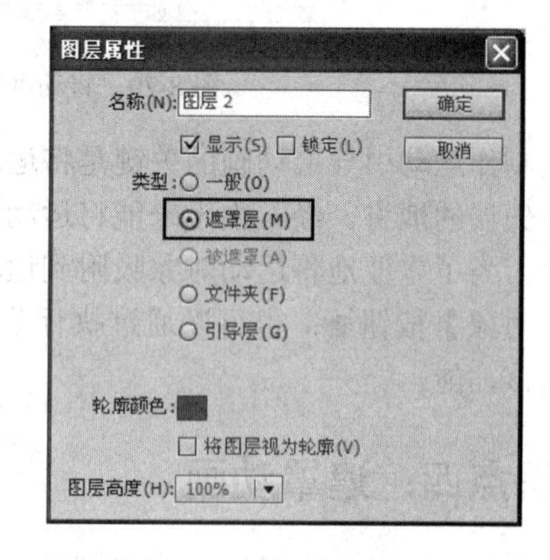

图 8-82　【图层属性】对话框

在【时间轴】面板中，一个遮罩层下可以包括多个被遮罩层，除了使用上述的方法设置被遮罩层外，还可以按住鼠标左键，将要设为被遮罩层的图层拖曳到遮罩层的下方，快速地将该层转换为被遮罩层。

制作遮罩动画时，可以在遮罩层中设置动画，也可以在被遮罩层中设置动画，这两种方式会产生不同的动画效果。

值得注意的是，遮罩层中的对象可以是按钮、影片剪辑、图形、位图、文字等，但不能是线条，如果一定要用线条制作遮罩动画，应该执行【修改】/【形状】/【将线条转换为填充】命令，将线条转换为填充图形。

知识点五：逐帧动画

逐帧动画是一种比较传统的动画形式，这种动画中只有关键帧而没有过渡帧，因此制作起来较为繁琐。动画师需要在每一帧中都进行绘画或者修改舞台中的内容，由若干个连续关键帧组成动画序列，使用这种方法可以表现出比较细腻、复杂的动画效果。一般来说，逐帧动画的大小比补间动画的大小要大得多。

要在 Flash 中创建逐帧动画，必须将每一个帧都定义为关键帧，然后在每一个帧中创建不同的图像，每个关键帧中包含它前一个关键帧中的内容，从而可以实现连续(或递增)变化。例如，在第 1 帧中输入“工”，然后选择第 2 帧，按下 F6 键插入关键帧，这时第 2 帧中就包含了第 1 帧的内容，在此基础上修改为“工作”，继续选择第 3 帧，按下 F6 键插入关键帧，再修改“工作”为“工作过”……依此类推，就可以制作出“打字效果”的逐帧动画，如图 8-83 所示。

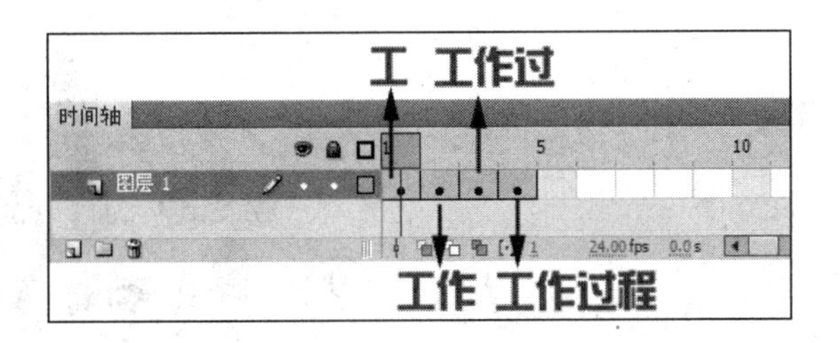

图 8-83　逐帧动画示意

在实际工作中，导入图像序列、GIF 图像也是创建逐帧动画的一种常用方法。在导入图像序列时，图像序列必须具有相同的名称，并且具有编号，例如“图像 01”、“图像 02”、“图像 03”……，这时导入其中的一幅图像，将弹出如图 8-84 所示的信息提示框，询问用户是否导入序列中的所有图像。

图 8-84　信息提示框

- 单击 是 按钮，将导入序列中的所有图像，导入的图像以逐帧动画的方式排列，并且每张图像在舞台中的位置相同。
- 单击 否 按钮，只导入选择的图像，并不导入序列中的所有图像。
- 单击 取消 按钮，取消信息提示框，不导入任何图像。

如果当前导入的图像为动画格式，例如 GIF 动画、SWF 动画等，由于文件本身包含多个图像或图形，因此，导入这类动画图像时，Flash 同样会以逐帧动画的方式将动画格式本身的图像或图形逐帧排列，并且在舞台中的位置相同。

8.5　项目实训

弹出式广告的覆盖面比较广，它迫使广大网民不得不浏览广告内容，从而获得较好的广告效果。使用 Flash 制作弹出式广告时没有尺寸的限制，可以根据实际情况进行设定。下面制作一个摄影活动宣传的弹出式广告。

任务分析

弹出式广告实质上也是 Flash 动画，只是它出现的形式不同，而在 Flash 技术上没有任何不同，综合运用各项 Flash 动画技术可以轻松地完成。本项目已经提供了设计素材，可以利用学习过的引导线动画、遮罩动画进行创意。

任务素材

光盘位置：光盘\项目 08\实训，素材如图 8-85 所示。

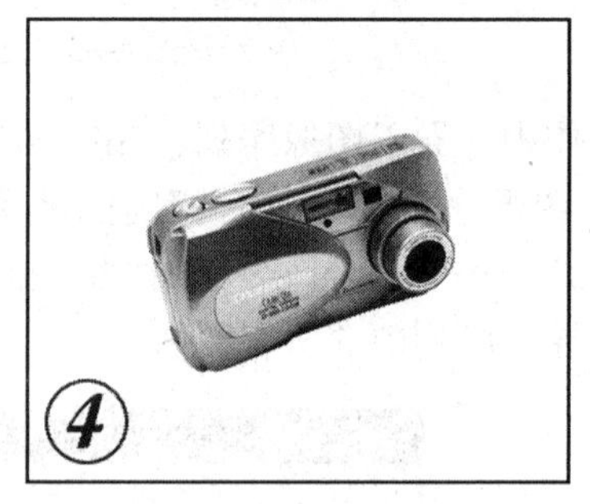

图 8-85　素材

参考效果

光盘位置：光盘\项目 08\实训，参考效果如图 8-86 所示。

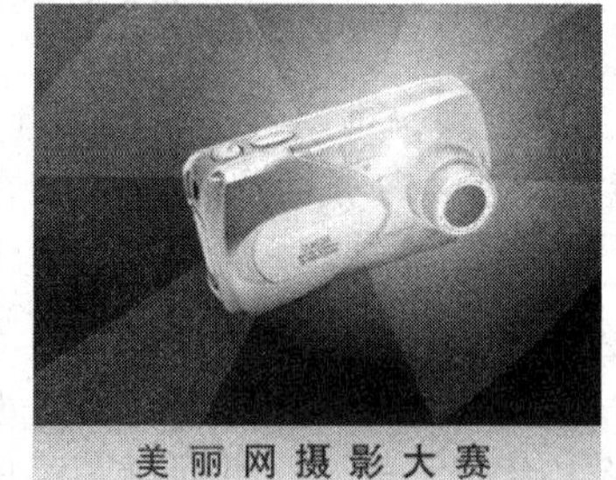

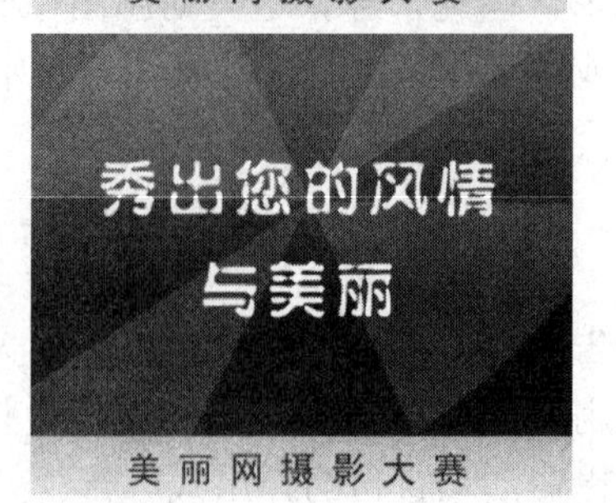

图 8-86　参考效果

项目 09

制作简单的骨骼动画

9.1 项目说明

Flash 中新增了骨骼工具，这使得人物动画的制作变得容易起来，以前制作一个人走路的动画非常麻烦，需要反复调整胳膊、腿的位置；而使用骨骼工具的话则非常容易实现。本项目为学习型案例，主要学习 Flash 中骨骼工具的使用，制作一个火柴人动画。

9.2 项目分析

使用骨骼工具制作人物动画时可以省不少力气。但是在制作火柴人动画时，要注意符合人体各个部位的运动规律，使其看起来自然舒适。在完成本项目时需要熟练使用骨骼工具，大体思路如下：

第一，使用图形工具绘制火柴人的组成部分，包括头部、躯干和四肢等，并将每一部分转换为影片剪辑元件，为创建骨骼作准备。

第二，使用骨骼工具创建骨骼系统。

第三，在不同的帧处调整骨骼，使火柴人的形态符合运动规律。

9.3 项目实施

在 Flash 中既可以对图形创建骨骼动画，也可以对元件的实例创建骨骼动画，本项目使用的是元件的实例，两者在操作上大同小异，关键是人物姿态的调整与骨骼属性的设置。本项目的参考效果如图 9-1 所示。

图 9-1 动画参考效果

任务一：绘制火柴人

(1) 启动 Flash CS5 软件，在欢迎画面中单击【ActionScript 3.0】选项，创建一个新文档。

(2) 按下 Ctrl + J 键，在弹出的【文档设置】对话框中设置舞台的尺寸为 600 像素 × 400 像素，其他设置保持默认值。

(3) 选择工具箱中的“椭圆工具”，在【属性】面板中设置【笔触颜色】为无色，【填充颜色】为黑色，然后按住 Shift 键绘制一个圆形作为火柴人头部，如图 9-2 所示。

(4) 使用“选择工具”选择圆形，按下 F8 键，在弹出的【转换为元件】对话框中设置参数如图 9-3 所示，然后单击 确定 按钮，将其转换为影片剪辑元件“元件 1”。

图 9-2　绘制头部

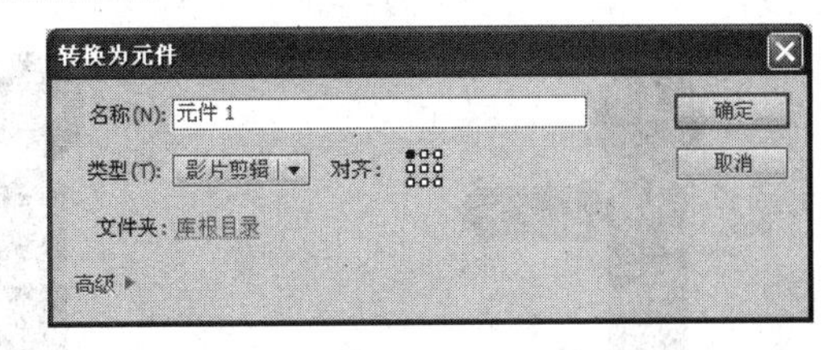

图 9-3　【转换为元件】对话框

(5) 选择工具箱中的“矩形工具”，在【属性】面板中设置【边角半径】值为 10，如图 9-4 所示；然后在圆形的下方绘制一个圆角矩形，作为身体，如图 9-5 所示。

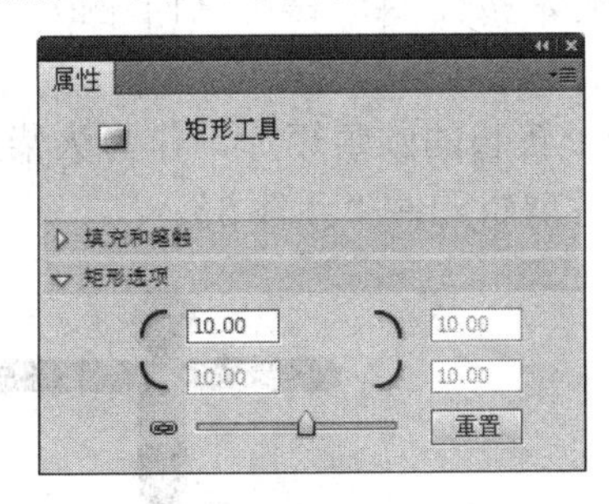

图 9-4　【属性】面板

图 9-5　绘制身体

(6) 使用“选择工具”框选身体下面的一部分，如图 9-6 所示，按下 F8 键，将其转换为影片剪辑元件“元件 2”。

(7) 选择剩余的身体部分，如图 9-7 所示，按下 F8 键，将其转换为影片剪辑元件“元件 3”。

图 9-6　选择身体下面的一部分

图 9-7　选择身体上面的一部分

指点迷津

绘制圆角矩形时，如果使用了对象绘制模式，需要按 Ctrl+B 键，将其分离为图形模式，否则不能分为上、下两部分选择。

(8) 继续使用“矩形工具”绘制一个圆角矩形作为火柴人胳膊的上臂，如图 9-8 所示，然后将其转换为影片剪辑元件“元件 4”。

(9) 使用“选择工具”选择“元件 4”实例，按住 Alt 键向右拖动复制一份，作为前臂，如图 9-9 所示。

图 9-8　绘制上臂　　　　图 9-9　复制的前臂

(10) 使用“选择工具”选择整个手臂，按住 Alt 键将其向左拖动复制，作为左侧的手臂，如图 9-10 所示。

(11) 继续使用“矩形工具”绘制一个较长的圆角矩形，作为火柴人的大腿，如图 9-11 所示。然后按下 F8 键，将其转换为影片剪辑元件“元件 5”。

图 9-10　复制的左手臂　　　　图 9-11　绘制大腿

(12) 使用“任意变形工具”将火柴人的大腿稍微旋转一定的角度，然后使用“选择工具”调整其位置如图 9-12 所示。

(13) 按住 Alt 键拖动鼠标复制一份，作为小腿，如图 9-13 所示。

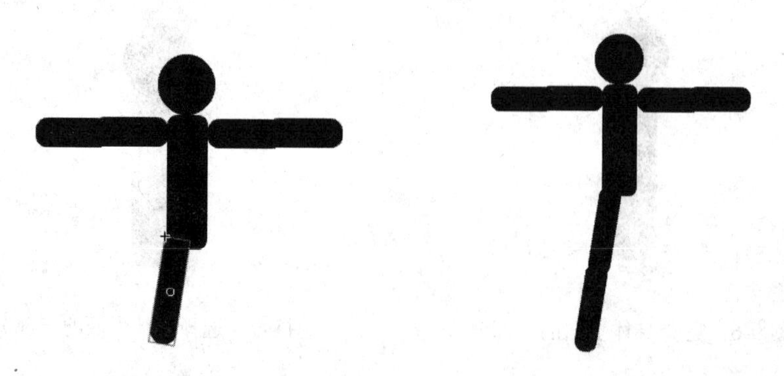

图 9-12　调整大腿角度　　　　图 9-13　复制的小腿

(14) 选择火柴人的整条腿，按住 Alt 键复制一份，作为其右腿，如图 9-14 所示。

(15) 单击菜单栏中的【修改】/【变形】/【水平翻转】命令，水平翻转复制的右腿，并调整其位置如图 9-15 所示，这样就完成了火柴人的绘制。

图 9-14　复制的右腿

图 9-15　火柴人效果

任务二：添加骨骼

(1) 选择工具箱中的“骨骼工具”，在火柴人的胸部位置单击鼠标创建第一个骨骼点，然后向上拖动至头部，将身体躯干和头部联系在一起，如图 9-16 所示。

(2) 继续使用“骨骼工具”在胸部单击鼠标，向右拖动到上臂，将身体躯干与右侧上臂联系在一起，如图 9-17 所示。

图 9-16　创建躯干与头部之间的骨骼

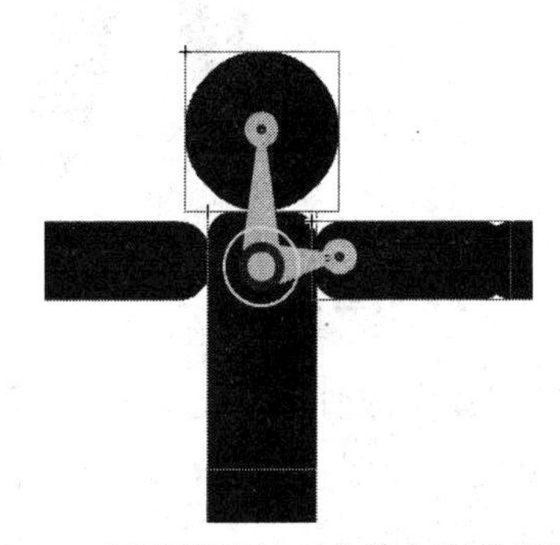

图 9-17　创建躯干与右上臂之间的骨骼

(3) 将光标指向上臂的骨骼点，并在这个骨骼点上再次向右拖动鼠标，将上臂与前臂联系起来，要注意骨骼点连接的位置，如图 9-18 所示。

(4) 用同样的方法，创建左手臂的骨骼，将前臂、上臂与身体躯干联系起来，要注意每个骨骼点的位置，如图 9-19 所示。

图 9-18　创建上臂与前臂之间的骨骼

图 9-19　创建左手臂的骨骼

(5) 再次从胸部向下拖动鼠标，创建躯干与臀部之间的骨骼，如图 9-20 所示。

(6) 再从臀部的骨骼点向左下方拖动鼠标，创建臀部与左大腿之间的骨骼，然后再创建左大腿与小腿之间的骨骼，小腿的骨骼点在膝盖部位即可，如图 9-21 所示。

图 9-20　创建躯干与臀部之间的骨骼

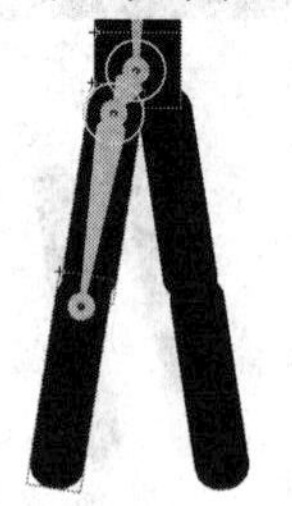

图 9-21　创建左腿的骨骼

(7) 用同样的方法，创建臀部与右大腿之间的骨骼，再创建右大腿与小腿之间的骨骼，这样就完成了骨骼的创建，如图 9-22 所示。

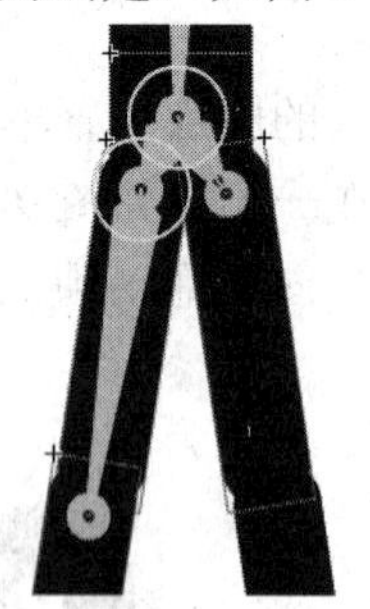

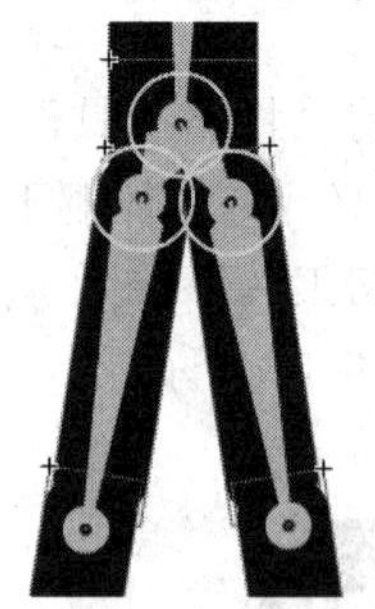

图 9-22　创建右腿的骨骼

任务三：导入图片

(1) 当创建完成骨骼以后，观察【时间轴】面板可以看到“图层 1”变成了空层，同时其上方出现“骨架_1”层，这时再创建一个新图层“图层 2”，并将其调整到面板的最下方，如图 9-23 所示。

(2) 单击菜单栏中的【文件】/【导入】/【导入到舞台】命令，将本书光盘“项目 09”文件夹中的“背景.jpg”文件导入到舞台中，作为动画的背景图片。

(3) 按下 Ctrl + K 键，打开【对齐】面板，勾选【与舞台对齐】选项，然后单击【水平中齐】按钮与【垂直中齐】按钮，如图 9-24 所示。

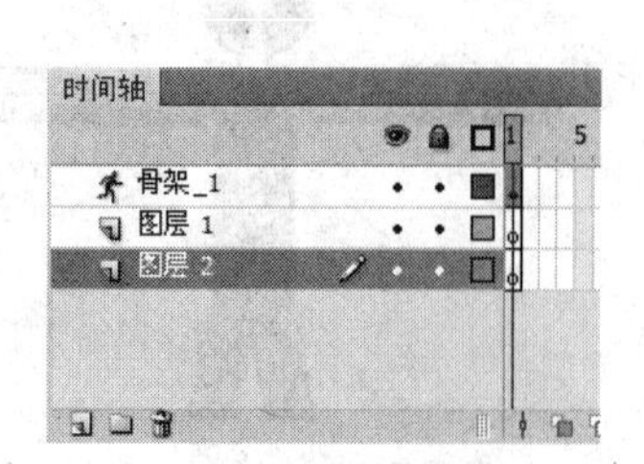

图 9-23　【时间轴】面板

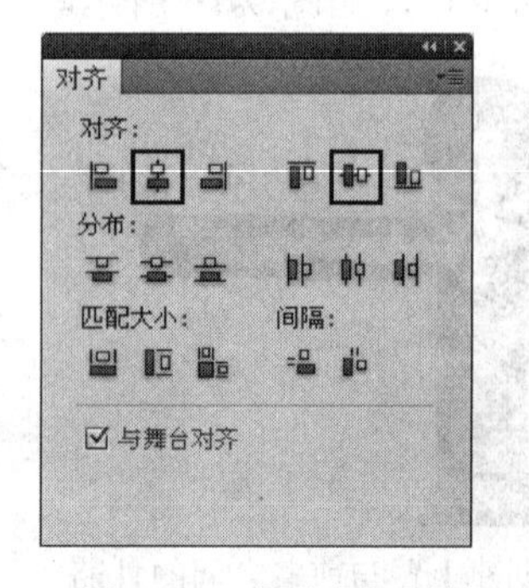

图 9-24　【对齐】面板

(4) 对齐背景以后会发现火柴人比例偏大，如图 9-25 所示。这时使用“任意变形工具”框选整个火柴人，按住 Shift 键将其等比例缩小，结果如图 9-26 所示。

图 9-25　对齐后的效果

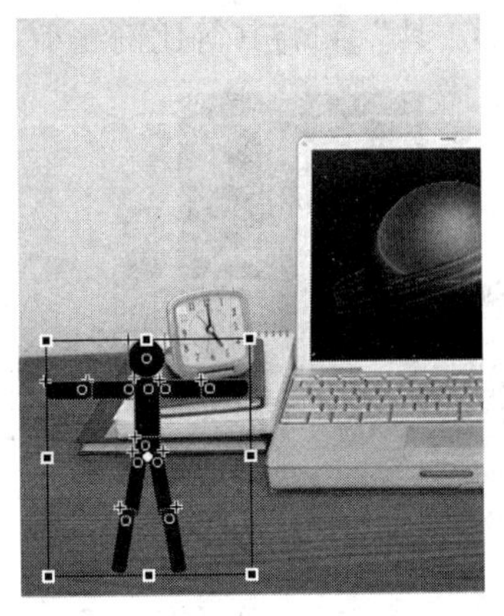
图 9-26　缩小火柴人

(5) 在【时间轴】面板的最上方创建一个新图层“图层 3”，将本书光盘“项目 09”文件夹中的“水杯.jpg”文件导入到舞台中，如图 9-27 所示。

(6) 按下 Ctrl + B 键，将导入的图片分离，如图 9-28 所示。

图 9-27　导入的图片

图 9-28　分离导入的图片

(7) 选择工具箱中的“套索工具”，在工具箱的下方单击【魔术棒设置】按钮，在弹出的【魔术棒设置】对话框中设置【阈值】为 10，如图 9-29 所示。

(8) 单击 确定 按钮，然后在工具箱下方选择“魔术棒工具”，在水杯的白色部分单击鼠标，选择背景部分，如图 9-30 所示。

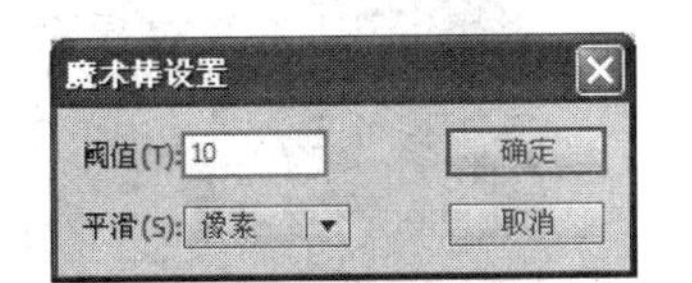

图 9-29　【魔术棒设置】对话框

图 9-30　选择白色背景

(9) 按下Delete键将选择的白色背景删除，结果如图9-31所示。

(10) 选择抠取出来的杯子，按下F8键，将其转换为影片剪辑元件“元件6”，然后使用“任意变形工具”将其等比例缩小，并调整到右下角，如图9-32所示。

图9-31 删除背景后的效果

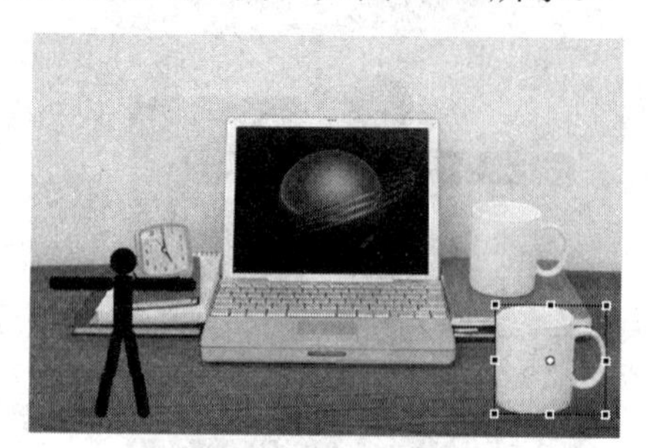

图9-32 调整杯子的大小和位置

任务四：调整动作

(1) 使用“选择工具”选择右侧上臂部分的骨骼，将其向下拖动，如图9-33所示；然后选择前臂部分向上拖动，使火柴人曲臂，如图9-34所示。

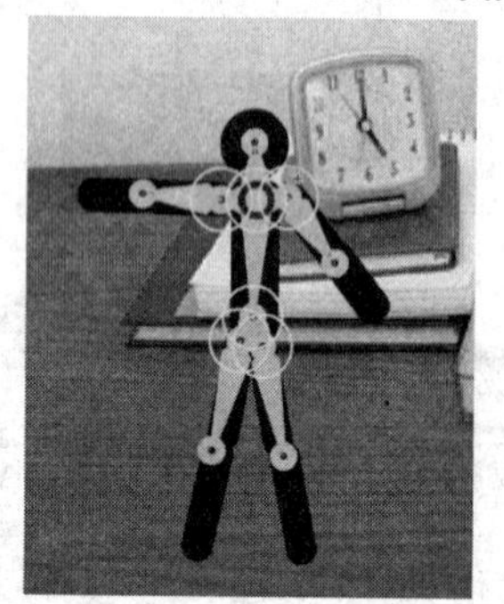

图9-33 调整右侧上臂的骨骼

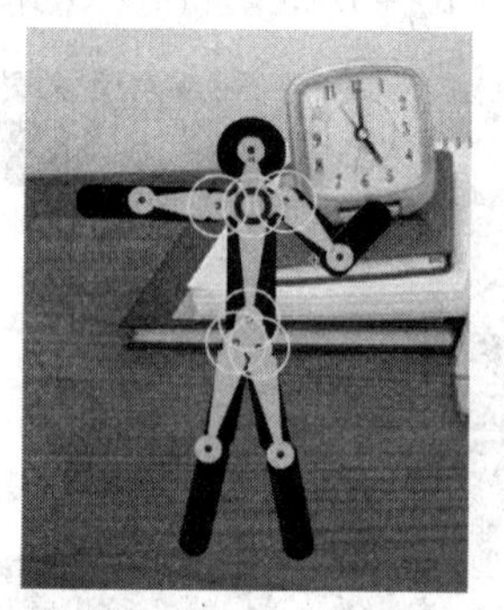

图9-34 调整右侧前臂

(2) 用同样的方法，调整左侧手臂的姿势，调整时要先调整上臂，再调整前臂，结果如图9-35所示。

(3) 继续调整腿部的动作，使两条腿稍微有些弯曲，这样火柴人的初始动作就完成了，结果如图9-36所示。

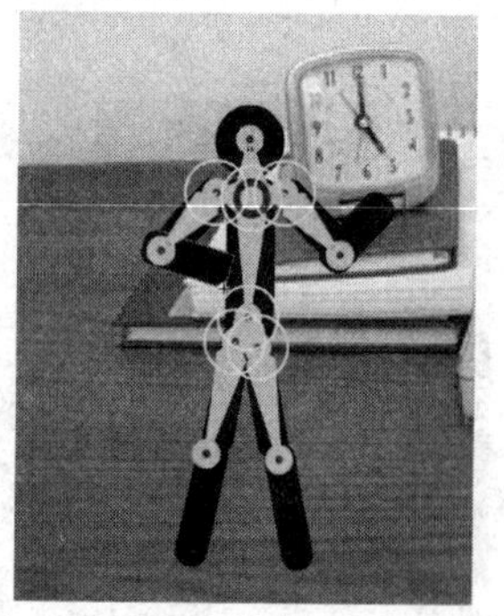

图9-35 调整左侧手臂的姿势

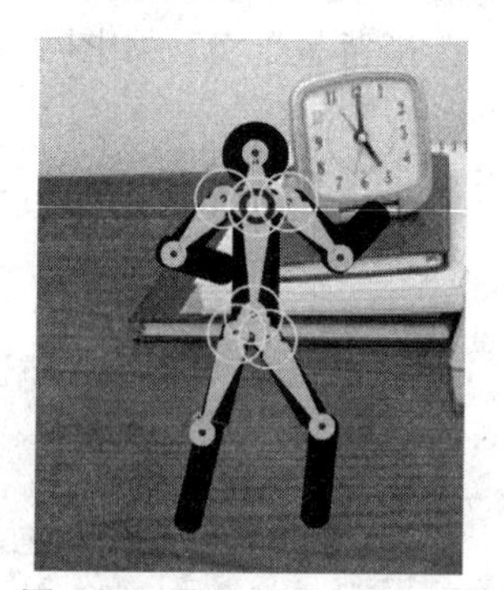

图9-36 火柴人的初始动作

(4) 在【时间轴】面板中选择所有图层的第 70 帧，按下 F5 键插入普通帧，延长动画时间，如图 9-37 所示。

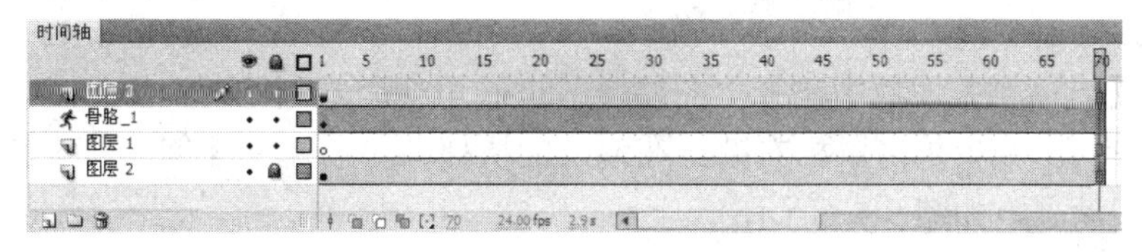

图 9-37　【时间轴】面板

(5) 将播放头调整到第 10 帧处，使用“任意变形工具”选择整个火柴人，将其稍微向右侧移动，距离大约为火柴人跨出一步的距离。然后在舞台中调整火柴人两条腿的位置，按照走路的运动规律来调整，使左腿到右腿前面，如图 9-38 所示。

(6) 将播放头调整到第 20 帧处，并继续调整腿部动作，让这一步跨出去，结果如图 9-39 所示。

图 9-38　第 10 帧处的动作

图 9-39　第 20 帧处的动作

(7) 将播放头调整到第 30 帧处，然后调整腿部，并使用“任意变形工具”调整其位置，使其微微蹲下，然后调整手臂，使其看起来像要跃起的样子，如图 9-40 所示。

(8) 将播放头调整到第 35 帧处，使用“任意变形工具”选择整个火柴人，将其向右上方移动，距离要适当，大约是火柴人跳起来的位置。然后调整火柴人的状态，使其表现为跳跃起来的状态，如图 9-41 所示。

图 9-40　第 30 帧处的动作

图 9-41　第 35 帧处的动作

(9) 将播放头调整到第 40 帧处，使用“任意变形工具”选择整个火柴人，将其向右下方移动，使脚接触右下方的杯子，然后继续调整火柴人的状态，使其表现为脚踢杯子的状态，如图 9-42 所示。

(10) 在【时间轴】面板中选择“图层 3”的第 40 帧和第 45 帧，按下 F6 键插入关键帧，然后在第 40 帧上单击鼠标右键，在弹出的快捷菜单中选择【创建传统补间】命令，创建传统补间动画，如图 9-43 所示。

图 9-42　第 40 帧处的动作

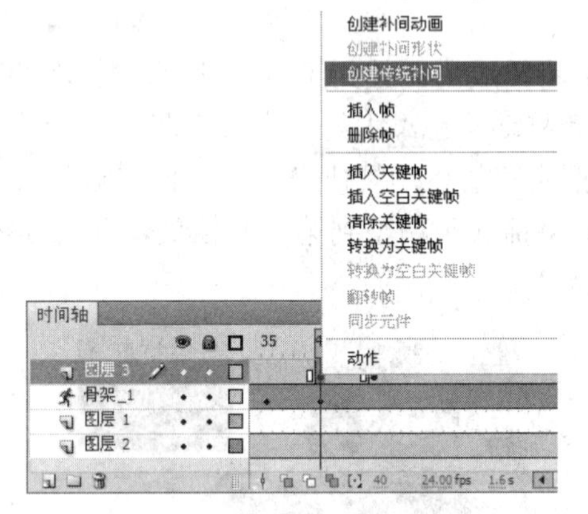

图 9-43　创建传统补间动画

(11) 将播放头调整到第 45 帧处，使用“选择工具”选择舞台中的杯子，将其向右拖动移出舞台，如图 9-44 所示。

(12) 继续调整火柴人的动作，使其呈站立姿势，如图 9-45 所示。

图 9-44　调整杯子的位置

图 9-45　第 45 帧处的动作

(13) 至此完成了简单骨骼动画的制作，【时间轴】面板如图 9-46 所示，按下 Ctrl + Enter 键可以测试影片，如果不满意，再逐步微调每一个动作，直到满意为止。

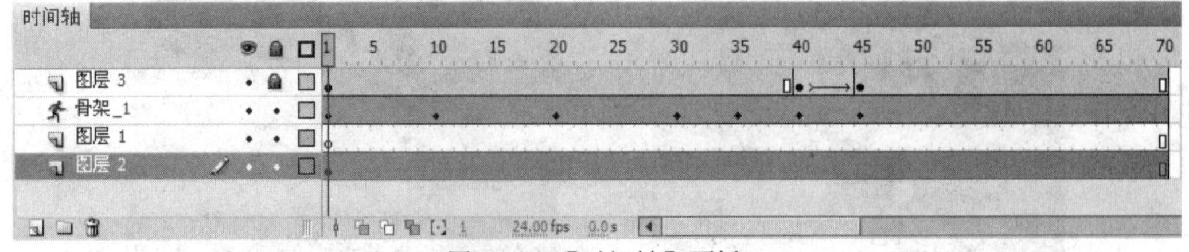

图 9-46　【时间轴】面板

9.4 知 识 延 伸

知识点一：骨骼动画的创建

在介绍骨骼动画的创建方法之前，先了解一下反向运动的概念。反向运动(IK)是一种用骨骼的有关结构对一个对象或者彼此相关的一组对象进行动画处理的方法。利用反向运动可以更加轻松地创建人物动画，如胳膊、腿等四肢的运动，还可以用来控制人物的表情。一个骨骼在移动的时候，与其相关的其他骨骼也会发生移动。

在 Flash 中，可以对元件的实例或图形对象应用骨骼动画，如果创建基于元件实例的骨骼动画，则必须使用“骨骼工具”对多个元件的实例进行绑定，移动其中的一个骨骼，会影响相邻骨骼的运动。如果创建基于图形对象的骨骼动画，则可以是单个图形对象，也可以是多个图形对象。

不管是元件的实例还是图形对象，当创建了骨骼以后，对象都被移动到新的骨架图层中。下面以元件的实例对象为例，介绍骨骼动画的创建方法。

(1) 单击菜单栏中的【文件】/【打开】命令，打开本书光盘“项目 09”文件夹中的“机械车.fla”文件，如图 9-47 所示。

(2) 选择工具箱中的“骨骼工具”，将光标移动到吊车曲臂的上端，按住鼠标左键向下拖动到曲臂的下端，则创建了骨骼，如图 9-48 所示。

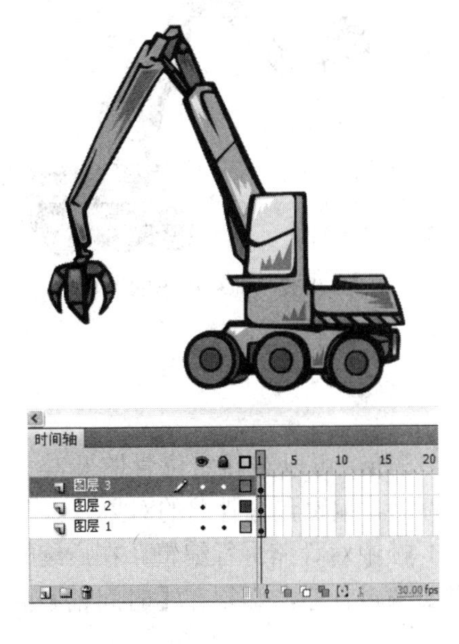

图 9-47　打开的文件

图 9-48　创建的骨骼

(3) 这时观察【时间轴】面板，可以发现“图层 2”与“图层 3”中的对象被剪切到“骨架_1”层中，如图 9-49 所示。

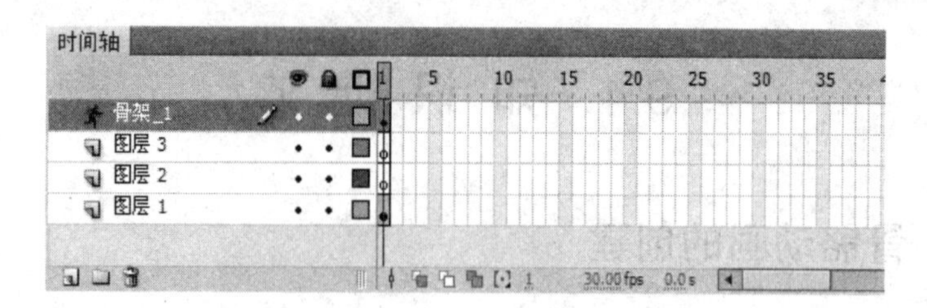

图 9-49 创建骨骼后的图层

(4) 在【时间轴】面板中选择所有图层的第 30 帧，按下 F5 键插入普通帧，设置动画的播放时间为 30 帧，如图 9-50 所示。

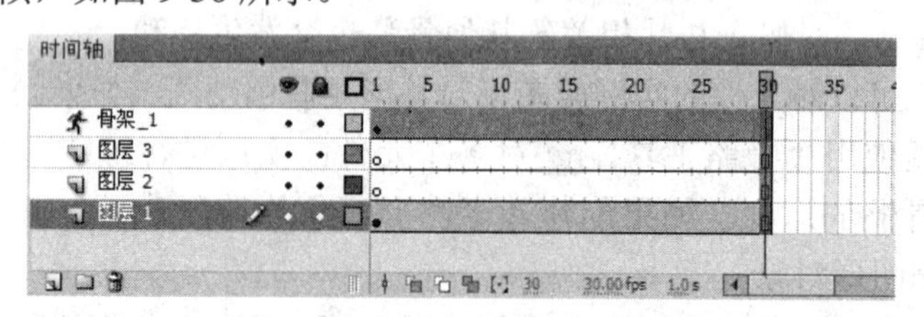

图 9-50 【时间轴】面板

(5) 将播放头调整到第 15 帧处，使用工具箱中的“选择工具”拖动吊车的曲臂，则前面的钢爪随曲臂一起移动，如图 9-51 所示。

(6) 将播放头调整到第 30 帧处，使用“选择工具”拖动吊车的钢爪，也会影响曲臂的移动，如图 9-52 所示。

图 9-51 移动曲臂

图 9-52 拖动吊车的钢爪

知识点二：骨骼动画的编辑

创建骨骼动画以后，还可以对其进行编辑。例如，可以重新定位骨骼及其关联的对象、在对象内移动骨骼、更改骨骼的长度、删除骨骼、编辑包含骨骼的对象等。

需要注意的是：只能在 IK 骨架层所在的第 1 帧中对骨骼进行编辑。在后续帧中重新定位骨骼后，无法对骨骼的结构进行更改。如果要编辑骨骼，必须在【时间轴】面板中删除位于骨架层第 1 帧之后的任何附加姿势。

1. 选择骨骼

如果要选择单个骨骼，可以使用“选择工具”单击此骨骼，这时【属性】面板中将显示该骨骼的属性，如图 9-53 所示。

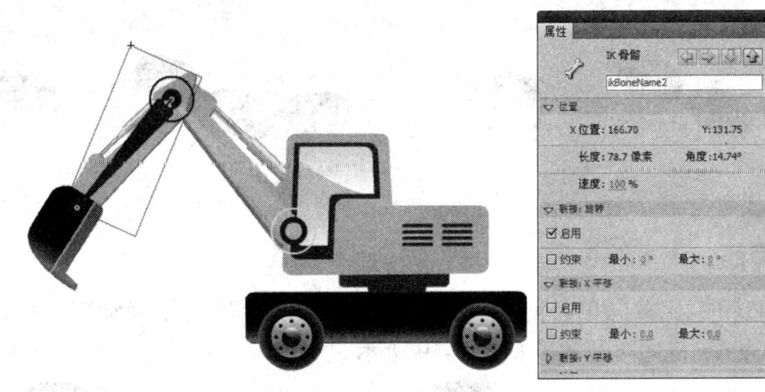

图 9-53　所选骨骼的属性

如果要选择多个骨骼，可以按住 Shift 键的同时依次单击每一个骨骼，这时将选择多个骨骼；如果要选择骨架中的所有骨骼，双击某一个骨骼即可，此时【属性】面板中显示所有骨骼的属性。

2. 移动骨骼或骨骼对象

使用“选择工具”选择骨骼，如图 9-54 所示，拖动鼠标可以移动骨骼，此时父级骨骼也会受到影响，如图 9-55 所示，移动中间的骨骼时，左侧的父级骨骼也发生了移动；如果不希望影响该骨骼的父级骨骼，按住 Shift 键操作即可，这时只有该骨骼及其子级骨骼发生移动，如图 9-56 所示。

图 9-54　选择骨骼　　图 9-55　移动中间的骨骼　图 9-56　按住 Shift 键移动中间的骨骼

选择并移动对象上的骨骼，只能对骨骼进行旋转运动，并不能改变骨骼的位置。如果要对对象上的骨骼进行重新定位，需要使用“任意变形工具”进行操作。首先使用“任意变形工具”选择需要重新定位的骨骼对象，然后移动选择对象的中心点，则骨骼的联接位置移动到了中心点的位置，如图 9-57 所示。

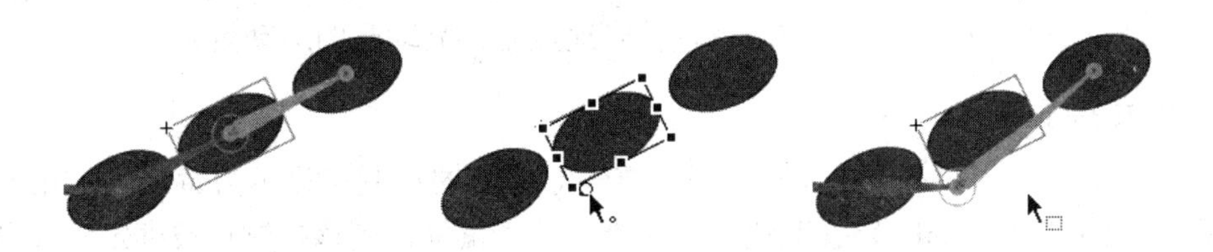

图 9-57　重定位骨骼

如果需要移动骨骼对象，可以使用“任意变形工具”选择需要移动的对象，然后移动对象，则骨骼对象的位置发生改变，此时骨骼长短也随着对象的移动发生变化，如图 9-58 所示。

图 9-58　移动骨骼对象

3. 删除骨骼

删除骨骼的操作非常简单，如果要删除单个骨骼及其所有子级骨骼，可以选择该骨骼，然后按下 Delete 键即可删除，如图 9-59 所示。

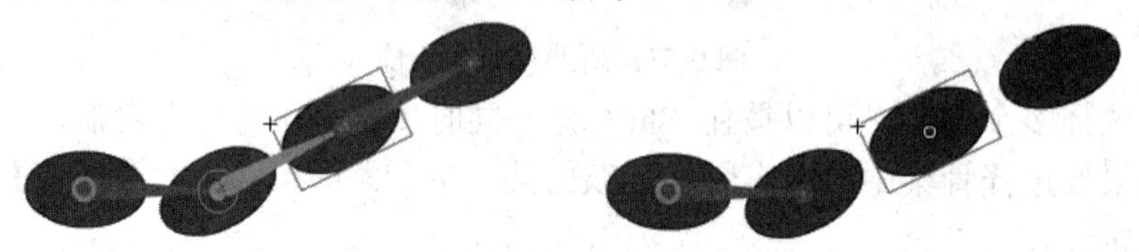

图 9-59　删除骨骼及其子级骨骼

知识点三：绑定工具

如果为单独的图形对象添加骨骼动画，会发现骨骼的运动不能令人满意，其扭曲方式会破坏图形的规则状态，这时可以使用“绑定工具”编辑单个骨骼与形状控制点之间的链接。

使用“绑定工具”可以将多个控制点绑定到一个骨骼上，也可以将多个骨骼绑定到一个控制点上。使用“绑定工具”单击骨骼，将显示骨骼和控制点之间的链接，选择的骨骼以红色线显示，控制点以黄色点显示，如图 9-60 所示。

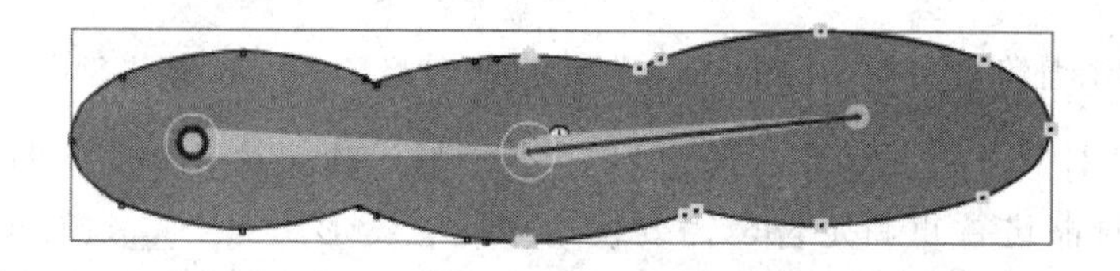

图 9-60　骨骼与控制点

基于图形对象的骨骼动画，在骨骼运动时是由控制点控制动画的变化效果的，我们可以通过绑定、取消绑定骨骼上的控制点，精确地控制骨骼动画的运动效果。

1. 绑定控制点

使用“绑定工具”选择骨骼，则与该骨骼相连的控制点显示为黄色，不相连的显示为蓝色，此时按住 Shift 键在蓝色的控制点上单击鼠标，则该控制点被绑定到选择的骨骼上，同时显示为黄色。

2. 取消绑定控制点

使用“绑定工具”选择骨骼后，按住 Ctrl 键在绑定的黄色控制点上单击鼠标，则取消该控制点在骨骼上的绑定，同时显示为蓝色。

知识点四：骨骼的属性

创建了骨骼动画以后，还可以为骨骼设置属性，也可以为骨骼的属性关键帧设置属性。当在舞台中选择了骨骼以后，在【属性】面板中将出现骨骼的相关属性，如图 9-61 所示。

- 【联接：旋转】：此选项默认情况下处于启用状态，即选择了【启用】选项，用于指定被选中的骨骼可以沿父级对象进行旋转；如果选择【约束】选项，还可以设置旋转的范围，即最小度数与最大度数。
- 【联接：X 平移】：选择【启用】选项，则选中的骨骼可以沿 X 轴方向进行平移；如果选择【约束】选项，还可以设置骨骼在 X 轴方向上平移的最小值与最大值。
- 【联接：Y 平移】：选择【启用】选项，则选中的骨骼可以沿 Y 轴方向进行平移；如果选择【约束】选项，还可以设置骨骼在 Y 轴方向上平移的最小值与最大值。

创建了骨骼动画以后，如果在【时间轴】面板中选择骨骼动画的属性关键帧，则【属性】面板将显示骨骼动画的相关属性，主要用于设置骨骼动画的缓动效果，如图 9-62 所示。

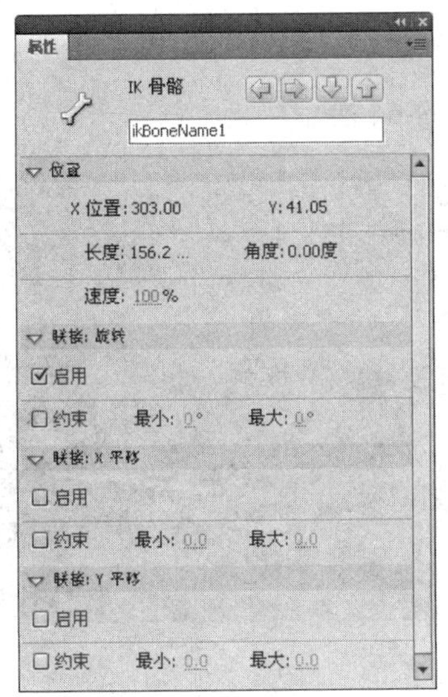

图 9-61 【属性】面板

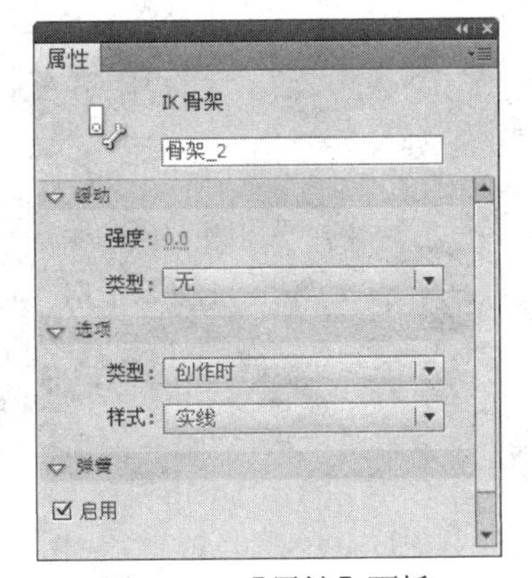

图 9-62 【属性】面板

- 【缓动】：该选项中的属性用于控制骨骼动画的加减速，其中【类型】下拉列表中为系统提供动画的缓动效果，【强度】影响缓动的程度。
- 【选项】：该选项用于控制骨骼的显示状态。

9.5 项 目 实 训

“骨骼工具”作为 Flash 的新工具，在制作角色动画的时候，可以让整个制作过程变得简单、轻松、自如。它不但可以应用于元件的实例，而且可以对图形应用骨骼动画。下面使用图形对象来制作水蛇的骨骼动画。

任务分析

首先绘制出水蛇的形状，然后添加骨骼，骨骼要添加的多一些，使动画尽量平滑。另外，为了增加视觉效果，还可以添加上背景，并制作出水波的动画效果。

任务素材

光盘位置：光盘\项目 09\实训，素材如图 9-63 所示。

图 9-63 素材

参考效果

光盘位置：光盘\项目 09\实训，参考效果如图 9-64 所示。

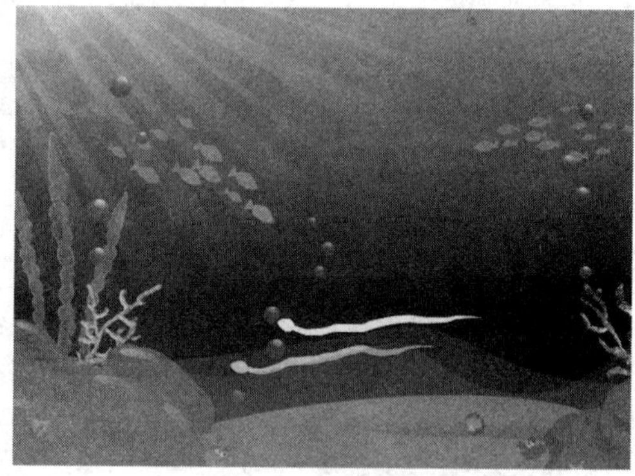

图 9-64 参考效果

项目 10

设计制作圣诞贺卡

10.1 项目说明

电子贺卡是一种比较时尚、便捷、环保的问候方式，已经成为一种潮流。在圣诞节来临之际，小王同学要为远在异国的朋友设计制作一个圣诞贺卡，并提供了他们小时候一起玩耍的录像和一段音乐，要求 Flash 设计师将这些内容设计到 Flash 贺卡当中，为远方的朋友送上一份特殊的礼物与真挚的祝福。

10.2 项目分析

Flash 贺卡的最大特点就是图文并茂、声像俱全，可以非常立体化地表达情感，更好地抒发对亲人、朋友、同学的思念。本项目是一个圣诞贺卡，所以少不了圣诞老人、圣诞树、雪花元素的加入，同时可以将红色作为贺卡的主色调，以表达喜庆气氛，雪花可以制作成动画，以增强视觉效果。大致思路如下：

第一，首先根据项目要求设置贺卡尺寸，该贺卡的尺寸是 550 像素 × 400 像素，然后导入背景图片与视频，制作贺卡的主界面。其中背景图片要处理成 PNG 格式，该格式的图片支持背景透明。

第二，利用柔化填充边缘功能、喷涂刷工具、传统补间动画制作雪花飘飘的动画效果，加强贺卡的视觉效果。

第三，利用遮罩动画制作滚动的祝福文字。

第四，添加背景音乐，并合理设置声音的属性，使其循环播放。

10.3 项目实施

在制作本项目的过程中，关键是学会在 Flash 中使用视频文件、声音文件，并合理设置声音的属性，然后配合前面学习的各种动画制作技术，就可以创建出非常漂亮的 Flash 贺卡。本项目的参考效果如图 10-1 所示。

图 10-1　动画参考效果

任务一：制作背景

(1) 启动 Flash CS5 软件，在欢迎画面中单击【ActionScript 3.0】选项，创建一个新文档。

(2) 在【属性】面板中单击 编辑... 按钮，在弹出的【文档设置】对话框中将舞台大小设置为 550 像素 × 400 像素，其他参数保持默认值。

(3) 单击菜单栏中的【文件】/【导入】/【导入到舞台】命令，将本书光盘“项目10”文件夹中的“圣诞.png”文件导入到舞台中。

(4) 按下 Ctrl + K 键，打开【对齐】面板，勾选【与舞台对齐】选项，然后分别单击【水平中齐】按钮和【垂直中齐】按钮，使之与舞台对齐，如图 10-2 所示。

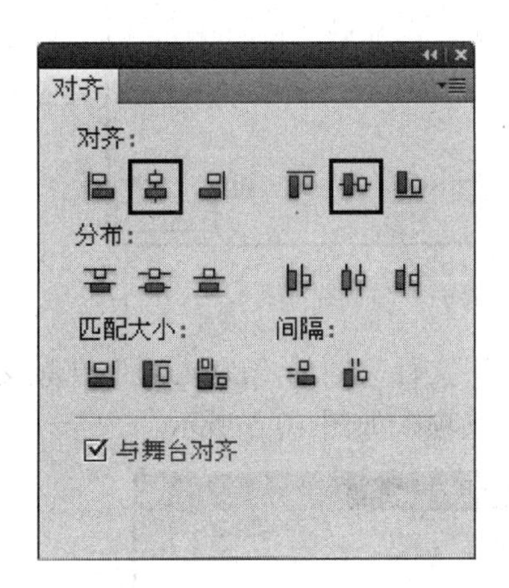

图 10-2　【对齐】面板与对齐后的图片效果

(5) 在【时间轴】面板中创建一个新图层“图层 2”，重新命名为“视频”，将该层调整到“图层 1”的下方，如图 10-3 所示。

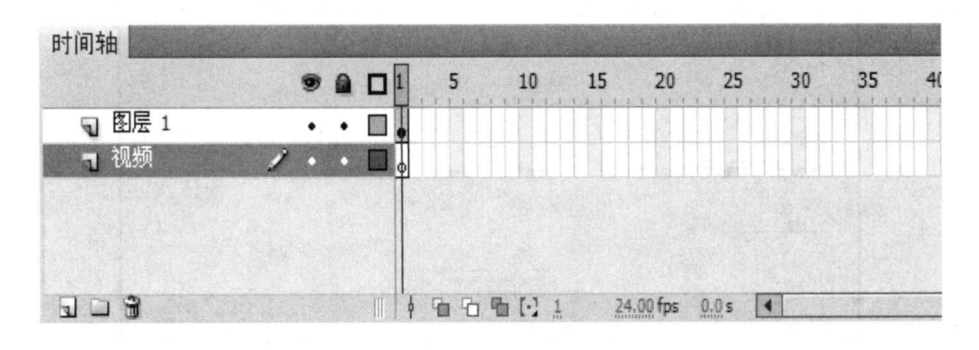

图 10-3　【时间轴】面板

(6) 单击菜单栏中的【文件】/【导入】/【导入视频】命令，这时弹出【导入视频】对话框的“选择视频”界面，如图 10-4 所示。

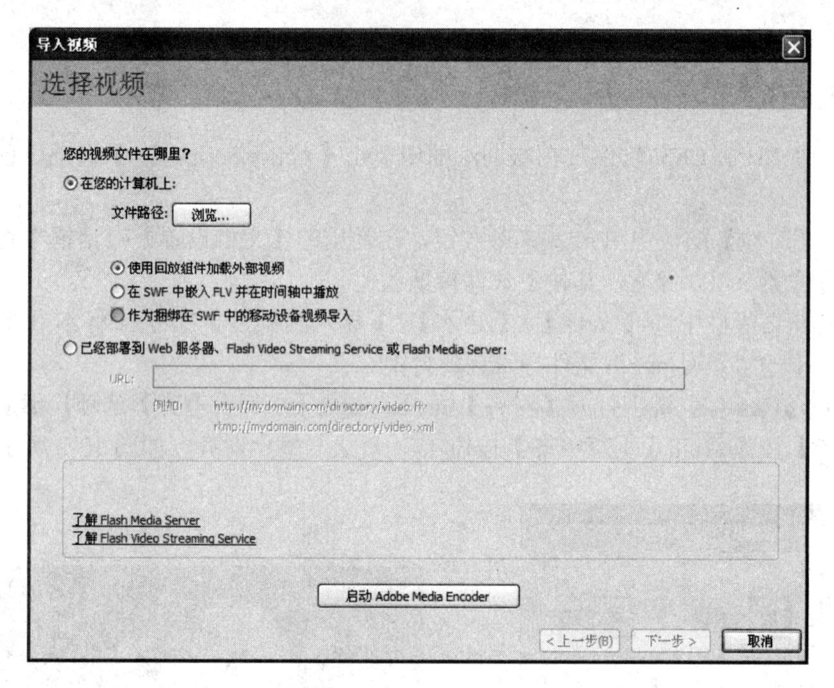

图 10-4　“选择视频”界面

(7) 单击 浏览... 按钮，选择本书光盘“项目 10”文件夹中的“DV4.flv”视频文件，然后选择【在 SWF 中嵌入 FLV 并在时间轴中播放】选项，如图 10-5 所示。

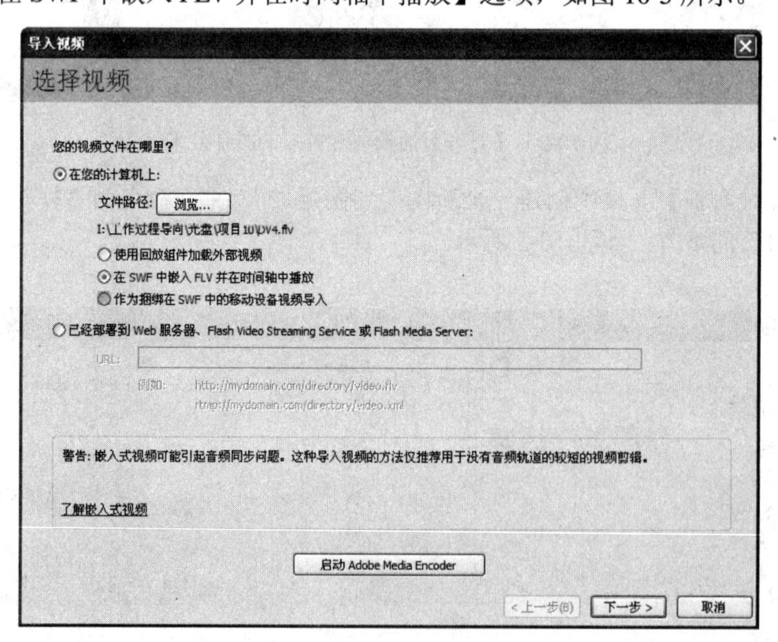

图 10-5　选择视频

(8) 单击 下一步 > 按钮进入“嵌入”界面，在【符号类型】下拉列表中选择“影片剪辑”，其他选项设置如图 10-6 所示。

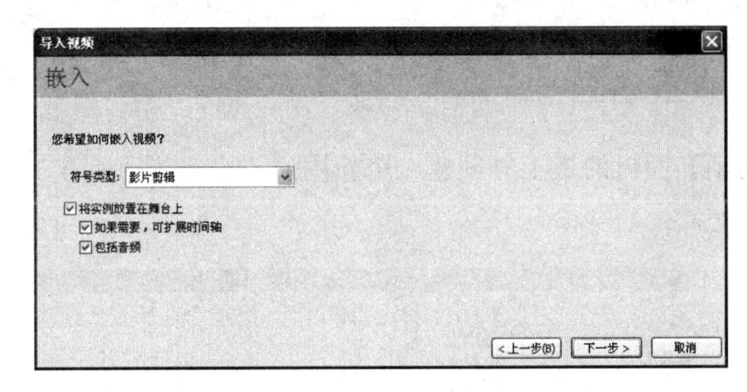

图 10-6　“嵌入”界面

(9) 单击 下一步> 按钮进入“完成视频导入”界面，这里显示了相关的设置信息，不需要作任何修改，直接单击 完成 按钮即可，如图 10-7 所示。

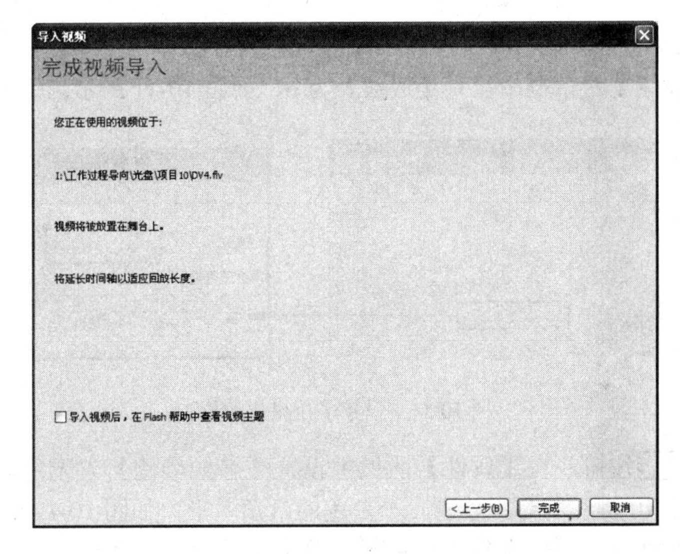

图 10-7　“完成视频导入”界面

(10) 按下 Ctrl + T 键打开【变形】面板，设置视频对象的变形比例为 115%，如图 10-8 所示；然后将视频对象调整到相框的下方，位置如图 10-9 所示。

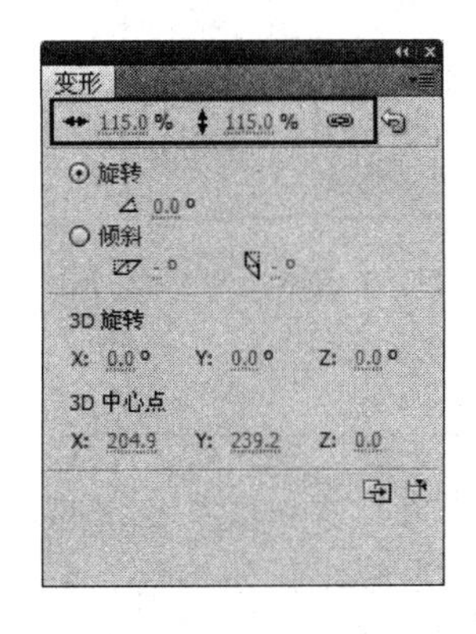

图 10-8　【变形】面板

图 10-9　调整视频对象的位置

任务二：制作飘雪动画

(1) 在【时间轴】面板的最上方创建一个新图层，命名为“雪花”，然后锁定其他图层，如图 10-10 所示。

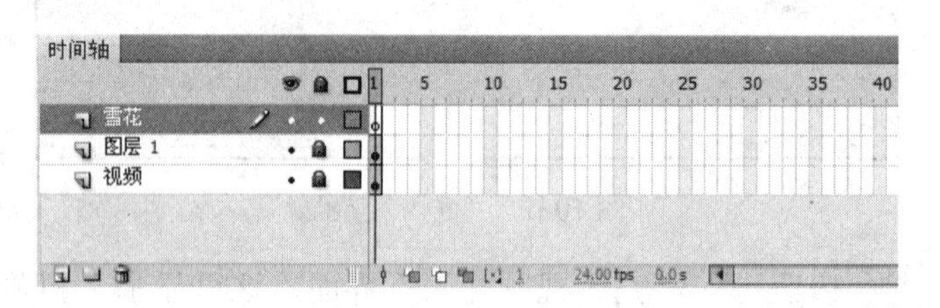

图 10-10　【时间轴】面板

(2) 选择工具箱中的“多角星形工具”，在【属性】面板中单击 选项... 按钮，在弹出的【工具设置】对话框中设置【边数】为 6，如图 10-11 所示。

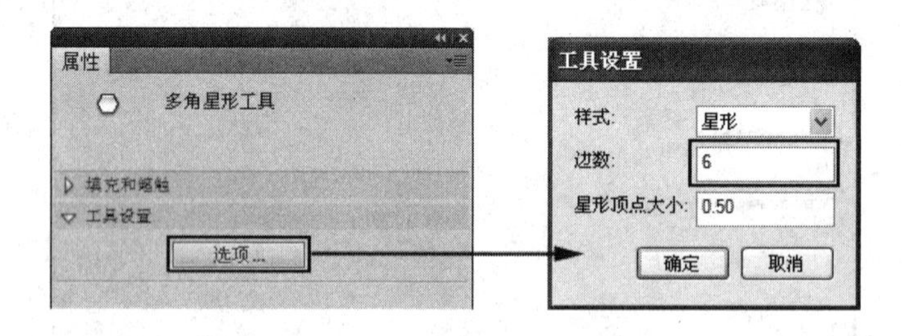

图 10-11　设置多角星形边数

(3) 单击 确定 按钮，在【属性】面板中设置【笔触颜色】为无色，【填充颜色】为白色，然后按住 Shift 键在舞台中绘制一个白色的六角星形，如图 10-12 所示。

(4) 使用“选择工具”选择六角星形，单击菜单栏中的【修改】/【形状】/【柔化填充边缘】命令，在弹出的【柔化填充边缘】对话框中设置参数如图 10-13 所示。

图 10-12　绘制的六角星形

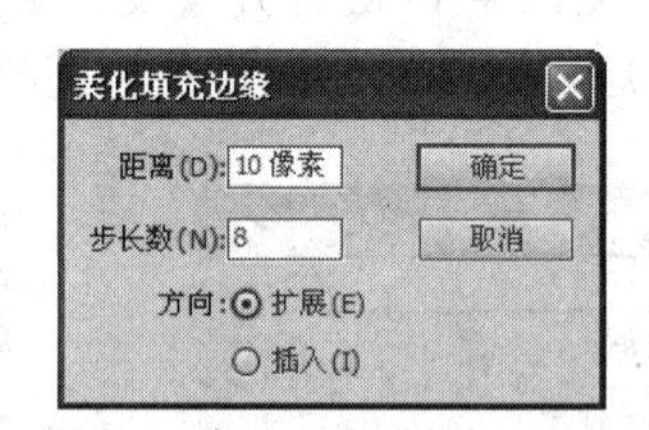

图 10-13　【柔化填充边缘】对话框

指点迷津

在设置【柔化填充边缘】的参数值时，要与图形的大小密切联系在一起。同样的参数值，如果图形较大，柔化效果就弱一些；如果图形较小，则柔化效果相对强一些。可以通过反复试验确定一个合理的值。

(5) 单击 确定 按钮，柔化六角星形的边缘，则得到类似雪花的效果，如图 10-14 所示。

(6) 确认柔化后的六角星形处于选择状态，按下 F8 键，将其转换为影片剪辑元件“雪花”，如图 10-15 所示。

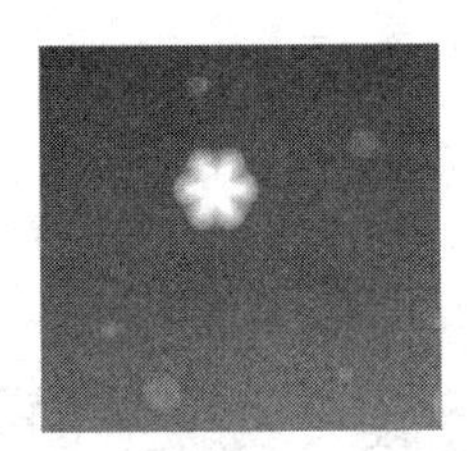

图 10-14　雪花效果

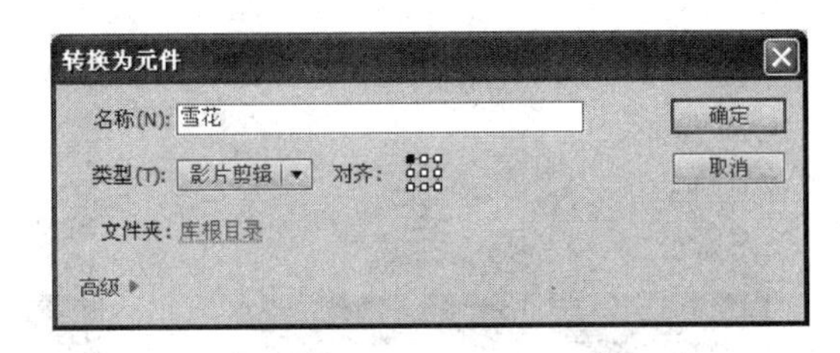

图 10-15　转换为元件

(7) 选择舞台中的“雪花”实例，按下 Delete 键将其删除。

(8) 选择工具箱中的“喷涂刷工具”，在【属性】面板中单击 编辑... 按钮，在弹出的【选择元件】对话框中选择“雪花”元件，如图 10-16 所示。

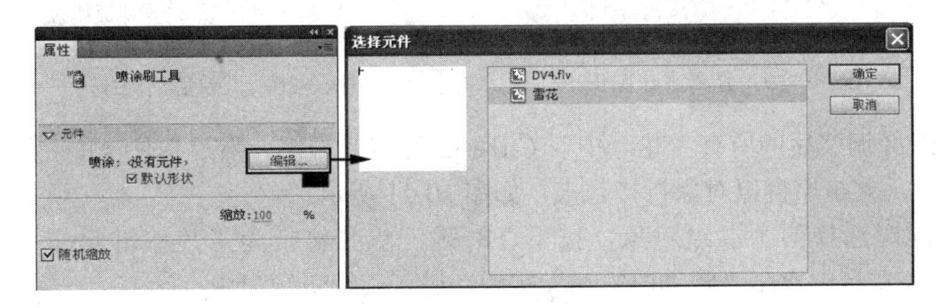

图 10-16　选择元件

(9) 单击 确定 按钮，然后继续在【属性】面板中设置画笔的【高度】与【宽度】分别为 70 像素，其他参数设置如图 10-17 所示。

(10) 在舞台上方单击五次鼠标，绘制出一些雪花图形，如图 10-18 所示。

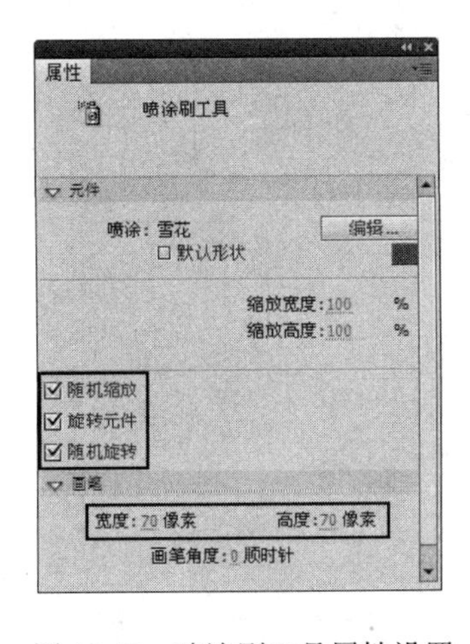

图 10-17　喷涂刷工具属性设置

图 10-18　绘出的雪花图形

(11) 使用“选择工具”选择绘制的雪花图形，按下 Ctrl + B 键将其分离，结果如图 10-19 所示。

(12) 继续使用“选择工具”选择逐一调整每一片雪花，使其随机自然分布，结果如图 10-20 所示。

图 10-19　分离雪花图形

图 10-20　调整后的效果

(13) 选择调整后的所有雪花，按下 Ctrl + G 键将其群组，然后按住 Alt 键将其向下拖动复制一份，并与原群组对象拼接起来，如图 10-21 所示。

(14) 同时选择两个群组对象，按下 F8 键，将其转换为影片剪辑元件“飘动的雪花”，然后在舞台中双击“飘动的雪花”实例，进入其编辑窗口中。

(15) 在窗口中再次选择两个群组对象，按下 F8 键，将其转换为图形元件“飘雪”，然后调整到如图 10-22 所示的位置。

图 10-21　复制雪花

图 10-22　调整“飘雪”实例的位置

(16) 在【属性】面板中设置“飘雪”实例的【样式】为 Alpha，并设置 Alpha 值为 80%，如图 10-23 所示。

(17) 在【时间轴】面板中选择“图层 1”的第 300 帧，按下 F6 键插入关键帧，将窗口中的“飘雪”实例向下拖动，位置如图 10-24 所示。

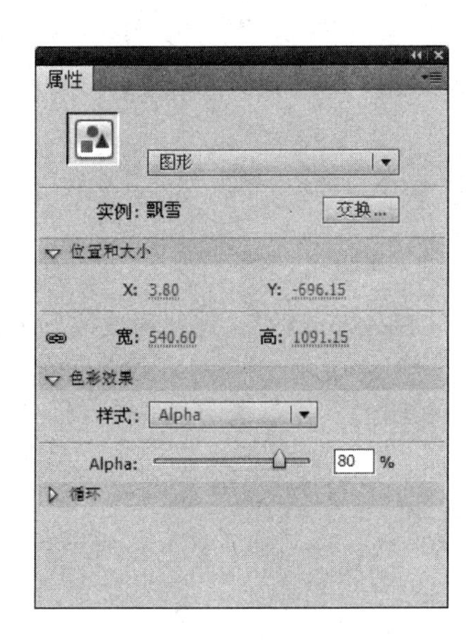

图 10-23　【属性】面板

图 10-24　第 300 帧中的实例位置

(18) 在“图层 1”的第 0 帧～第 300 帧之间的任意一帧上单击鼠标右键，在弹出的快捷菜单中选择【创建传统补间】命令，创建传统补间动画。

(19) 单击窗口左上方的 场景 1 按钮，返回到舞台中，完成飘雪动画的制作。

任务三：制作文字动画

(1) 在【时间轴】面板中创建一个新图层，命名为“文字”，然后隐藏“雪花”层，如图 10-25 所示。

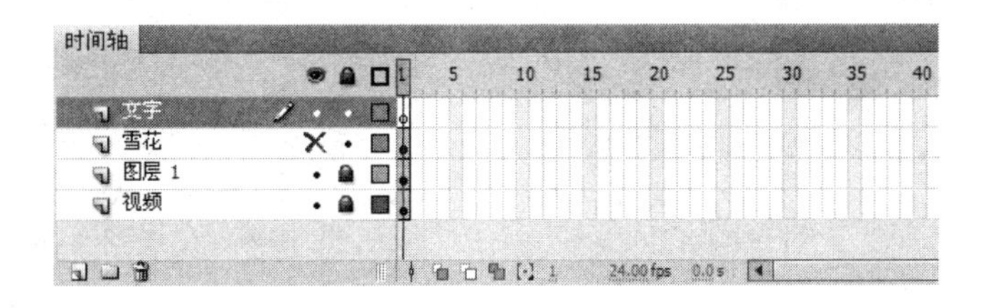

图 10-25　【时间轴】面板

(2) 使用“文本工具” T 在舞台中输入英文“MERRY CHRISTMAS”，并在【属性】面板中设置文字颜色为黄色，其他参数设置如图 10-26 所示。

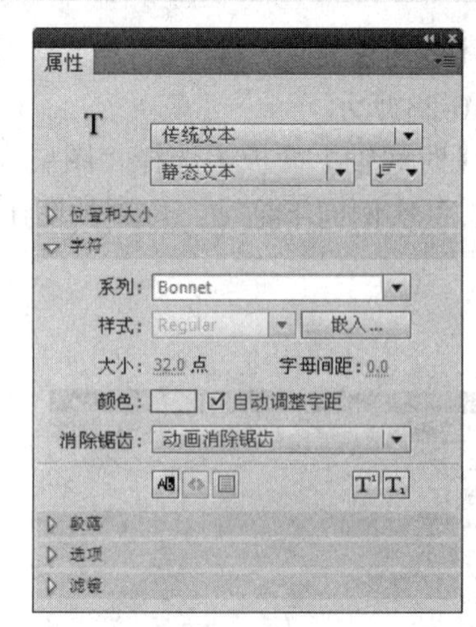

图 10-26　输入文字并设置属性

(3) 使用“选择工具”选择英文“MERRY CHRISTMAS”，连续两次按下 Ctrl + B 键，将其分离为图形。

(4) 在【时间轴】面板的最上方再创建一个新图层，命名为“小诗”，如图 10-27 所示。

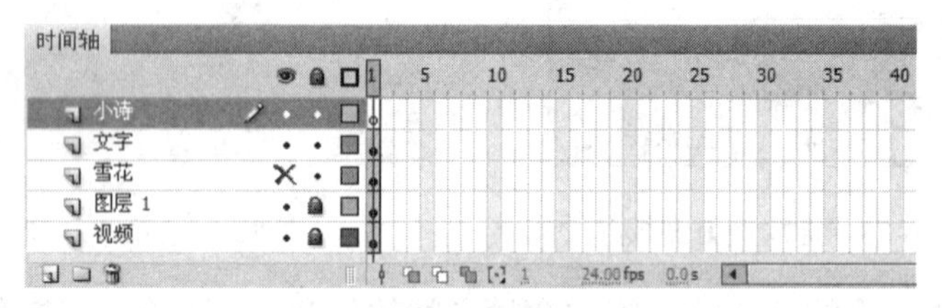

图 10-27　【时间轴】面板

(5) 继续使用“文本工具”在舞台中输入一首小诗，并在【属性】面板中设置文字颜色为暗红色(#990033)，其他参数设置以及文字的位置如图 10-28 所示。

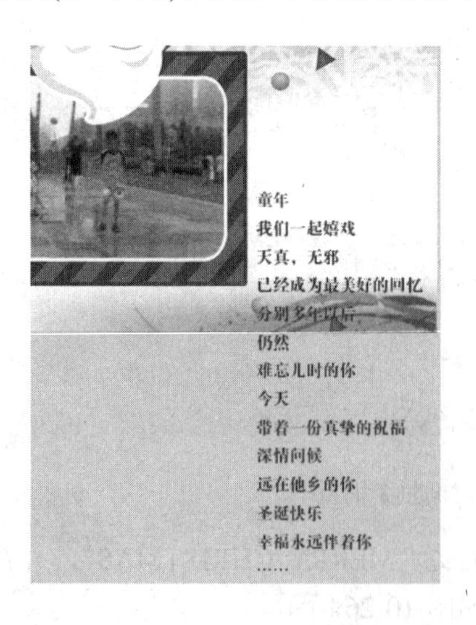

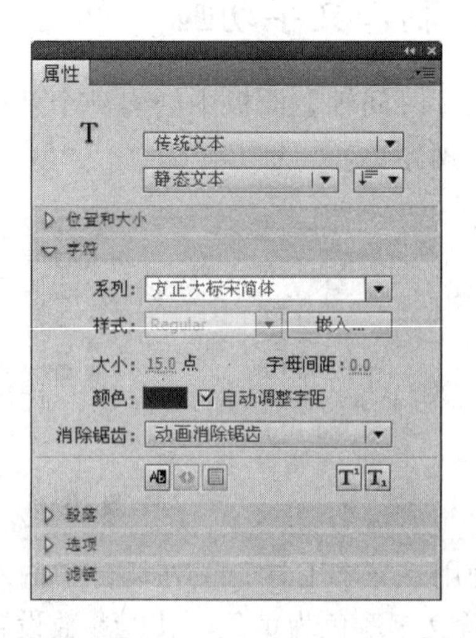

图 10-28　输入的小诗与文字属性设置

(6) 选择输入的小诗文字，按下 F8 键，将其转换为影片剪辑元件“滑动文字”。

(7) 双击舞台中的“滑动文字”实例，进入其编辑窗口中，在“图层 1”的第 300 帧处按下 F6 键插入关键帧，然后将窗口中的小诗向上移动，如图 10-29 所示。

(8) 在第 1 帧～第 300 帧之间的任意一帧上单击鼠标右键，在弹出的快捷菜单中选择【创建传统补间】命令，创建传统补间动画。

(9) 单击窗口左上方的 场景 1 按钮，返回到舞台中。然后在【时间轴】面板的最上方创建一个新图层，命名为“遮罩”，如图 10-30 所示。

图 10-29　调整小诗的位置

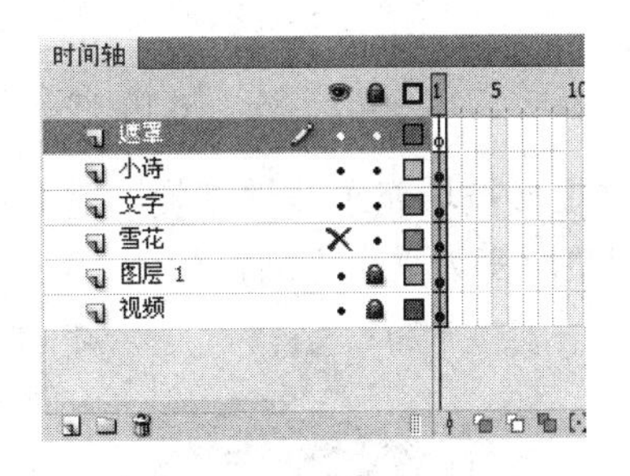

图 10-30　【时间轴】面板

(10) 选择工具箱中的“矩形工具” ，在【属性】面板中设置【笔触颜色】为无色，【填充颜色】为任意颜色，然后在舞台中绘制一个如图 10-31 所示的矩形。

(11) 选择刚绘制的矩形，按下 Ctrl + C 键复制矩形，然后在【时间轴】面板中再创建一个新图层，命名为“淡入淡出”，再执行菜单栏中的【编辑】/【粘贴到当前位置】命令，将复制的图形粘贴到舞台中的原位置。

(12) 在【时间轴】面板中的“遮罩”层上单击鼠标右键，在弹出的快捷菜单中选择【遮罩层】命令，创建遮罩动画，如图 10-32 所示。

图 10-31　绘制的矩形

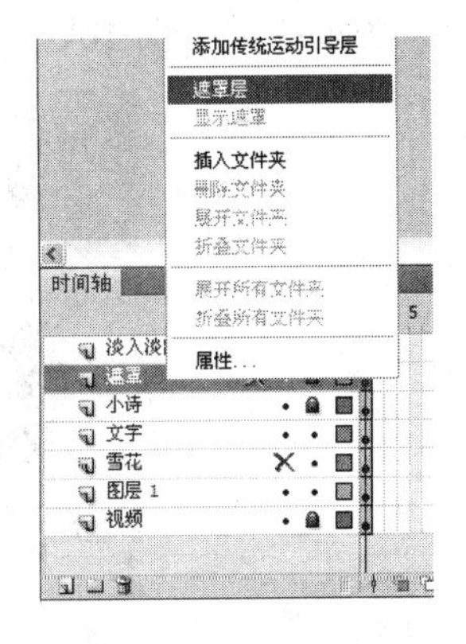

图 10-32　创建遮罩动画

(13) 在舞台中选择"淡入淡出"层中的矩形，然后打开【颜色】面板，在【颜色类型】下拉列表中选择"线性渐变"，并设置三个色标均为白色，从左到右各色标的 Alpha 值分别为 100%、0%、100%，如图 10-33 所示。

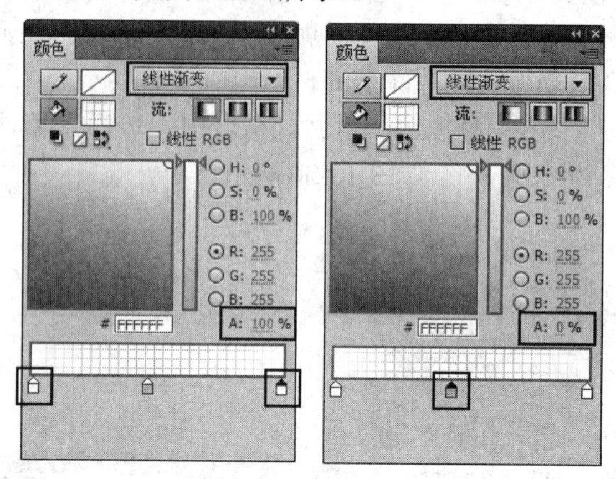

图 10-33 【颜色】面板

(14) 这时矩形被填充了线性渐变，选择工具箱中的"渐变变形工具"，在矩形上单击鼠标，调整渐变为垂直方向，如图 10-34 所示。

图 10-34 调整渐变方向

(15) 按下 Ctrl + Enter 键测试影片，可以看到飘洒的雪花、动感的视频，还有向上滚动的文字，瞬间效果如图 10-35 所示。

图 10-35 测试影片

任务四：添加背景音乐

(1) 单击菜单栏中的【文件】/【导入】/【导入到库】命令，在弹出的【导入到库】对话框中选择本书光盘“项目 10”文件夹中的“sound1.mp3”文件，如图 10-36 所示。

图 10-36 【导入到库】对话框

(2) 单击 打开(O) 按钮，将选择的声音导入到【库】面板中。

(3) 单击菜单栏中的【插入】/【新建元件】命令，新建一个影片剪辑元件“声音”，并进入其编辑窗口中。

(4) 将【库】面板中的“sound1.mp3”拖动到窗口中，然后在【时间轴】面板中选择第 1 帧，可以看到【属性】面板中有关于声音的设定，设置声音的属性如图 10-37 所示。

图 10-37 设置声音的属性

(5) 单击窗口左上方的 场景 1 按钮，返回到舞台中。然后在【时间轴】面板的最上方创建一个新图层，命名为“声音”，如图 10-38 所示。

(6) 将“声音”元件从【库】面板中拖动到舞台上，如图 10-39 所示。

图 10-38 【时间轴】面板

图 10-39 添加声音

(7) 按下 Ctrl + Enter 键测试影片，可以听到添加声音后的效果，至此完成了贺卡的制作，效果如图 10-40 所示。

图 10-40 最终效果

10.4 知识延伸

知识点一：视频的使用

Flash CS5 可以支持视频格式并增强了对视频文件的编辑功能，编辑的内容包括编辑视频的长度、视频的大小、视频的色彩、视频的清晰度等，并且可以将导入的视频文件作为一个元件来使用，就像使用影片剪辑元件一样。

如果要在 Flash 中导入视频，需要单击菜单栏中的【文件】/【导入】/【导入视频】命令，这时弹出【导入视频】对话框，如图 10-41 所示。

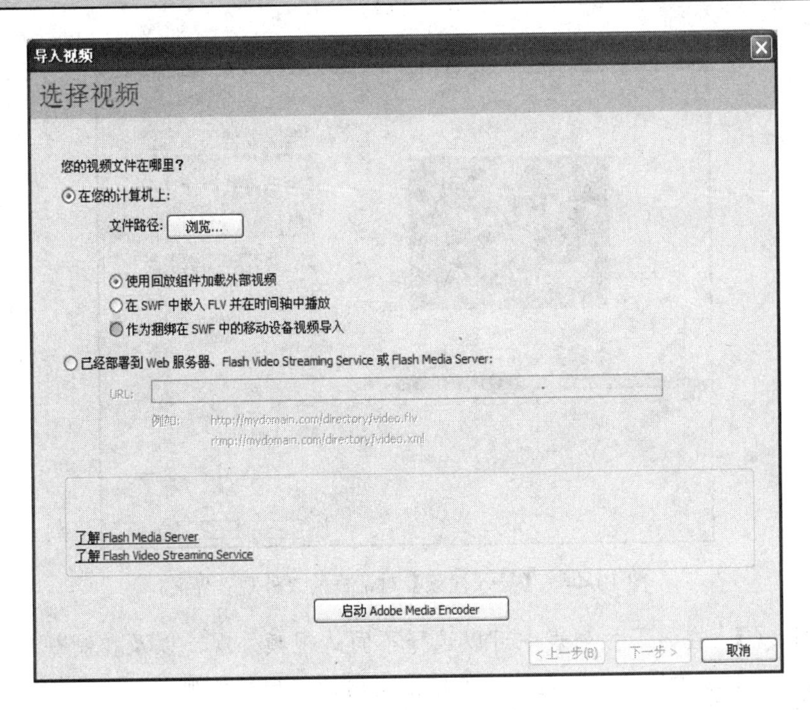

图 10-41　【导入视频】对话框

在“选择视频”界面中单击 浏览... 按钮，可以选择要导入的视频文件，需要注意的是，在 Flash 中导入的视频必须是以 FLV 或 H.264 格式编码的，如果视频文件不是 FLV 或 F4V 格式，需要使用 Adobe Media Encoder 以适当的格式对视频进行编码。

当选择了视频文件以后，【文件路径】的下方将显示视频文件的路径与名称，如图 10-42 所示；如果选择的视频不是 FLV 或 F4V 格式，则弹出一个警示框，如图 10-43 所示，提示用户启动 Adobe Media Encoder 编码器将选择的视频转换为支持的格式。

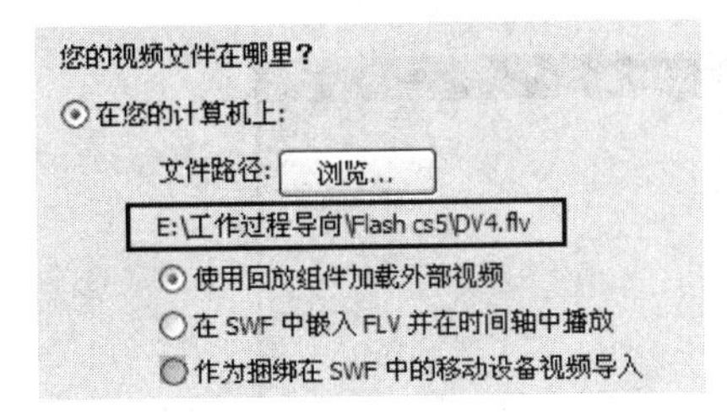

图 10-42　视频文件的路径与名称

图 10-43　警示框

选择了视频后，可以选择不同的视频嵌入方式，下面重点介绍两种常用的嵌入方式。

1. 使用回放组件加载外部视频

当选择【使用回放组件加载外部视频】选项后，单击 下一步 > 按钮，这时进入【导入视频】对话框的“外观”界面，如图 10-44 所示。

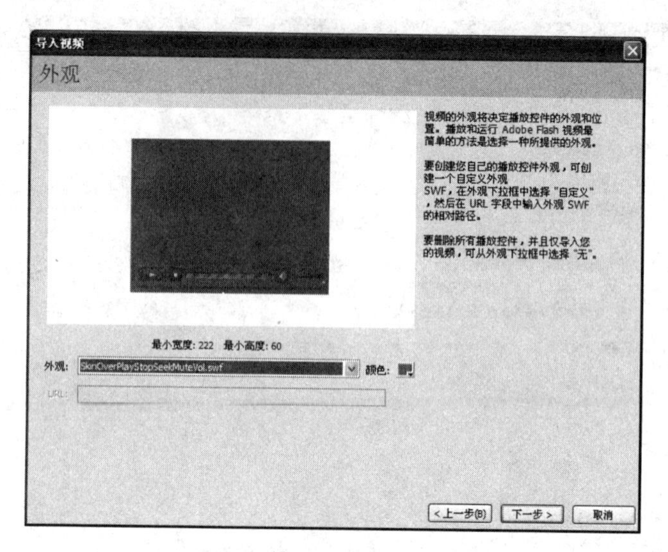

图 10-44　【导入视频】对话框的“外观”界面

➢ 【外观】: 在该下拉列表中可以选择不同的视频外观，以及控制视频播放的组件。如果选择“无”选项，表示不使用任何视频外观。
➢ 【颜色】: 单击其右侧的色块，在弹出的调色板中可以设置视频播放组件的外观颜色。
➢ 【URL】: 默认情况下，该选项处于不可用状态。如果在上方的下拉列表中选择了“自定义外观 URL”选项，则可以在此处输入服务器上外观的 URL 地址，从而实现自定义视频外观。

设置好各选项以后单击 下一步 > 按钮，进入【导入视频】对话框的“完成视频导入”界面，如图 10-45 所示，这时不需要设置任何参数，单击 完成 按钮就完成了视频文件的导入。

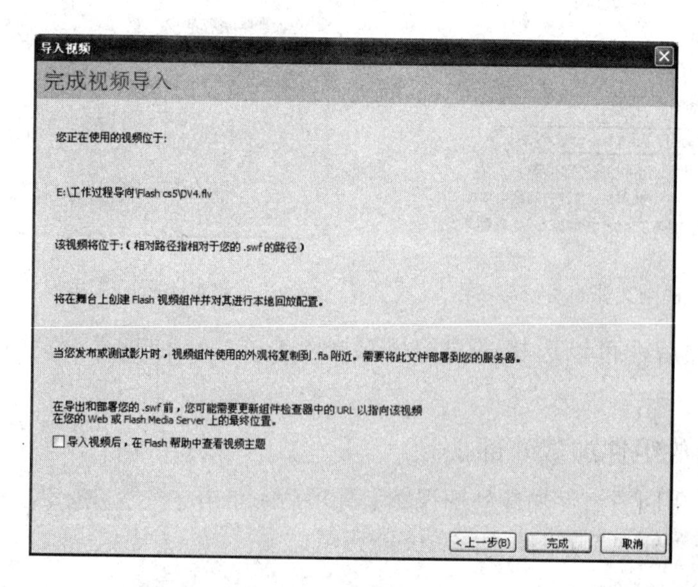

图 10-45　【导入视频】对话框的“完成视频导入”界面

2. 在时间轴中嵌入视频

对于较短小的视频，可以直接嵌入到 Flash 的时间轴中，发布时可以作为 SWF 文件的一部分。这种情况下，通常会显著地占用文件的存储空间，增大 SWF 文件的体积，因此，较长的视频不宜采用这种方式，否则，可能会导致视频与音频不同步，并且发布后不能更改嵌入的视频内容。

在【导入视频】对话框中选择【在 SWF 中嵌入 FLV 并在时间轴中播放】选项，然后单击 下一步 > 按钮，这时进入【导入视频】对话框的"嵌入"界面，如图 10-46 所示。

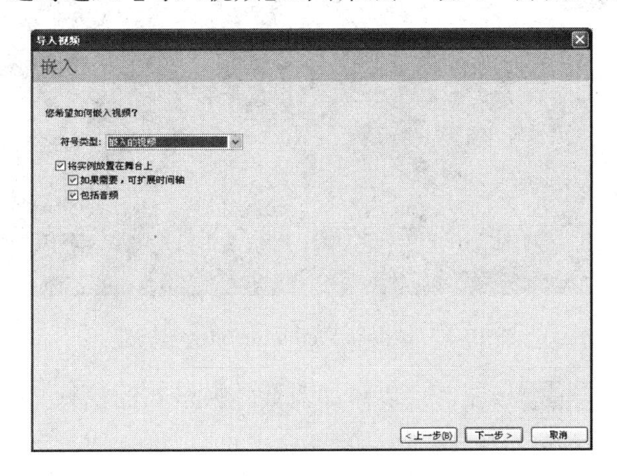

图 10-46　【导入视频】对话框的"嵌入"界面

- 【符号类型】: 在该下拉列表中可以选择导入视频的类型，共有三种类型：选择"嵌入的视频"时，视频将嵌入到主时间轴中；选择"影片剪辑"时，将生成一个影片剪辑元件，并且视频嵌入到影片剪辑元件的时间轴中；选择"图形"时，则视频嵌入到图形元件的时间轴中。
- 【将实例放置在舞台上】: 选择该选项，导入视频的同时将在舞台中创建一个视频的实例，否则只导入到【库】面板中，不出现在舞台上。
- 【如果需要，可扩展时间轴】: 选择该选项，在导入视频的同时，会根据视频的长度设置时间轴的帧数，使之适应视频。
- 【包括音频】: 选择该选项，导入视频的同时连同音频一起导入，否则只导入视频画面，不导入视频中的声音。

根据需要设置好各选项以后，单击 下一步 > 按钮进入【导入视频】对话框的"完成视频导入"界面，这时直接单击 完成 按钮即可完成视频的导入。

3. Adobe Media Encoder 编码器

前面已经介绍，如果导入的视频不是 FLV 格式或 H.264 格式，需要使用 Adobe Media Encoder 编码器进行重新编码。

在【导入视频】对话框的"选择视频"界面中单击 启动 Adobe Media Encoder 按钮，此时会弹出【另存为】对话框，单击其中的 取消 按钮，便会启动 Adobe Media Encoder 编码器，如图 10-47 所示。

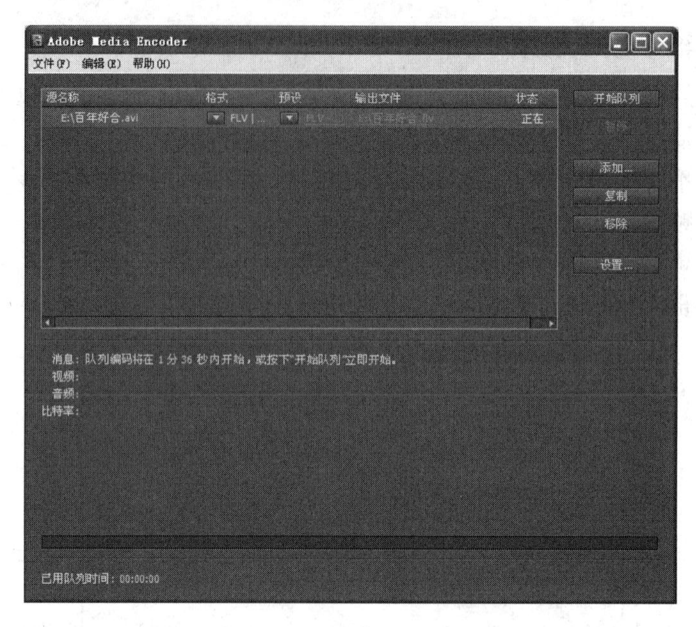

图 10-47　Adobe Media Encoder 编码器

单击右侧的 添加... 按钮，可以添加需要转换格式的视频文件，可以一次性添加多个视频文件，从而实现批量转换。

单击菜单栏中的【编辑】/【导出设置】命令，则弹出【导出设置】对话框，如图 10-48 所示，在该对话框中可以对视频进行修剪、裁切。

图 10-48　【导出设置】对话框

在预览框的上方，通过输入【左侧】、【顶部】、【右侧】和【底部】的值，可以精确裁切视频；而按下 按钮后，可以通过调整裁切框的四角改变其大小，从而实现自由裁切视频，如图 10-49 所示。

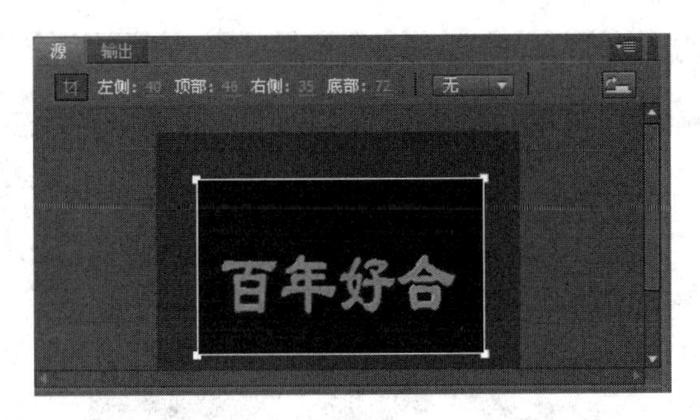

图 10-49　自由裁切视频

在预览框的下方通过设置视频的开始标记点与结束标记点，可以对视频进行简单修剪，如图 10-50 所示。

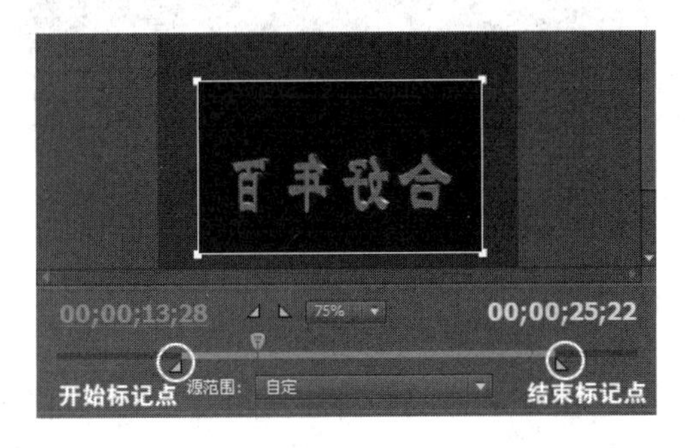

图 10-50　对视频进行简单修剪

在对话框的右侧可以设置导出选项，其中上方为【导出设置】选项组，可以进行最基本的设置，如输出格式、预设、导出视频、音频等，还有一些基本的摘要信息，如图 10-51 所示；而下方则可以进行更加详细的设置，如滤镜、格式、视频、音频等，选项更加丰富，如图 10-52 所示。

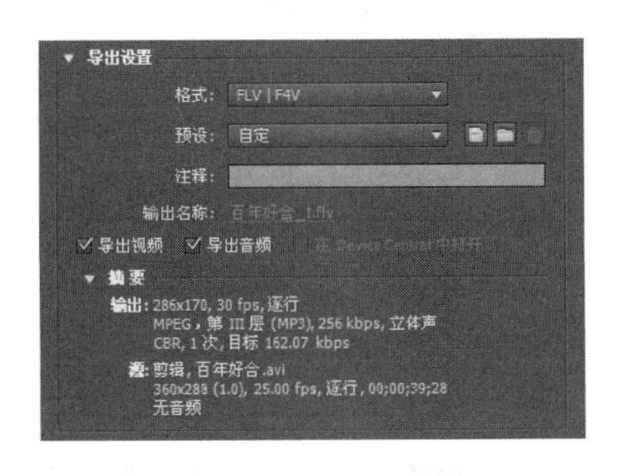

图 10-51　【导出设置】选项组

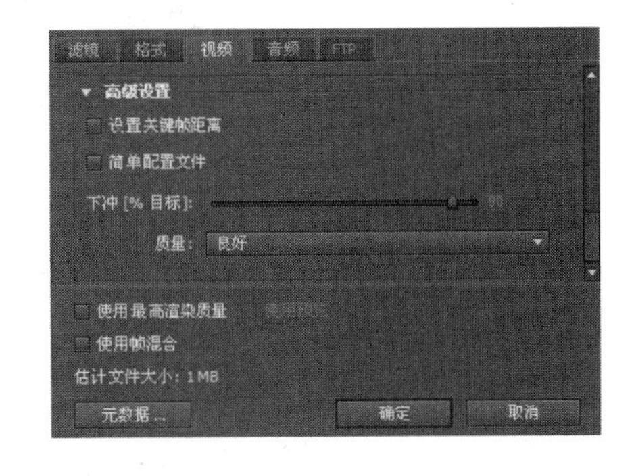

图 10-52　滤镜、格式、视频等选项

完成了各选项的设置，单击 确定 按钮返回 Adobe Media Encoder 界面，接着单击右侧的 开始队列 按钮，则开始视频的编码转换，此时下方以黄色的进度条显示转换进程，转换完成的视频右侧会出现绿色的“对号”✓，如图 10-53 所示。转换后的视频将与原视频保存在同一个文件夹中。

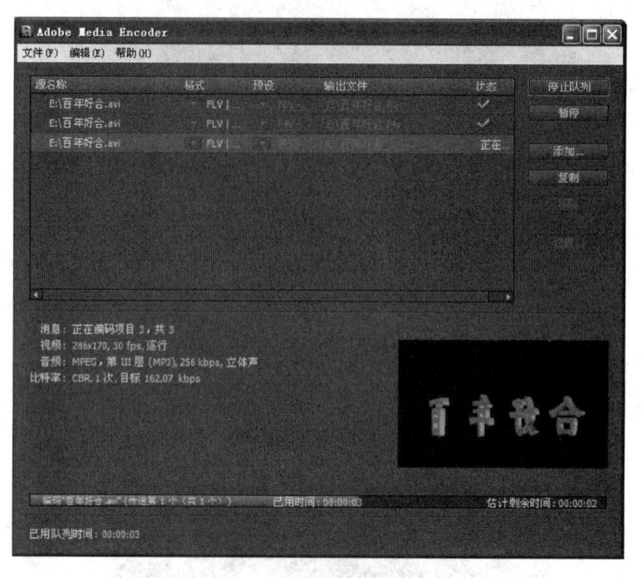

图 10-53　正在转换及转换完成的视频

知识点二：柔化填充边缘

【柔化填充边缘】命令是 Flash 中的一种特殊命令，它只能用于图形对象，其功能与 Photoshop 中的模糊滤镜或羽化类似，可以实现图形边缘的虚化效果，按照某一像素值来扩展或收缩图形。

【柔化填充边缘】命令是在初始图形的周围创建一系列的条状填充，由内向外越来越透明化，产生一种渐淡的镶边效果，如图 10-54 所示。当选择了图形对象以后，单击菜单栏中的【修改】/【形状】/【柔化填充边缘】命令，则弹出【柔化填充边缘】对话框，如图 10-55 所示。

图 10-54　柔化填充边缘效果

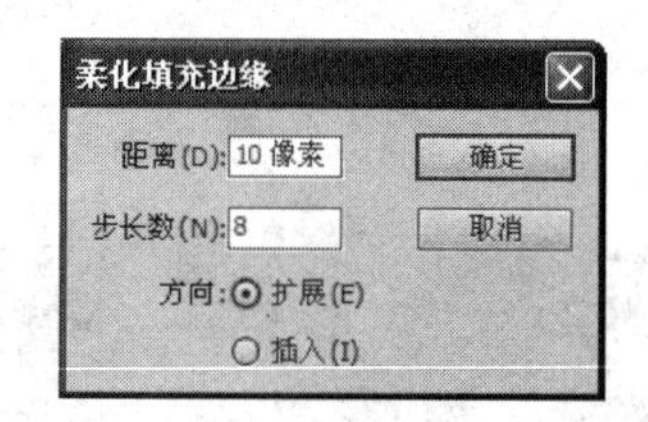

图 10-55　【柔化填充边缘】对话框

- 【距离】: 用于设置初始形状扩展或收缩的像素值。
- 【步长数】: 用于设置填充边缘上镶边的数量。
- 【方向】: 用于控制向内或向外变化图形，选择【扩展】时，图形变大；选择【插入】时，图形变小，如图 10-56 所示分别为原图、扩展、插入的效果。

图 10-56　原图、扩展、插入的效果

知识点三：喷涂刷工具

“喷涂刷工具” 类似于粒子喷射器，使用它可以一次性将图案“刷”到舞台上。默认情况下，喷涂刷使用当前选定的填充颜色喷射粒子点。除此之外，用户也可以自定义喷涂对象。

“喷涂刷工具” 的使用方法比较简单，首先需要在【属性】面板中设置参数，然后在舞台中拖曳鼠标即可。下面重点介绍【属性】面板中的相关参数，如图 10-57 所示。

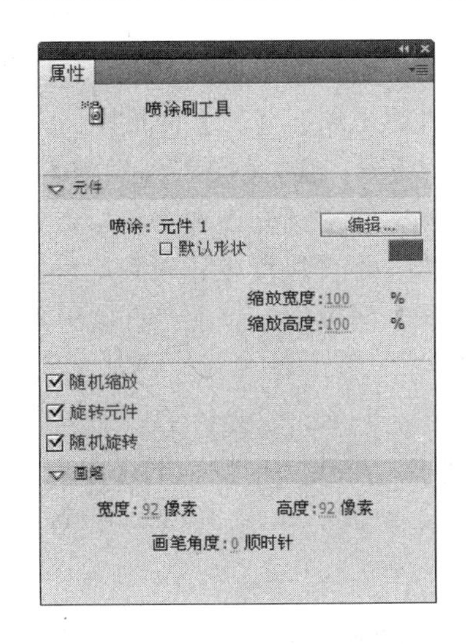

图 10-57　【属性】面板

- 【喷涂】：用于设置喷涂对象。如果没有元件，则使用默认形状进行喷涂，这时可以设置默认形状的颜色；如果定义了元件，则可以使用元件进行喷涂。
- 【缩放】：用于控制喷涂对象的百分比，值小于 100%为缩小；值等于 100%为原始大小；值大于 100%为放大。
- 【随机缩放】：选择该选项，在喷涂的过程中，喷涂对象的大小将随机发生变化。
- 【旋转元件】：当喷涂对象为元件时才出现该选项。选择该选项，在喷涂元件对象时将发生旋转。
- 【随机旋转】：选择该选项，在喷涂元件对象时将随机进行旋转，而不是统一的旋转角度。

- 【宽度】与【高度】：用于设置喷涂刷喷涂对象时的宽度与高度。
- 【画笔角度】：用于设置喷涂对象的旋转角度。

知识点四：声音素材的导入

Flash 提供了多种使用声音的方式。用户既可以使声音独立于时间轴连续播放，也可以将时间轴动画与音轨保持同步，还可以向按钮中添加声音，使按钮具有更强的互动性。另外，通过淡入淡出设置还可以使声音更加优美。

Flash 中有两种声音类型：事件声音和音频流。事件声音必须完全下载后才能开始播放，除非明确停止，否则它将一直连续播放。音频流在前几帧下载了足够的数据后就开始播放。通常音频流要与时间轴同步，以便在网站上播放。

如果为移动设备创作 Flash 内容，Flash 还允许在发布的 SWF 文件中包含设备声音。设备声音为设备本身支持的音频格式编码，如 MIDI、MFi 或 SMAF。

1. 添加声音

声音是一种特殊的动画元素，主要用于增强 Flash 动画听觉效果。使用声音前必须先导入声音文件，导入的声音文件将出现在【库】面板中。

单击菜单栏中的【文件】/【导入】/【导入到舞台】或【导入到库】命令，将弹出【导入】或【导入到库】对话框，在对话框中双击要导入的声音文件，即可将该声音文件导入到当前文档的【库】面板中。不管执行【导入到舞台】命令还是执行【导入到库】命令，都是将声音文件导入到【库】面板中，而不会直接导入到舞台中。如图 10-58 所示为导入声音文件后的【库】面板。

除了可以导入声音文件以外，Flash 还提供了一个“声音”公用库，其中提供了多种现成的声音文件，可以直接使用。单击菜单栏中的【窗口】/【公用库】/【声音】命令，可以打开“声音”的公用【库】面板，如图 10-59 所示，其中包含了各种效果的声音文件，直接拖曳到舞台中即可。

图 10-58 【库】面板

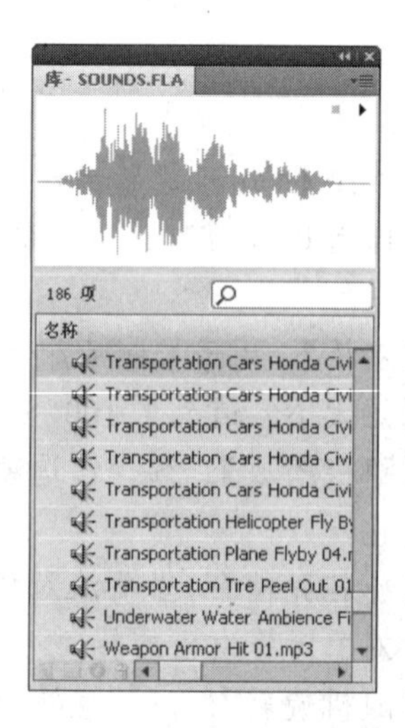

图 10-59 “声音”的公用【库】面板

使用声音文件时要注意以下几点：

第一，建议在一个独立的图层上放置声音，将声音与动画内容分开，这样便于对动画进行管理。

第二，声音必须添加到关键帧或空白关键帧上。

第三，如果一个动画中要添加多个声音，建议每一个声音都放置在独立的图层上，从而便于管理。

2. 删除或切换声音

不管向文档中导入多少声音文件，声音文件都会出现在当前文档的【库】面板中。在【时间轴】面板中插入关键帧或空白关键帧以后，将声音从【库】面板中拖动到舞台中，即可在当前关键帧中插入声音。

除此以外，还可以通过【属性】面板的【声音】选项添加、删除或切换声音。如果【库】面板中存在多个声音，在【属性】面板的【声音】选项中单击【名称】右侧的按钮，在打开的列表中可以看到所有的声音文件，它与【库】面板中的声音是一致的，如图 10-60 所示。

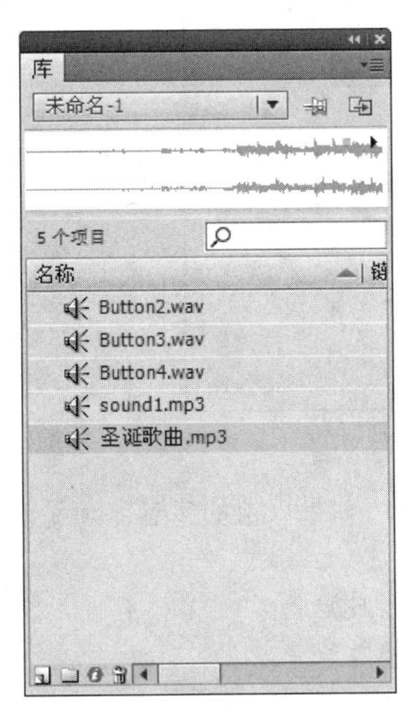

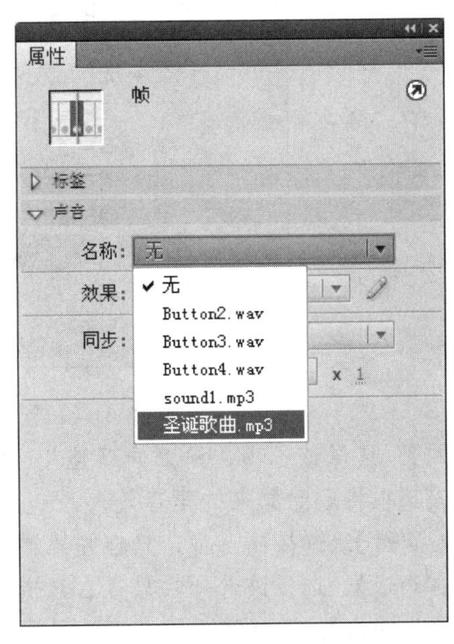

图 10-60　【库】面板与【属性】面板中的声音一致

- 添加声音：在【时间轴】面板中选择一个关键帧或空白关键帧，在【声音】选项的【名称】下拉列表中选择所需的声音文件，即可将该声音添加到关键帧中。
- 删除声音：在【时间轴】面板中选择声音所在的关键帧，在【声音】选项的【名称】下拉列表中选择“无”，即可删除该帧中的声音。
- 切换声音：在【时间轴】面板中选择声音所在的关键帧，在【声音】选项的【名称】下拉列表中选择另一个声音文件，即可切换声音。

3. 套用声音效果

为 Flash 文档添加声音以后，可以在【属性】面板中为声音套用不同的声音效果，这些效果是系统预置的，不需要设置就可以使用，包括淡入、淡出、左声道、右声道等。要使用这些效果，首先要选择声音所在的关键帧，这时【属性】面板中的【效果】选项变为可用状态，单击其右侧的按钮，在打开的列表中可以选择预置的声音效果，如图 10-61 所示。

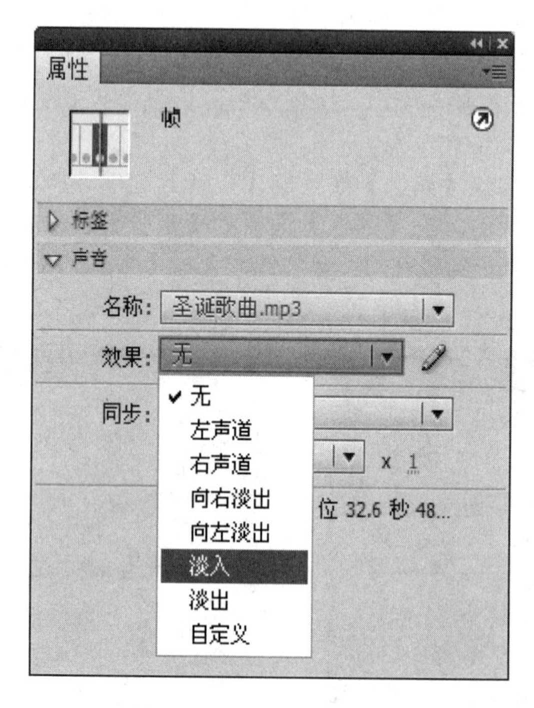

图 10-61　预置的声音效果

- 【无】：选择该选项，不对声音应用效果。如果以前的声音添加了效果，选择该选项将删除原来的声音效果。
- 【左声道】：选择该选项，只在左声道中播放声音。
- 【右声道】：选择该选项，只在右声道中播放声音。
- 【向右淡出】：选择该选项，声音从左声道过渡到右声道。
- 【向左淡出】：选择该选项，声音从右声道过渡到左声道。
- 【淡入】：选择该选项，声音淡入，即声音由小慢慢变大。
- 【淡出】：选择该选项，声音淡出，即声音由大慢慢变小。
- 【自定义】：选择该选项，将进入【编辑封套】对话框中编辑声音。

4. 自定义声音效果

除了可以使用预置的声音效果外，用户还可以自定义声音效果。在【属性】面板的【效果】下拉列表中选择“自定义”选项，或者单击【效果】右侧的按钮，将弹出【编辑封套】对话框，在该对话框中可以灵活地编辑声音的效果，如图 10-62 所示。

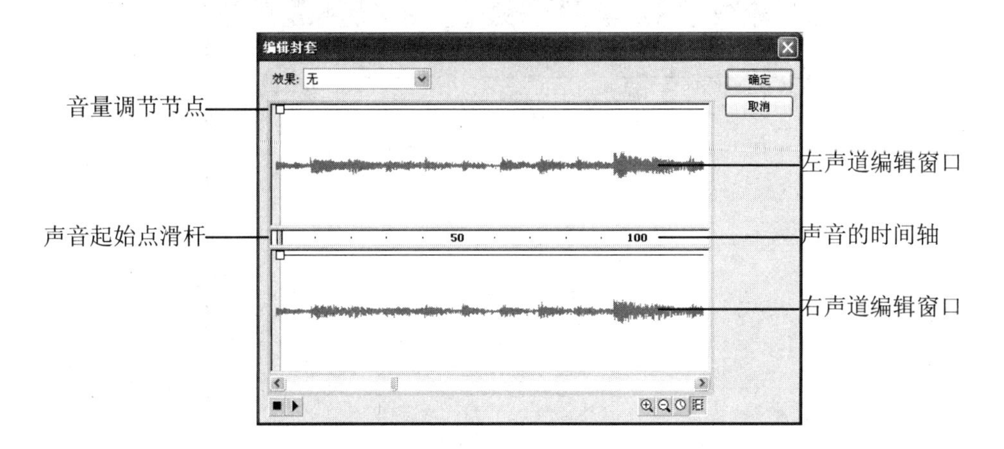

图 10-62　【编辑封套】面板

■　**音量调节节点**

音量调节节点位于音量指示线上。默认情况下，在左、右声道的编辑窗口上方有一条直线，即音量指示线，在音量指示线上单击鼠标，可以添加音量调节节点。

音量调节节点的作用是控制当前位置音量的大小，将其向下拖曳时音量减小，向上拖曳时音量提高。音量调节节点总是成对出现，编辑其中一个声道的音量时，不会影响另一个声道的音量，如图 10-63 所示。

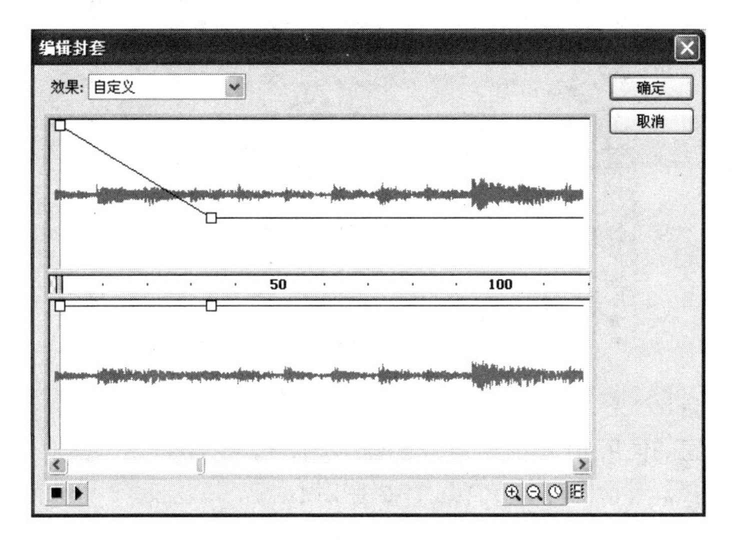

图 10-63　改变一个声道的音量

■　**声音的时间轴**

声音的时间轴有两种表现形态：一种是以“秒”为单位；一种是以“帧”为单位。以“秒”为单位时，便于观察播放声音所需要的时间；以“帧”为单位时，便于观察声音在时间轴上的分布。两种形态之间可以自由切换，单击对话框右下角的【秒】按钮或【帧】按钮即可切换，如图 10-64 所示为以“秒”为单位的时间轴。

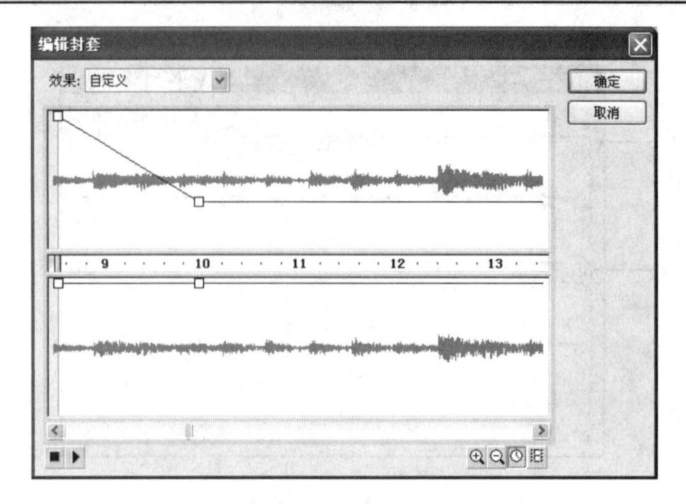

图 10-64　以“秒”为单位的时间轴

在【编辑封套】对话框中，可以对声音的长度进行截取。在声音时间轴的两侧各有一个滑杆，用于控制声音的起始点与结束点。拖动声音起始点滑杆与结束点滑杆，就可以截取声音，如图 10-65 所示即改变了声音的长度。在任意一个滑杆上双击鼠标，又可以使声音恢复到原来的长度。

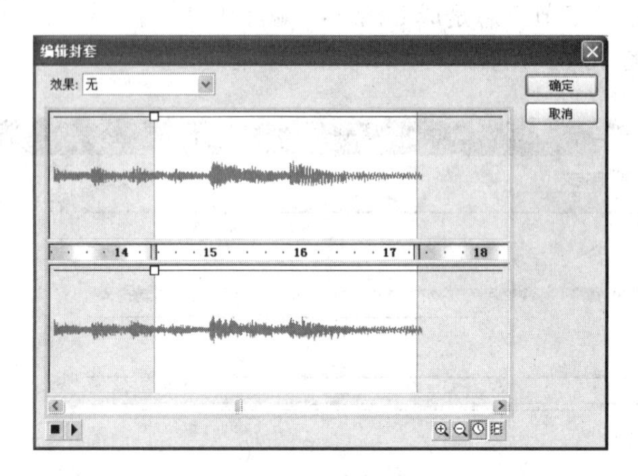

图 10-65　改变了声音的长度

■　功能按钮的使用

在【编辑封套】对话框的下方有几个功能按钮，它们分别起着不同的作用。

- 【停止声音】按钮■：单击该按钮，可以停止声音的播放。
- 【播放声音】按钮▶：单击该按钮，可以在不关闭对话框的前提下播放声音，试听声音效果。
- 【放大】按钮：单击该按钮，可以放大编辑窗口的显示比例。
- 【缩小】按钮：单击该按钮，可以缩小编辑窗口的显示比例。
- 【秒】按钮：单击该按钮，声音时间轴以“秒”为单位显示。
- 【帧】按钮：单击该按钮，声音时间轴以“帧”为单位显示。

5. 声音同步

为 Flash 动画添加声音以后，还需要解决声音同步的问题，即播放的声音要与播放的动画相匹配。这一功能可以在【属性】面板的【声音】选项中进行设置。在这里不仅可以设置声音同步属性，还可以设置声音在动画中的播放次数，如图 10-66 所示。

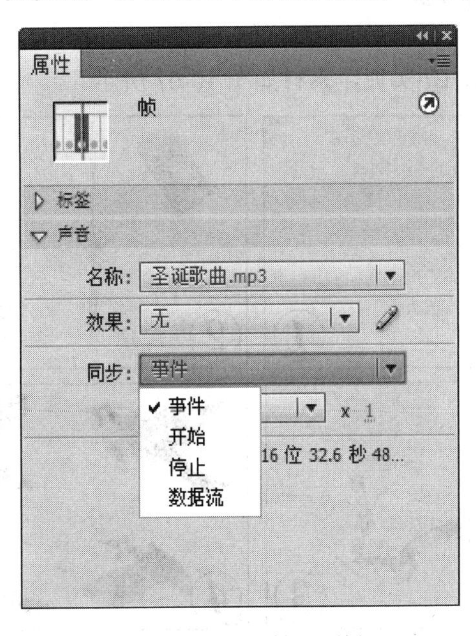

图 10-66　【属性】面板

在【同步】选项的下拉列表中共有四种声音同步类型，分别是【事件】、【开始】、【停止】和【数据流】。不同的同步类型影响着声音的播放方式。

- 【事件】：该类型可以将声音和事件关联起来。当事件发生时声音开始播放，并独立于时间轴播放完整的声音，即使影片停止也继续播放。
- 【开始】：该类型与【事件】类型相似，不同之处是，如果当前正在播放一个声音，当遇到一个新的声音时，两种声音会混在一起播放。
- 【停止】：该类型将使指定的声音静音。需要指出的是，【停止】类型只能指定停止一个声音文件，如果要停止动画中所有的声音文件，则需要使用 ActionScript 中的 StopAllSounds 命令。
- 【数据流】：该类型用于在互联网上强制 Flash 动画和音频流同步。与事件声音不同，音频流随着影片的停止而停止。该类型的声音通常用于动画的背景音乐。

10.5　项 目 实 训

电子贺卡的形式是多种多样的，但是基本都有声音、祝福语，并配以适当的动画。我们学习了声音的运用以后，并结合前面学习的动画知识，制作一个具有中国民间风格的新年贺卡。

任务分析

本项目提供了大量的素材，其中有图片也有动画，合理地运用会创造出非常漂亮的效果。主要思路如下：(1) 使用传统补间动画、逐帧动画制作梅花开放动画、小鸟飞入与飞出动画；(2) 使用逐帧动画制作鞭炮燃放效果；(3) 使用遮罩动画制作贺词的打字效果；(4) 合理设置背景声音与鞭炮声。

任务素材

光盘位置：光盘\项目 10\实训，素材如图 10-67 所示。

图 10-67　素材

参考效果

光盘位置：光盘\项目 10\实训，参考效果如图 10-68 所示。

图 10-68　参考效果

项目 11

制作一个数学课件

11.1 项 目 说 明

Flash 是目前最流行的课件制作工具之一，由它制作的教学课件体积小、动画效果丰富、交互功能强大，可以大大提高教学内容的表现力和感染力。该项目是为某初中数学老师制作的一个教学课件——“圆的认识”，要求能够帮助同学理解圆、圆心、半径、直径的概念。

11.2 项 目 分 析

课件是为课堂教学服务的，一个优秀的课件应避免繁琐，内容力求准确；交互控制不宜太复杂，以便于教学时操作方便；另外，课件界面也不容忽视，既要简洁又要赏心悦目，以激发学生的学习兴趣。本项目为了加强学生对圆、圆心、半径、直径概念的理解，分别以动画的形式进行演示，并由老师控制播放。大致思路如下：

第一，设计好课件的基本结构，并使用 Photoshop 制作课件背景。

第二，根据要求设置影片尺寸，该影片的尺寸是 730 像素 × 500 像素。然后导入背景，再制作按钮元件，用于添加 AS 脚本，控制动画片段。

第三，分别制作动画，以辅助教学过程中对圆、圆心、半径、直径概念的讲解。

第四，为交互按钮添加 AS 脚本，以控制每一段动画的播放，便于教学。

11.3 项 目 实 施

课件的形式是多种多样的，本项目比较简单，却很有代表性，能够很好地完成辅助教学。课件中既有动画演示，又有交互控制，这是课件中的两大主要模块，技术上需要由动画功能与 AS 脚本来实现。本项目的参考效果如图 11-1 所示。

图 11-1　动画参考效果

任务一：课件界面的制作

(1) 启动 Flash CS5 软件，在欢迎画面中单击【ActionScript 3.0】选项，创建一个新文档。

(2) 按下 Ctrl + J 键，在弹出的【文档设置】对话框中设置舞台的尺寸为 730 像素×500 像素，【背景颜色】为黑色，其他设置保持默认值。

(3) 在【时间轴】面板中将“图层 1”重命名为“底图”，按下 Ctrl + R 键，将本书光盘“项目 11”文件夹中的“底图.jpg”文件导入到舞台中，调整其大小与舞台重合，如图 11-2 所示。

(4) 在“底图”层的第 45 帧处按下 F5 键插入普通帧，设置动画的播放时间。

(5) 在“底图”层的上方创建一个新图层“文字 1”，使用“文本工具” T 在舞台的右上角输入文字“初中数学课件”，如图 11-3 所示。

图 11-2　导入的图片

图 11-3　输入的文字

指点迷津

在本例的制作中，输入的课件文字的字体、大小、颜色等属性不作局限，读者可以根据喜好自行设置。

(6) 在“文字 1”层的上方创建一个新图层“圆动画”，然后选择工具箱中的“椭圆工具”，在【属性】面板中设置【笔触颜色】为红色(#FF0000)，【填充颜色】为无色，并设置【笔触】值为 3，如图 11-4 所示。

(7) 在舞台的左侧绘制一个红色的圆环，在【信息】面板中设置其【宽】和【高】的值如图 11-5 所示。

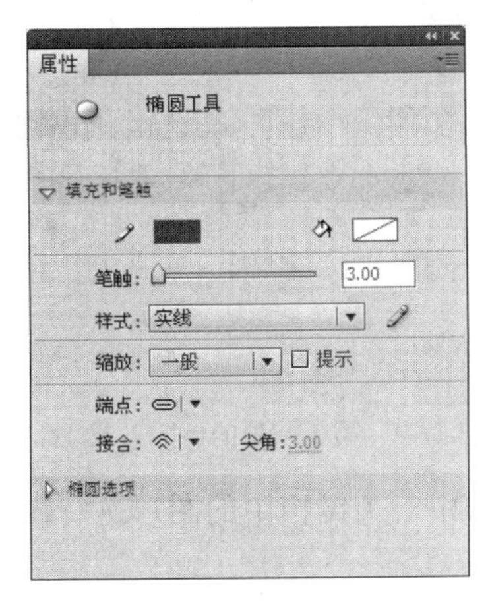

图 11-4　【属性】面板

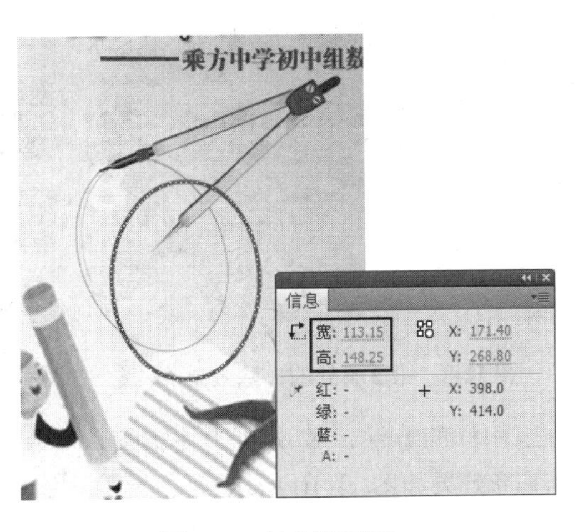

图 11-5　绘制的圆环

(8) 使用工具箱中的“任意变形工具”选择刚绘制的圆环，将其逆时针旋转一定角度，并移动位置，使其与背景中的椭圆重合，如图 11-6 所示。

(9) 按下 F8 键，将调整后的圆环转换为影片剪辑元件“圆动画”。

(10) 在舞台中双击“圆动画”实例，进入其编辑窗口中，然后选择工具箱中的“橡皮擦工具”，擦除挡住圆规的部分，如图 11-7 所示。

图 11-6　调整圆环的位置和大小

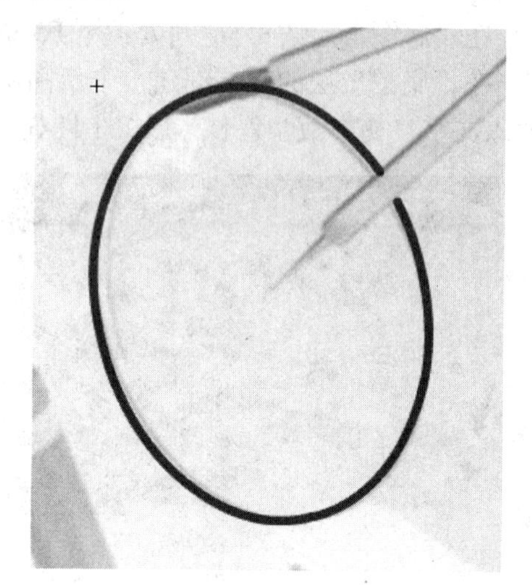

图 11-7　擦除挡住圆规的部分

(11) 在“图层 1”的第 2 帧处按下 F6 键插入关键帧，使用“橡皮擦工具”继续擦除部分圆环，这时要擦除圆规外脚部位的线条，如图 11-8 所示。

(12) 在“图层 1”的第 3 帧处按下 F6 键插入关键帧，用同样的方法，继续擦除部分圆环，如图 11-9 所示。

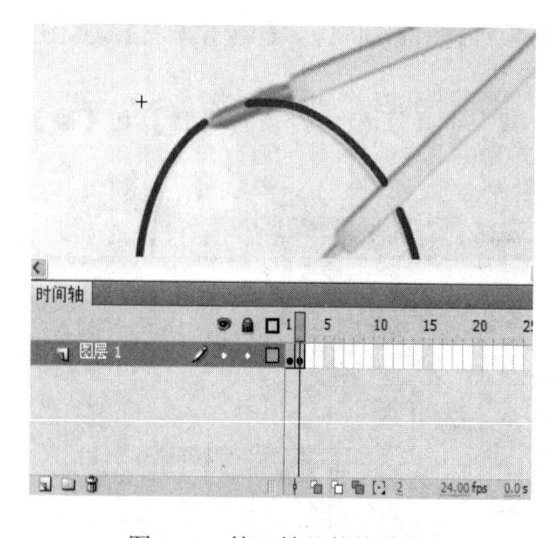

图 11-8　第 2 帧处的擦除效果

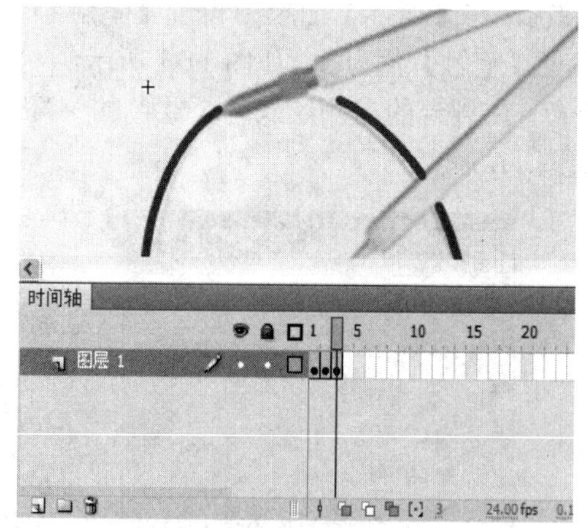

图 11-9　第 3 帧处的擦除效果

(13) 用同样的方法，依次创建关键帧，并在窗口中对关键帧中的图形进行擦除，不同帧中的图形效果如图 11-10 所示。

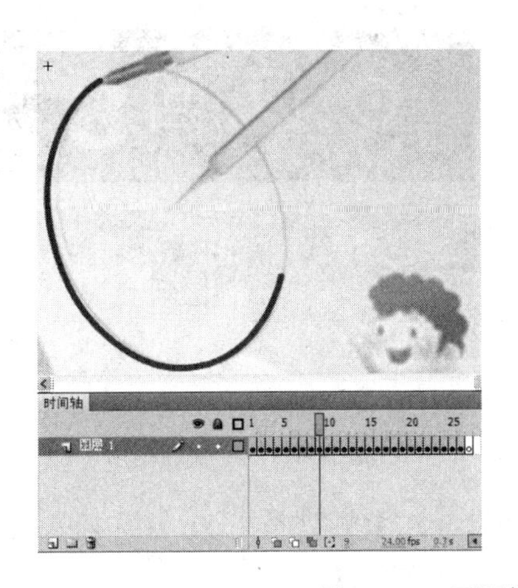
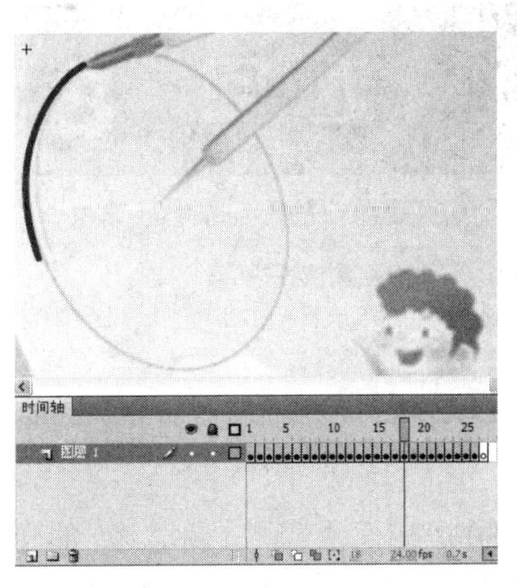

图 11-10　不同帧中的图形效果

指点迷津

在制作上面的影片剪辑元件时，每创建一个关键帧，就在图形中擦除一部分图形，直到全部擦除为止。书中关键帧的数量为第 1 帧～第 27 帧，其中第 27 帧中全部擦除，读者也可以根据擦除的程度自行确定关键帧的数目，只是在最后一帧中要将图形全部删除。

(14) 在【时间轴】面板中按住 Shift 键的同时选择“图层 1”的第 1 帧～第 27 帧，单击鼠标右键，在弹出的快捷菜单中选择【翻转帧】命令，翻转所选的关键帧，从而制作出画圆的逐帧动画。

(15) 在“图层 1”的第 50 帧处插入普通帧，设置动画的播放时间，此时的【时间轴】面板如图 11-11 所示。

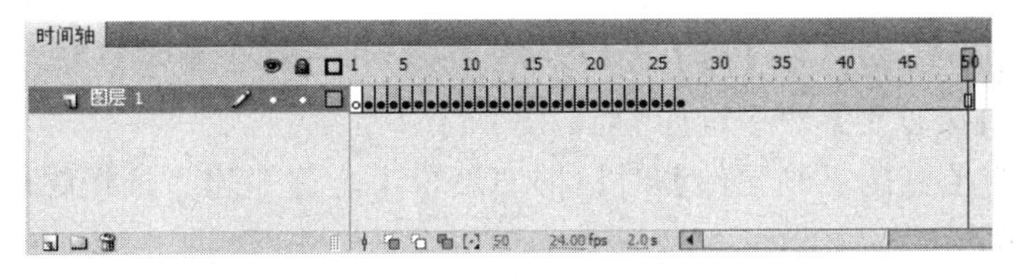

图 11-11　【时间轴】面板

(16) 单击窗口左上方的场景 1按钮，返回到舞台中。

任务二：制作按钮元件

(1) 按下 Ctrl + F8 键，创建一个新的按钮元件“返回”，并进入其编辑窗口中。

(2) 使用“文本工具”T在窗口的中心位置输入白色文字“返回”，字体为黑体，大小为 14 点，如图 11-12 所示。

(3) 在“图层 1”的上方创建一个新图层“图层 2”，然后在文字的左侧绘制一个白色图形，如图 11-13 所示。

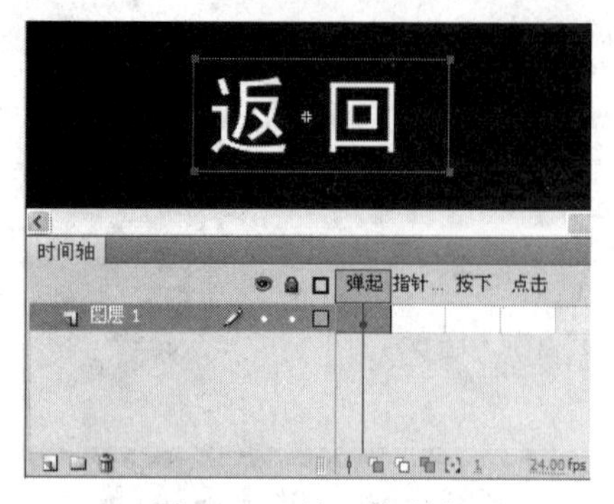
图 11-12　输入的文字

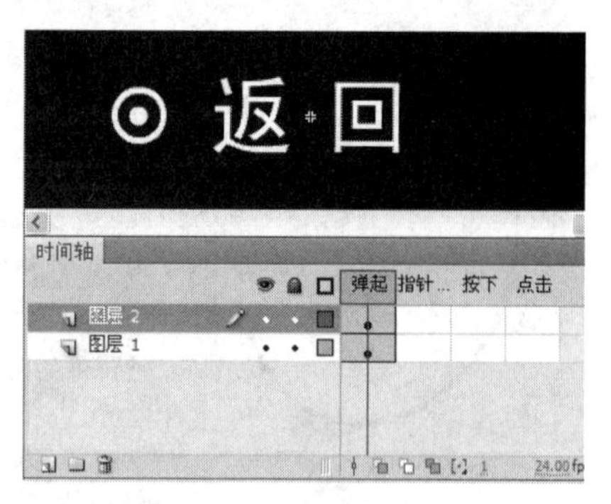
图 11-13　绘制的图形

(4) 分别在“图层 1”和“图层 2”的【指针经过】帧处按下 F6 键，插入关键帧。

(5) 在窗口中调整图形和文字的颜色均为黄色(#FFFF00)，如图 11-14 所示。

(6) 选择“图层 1”的【点击】帧，按下 F5 键插入普通帧；然后再选择“图层 2”的【点击】帧，按下 F6 键插入关键帧，绘制一个能够遮住图形和文字的矩形，这样就完成了“返回”按钮元件的制作，如图 11-15 所示。

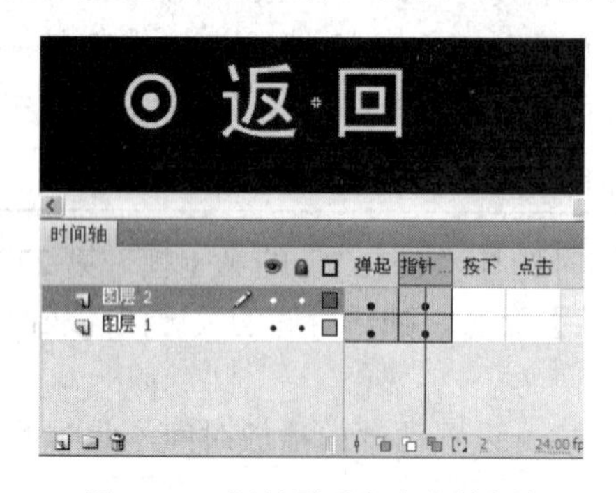
图 11-14　调整图形和文字的颜色

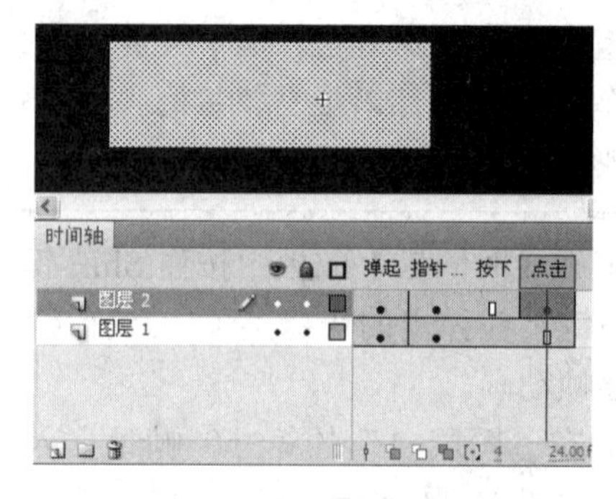
图 11-15　绘制的矩形

(7) 按下 Ctrl＋L 键打开【库】面板，在“返回”元件上单击鼠标右键，在弹出的快捷菜单中选择【直接复制】命令，如图 11-16 所示。

(8) 在弹出的【直接复制元件】对话框中设置【名称】为“认识圆形”，其他保持不变，如图 11-17 所示。

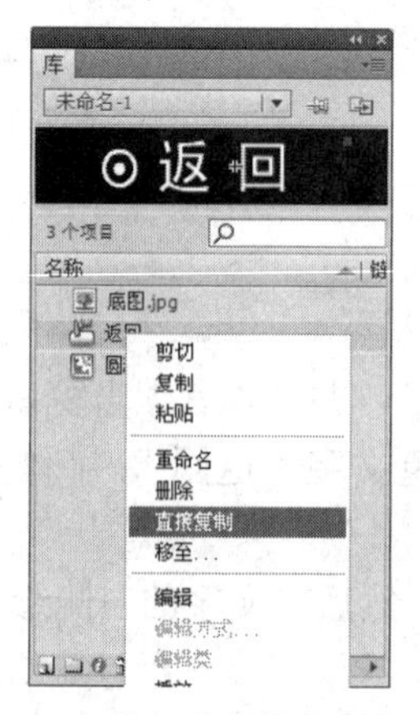
图 11-16　执行【直接复制】命令

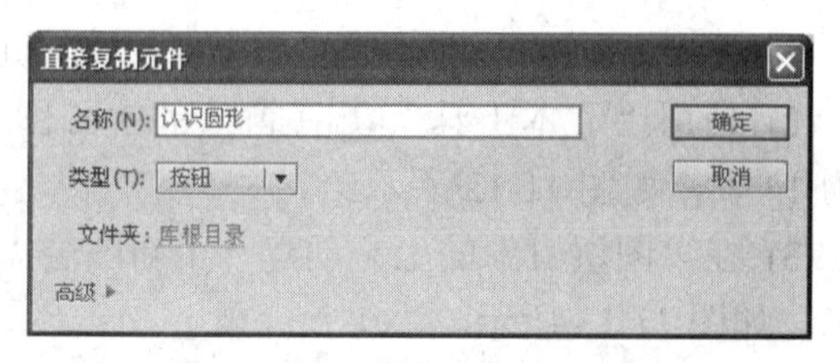
图 11-17　【直接复制元件】对话框

(9) 单击确定按钮，则【库】面板中出现“认识圆形”按钮元件，双击该元件，进入其编辑窗口中。

(10) 分别在【弹起】帧和【指针经过】帧中修改文字为“认识圆形”，如图 11-18 所示。

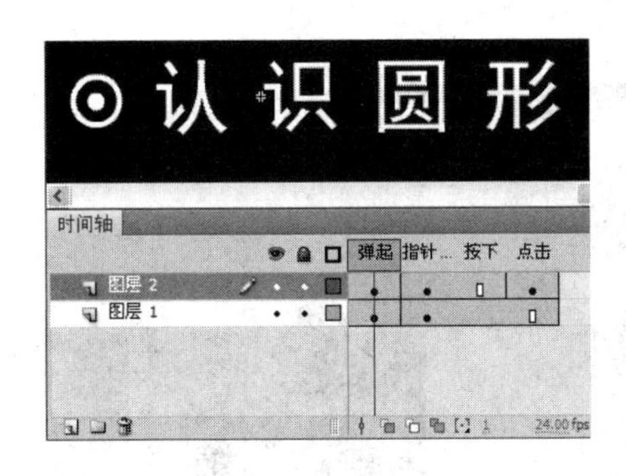

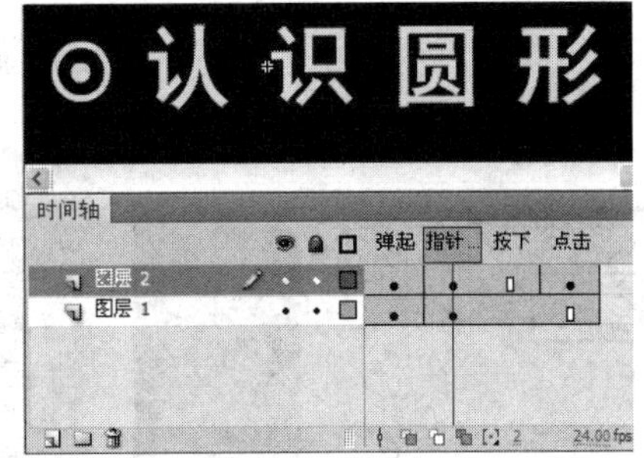

图 11-18　修改【弹起】和【指针经过】帧中的文字

(11) 进入“图层 2”的【点击】帧，使用“任意变形工具”调整其中矩形的大小，使其完全遮住图形和文字。

(12) 用同样的方法，继续复制“返回”按钮元件为“圆心”、“半径”和“直径”按钮元件，然后修改其中的文字和矩形大小，这样就完成了按钮的制作。

(13) 单击窗口左上方的场景 1按钮，返回到舞台中，在【时间轴】面板的“圆动画”层上方创建一个新图层，命名为“按钮”。

(14) 将创建的各个按钮元件从【库】面板中拖曳到舞台中，调整其位置如图 11-19 所示。

图 11-19　添加的按钮

任务三：制作“认识圆形动画”

(1) 在“按钮”层的上方创建一个新图层，命名为“动画内容”，并在该层的第 5 帧处插入关键帧。

(2) 按下 Ctrl + F8 键，创建一个新的影片剪辑元件“认识圆形动画”，并进入其编辑窗口中。

(3) 在【时间轴】面板中将“图层 1”命名为“圆心”，然后在窗口的中心位置绘制一个红色(#FF0000)圆形，其大小为 15 像素，如图 11-20 所示。

(4) 选择“圆心”层的第 10 帧，按下 F6 键插入关键帧，再选择该层的第 50 帧，按下 F5 键插入普通帧，设置动画播放时间。

(5) 选择第 1 帧中的红色圆形，在【属性】面板中设置其【填充颜色】的 Alpha 值为 0%，如图 11-21 所示，使其完全透明。

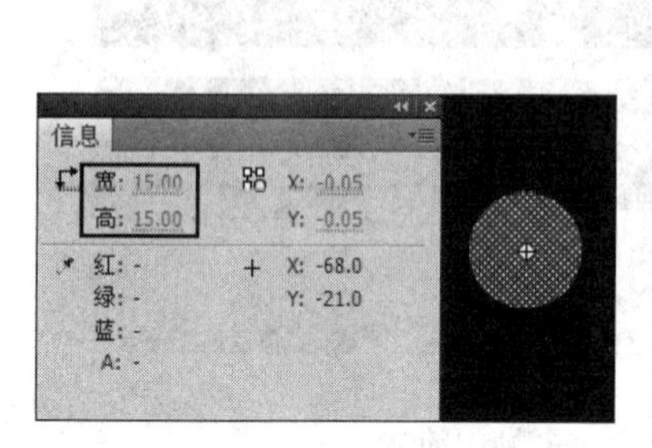

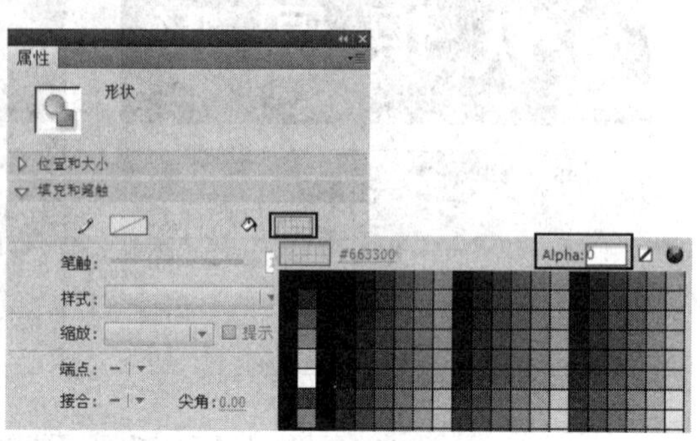

图 11-20 绘制的圆形

图 11-21 设置第 1 帧中的圆形属性

(6) 选择“圆心”层的第 1 帧，单击鼠标右键，在弹出的快捷菜单中选择【创建补间形状】命令，创建补间形状动画。

(7) 在“圆心”层的上方创建一个新图层，命名为“半径”，在该层的第 10 帧处插入关键帧，然后在窗口中绘制一条黄色(#FFFF00)线段，如图 11-22 所示。

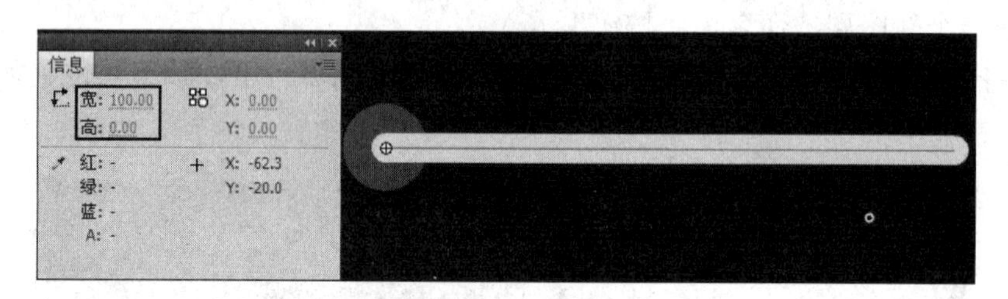

图 11-22 绘制的线段

(8) 选择黄色线段，按下 F8 键，将其转换为影片剪辑元件“线”。

(9) 选择窗口中的“线”实例，使用“任意变形工具”将其中心点调整到窗口的中心位置，使其中心点与红色圆形的中心点重叠，如图 11-23 所示。

(10) 分别在“半径”层的第 25 帧和第 49 帧处插入关键帧。

(11) 将播放头调整到第 10 帧处，选择窗口中的“线”实例，使用“任意变形工具”将其水平缩短，如图 11-24 所示。

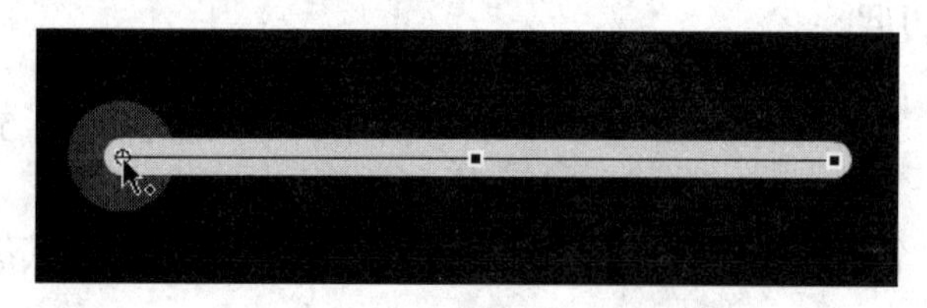

图 11-23 调整实例中心点的位置

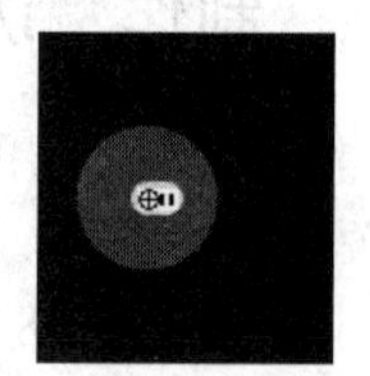

图 11-24 第 10 帧中的“线”实例

(12) 在“半径”层的第 10 帧上单击鼠标右键，在弹出的快捷菜单中选择【创建传统补间】命令，创建传统补间动画。用同样的方法，在第 25 帧上也单击鼠标右键，创建传统补间动画，此时的【时间轴】面板如图 11-25 所示。

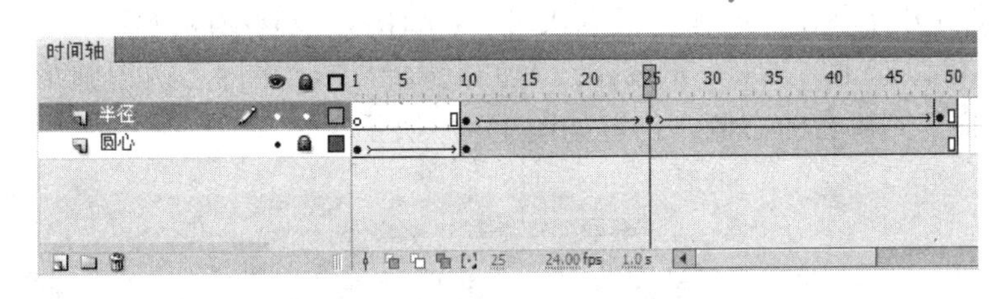

图 11-25　【时间轴】面板

(13) 在【属性】面板的【补间】选项中设置【旋转】为“顺时针”且旋转 1 次，如图 11-26 所示。

(14) 在“半径”层的上方创建一个新图层“画圆”，并在该层的第 26 帧处插入关键帧，然后绘制一个白色圆环，如图 11-27 所示。

图 11-26　【属性】面板

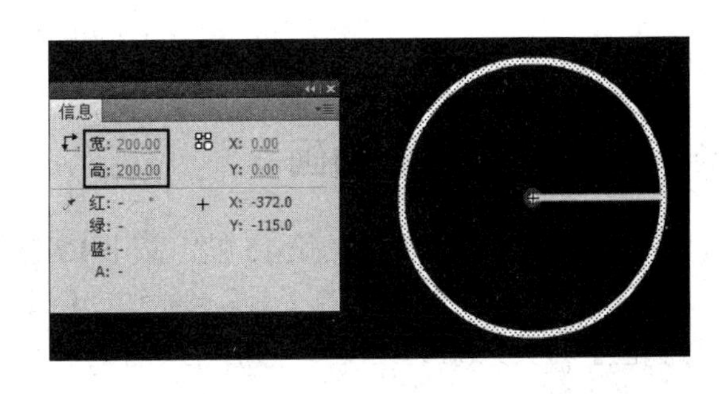

图 11-27　绘制的圆环

(15) 同时选择“画圆”层的第 27 帧～第 49 帧，按下 F6 键插入关键帧。

(16) 选择“画圆”层的第 26 帧，使用“橡皮擦工具”擦除部分圆环，只保留半径划过的部分，如图 11-28 所示。

(17) 再选择“画圆”层的第 27 帧，继续使用“橡皮擦工具”进行擦除，仍然是保留半径划过的部分，如图 11-29 所示。

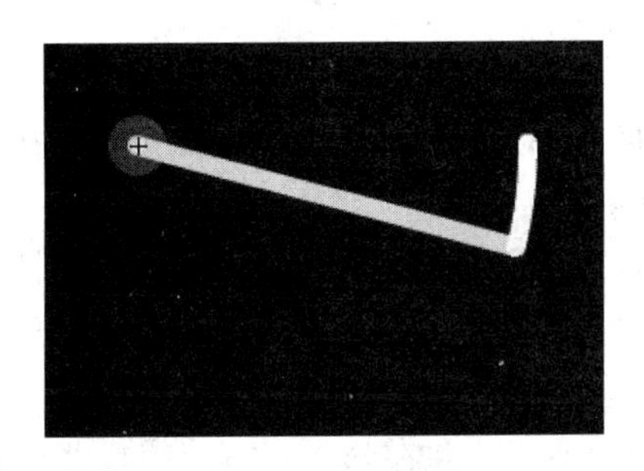

图 11-28　第 26 帧中的擦除效果

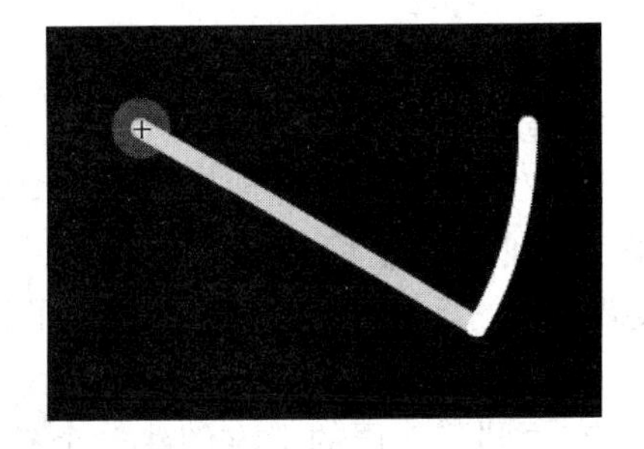

图 11-29　第 27 帧中的擦除效果

(18) 用同样的方法，逐帧进行擦除，每一帧中都只保留半径划过的部分，一直到第49帧，第49帧中的内容不作擦除操作，这样就形成了一个画圆的动画。

(19) 在“画圆”层的上方创建一个新图层“action”，在该层的第50帧处插入关键帧，按下F9键打开【动作】面板，输入代码“stop();”，设置动画到该帧处停止。

(20) 单击窗口左上方的场景 1按钮，返回到舞台中，并将“认识圆形动画”元件从【库】面板中拖曳到舞台的右侧，位置如图11-30所示。

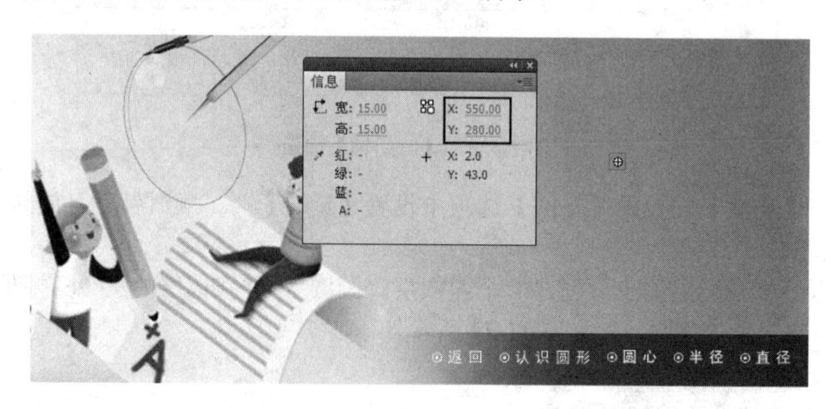

图11-30 添加“认识圆形动画”实例

任务四：制作“圆心动画”

(1) 选择“动画内容”层的第15帧，按下F7键插入空白关键帧。

(2) 选择工具箱中的“椭圆工具”，在【属性】面板中设置【笔触颜色】为白色，【填充颜色】为黄色(#FFCC66)，然后在舞台的右侧绘制一个圆形，如图11-31所示。

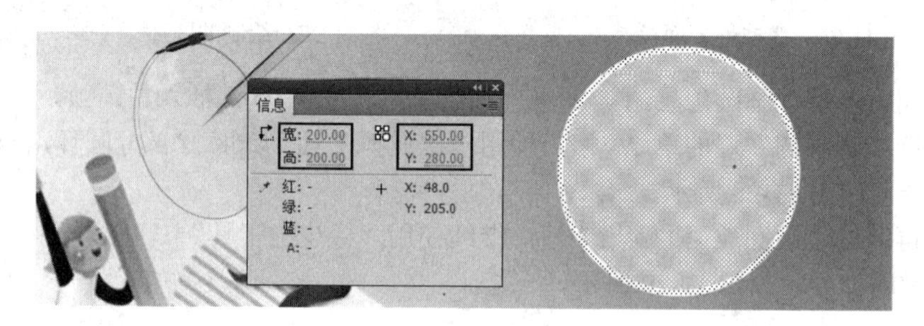

图11-31 绘制的圆形

(3) 选择绘制的圆形，按下F8键，将其转换为影片剪辑元件“圆心动画”，在【库】面板中双击“圆心动画”元件，进入其编辑窗口中。

(4) 在【时间轴】面板中将“图层1”命名为“圆形”，在该层的第120帧处插入普通帧，设置动画的播放时间，然后在该层的第5帧处插入空白关键帧，设置动画播放到该帧处停止。

(5) 在“圆形”层的上方创建一个新图层“半圆”，并在该层的第5帧处插入关键帧，然后在窗口中绘制一个半圆，如图11-32所示。

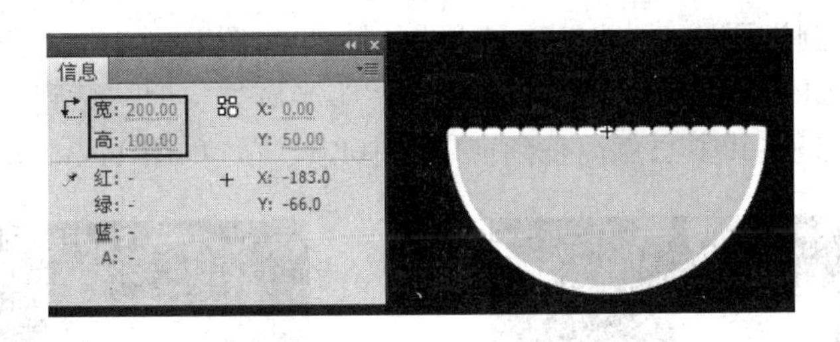

图 11-32　绘制的半圆

指点迷津

在绘制半圆时，可以通过【复制】与【粘贴到当前位置】命令将“圆形”层中的图形复制并粘贴到“半圆”层的第 5 帧处，然后在窗口的中心位置绘制一条水平线段，将粘贴的图形上下一分为二，再删除上面的一半，就可以形成半圆。

(6) 选择绘制的半圆，按下 F8 键，将其转换为影片剪辑元件“半圆”，然后按下 Ctrl + C 键复制“半圆”实例。

(7) 在“半圆”层的上方创建一个新图层“半圆动画”，在该层的第 5 帧处插入关键帧，按下 Ctrl + Shift + V 键，将复制的“半圆”实例粘贴到当前位置，然后使用“任意变形工具”将其中心点调整到窗口的中心位置，如图 11-33 所示。

(8) 在“半圆动画”层的第 20 帧处插入关键帧，然后将播放头调整到第 5 帧处，选择窗口中的“半圆”实例，单击菜单栏中的【修改】/【变形】/【垂直翻转】命令，将实例垂直翻转，结果如图 11-34 所示。

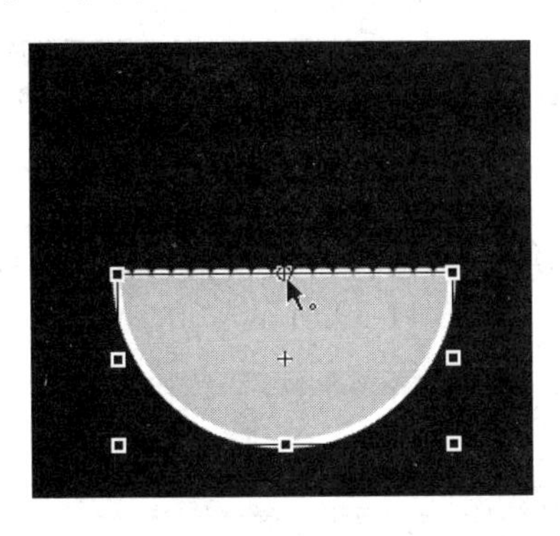

图 11-33　调整实例中心点的位置

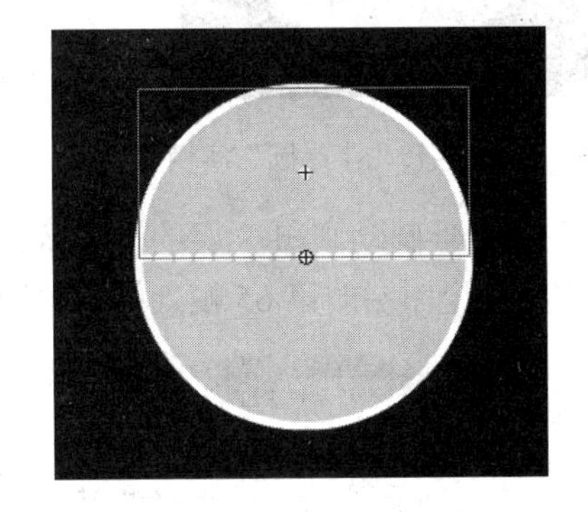

图 11-34　垂直翻转“半圆”实例

(9) 选择“半圆动画”层的第 5 帧，单击鼠标右键，在弹出的快捷菜单中选择【创建传统补间】命令，创建传统补间动画。

(10) 在“半圆动画”和“半圆”层的第 25 帧处分别插入空白关键帧，设置动画播放到该帧处停止。

(11) 在“半圆动画”层的上方创建一个新图层“半半圆”，在该层的第 25 帧处插入关键帧，然后在窗口中绘制一个 1/4 圆形，如图 11-35 所示。

(12) 选择绘制的 1/4 圆形，按下 F8 键，将其转换为影片剪辑元件“半半圆”，然后按下 Ctrl + C 键复制“半半圆”实例。

(13) 在“半半圆”层的上方创建一个新图层“半半圆动画 1”，在该层的第 25 帧处插入关键帧，按下 Ctrl + Shift + V 键，将复制的“半半圆”实例粘贴到当前位置，然后使用“任意变形工具”将其中心点调整到窗口的中心位置，如图 11-36 所示。

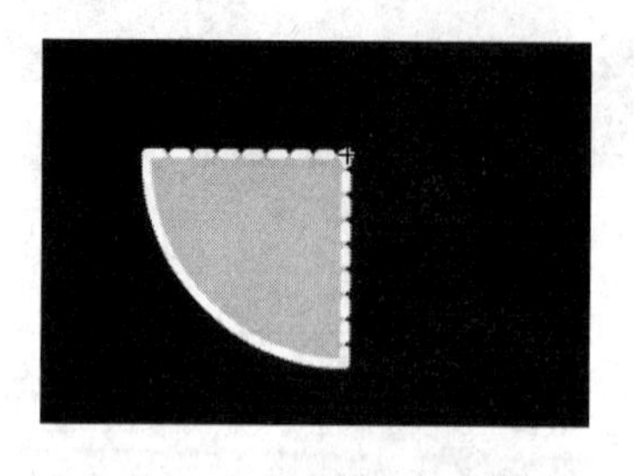

图 11-35　绘制的 1/4 圆形

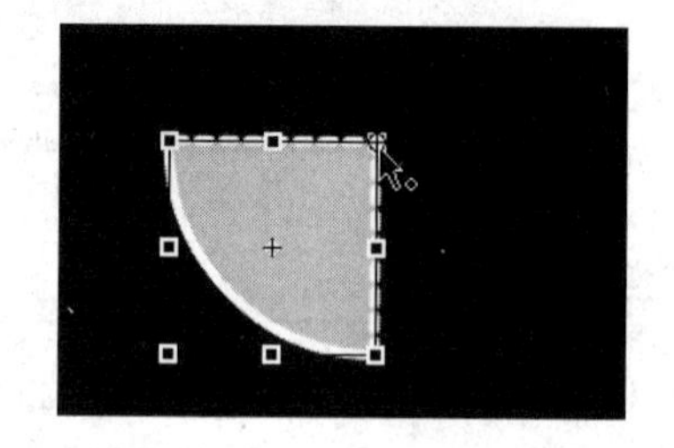

图 11-36　调整实例中心点的位置

(14) 分别在“半半圆动画 1”层的第 40 帧、第 46 帧和第 60 帧处插入关键帧。

(15) 将播放头分别调整到第 25 帧和第 60 帧处，然后选择窗口中的“半半圆”实例，执行菜单栏中的【修改】/【变形】/【水平翻转】命令，将其进行水平翻转，如图 11-37 所示。

(16) 分别在“半半圆动画 1”层的第 25 帧～第 40 帧、第 46 帧～第 60 帧之间创建传统补间动画，此时的【时间轴】面板如图 11-38 所示。

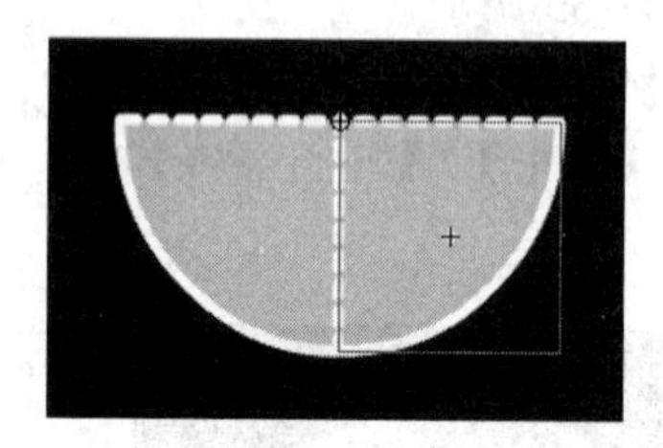

图 11-37　水平翻转“半半圆”实例

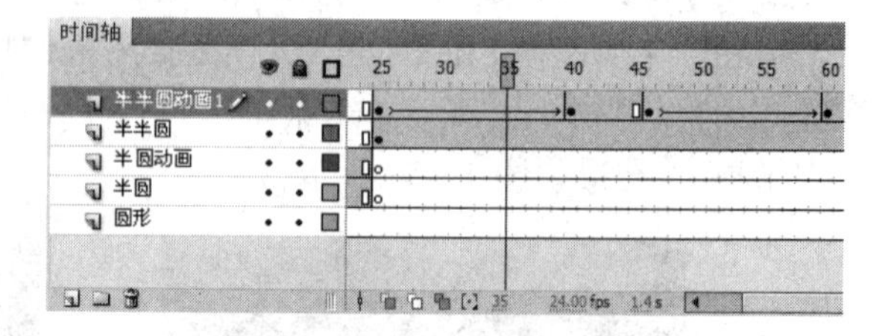

图 11-38　【时间轴】面板

(17) 在“半半圆动画 1”层的上方依次创建“半半圆动画 2”和“半半圆动画 3”层，并分别在两个图层的第 65 帧处插入关键帧，如图 11-39 所示。

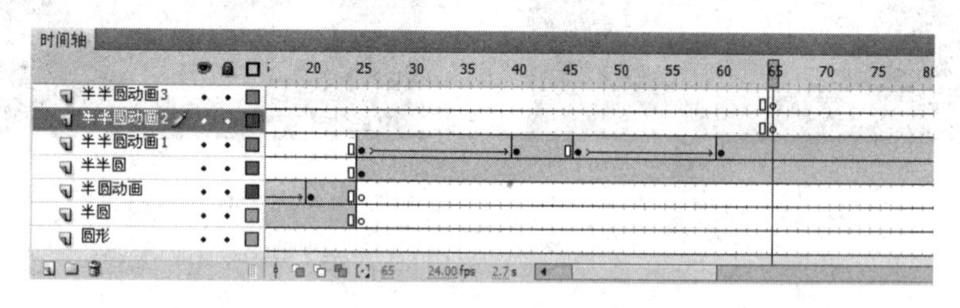

图 11-39　【时间轴】面板

(18) 将“半半圆动画 1”层的第 40 帧中的“半半圆”实例复制并原位粘贴到“半半圆动画 2”层的第 65 帧中；再将“半半圆动画 1”层的第 25 帧中的“半半圆”实例复制并原位粘贴到“半半圆动画 3”层的第 65 帧中，结果如图 11-40 所示。

(19) 在“半半圆动画 2”和“半半圆动画 3”层的第 80 帧处插入关键帧，执行菜单栏中的【修改】/【变形】/【垂直翻转】命令，将其垂直翻转，如图 11-41 所示。

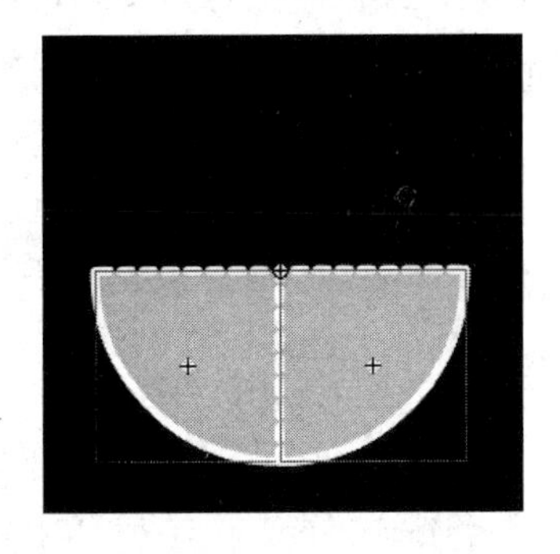

图 11-40　第 65 帧中的“半半圆”实例

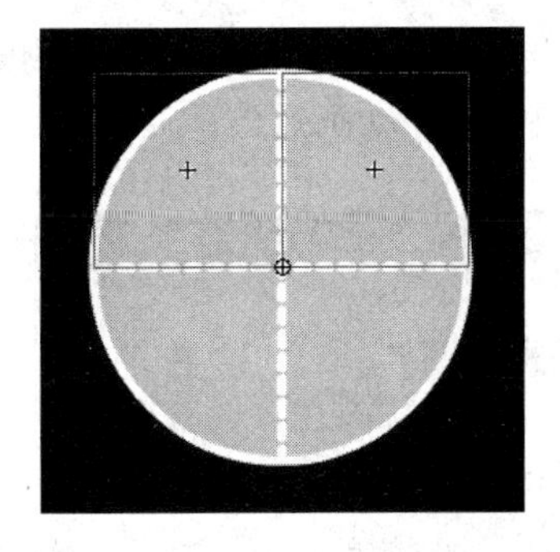

图 11-41　第 80 帧中的“半半圆”实例

(20) 分别在“半半圆动画 2”和“半半圆动画 3”层的第 65 帧～第 80 帧之间创建传统补间动画。

(21) 在“半半圆动画 3”层的上方创建一个新图层“圆心动画”，并在该层的第 80 帧处插入关键帧，如图 11-42 所示。

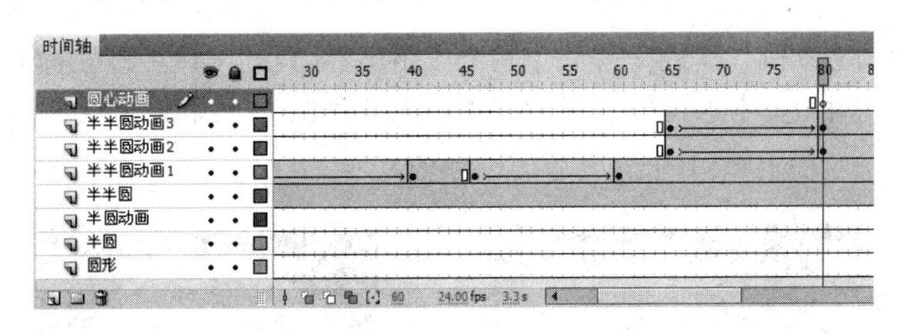

图 11-42　【时间轴】面板

(22) 使用“椭圆工具”在圆心位置绘制一个大小为 15 像素的红色圆形，如图 11-43 所示。

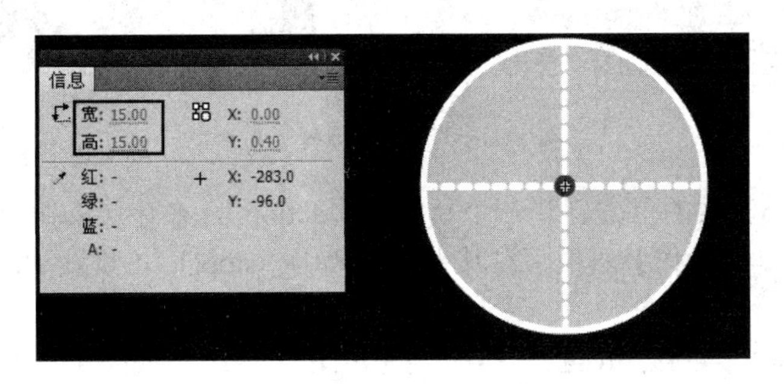

图 11-43　绘制的圆形

(23) 选择刚绘制的小圆形，按下 F8 键，将其转换为影片剪辑元件“红色小圆点”。

(24) 分别在“圆心动画”层的第 90 帧～第 96 帧处插入关键帧，并在第 80 帧～第 90 帧之间创建传统补间动画。

(25) 将播放头调整到第 80 帧处，选择窗口中的“红色小圆点”实例，在【属性】面板中设置【样式】为 Alpha，值为 0%，如图 11-44 所示。

(26) 分别选择第 91 帧、第 93 帧和第 95 帧中的“红色小圆点”实例，在【属性】面板中设置【样式】为“色调”，调整右侧颜色为白色，并设置参数如图 11-45 所示，这样就创建出一闪一闪的动画效果。

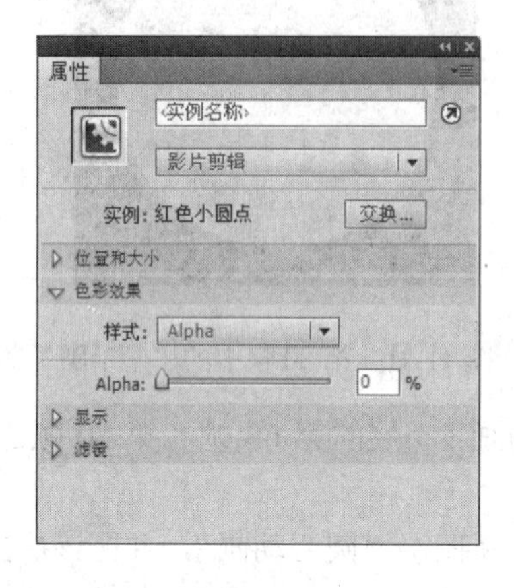

图 11-44　第 80 帧中实例的属性　　　　图 11-45　第 91、93、95 帧中实例的属性

(27) 在“圆心动画”层的上方创建一个新图层“圆心”，并在该层的第 96 帧处插入关键帧，然后使用“文本工具” T 在窗口中输入红色文字“圆心”，文字的属性与位置如图 11-46 所示。

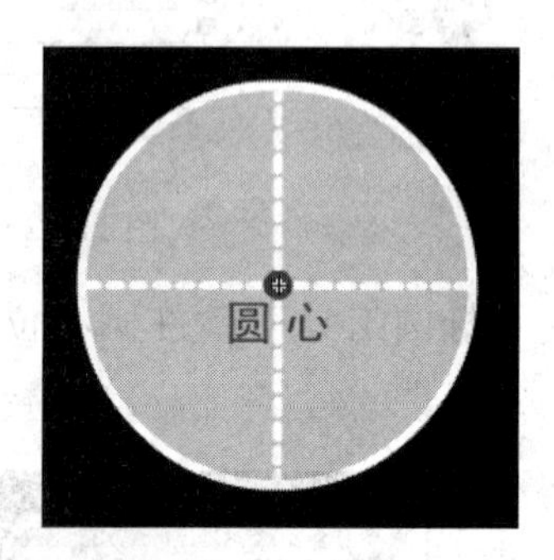

图 11-46　文字的属性与位置

(28) 在“圆心”层的上方创建一个新图层“action”，在该层的第 120 帧处插入关键帧，按下 F9 键打开【动作】面板，在其中输入代码“stop();”，设置动画到该帧处停止。

任务五：制作“半径动画”和“直径动画”

(1) 按下 Ctrl + F8 键，创建一个新的影片剪辑元件“半径动画”，并进入其编辑窗口中。

(2) 在【时间轴】面板中将“图层 1”命名为“圆形”，然后在窗口的中心位置绘制一个白色圆环，如图 11-47 所示。

(3) 接着在窗口的中心位置再绘制一个红色圆形，大小与位置如图 11-48 所示。

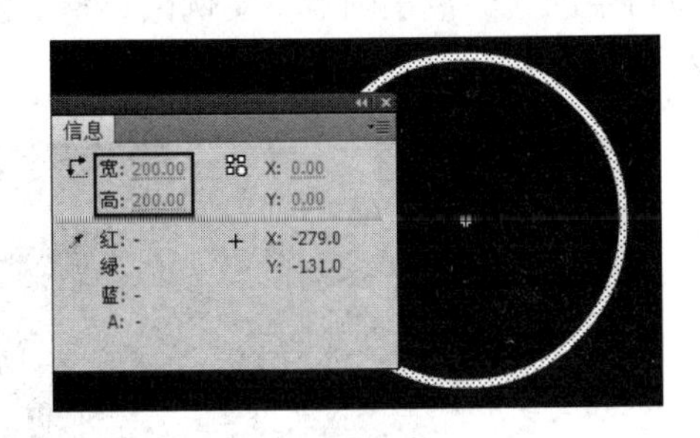

图 11-47　绘制的圆环

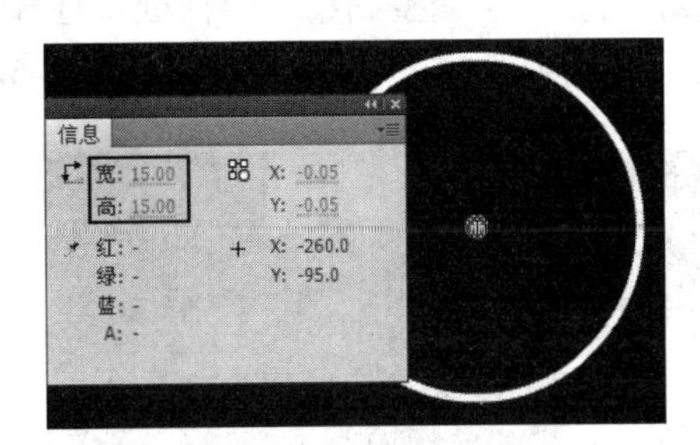

图 11-48　绘制的圆形

(4) 在“圆形”层的第 70 帧处插入普通帧，设置动画的播放时间。

(5) 在“圆形”层的上方创建一个新图层，命名为“半径”，在该层的第 10 帧处插入关键帧。

(6) 参照“认识圆形动画”元件中半径动画的创建方法，在“半径”层的第 10 帧～第 25 帧之间创建半径由中心点向右生成的动画，在第 30 帧～第 50 帧之间创建半径绕中心点顺时针旋转一周的动画。

(7) 在“半径”层的上方创建一个新图层“端点”，在该层的第 10 帧处插入关键帧，然后将【库】面板中的“红色小圆点”元件拖曳到窗口中，调整其大小及位置如图 11-49 所示。

(8) 在“端点”层上单击鼠标右键，在弹出的快捷菜单中选择【添加传统运动引导层】命令，在该层的上方创建一个运动引导层，系统自动命名为“引导层：端点”，然后在该层的第 30 帧处插入关键帧。

(9) 选择窗口中的圆环，按下 Ctrl + C 键复制图形；选择“引导层：端点”层的第 30 帧，按下 Ctrl + Shift + V 键，将复制的圆环粘贴到当前位置，作为运动引导线，然后使用“橡皮擦工具”对复制的圆环进行擦除操作，如图 11-50 所示。

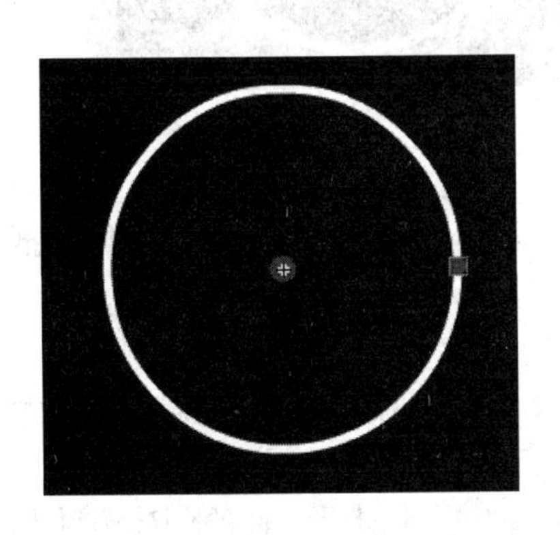

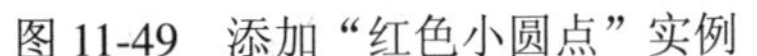

图 11-49　添加“红色小圆点”实例

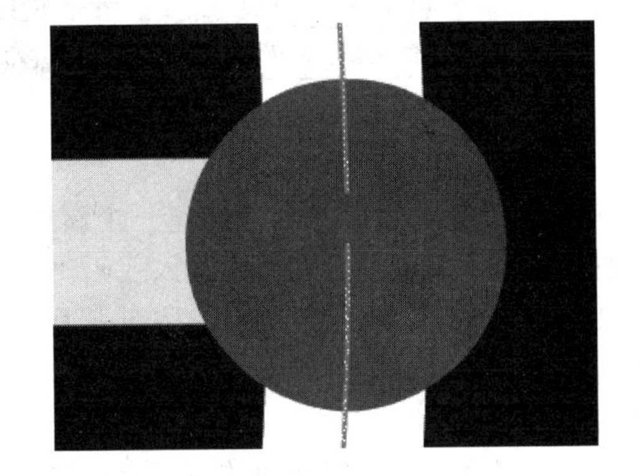

图 11-50　擦除后的运动引导线

(10) 分别在“端点”层的第 30 帧和第 50 帧处插入关键帧。

(11) 将播放头调整到第 30 帧处，选择窗口中的“红色小圆点”实例，调整实例的中心点与运动引导线的下端点对齐，如图 11-51 所示。

(12) 将播放头调整到第 50 帧处，选择窗口中的“红色小圆点”实例，调整实例的中心点与运动引导线的上端点对齐，如图 11-52 所示。

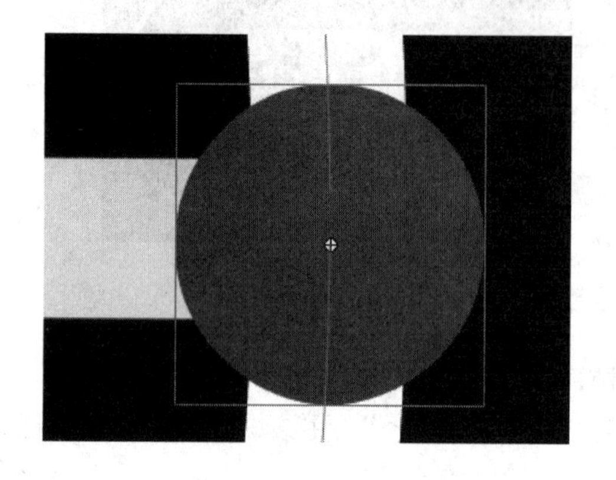

图 11-51　第 30 帧中的实例中心点

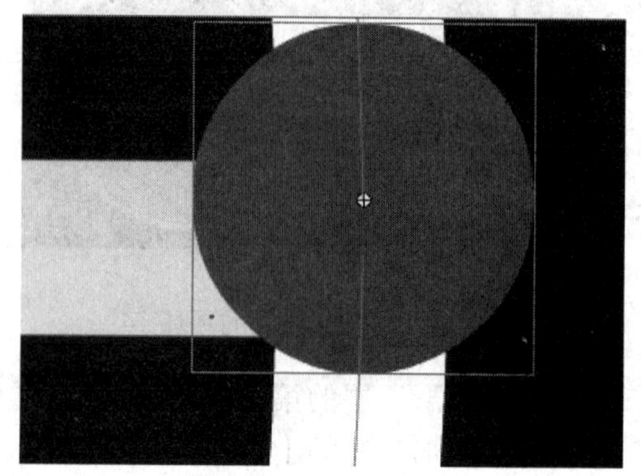

图 11-52　第 50 帧中的实例中心点

(13) 在“端点”层的第 30 帧～第 50 帧之间创建传统补间动画。

(14) 在“引导层：端点”层的上方创建一个新图层“半径”，在该层的第 55 帧处插入关键帧，然后使用“文本工具”T在窗口中输入红色文字“半径”，其大小与位置如图 11-53 所示。

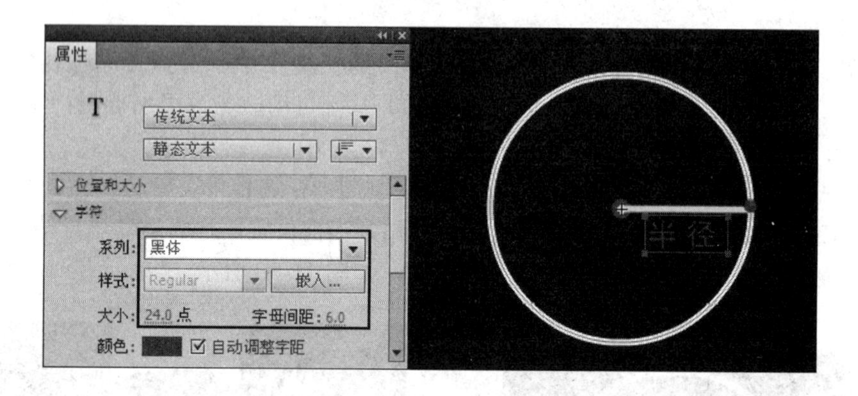

图 11-53　输入的文字

(15) 在“圆心”层的上方创建一个新图层“action”，在该层的第 70 帧处插入关键帧，打开【动作】面板，在其中输入代码“stop();”，设置动画到该帧处停止。

(16) 单击窗口左上方的 场景 1 按钮，返回到舞台中，在“动画内容”层的第 25 帧处插入空白关键帧，然后将“半径动画”元件从【库】面板中拖曳到舞台的右侧，如图 11-54 所示。

(17) “直径动画”影片剪辑元件与“半径动画”影片剪辑元件的创建方法相似，在此不详细介绍制作步骤，读者可以打开本书光盘“项目 11”文件夹中的“数学课件”文件仔细观察与学习。

(18) 在“动画内容”层的第 35 帧处插入空白关键帧，然后将“直径动画”元件从【库】面板中拖曳到舞台的右侧，如图 11-55 所示。

图 11-54　添加的“半径动画”实例

图 11-55　添加的“直径动画”实例

任务六：添加 AS 脚本

(1) 在【库】面板中复制“返回”按钮为“重放”按钮，双击“重放”按钮进入其编辑窗口中，修改【弹起】帧、【指针经过】帧中的文字为“Replay”，并适当修改字体大小与颜色，如图 11-56 所示。

图 11-56　修改按钮文字与颜色

(2) 单击窗口左上方的场景 1按钮，返回到舞台中，将“重放”按钮元件从【库】面板中分别拖动到“动画内容”层的第 5 帧、第 15 帧、第 25 帧和第 35 帧中，放在舞台右下方的位置，如图 11-57 所示。

图 11-57　添加“重放”按钮

(3) 在舞台中选择“认识圆形动画”实例，在【属性】面板中设置实例名称为“yuanxing”，如图11-58所示。

(4) 用同样的方法，分别选择“圆心动画”、“半径动画”和“直径动画”实例，然后在【属性】面板中依次设置实例名称为“yuanxin”、“banjing”和“zhijing”。

(5) 在舞台中选择“返回”按钮实例，在【属性】面板中设置实例名称为“F”，如图11-59所示。

图11-58 【属性】面板

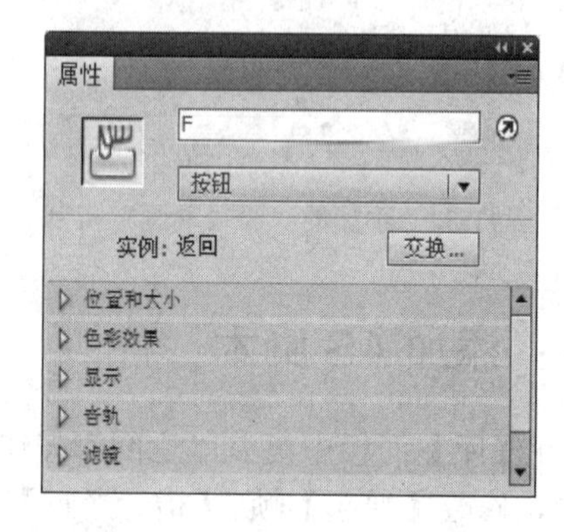

图11-59 【属性】面板

(6) 用同样的方法，分别选择“认识圆形”、“圆心”、“半径”和“直径”按钮实例，然后在【属性】面板中依次设置实例名称为“S”、“Y”、“B”和“Z”。

(7) 分别选择“动画内容”层的第5帧、第15帧、第25帧、第35帧中的“重放”按钮实例，在【属性】面板中设置实例名称为“R1”、“R2”、“R3”和“R4”。

(8) 在“动画内容”层的上方创建一个新图层“action”，然后按下F9键，打开【动作】面板，输入如下代码：

```
stop();    //让影片开始是静止的
//定义“返回”按钮的功能
function playFilm(event:MouseEvent):void              //创建playFilm函数
{
    gotoAndStop(1)                                     //返回影片的第1帧
}
F.addEventListener(MouseEvent.CLICK,playFilm)          //为按钮添加单击事件
//定义“认识圆形”按钮的功能
function playyuanxing(event:MouseEvent):void
{
    gotoAndStop(5)                                     //跳到影片的第5帧
}
S.addEventListener(MouseEvent.CLICK,playyuanxing)
//定义“圆心”按钮的功能
function playyuanxin(event:MouseEvent):void
```

```
{
    gotoAndStop(15)                          //跳到影片的第 15 帧
}
Y.addEventListener(MouseEvent.CLICK,playyuanxin)
//定义“半径”按钮的功能
function playbanjing(event:MouseEvent):void
{
    gotoAndStop(25)                          //跳到影片的第 25 帧
}
B.addEventListener(MouseEvent.CLICK,playbanjing)
//定义“直径”按钮的功能
function playzhijing(event:MouseEvent):void
{
    gotoAndStop(35)                          //跳到影片的第 35 帧
}
Z.addEventListener(MouseEvent.CLICK,playzhijing)
```

(9) 在“action”层的第 5 帧处插入关键帧，然后在【动作】面板中输入如下代码：

```
function R1play(event:MouseEvent):void       //创建 R1play 函数
{
    yuanxing.gotoAndPlay(1)                  //重新播放认识圆形动画
}
R1.addEventListener(MouseEvent.CLICK,R1play)   //为按钮添加单击事件
```

(10) 在“action”层的第 15 帧处插入关键帧，然后在【动作】面板中输入如下代码：

```
function R2play(event:MouseEvent):void
{
    yuanxin.gotoAndPlay(1)                   //重新播放圆心动画
}
R2.addEventListener(MouseEvent.CLICK,R2play)
```

(11) 在“action”层的第 25 帧处插入关键帧，然后在【动作】面板中输入如下代码：

```
function R3play(event:MouseEvent):void
{
    banjing.gotoAndPlay(1)                   //重新播放半径动画
}
R3.addEventListener(MouseEvent.CLICK,R3play)
```

(12) 在“action”层的第 35 帧处插入关键帧，然后在【动作】面板中输入如下代码：

```
function R4play(event:MouseEvent):void
{
    zhijing.gotoAndPlay(1)                //重新播放直径动画
}
R4.addEventListener(MouseEvent.CLICK,R4play)
```

(13) 按下 Ctrl + Enter 键对影片进行测试，如果影片测试无误，单击菜单栏中的【文件】/【保存】命令，保存文件。

11.4 知 识 延 伸

知识点一：了解 AS 3.0

首先介绍一下 AS 的基本概念。

AS 是 Flash 的脚本语言，即 ActionScript 的缩写，具有强大的交互功能，提高了动画与用户之间的互动能力。近几年来，AS 脚本语言被广泛应用到用户图形界面、因特网交互制作、Flash 游戏开发、多媒体课件、移动设备等众多方面，这使得 Flash 变成了一个强大的多媒体开发软件。

迄今为止，Flash 脚本语言推出了三个版本。

AS 1.0：在 Flash 5.0 中诞生，可以实现的功能相对弱小一些。

AS 2.0：在 Flash MX 2004 中诞生，编写方式更加成熟，引入了面向对象编程方式，具有了变量的类型检测和新的 class 类语法。

AS 3.0：诞生于 Flash CS3 时代，与 AS 1.0 和 AS 2.0 相比有着极大的变化，相对于 AS 1.0 和 AS 2.0，它全面支持 ECMA4 的语言标准，具有更强大的编程能力。

在语言结构方面，AS 与许多应用程序中使用的编程语言是相似的，同样具有语法、变量、函数等。它由多行语句代码组成，每行语句由一些命令、运算符、分号等组成。所以，对于有高级编程经验的用户来说，学习 AS 是非常轻松的。

为了照顾到 Flash 老用户，在 Flash CS5 中同时保留了 AS 2.0，所以习惯于 AS 2.0 编程的用户，也可以在创建文件时直接选择 AS 2.0。

知识点二：AS 3.0 的基础语法

1．点语法

在 AS 3.0 中，点(.)语法被用来指明与某个对象相关的属性和方法。以下面的类定义为例：

```
Class Test
{
  public var dotTest:Sting;
```

```
    public function dotMethod():void{
    }
}
```

通过点语法，在【时间轴】面板中可以使用如下代码中创建的实例名来访问类的属性和方法：

```
Var myTest:Test=new Test();
MyTest.dotTest;
myTest.dotMethod();
```

2. 分号

AS 语句用分号(;)结束，例如：

```
Var myTest:String= "Hello" ;
```

需要注意的是，如果省略分号，虽然 Flash 仍然会成功地编译脚本，但是会让代码难于阅读。

3. 圆括号

在 AS 中，圆括号主要有以下三种用途。

(1) 定义或者调用函数时，要把参数放在圆括号中。

(2) 改变运算的优先级，就像我们学过的数学题一样，例如：

```
Trace(4+8/2);//8
Trace((4+8)/2);//6
```

(3) 计算表达式的值。

4. 大小写字母

AS 3.0 区分大小写字母。例如下面的语句中的 test 与 TEST 代表两个不同的变量：

```
var test:Number;
var TEST:Number;
```

5. 注释

当需要为 AS 语句添加说明文字的时候，可以使用注释。添加注释有助于理解，可以帮助自己或者小组其他成员正确地理解程序代码。在 AS 3.0 中，有两种方式为语句添加注释：

(1) 以两个斜线字符(//)开头的单行注释。

```
gotoAndPlay(8);            //跳转到第 8 帧并播放
function R1play(event:MouseEvent):void    //创建 R1play 函数
```

(2) 以一个斜线和一个星号(/*)开头，一个星号和一个斜线(*/)结尾的多行注释。例如：

```
/*id3test=new TestField();
Musiclist=new TestField();
Musiclist.width=200
Musiclist.height=200*/
```

编译器不会编译被注释的语句。合理的注释有助于用户理解复杂的代码，它们的长度不限，也不会影响导出影片的大小。

6. 关键字

AS 3.0 专门保留了一些单词用于本语言中，称为关键字，它们不能被作为自定义变量、函数的名字。例如，var、public、class、if、with、new 等都属于关键字。

7. 常量

AS 3.0 中全部使用大写字母表示常量，各个单词之间用下划线(_)分隔。例如，常量 CLICK、DOUBLE_CLICK 等。

知识点三：变量、常量与函数

1. 变量与常量

一个变量对应对象的一个属性，是被命名的内存地址，用于储存特定类型的值。变量中可以存放字符串、数值、布尔值等。在代码中可以只使用一个变量，也可以使用多个变量。可以把变量当成一个特殊的容器，它只能存储特定类型的对象。

使用变量的最大好处，就是它能给程序准备使用的数据信息都赋予一个简单、易于记忆的名字，它几乎可以用于跟踪所有类型的信息。

另外，在 AS 3.0 中有一种特殊的变量，称之为“常量”。顾名思义，常量的值在整个程序开发过程中不发生变化。常量值有三种类型：数值型、字符串型和逻辑型。

1) 变量与常量的声明

在 AS 3.0 中，变量通常由以下三部分组成：变量名、存储在该变量中的数据类型和该变量的值。

定义变量的过程非常简单，格式如下：

var 变量名：数据类型；

除此之外，也可以在声明变量的同时给变量赋值，即：

var 变量名：数据类型=xxx；

例如：

var myName：Sting=“小张”

var myAge:Number=28

在声明多个变量的时候，可以将它们写在一行中，变量之间用逗号隔开，例如：

var myName：Sting=“小张”，　var myAge:Number=28

2) 变量与常量的命名规范

(1) 变量名必须以字母打头，并且只能由字母、数字和下划线组成。

(2) 变量的长度限制在 255 个字符之内。

(3) 在有效的范围内，变量名必须是唯一的，否则会导致程序紊乱。

(4) 不能使用 AS 3.0 中的关键字作为变量名。

(5) 变量的名称要简单易懂，尽量避免难读懂的缩写，不便于交流。

3) 局部变量与全局变量

在 AS 3.0 中，有局部变量和全局变量之分。全局变量是指在整个 Flash 影片中都有效的变量；局部变量是指在它自己的作用域内有效的变量。

全局变量在代码的任何地方都可以访问，所以在函数之外声明的变量同样可以访问，如下面的代码，函数 Test( )外声明的变量 i 在函数体内同样可以访问。

```
var i:int=1;
//定义 Test 函数
function Test( ) {
   trace(i);
}
Test( )
```

2. 函数

函数简单地说就是一段代码，这段代码可以实现某一特定的功能，有自己的名称，可以执行一系列已经定义好的操作。如果一个函数是类中的一部分，那么就称其为方法。例如 Vidio 类中的 clear( )方法用来清除视频。

1) 调用函数

在 AS 3.0 中，可以调用 Flash 支持的内建函数，通常使用小括号()作为函数标识符来调用，发送给函数的任何参数都写在小括号()中。

如果要调用没有参数的函数，则必须使用一对空的小括号()。例如，可以使用没有参数的 getTimer( )来获得初始化 FlashPlayer 后经过的毫秒数：

```
Var duration:uint=getTimer();
```

对于类的实例，调用的方法是在实例名后加“.”，例如：

```
Var loader：loader=new loader();
Loader.load(new URLRequest(test.swf));
```

2) 用户自定义函数

除了使用 Flash 已有的函数以外，用户还可以自定义函数。例如，要重复绘制某种图形，就可以通过多次调用绘图函数来实现。用户自定义的函数和 Flash 内建函数的工作原理是一样的。

为了创建自己的函数，需要使用关键字“Function”，并在后面加上函数定义。函数的一般定义格式如下：

```
Function  函数名(函数的参数)：函数返回值的类型{
   函数体(函数的内容，所执行的操作)
}
```

3) 函数的命名规范

自定义函数的时候需要特别注意一个问题，即自定义函数不能与 Flash 内建函数重名，否则，自定义函数将替代原有函数的功能。

除此之外，函数名称应该以动词开头，因为函数是一组具有特定功能的代码段。例如，如果要自定义一个绘制三角形的函数，则可以命名为 drawTriangle( )。

知识点四：AS 3.0 的数据类型

一般来说，数据类型说明了一个变量或者 AS 中的元素可以存储的信息种类。下面介绍 AS 3.0 中的一些基本数据类型。

1. 字符串

字符串(string)类型由可显示的字符(字母、数字和标点符号)组成。用字符串数据类型声明的变量，其默认值是 null。编辑代码时，字符串要放在双引号之间。例如：

myTest=“这是字符串”；

在实际操作中可以用“+”号来连接两个字符串的内容。

2. 整型

整型(int)类型是一组介于$-2147483648(-2^{31})$和 $2147483647(2^{31}-1)$之间的 32 位整数，也包括这两个数本身。对于整型数据，可以使用数字运算符加、减、乘、除、求模、递增和递减等进行处理。

3. 数值型

数值型(Number)是一个双精度浮点数，用来表示整数、无负号整数和浮点数。和整型一样，也可以使用数字运算符号加、减、乘、除、求模、递增和递减处理数值，也可以使用内置的 Math 对象的方法处理数值。

4. 无符号整型

无符号整型(unit)是一个 32 位整数数据类型，它包含一组介于 0 和 $4294967295(2^{32}-1)$之间的整数(包含两者)，unit 数据类型变量的默认值也是 0。

5. 布尔型

布尔型(boolean)只有两个值：真(true)和假(false)，常被用于判断语句中，已经声明但尚未初始化的布尔型变量，其默认值为 false。布尔型变量通常与逻辑运算符一起使用进行程序判断，从而控制程序的流程。

6. 空值和未定义数据类型

空值(null)表示该变量被赋予空值，此值意味着缺少数据。未定义数据类型(undefined)表示该变量未被赋予任何值。

7. Object 数据类型

Object 数据类型是由 Object 类定义的。Object 类是 AS 中所有类的基类。Object 类实例的默认值是 null。

8. 无类型

当用户不知道锁定的变量是什么类型的时候，AS 3.0 允许使用星号(*)来表示该数据类型未知。被定义为无类型的变量可以在程序中动态赋予数据类型。

知识点五：AS 3.0 中的运算符

在 AS 中，运算符是指能够提供常量或变量进行运算的符号，可以接受一个或多个称为操作数的表达式作为输入并返回值。接受一个操作数的运算符称为一元运算符，接受两个操作数的运算符称为二元运算符。

1. 算术运算符

算术运算符用来帮助用户执行简单的数学运算，有 + (加)、– (减)、* (乘)、/ (除)、% (求模)五个运算符。

2. 比较运算符

比较运算符按照自己的功能可以分为三种类型，分别是关系运算符、相等运算符和恒等运算符。

(1) 关系运算符。关系运算符包括 > (大于)、< (小于)、>= (大于等于)、<= (小于等于)四个运算符。在某些情况下，如果遇到非数字的比较，关系运算符会尝试将操作数转换为数字，例如 5>“4”，则运算符自动将字符串“4”转换为数字。

(2) 相等运算符。相等运算符包括 == (等于)、!= (不等于)两个运算符。

当相等运算符两边的操作类型不一致的时候，运算符会试图将它们转换为字符串、数字或者布尔量。例如 8= =“8”，产生的结果为 true。

(3) 恒等运算符。恒等运算符包括 === (全等)、!== (不全等)两个运算符，它不同于相等运算符，恒等运算符严格要求两个操作数的数据类型和值都必须完全相等(或不等)。

3. 逻辑运算符

逻辑运算符包括 && (逻辑“与”)、|| (逻辑“或”)、! (逻辑“非”)三个逻辑运算符。

此外，AS 3.0 还有位运算符、赋值运算符等多种运算符，这部分内容大家可以在帮助文件中查看。

知识点六：AS 3.0 的控制结构

1. 条件判断

1) if 语句

if 语句的意思就是“如果…那么…”，即如果“条件表达式”成立，那么执行“语句内容”。if 语句的语法格式为：

```
if(条件表达式)
{
   语句内容
}
```

if…else 条件语句是 if 条件语句的另一种标准格式，它的意思是“如果…那么…，否则…”。它的表达式为：

```
if(条件表达式)
{
  语句内容 1
}else
{
  语句内容 2
}
```

2) switch 语句

在 switch 语句中，当指定表达式的值与某个标签匹配时，即执行相应的一个或者多个语句。语法格式如下：

```
switch(表达式)
{
  case 值 1:
  语句内容 1;
  break;
  case 值 2:
  语句内容 2;
  break;
  …
  default:
  语句内容 1;
  break;
}
```

2. 循环语句

在一般情况下，程序语句的执行是按照其书写顺序来进行的，即前面的代码先执行，后面的代码后执行。但是这种简单的自上而下的单向流程，只适用于一些很简单的程序。大多数情况下，需要根据逻辑判断来决定程序代码执行的优先顺序。要改变程序代码的先后顺序，任何编程语言都需要用到循环语句。

1) for 循环

for 循环在每次循环重复之前都要测试条件，如果测试成功，则执行循环体内的代码；如果测试不成功，则不执行循环体内的代码。语法表达式为：

```
for(循环条件)
{
  语句内容
}
```

2) for…in 循环

该循环用来遍历一个数组内的所有对象，或者对象中的每一个属性的名称和值。语法格式如下：

```
for(var prop in targetObject)
{
  语句内容;
}
```

3) while 和 do…while 循环

在该循环中，没有像 for 那样的计数器，因此只要满足了特定的条件，就会执行该循环。语法格式如下：

```
while(条件表达式)
{
  语句内容;
}
do{
  语句内容;
}while(条件表达式);
```

4) break 和 continue

break 用来中断一个循环的执行。如果是一个 for 或者 for…in 循环，在更新计数器变量的时候，可以使用 continue 语句停止当前迭代而直接跳到下一次重复中。

Flash 中的 AS 3.0 的内容非常多，相当复杂，这里仅仅是介绍一些 AS 的基础，有兴趣的读者可以买一本专门介绍 AS 的书籍来学习它。

知识点七：【动作】面板

AS 3.0 的程序代码可以添加到时间轴中的关键帧上，也可以将代码输出到外部文件中。但是编写代码时，需要在【动作】面板中编写。

单击菜单栏中的【窗口】/【动作】命令或按下 F9 键，可以打开【动作】面板，它主要由六部分构成，如图 11-60 所示。

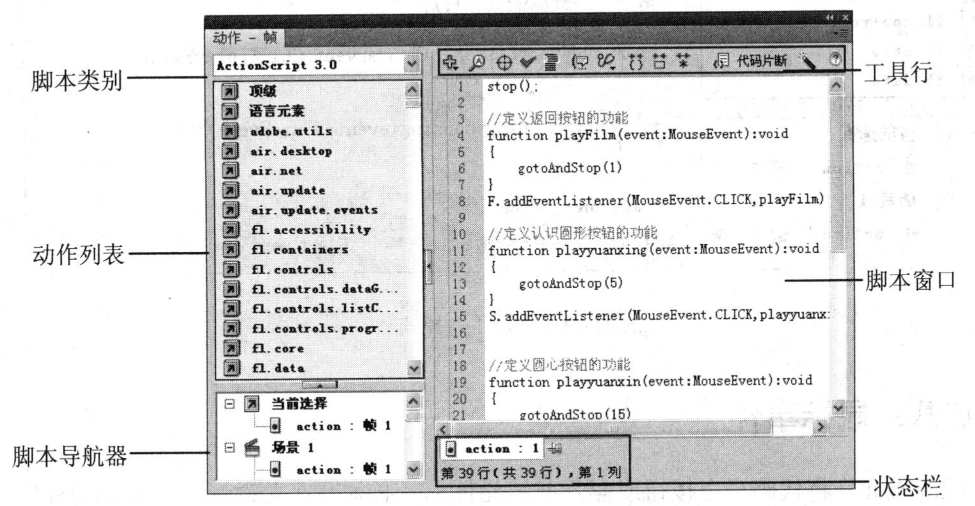

图 11-60　【动作】面板

- 【脚本类别】：用于选择不同版本的 AS 语言。
- 【动作列表】：包含了 Flash 中使用的所有 AS 语言命令，分别存放在不同的类别中，需要使用哪个命令直接双击它，就会出现在脚本窗口中。
- 【脚本导航器】：显示了 Flash 文档中所有添加程序代码的对象，也可以通过这里切换对象，快速定位对象。
- 【工具行】：用于对 AS 代码进行编辑，如添加、查找、替换、语法检查、插入目标路径等操作。
- 【脚本窗口】：显示被选中对象的 AS 代码，这里也是 AS 代码的编辑区，用于编写与修改 AS 代码。
- 【状态栏】：用于显示当前添加代码的对象以及光标所在的位置。

【动作】面板提供了两种编写 AS 程序的模式，一种是“高级模式”，另外一种是“助手”模式，单击工具行中的按钮，就可以进入“助手”模式，如图 11-61 所示。这种模式提供了对脚本参数的有效提示，可以帮助初级用户避免可能出现的语法错误。

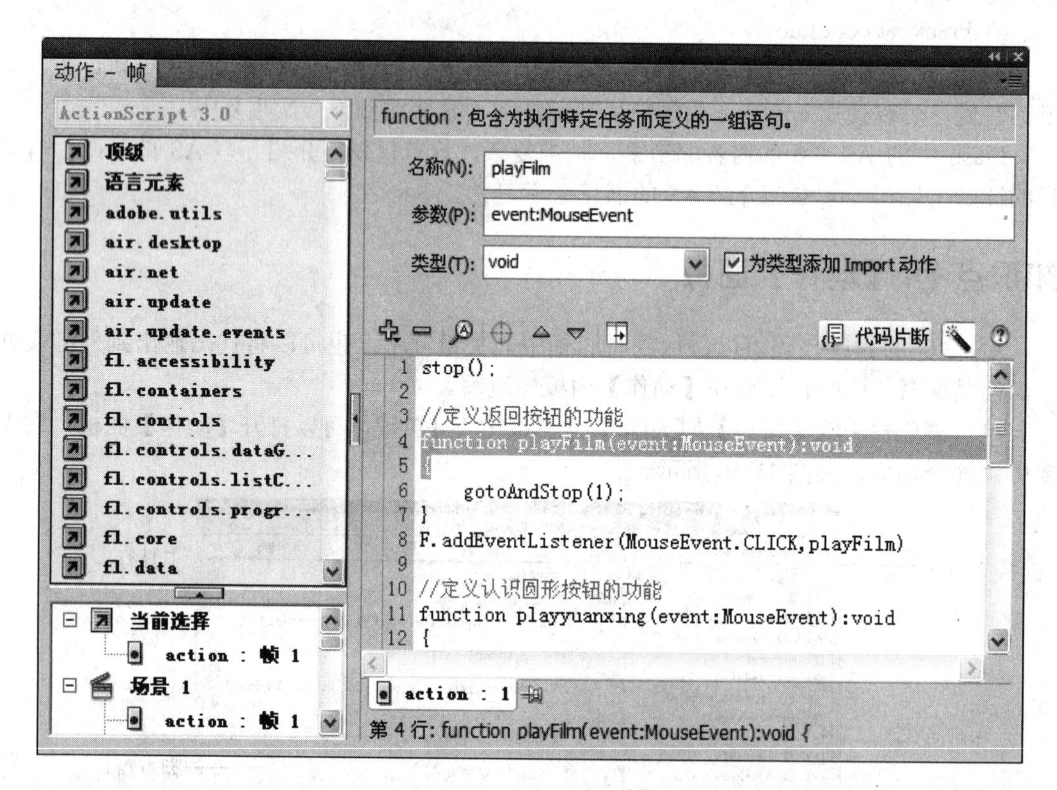

图 11-61 “助手”模式

知识点八：鼠标事件

AS 3.0 不允许将代码写在按钮或影片剪辑元件上，必须写在关键帧上，但是同样需要触发事件来控制某种行为。鼠标事件是指通过鼠标操作控制某种行为的事件，然后将它添加到触发对象上。在【动作】面板中，可以看到鼠标事件比以前的版本多，如图 11-62 所示。

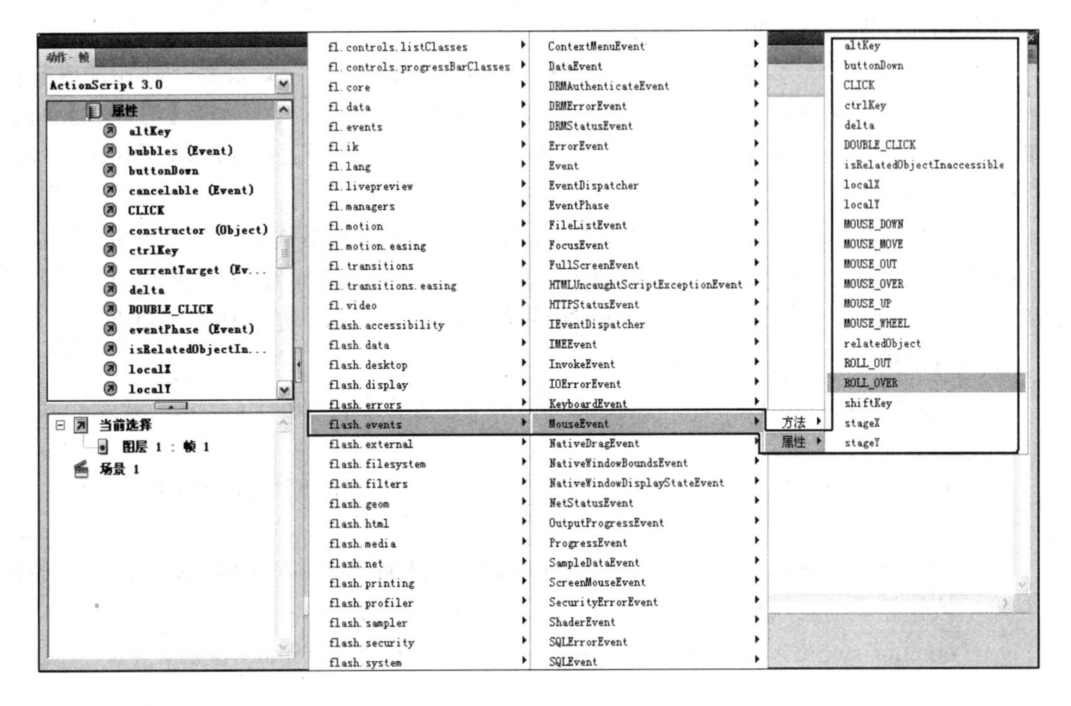

图 11-62　鼠标事件列表

下面介绍一些常用的鼠标事件。

【CLICK】：单击，即单击鼠标左键触发某种行为。

【DOUBLE_CLICK】：双击，即连续两次快速地按下并释放鼠标左键，触发某种行为。

【MOUSE_DOWN】：按下鼠标，即按住鼠标左键时触发某种行为。

【MOUSE_MOVE】：移动鼠标，即移动鼠标时触发某种行为。

【MOUSE_OUT】：移出鼠标，即鼠标移开对象时触发某种行为。

【MOUSE_OVER】：悬停鼠标，即鼠标悬停在某个位置时触发某种行为。

【MOUSE_UP】：释放鼠标，即按下鼠标左键以后，再释放鼠标左键的时候触发某种行为。

【MOUSE_WHEEL】：滚动鼠标，即滚动鼠标中键的时候触发某种行为。

【Roll Over】：滑入，即按住鼠标左键滑到按钮上时触发某种行为。

【Roll Out】：滑离，即按住鼠标左键从按钮上滑离时触发某种行为。

知识点九：控制影片回放

最简单的 Flash 动画交互就是控制影片的播放，即播放、停止、前进、后退及跳转等。这些操作可以通过 AS 动作脚本中的“play”、“stop”、“goto”等基本命令完成，但是在 AS 3.0 中，它们的用法有所改变。

1. 播放及停止播放影片

在 Flash 中可以使用 play( )和 stop( )动作命令控制影片的播放与停止，它们通常与按钮结合使用，控制影片剪辑与主时间轴的播放与停止。

例如，舞台上有一个影片剪辑元件的实例，是一段小动画。如果要控制其播放与停止，可以在【属性】面板中将该实例命名，假设实例名称为 mov，那么在【时间轴】面板中的关键帧上添加 mov.stop( )，则该影片剪辑元件的实例停止播放；而添加 mov.play( )，则播放影片剪辑元件的实例。

而在实际工作中，往往都是通过按钮控制影片的播放，而不是直接在时间轴上控制。例如单击一个名称为 btn_play 的按钮播放动画，而单击一个名称为 btn_ stop 的按钮停止动画。在 AS 3.0 中，代码也需要添加到时间轴的关键帧中，而不是添加在按钮上。

单击按钮播放动画的代码如下：

```
function playmovie(event:MouseEvent):void     //创建 playmovie 函数
{
    mov.play( );                              //播放 mov 影片剪辑实例
}
btn_play.addEventListener(MouseEvent.CLICK, playmovie); //为按钮添加单击的事件
```

单击按钮停止播放动画的代码如下：

```
function stopmovie(event:MouseEvent):void     //创建 stopmovie 函数
{
    mov.stop( );                              //停止播放 mov 影片剪辑实例
}
btn_stop.addEventListener(MouseEvent.CLICK, stopmovie);//为按钮添加单击的事件
```

2. 快进和后退

在制作电子相册时，往往需要设置“下一页”与“上一页”导航按钮，其功能的实现需要借助 nextFrame( )和 prevFrame( )动作命令，它们可以控制 Flash 动画向后或向前播放一帧后并停止，但是播放到影片的最后一帧或最前一帧后，则不能再循环回来继续向后或向前播放。

假设使用一个名称为 btn_nav 的按钮控制一个名称为 photo 的影片剪辑元件实例，每单击一次按钮，就向后播放一帧并停止，代码如下：

```
function movie(event:MouseEvent):void         //创建 movie 函数
{
    photo. nextFrame( );                      //向后播放 1 帧并停止
}
btn_nav.addEventListener(MouseEvent.CLICK, movie); //为按钮添加单击的事件
```

3. 跳到不同帧播放或停止播放

使用 goto 命令可以跳转到影片指定的帧或场景，跳转后执行的命令有两种：gotoAndPlay 和 gotoAndStop，这两个命令用于控制动画的跳转播放与停止，它可以让动画

跳转到指定场景中的某一帧。它们的语法形式为：

```
gotoAndPlay(场景，帧);
gotoAndStop(场景，帧);
```

例如下面的代码：

```
function playmovie(event:MouseEvent):void
{
    mov.gotoAndPlay("end");
}
but_mov.addEventListener(MouseEvent.CLICK, playmovie);
```

上面的语句表示单击实例名称为 but_mov 按钮后，动画跳转到名称为 end 帧标签处并停止播放。

11.5 项 目 实 训

参照学习过的内容制作一个英语学习课件，要求单击不同的按钮，出现相应的图片、英语以及朗读声音，重点是设计思路与 AS 的实现。

任务分析

本项目提供了设计素材，包括界面与声音文件。制作过程中必须通过 stop( )命令设定五个关键帧是停止的，用于显示不同图片与朗读声；然后通过按钮控制帧的跳转，编写代码时需要先为按钮实例命名，并通过 AS 代码赋予相应的功能。

任务素材

光盘位置：光盘\项目 11\实训，素材如图 11-63 所示。

图 11-63 素材

参考效果

光盘位置：光盘\项目 11\实训，参考效果如图 11-64 所示。

图 11-64　参考效果

项目 12

制作一个 Flash 网站

12.1 项 目 说 明

小张爱好摄影，喜欢拍摄一些花草、鸟虫之类，他希望建立一个 Flash 网站，展示自己的作品，推销自己，实现与网友的互动交流。要求网站具有个性，能够实现基本的网络功能，如留言、展示、论坛等。本项目将学习 Flash 网站的制作方法。

12.2 项 目 分 析

在制作网站之前，要有一个良好的前期规划，包括网站的内容、栏目的设定、网站的整体颜色以及相关资料的收集与整理。另外，在创建网站时会依据不同目的创建出不同类型的网站，例如，个人可以依据自己的爱好，创建出展现自己风格的个人网站；企业为了展示企业形象与推广产品，可以创建企业网站。本项目属于个人网站，大致思路如下：

第一，规划好 Flash 网站结构，对大场景的控制做到心中有数。

第二，根据规划创建主页构成元素，其中包括背景的处理、动态按钮的制作、装饰元素的制作等，主要是对各种元件的灵活运用。

第三，利用图层文件夹有效安排与管理网站的各栏目。

第四，利用文字、组件、动画等技术构建各栏目的网页，做到协调、统一。

第五，通过编写 AS 2.0 代码控制网站栏目的跳转。

第六，发布 Flash 网站。

12.3 项 目 实 施

该项目的关键是网站栏目的规划与管理，合理利用图层、关键帧与 AS 2.0 控制栏目之间的跳转。通过前面的项目分析，我们基本可以把握该项目的制作流程。对于背景的创建，可以由 Flash 直接绘制完成，也可以通过 Photoshop 进行制作，本例是通过 Photoshop 完成的，这样可以减少 Flash 中的工作量。本项目的参考效果如图 12-1 所示。

图 12-1　动画参考效果

任务一：网站外观的制作

(1) 启动 Flash CS5 软件，在欢迎画面中单击【ActionScript 2.0】选项，创建一个新文档，名称为“Flash 网站”。

(2) 按下 Ctrl + J 键，在弹出的【文档设置】对话框中设置舞台的尺寸为 680 像素 × 460 像素，其他设置保持默认值。

(3) 在【时间轴】面板中将“图层 1”的名称更改为“背景”。

(4) 单击菜单栏中的【文件】/【导入】/【导入到舞台】命令，将本书光盘“项目 12”文件夹中的“背景.jpg”文件导入到舞台，并调整其大小和位置与舞台完全重合，如图 12-2 所示。

图 12-2　导入的图片

(5) 在“背景”层的第 60 帧处按下 F5 键，插入普通帧，设置动画的播放时间。

(6) 选择工具箱中的“文本工具”T，在【属性】面板中设置文字为白色，其他参数设置如图 12-3 所示。

(7) 在舞台中单击鼠标，输入文字“数码乐园”，然后使用“任意变形工具”将其旋转一定的角度，并调整其位置如图 12-4 所示。

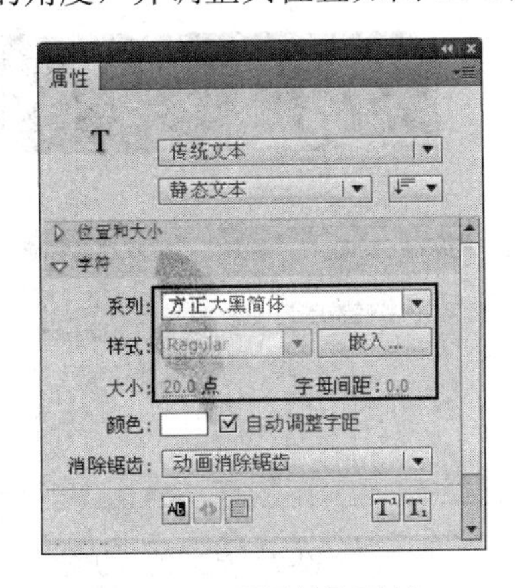

图 12-3　【属性】面板

图 12-4　输入的文字

(8) 在“背景”层的上方创建一个新图层“按钮”。

(9) 按下 Ctrl + F8 键，创建一个新的按钮元件“摄影园地”，并进入其编辑窗口中，使用“文本工具”在窗口中输入黑色文字“摄影园地”，在【属性】面板中调整字符属性如图 12-5 所示。

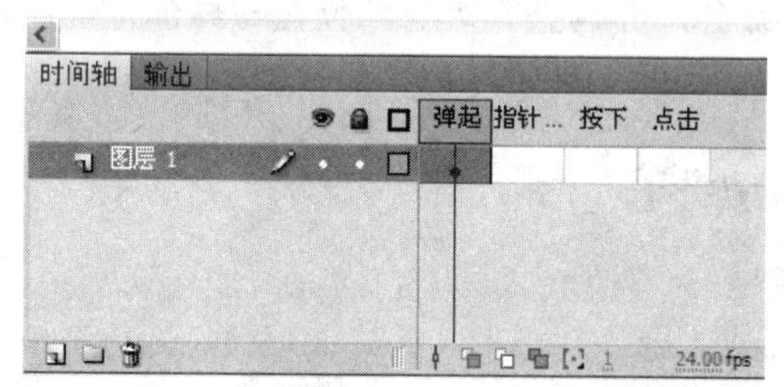

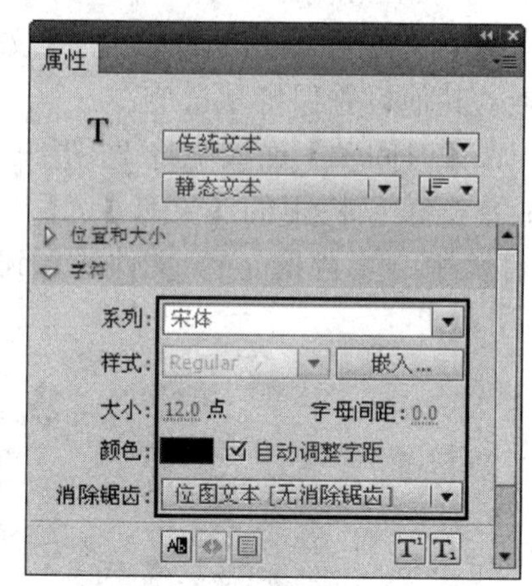

图 12-5 输入的文字及其属性

(10) 在“图层 1”的【指针经过】帧和【按下】帧处插入关键帧。

(11) 在窗口中选择【指针经过】帧处的文字，在【属性】面板中修改文字的颜色为黄色(#FFFF00)。

(12) 在“图层 1”的上方创建一个新图层“图层 2”，并在该层的【指针经过】帧处插入关键帧，然后使用“矩形工具”在窗口中绘制一个【填充颜色】为黑色，【笔触颜色】为无色的矩形，其大小以能够遮住其下的文字为准，如图 12-6 所示。

(13) 选择绘制的黑色矩形，按下 F8 键，将其转换为影片剪辑元件“黑条”。然后在【库】面板中双击“黑条”元件，进入其编辑窗口中，在“图层 1”的第 6 帧、第 8 帧和第 9 帧处分别插入关键帧，如图 12-7 所示。

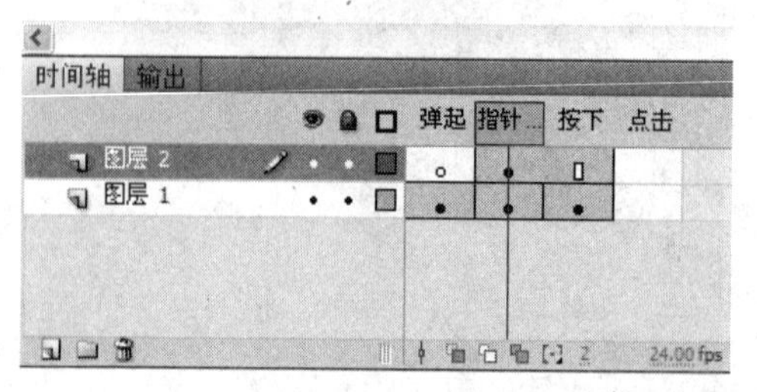

图 12-6 绘制的矩形

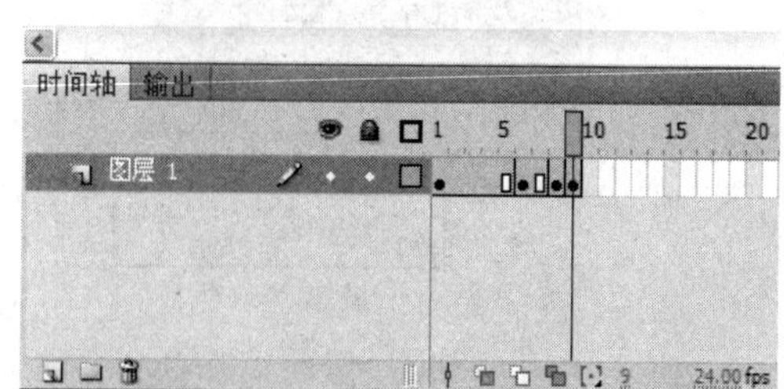

图 12-7 插入的关键帧

(14) 分别选择第 1 帧、第 6 帧和第 8 帧中的黑色矩形，使用“任意变形工具”水平拖曳鼠标，调整矩形的形态如图 12-8 所示，其中第 6 帧中的矩形比原来略长，第 8 帧中的矩形比原来略短。

图 12-8 第 1 帧、第 6 帧和第 8 帧处的矩形形态

(15) 分别选择“图层 1”的第 1 帧和第 6 帧，单击鼠标右键，在弹出的快捷菜单中选择【创建补间形状】命令，创建补间形状动画。

(16) 在“图层 1”的上方创建一个新图层“图层 2”，在该层的第 9 帧处插入关键帧，然后打开【动作】面板，在其中输入代码“stop( );”，设置动画到该帧处停止。

(17) 在【库】面板中双击“摄影园地”元件，进入其编辑窗口中，选择“图层 2”的【指针经过】帧中的“黑条”实例，在【属性】面板中设置【样式】为 Alpha，并设置 Alpha 值为 50%，如图 12-9 所示。

(18) 在“图层 2”的【点击】帧处插入关键帧，在【按下】帧处插入空白关键帧。然后在窗口中选择【点击】帧中的“黑条”实例，在【属性】面板中设置【实例行为】为“图形”，【选项】为“单帧”，在【第一帧】右侧的输入框中输入 9，如图 12-10 所示，这样就只显示“黑条”实例第 9 帧中的图形了。

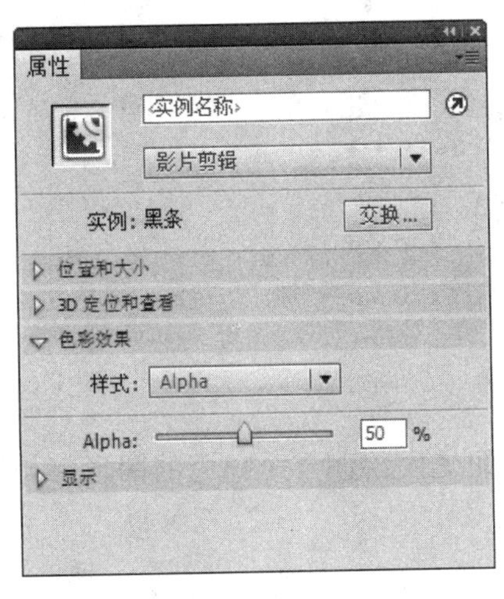

图 12-9 【属性】面板

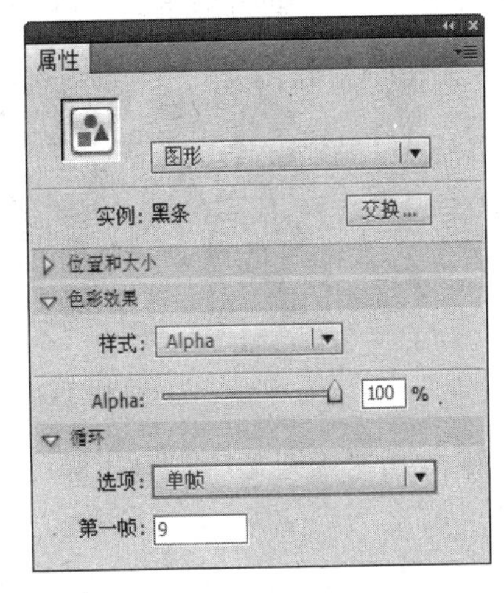

图 12-10 【属性】面板

(19) 在【时间轴】面板中将“图层 1”调整到“图层 2”的上方。

(20) 在【库】面板中的“摄影园地”元件上单击鼠标右键，在弹出的快捷菜单中选择【直接复制】命令，如图 12-11 所示。

(21) 在弹出的【直接复制元件】对话框中设置【名称】为“摄影欣赏”，如图 12-12 所示，然后单击按钮，复制一个按钮元件。

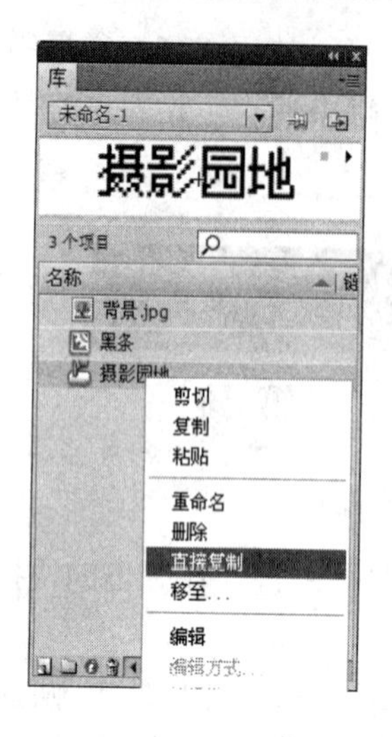

图 12-11 执行【直接复制】命令

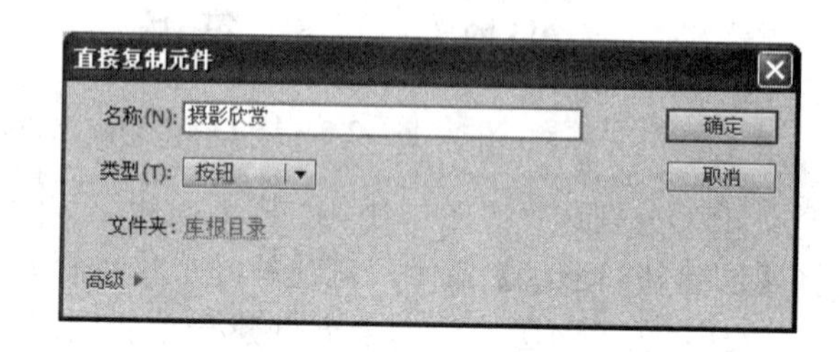

图 12-12 【直接复制元件】对话框

(22) 在【库】面板中双击“摄影欣赏”按钮元件，进入其编辑窗口中，然后分别修改【弹起】帧、【指针经过】帧和【按下】帧中的文字为“摄影欣赏”，这样就完成了“摄影欣赏”按钮的制作。

(23) 用同样的方法，分别创建“摄影知识”、“信息反馈”和“摄影论坛”按钮元件。

(24) 单击窗口左上方的场景1按钮，返回到舞台中，从【库】面板中将各按钮元件拖曳到舞台中，调整其位置如图12-13所示。

图 12-13 调整各按钮实例的位置

(25) 使用“椭圆工具”在舞台中各按钮之间绘制一个白色的图形，如图12-14所示。

图 12-14 绘制的图形

(26) 在“按钮”层的上方创建一个新图层“数码相机”，导入本书光盘“项目 12”文件夹中的“xiangji1.png”文件，调整其位置如图 12-15 所示。

图 12-15　导入的图片

(27) 选择导入的图片，按下 F8 键，将其转换为影片剪辑元件“相机”。

(28) 按下 Ctrl + F8 键，创建一个新的影片剪辑元件“白光”，使用“矩形工具”在窗口中绘制一个由透明到不透明再到透明渐变的白色矩形，如图 12-16 所示。

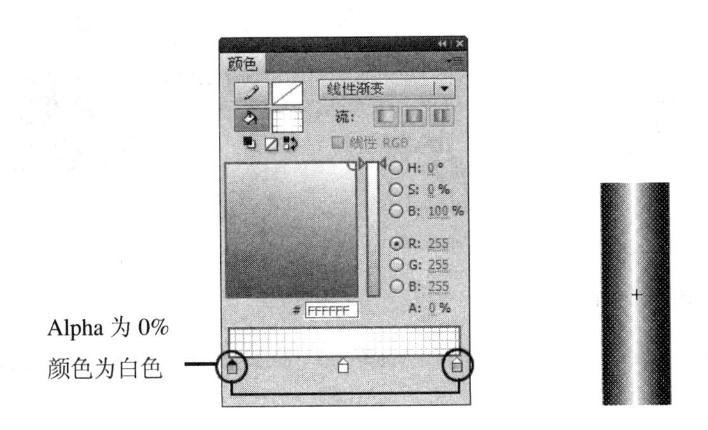

图 12-16　绘制的矩形

(29) 在【库】面板中双击“相机”元件，进入其编辑窗口中，选择“图层 1”的第 55 帧，按下 F5 键插入普通帧，延长动画的播放时间。

(30) 在“图层 1”的上方创建一个新图层“图层 2”，然后在窗口中绘制一个与相机镜头大小相等的椭圆形，如图 12-17 所示。

(31) 在“图层 1”的上方创建一个新图层“图层 3”，并在该层的第 10 帧处插入关键帧，将“白光”元件从【库】面板中拖曳到窗口中，调整其形态如图 12-18 所示。

图 12-17　绘制的椭圆形

图 12-18　调整“白光”实例的形态

(32) 在【属性】面板中设置“白光”实例的 Alpha 值为 60%，如图 12-19 所示。

(33) 在“图层 3”的第 23 处插入关键帧，并调整该帧处“白光”实例的形态如图 12-20 所示。

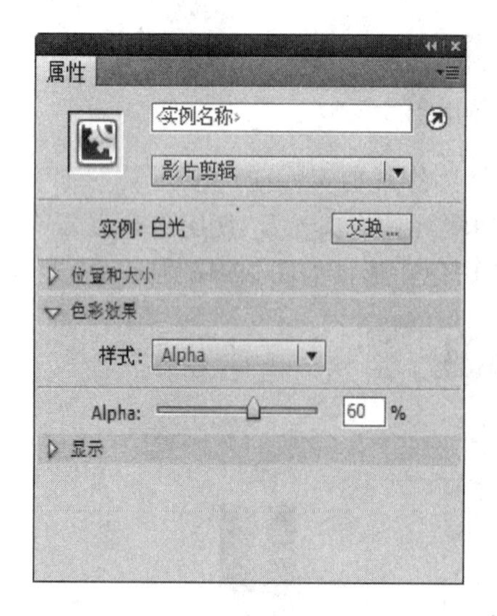

图 12-19　【属性】面板

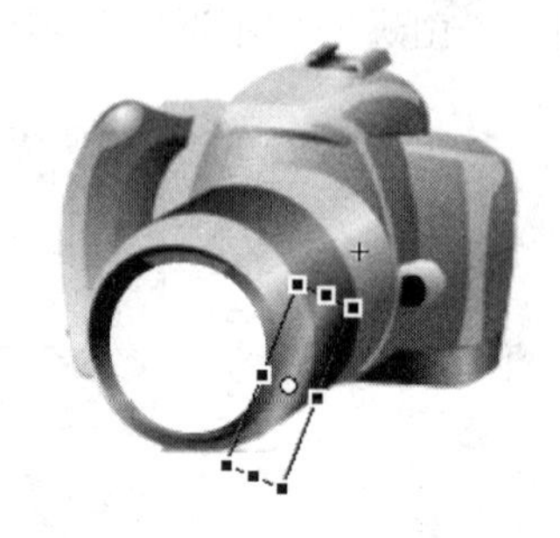

图 12-20　调整“白光”实例的形态

(34) 选择“图层 3”的第 10 帧，单击鼠标右键，在弹出的快捷菜单中选择【创建传统补间】命令，创建传统补间动画。

(35) 在“图层 2”上单击鼠标右键，在弹出的快捷菜单中选择【遮罩层】命令，将该层设置为遮罩层，从而创建遮罩动画。

(36) 单击窗口左上方的场景 1按钮，返回到舞台中，至此完成了网页背景的制作。

任务二：“摄影园地”动画的制作

(1) 在“数码相机”层的上方创建一个新图层“摄影园地文字”，使用“文本工具”T在舞台中输入红色(#990000)文字，如图 12-21 所示。

图 12-21　输入的文字

(2) 在“摄影园地文字”层的上方创建一个新图层“摄影园地内容”，选择工具箱中的“文本工具” ，在【属性】面板中设置【文本类型】选项为“动态文本”，设置【行为】为“多行”，其他参数设置如图 12-22 所示。

(3) 在舞台中拖动鼠标，创建一个文本输入框，然后在输入框中输入相关的文字，如图 12-23 所示。

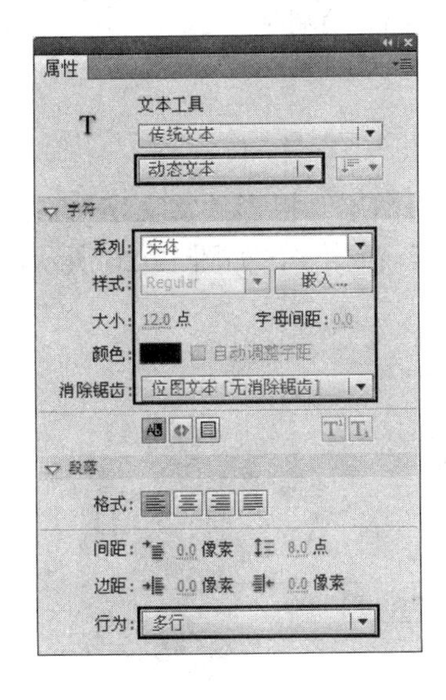

图 12-22　【属性】面板

图 12-23　输入的文字

(4) 选择刚输入的文字，在【属性】面板中设置【实例名称】为“txt1”。

(5) 单击菜单栏中的【窗口】/【组件】命令，打开【组件】面板，选择 User Interface 类中的 UIScrollBar 组件，将其拖曳到舞台中文字的右侧，然后使用“任意变形工具” 调整其高度与文本输入框高度相同，如图 12-24 所示。

(6) 在舞台中选择 UIScrollBar 组件，在【属性】面板中设置【_targetInstanceName】参数值为 txt1，如图 12-25 所示。

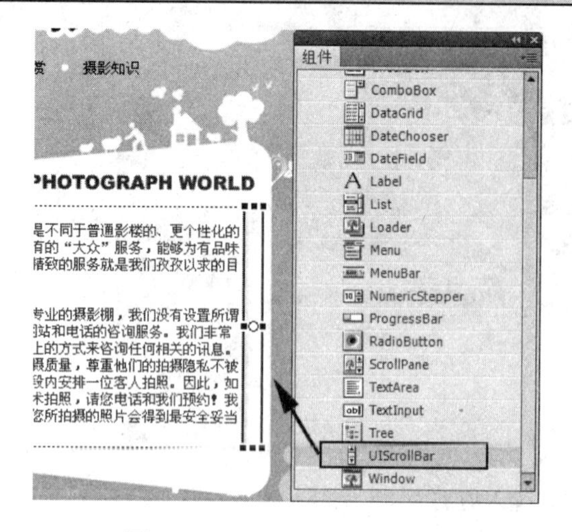

图 12-24 添加 UIScrollBar 组件

图 12-25 【属性】面板

(7) 在【时间轴】面板中同时选择“摄影园地内容”和“摄影园地文字”层的第 15 帧，按下 F7 键插入空白关键帧，设置动画到该帧处停止。

(8) 在【时间轴】面板中选择“摄影园地内容”层，单击面板下方的【新建文件夹】按钮，新建一个图层文件夹，命名为“摄影园地”，然后将“摄影园地内容”层和“摄影园地文字”层拖曳到图层文件夹中，为了便于操作，将该文件夹叠起。

任务三：“摄影欣赏”动画的制作

(1) 在“摄影园地”图层文件夹的上方创建一个新图层“摄影欣赏文字”，在该层的第 15 帧处插入关键帧，然后使用“文本工具”输入红色文字，如图 12-26 所示。

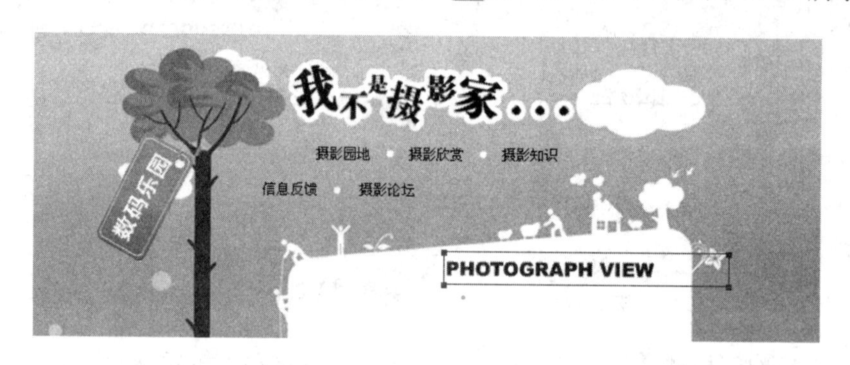

图 12-26 输入的文字

(2) 在“摄影欣赏文字”层的上方创建一个新图层“摄影欣赏内容”，在该层的第 15 帧处插入关键帧，使用“矩形工具”在舞台右侧绘制一个矩形，然后使用“任意变形工具”调整其形态如图 12-27 所示。

(3) 选择绘制的矩形，按下 F8 键，将其转换为影片剪辑元件“图像滚动”。

(4) 在【库】面板中双击“图像滚动”元件，进入其编辑窗口中。

图 12-27 调整矩形的形态

(5) 在“图层 1”的上方创建一个新图层“图层 2”，导入本书光盘“项目 12”文件夹中的“pic1_b.jpg”、“pic2_b.jpg”和“pic3_b.jpg”文件，并调整图片的大小及位置如图 12-28 所示。

图 12-28 导入的图片

(6) 选择导入的全部图片，按住 Alt 键，使用“选择工具”水平向右拖动图片，将其复制一组，排列效果如图 12-29 所示。

图 12-29 复制的图片

(7) 选择所有的图片，按下 F8 键，将其转换为影片剪辑元件“大图像”。

(8) 在【时间轴】面板中将“图层 1”拖曳到“图层 2”的上方，然后选择“图层 2”的第 500 帧，按下 F6 键插入关键帧；再选择“图层 1”的第 500 帧，按下 F5 键插入普通帧，延长动画的播放时间。

(9) 将播放头移动到第 1 帧处，调整“大图像”实例的位置如图 12-30 所示。

图 12-30 第 1 帧处“大图像”实例的位置

(10) 将播放头移动到第 500 帧处，水平向左拖曳鼠标，调整“大图像”实例的位置如图 12-31 所示。

图 12-31 第 500 帧处“大图像”实例的位置

(11) 选择“图层 2”的第 1 帧，单击鼠标右键，在弹出的快捷菜单中选择【创建传统补间】命令，创建传统补间动画。

(12) 在“图层 1”上单击鼠标右键，在弹出的快捷菜单中选择【遮罩层】命令，将该层设为遮罩层，则其下方的“图层 2”自动变成被遮罩层，从而创建遮罩动画。

(13) 单击窗口左上方的场景 1按钮，返回到舞台中。

(14) 在【时间轴】面板中同时选择“摄影欣赏内容”和“摄影欣赏文字”层的第 30 帧，按下 F7 键插入空白关键帧，设置动画到该帧处停止。

(15) 在“摄影欣赏内容”层的上方创建一个新图层文件夹“摄影欣赏”，然后将“摄影欣赏内容”和“摄影欣赏文字”层拖曳到该文件夹中，并将该文件夹叠起。

任务四：“摄影知识”动画的制作

(1) 在“摄影欣赏”图层文件夹的上方创建一个新图层“摄影知识文字”，在该层的第 30 帧处插入关键帧，使用“文本工具”T输入红色文字，如图 12-32 所示。

图 12-32 输入的红色文字

(2) 在“摄影知识文字”层的上方创建一个新图层“摄影知识内容”，在该层的第 30 帧处插入关键帧，然后使用“文本工具”T输入黑色文字，并通过【属性】面板设置文字的 URL 链接，如图 12-33 所示。

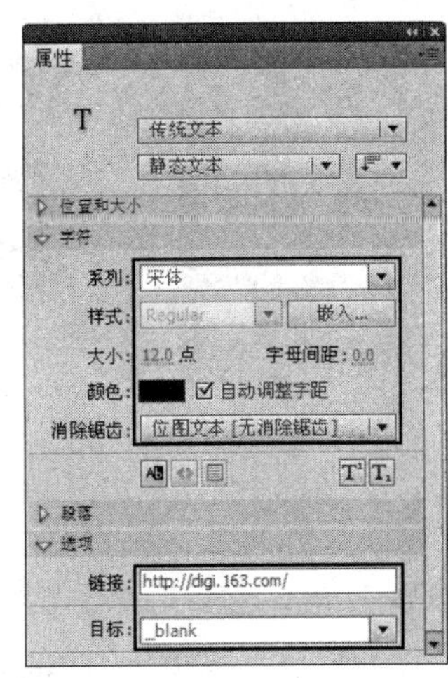

图 12-33　输入文字并设置 URL 链接

(3) 用同样的方法，在舞台中输入其他黑色文字，并在【属性】面板中进行相应的设置，如图 12-34 所示。

图 12-34　输入的其他文字

(4) 分别在“摄影知识内容”和“摄影知识文字”层的第 45 帧处插入空白关键帧，设置动画到该帧处停止。

(5) 在“摄影知识内容”层的上方创建一个新图层文件夹“摄影知识”，并将“摄影知识内容”和“摄影知识文字”层拖曳到该文件夹中，然后将该文件夹叠起。

任务五：“信息反馈”动画的制作

(1) 在“摄影知识”图层文件夹的上方创建一个新图层“信息反馈文字”，在该层的第 45 帧处插入关键帧，然后使用“文本工具” T 输入红色文字，如图 12-35 所示。

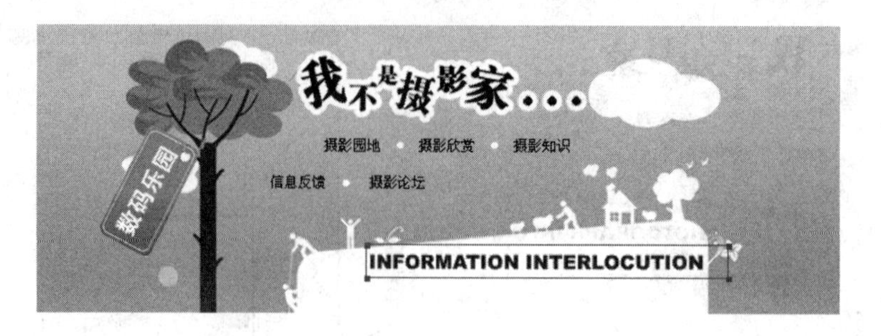

图 12-35 输入的文字

(2) 在“信息反馈文字”层的上方创建一个新图层“信息反馈内容”，在该层的第 45 帧处插入关键帧，然后使用“文本工具” T 输入黑色文字，如图 12-36 所示。

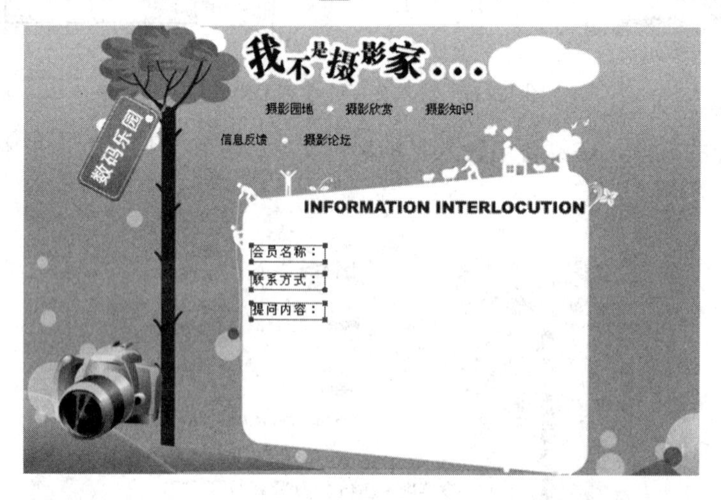

图 12-36 输入的文字

(3) 打开【组件】面板，选择 User Interface 类中的 TextInput 组件，将其拖曳到舞台中，如图 12-37 所示。

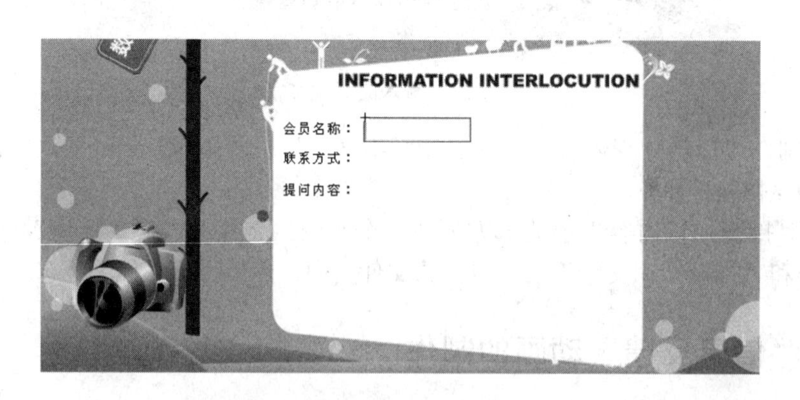

图 12-37 添加 TextInput 组件

(4) 在舞台中选择 TextInput 组件，将其向下复制一个，并运用“任意变形工具”将其拉宽，如图 12-38 所示。

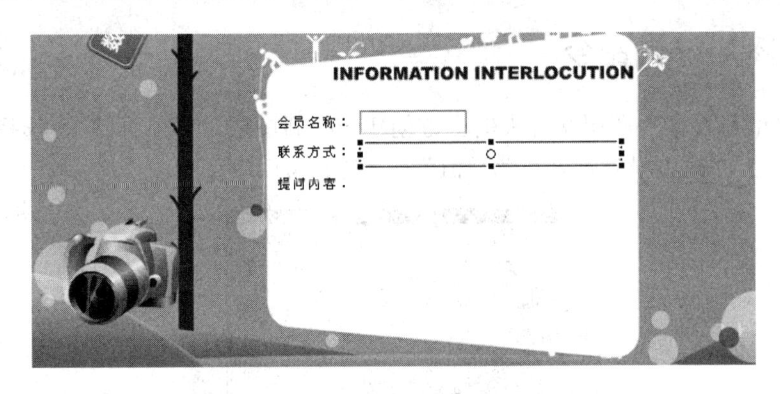

图 12-38　调整复制的 TextInput 组件

(5) 在【组件】面板中选择 User Interface 类中的 TextArea 组件，将其拖曳到舞台中，并运用“任意变形工具”调整其大小如图 12-39 所示。

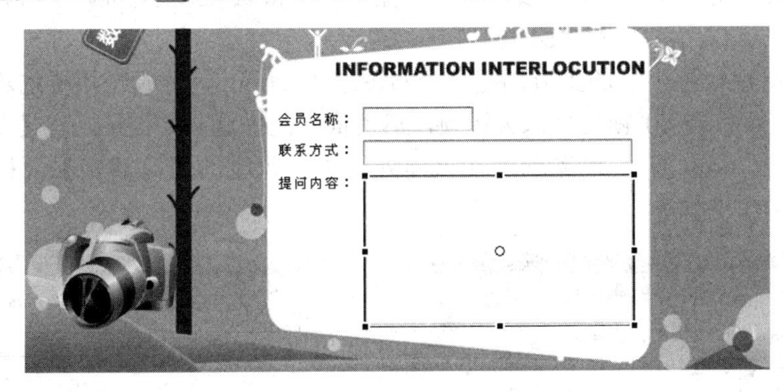

图 12-39　添加 TextArea 组件

(6) 在【组件】面板中选择 User Interface 类中的 Button 组件，将其拖曳到舞台中，然后在【属性】面板中设置 Button 组件的【label】为“提交”，将按钮上的文字改为“提交”，如图 12-40 所示。

图 12-40　添加 Button 组件

(7) 在“信息反馈内容”层的上方创建一个新图层文件夹“信息反馈”，将“信息反馈内容”和“信息反馈文字”层拖曳到该文件夹中，然后将该文件夹叠起。

任务六：添加行为命令

(1) 在“信息反馈”图层文件夹的上方创建一个新图层“导航标签”，选择该层的第 1 帧，在【属性】面板中设置帧名称为“a1”，如图 12-41 所示。

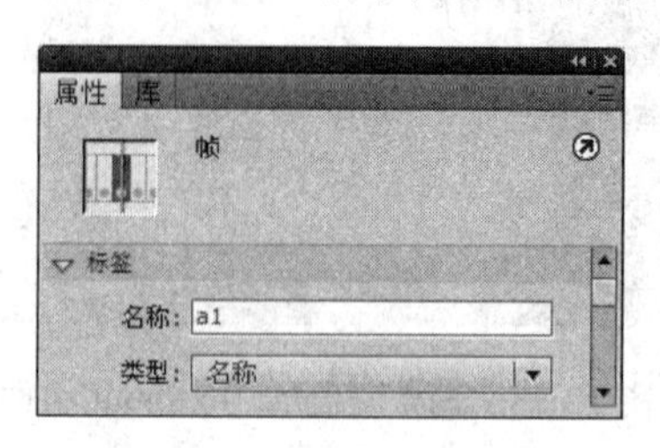

图 12-41 【属性】面板

(2) 分别在“导航标签”层的第 15 帧、第 30 帧和第 45 帧处插入关键帧，并依次设置各帧名称为“a2”、“a3”和“a4”。

(3) 在“导航标签”层的上方创建一个新图层“action”，分别在该层的第 14 帧、第 29 帧、第 44 帧和第 60 帧处插入关键帧，然后依次选择这些关键帧，在【动作】面板中分别输入代码“stop( );”，设置动画在该帧处停止。此时的【时间轴】面板如图 12-42 所示。

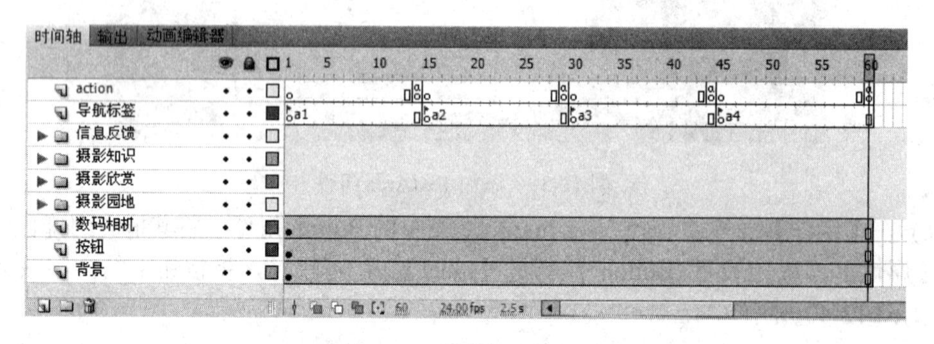

图 12-42 【时间轴】面板

(4) 在舞台中选择“摄影园地”按钮实例，在【动作】面板中输入如下代码：

```
on (release) {
    gotoAndPlay("a1");
}
```

(5) 在舞台中选择“摄影欣赏”按钮实例，在【动作】面板中输入如下代码：

```
on (release) {
    gotoAndPlay("a2");
}
```

(6) 在舞台中选择“摄影知识”按钮实例，在【动作】面板中输入如下代码：

```
on (release) {
    gotoAndPlay("a3");
}
```

(7) 在舞台中选择“信息反馈”按钮实例，在【动作】面板中输入如下代码：

```
on (release) {
    gotoAndPlay("a4");
}
```

(8) 在舞台中选择“摄影论坛”按钮实例，在【动作】面板中输入如下代码：

```
on (release) {
    getURL("http://bbs.163.com/", "_blank");
}
```

(9) 按下 Ctrl + Enter 键对影片进行测试，如果无误，就可以发布网站了。

12.4　知 识 延 伸

知识点一：关于 AS 2.0

AS 是为了增强 Flash 的交互功能而设置的，随着版本的升高，其功能与完善性也越来越强大，其中 AS 2.0 是在 Flash MX 2004 中诞生的，编写方式更加成熟，引入了面向对象编程方式，它可以写在时间轴中的关键帧上、按钮或元件的实例上，历时了 Flash MX 2004、Flash 8 两个版本，拥有大量的用户群。所以，在 Flash CS5 版本中，为了照顾到老用户，提供了两种 AS 语言，一种是 AS 3.0，一种是 AS 2.0，之所以这样，是因为 AS 3.0 并非是 AS 2.0 的简单升级。

AS 2.0 与 AS 3.0 所基于的底层环境完全不一样，或者说它们的工作原理是不一样的，两者之间不能直接通信。所以 Flash 软件为了兼顾到新老用户，提供了两种不同的 AS 语言，用户可以根据工作需要进行选择。通常情况下，在创建新文档时就要选择所使用的 AS 版本，如果要使用 AS 2.0，在创建新文档时要单击“ActionScript 2.0”，如图 12-43 所示。

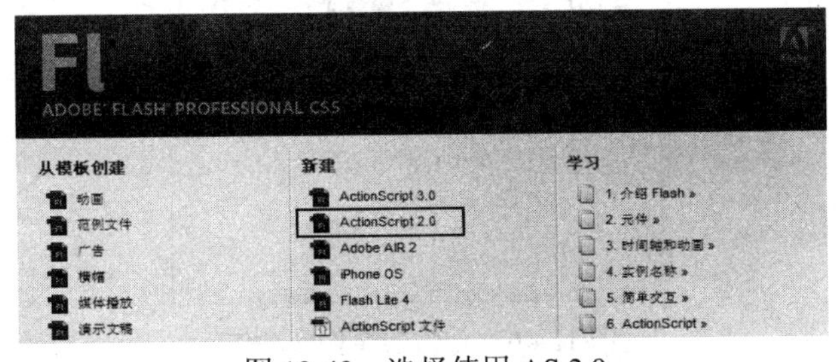

图 12-43　选择使用 AS 2.0

另外，需要提醒的是，在 AS 2.0 工作环境下，【代码片断】功能不能使用；同样，在 AS 3.0 环境下，【行为】功能不能使用。

知识点二：行为

要想使用【行为】功能，必须在 AS 2.0 工作环境下。所谓的行为，就是一些封装的程序代码模块，可以拿来即用，而不必自己编写 ActionScript 代码。

在 Flash 中为对象添加行为是通过【行为】面板完成的，单击菜单栏中的【窗口】/【行为】命令，可以打开【行为】面板，如图 12-44 所示。

在 Flash 中选择要添加行为的对象后，单击【行为】面板中的按钮，会弹出相应的行为菜单，从中可以选择所需的行为命令，如图 12-45 所示。

图 12-44 【行为】面板

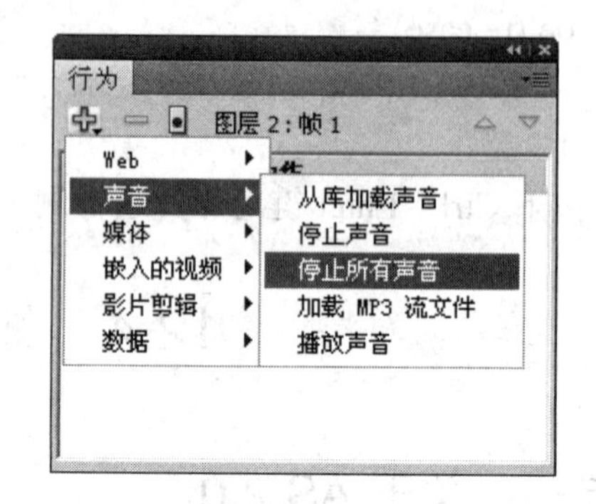

图 12-45 行为菜单

如果要删除已经添加的行为命令，只需在【行为】面板中选择该行为命令，然后单击按钮即可将其删除。

一个行为由两部分构成：即事件和动作，其中事件用于触发行为的动作，如鼠标事件、按键事件等；动作是响应事件后所执行的命令。为对象添加行为后，在【行为】面板中会显示出行为的事件与动作，如图 12-46 所示。行为的应用对象只有三种，即关键帧、按钮与“影片剪辑元件”的实例。使用行为可以控制 Flash 中的超链接、声音、视频、影片剪辑等元素。

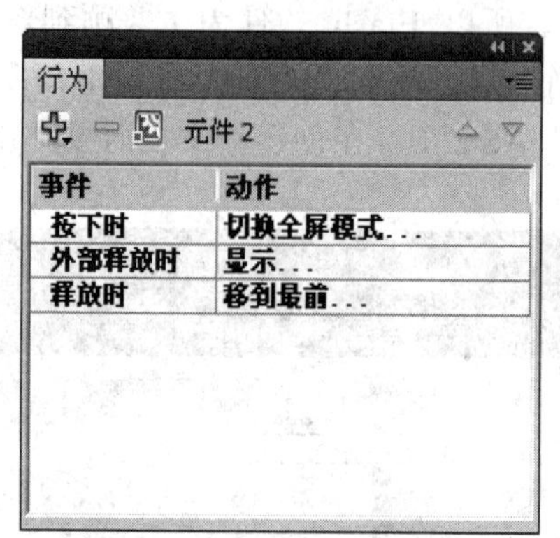

图 12-46 行为的事件与动作

知识点三：组件

简单地说，“组件”是一小段预定义的代码，这段代码能够执行特定的动作。这个特定的动作可以是一个文本的滚动条，也可以是一个可以选择的复选框等。

在 Flash 中，组件通常表现为带有参数的电影剪辑，这些参数可以用来修改组件的外观和行为。每一个组件都有预定义的参数，并且还有一组属于自己的方法、属性和事件，它们被称为应用程序接口(Application Programming Interface，API)。使用组件，可以使程序设计与软件界面设计分离，提高代码的重复使用性。

对于开发人员来说，组件的使用很有意义，如果需要经常使用某个影片剪辑，开发人员不必每次都重写这个影片剪辑，可以利用组件将影片剪辑建立到自己的库中，然后对其进行重复使用，从而提高工作效率；对于不熟悉 ActionScript 脚本的用户，也可以方便地应用组件，因为只要了解如何正确设置组件参数，就可以让组件正常运行。

指点迷津

Flash CS5 包括 AS 2.0 组件和 AS 3.0 组件两种。用户不能混合使用这两种组件，如何选择使用哪种组件取决于用户创建的是基于 AS 2.0 的文档还是基于 AS 3.0 的文档。如果创建的是基于 AS 2.0 的文档，则使用的是 AS 2.0 组件，这里介绍的都是基于 AS 2.0 的组件。

1. 组件的添加与参数设置

在 Flash 影片中可以通过【组件】面板添加组件，Flash 中的【组件】面板将组件按照类别进行管理，从而方便用户查找。当需要使用某个组件时，直接将该组件拖曳到舞台中即可，如图 12-47 所示。

在舞台中添加组件后，它们会自动存放到【库】面板中，此组件类型为“编译剪辑”，以后使用组件就可以像使用影片剪辑元件一样，从【库】面板重复调用。这样从【组件】面板中添加一次组件后，该组件就可以在影片中多次使用，从而节省动画文件的体积，如图 12-48 所示。

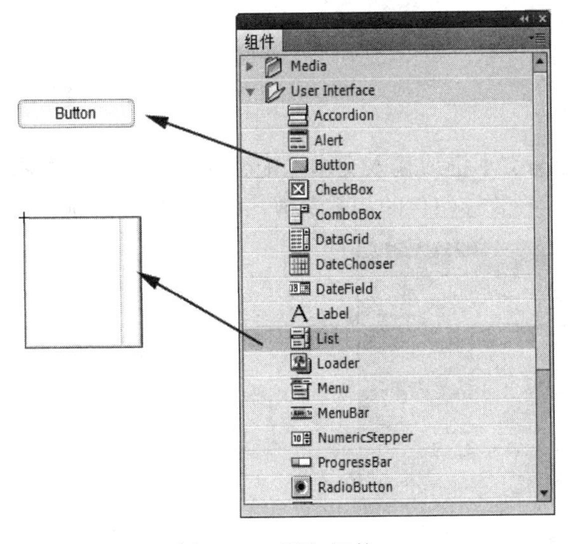

图 12-47　添加组件

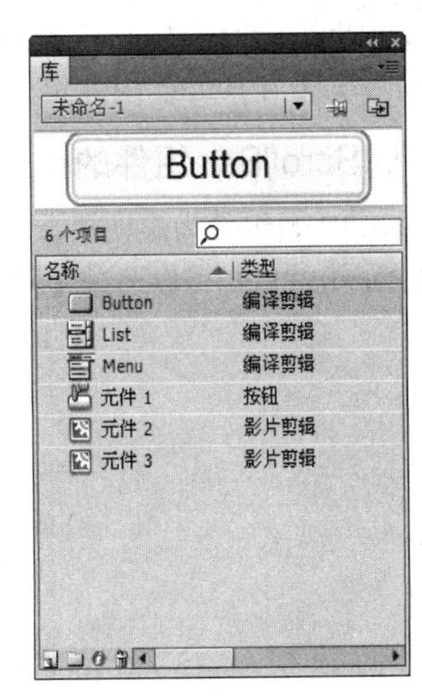

图 12-48　【库】面板中的组件

在舞台中添加组件后，可以通过【属性】面板对其进行参数设置，不同的组件有不同的参数，如图 12-49 所示。

图 12-49 【属性】面板

➢ 【实例名称】: 用于设置组件在舞台中的实例名称，在 Action 中调用这个组件，就是按照这个实例名称进行调用。
➢ 【组件参数】: 组件参数用于设置组件的相关参数，不同的组件有不同的参数，例如，Button 组件可以通过参数设置按钮上的文字、按钮文字在按钮上的位置等。

使用【属性】面板只能设置组件最常用的参数，其他参数必须使用 AS 来设置。例如，Button 组件在设置其相应状态的颜色时，就要使用 themeColor 属性，其参数可以为"haloGreen"、"haloBlue"、"haloOrange"，默认参数为"haloGreen"，改变 Button 组件相应状态的颜色所使用的方法为"setStyle"，整条语句可以写为：

```
bun.setStyle("themeColor","haloBlue");
```

bun 为事先为 Button 组件定义好的实例名称。

2. UIScrollBar 组件的操作

UIScrollBar 组件为滚动条，需要与动态文本框或输入文本框配合使用。在舞台中添加 UIScrollBar 组件后，可以通过【属性】面板设置该组件的相关参数，如图 12-50 所示。

图 12-50 【属性】面板

- 【_targetInstanceName】：用于设置 UIScrollBar 组件要控制的文本框的实例名称，即它所控制的文本框。
- 【horizontal】：设置滚动条是水平方向还是垂直方向。勾选该项后为垂直方向，值为 true；否则为水平方向，值为 false。
- 【enabled】：设置 UIScrollBar 组件是否有效，勾选该项后为有效，值为 true；否则不生效，值为 false。
- 【visible】：设置 UIScrollBar 组件是否可见，勾选该项后为可见，值为 true；否则不可见，值为 false。
- 【minHeight】：设置 UIScrollBar 组件允许的最小高度。
- 【minWidth】：设置 UIScrollBar 组件允许的最小宽度。

3. TextInput 组件

TextInput 组件是一个文本输入组件，用户可以在该组件中输入文字或密码类型的字符，其作用与输入文本框类似。在舞台中添加 TextInput 组件后，可以通过【属性】面板设置该组件的相关参数，如图 12-51 所示。

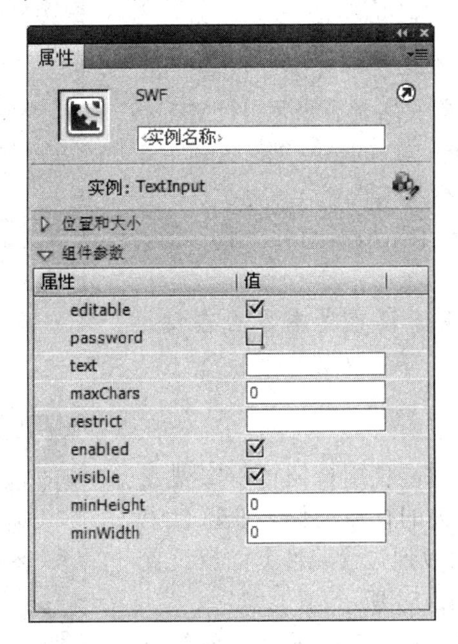

图 12-51　【属性】面板

- 【editable】：设置 TextInput 组件是否为可编辑。勾选该项后组件可编辑，参数值为 true；否则组件不可编辑，参数值为 false。
- 【password】：设置 TextInput 组件中输入的字符是否为密码。勾选该项后则文本框中显示为密码，即“*”号，此时参数值为 true；不勾选该项，则显示输入的内容，参数值为 false。
- 【text】：设置 TextInput 组件中文字的内容。默认值为" "(空字符串)，没有任何字符。
- 【maxChars】：设置 TextInput 组件允许输入的最多字符数。

➢ 【restrict】：设置 TextInput 组件从用户处接收的字符串。
➢ 【enabled】：设置 TextInput 组件是否有效，勾选该项后为有效，值为 true；否则不生效，值为 false，此时不能输入任何字符。
➢ 【visible】：设置 TextInput 组件是否可见，勾选该项后为可见，值为 true；否则不可见，值为 false。
➢ 【minHeight】：设置 TextInput 组件允许的最小高度。
➢ 【minWidth】：设置 TextInput 组件允许的最小宽度。

4. TextArea 组件

TextArea 组件为多行文本框，如果需要使用大量的文字，可以使用该组件。在舞台中添加了 TextArea 组件后，可以通过【属性】面板设置该组件的相关参数，如图 12-52 所示。其中大部分参数与 TextInput 组件参数相同。部分参数作用如下：

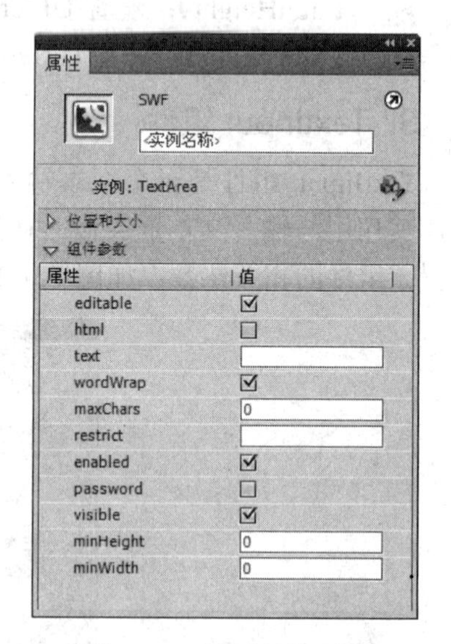

图 12-52 【属性】面板

➢ 【editable】：用于设置 TextArea 组件是否为可编辑，勾选该项后为可编辑，参数值为 true；否则为不可编辑，参数值为 false。
➢ 【html】：用于设置文本是否采用 HTML 格式，参数值为 true 与 false，勾选该项后表示可以使用 html 标签来设置文本格式。
➢ 【text】：用于设置 TextArea 组件中默认的文本内容。
➢ 【wordWrap】：用于设置文本是否自动换行，默认值为 true，表示可以自动换行。

5. Button 组件

Button 组件为一个按钮，使用按钮可以实现表单的提交以及执行某些相关的行为动作。在舞台中添加了 Button 组件后，可以通过【属性】面板设置该组件的相关参数，如图 12-53 所示。

图 12-53 【属性】面板

➢ 【icon】：为按钮添加自定义图标，该值为【库】中的影片剪辑元件或图形元件的链接。
➢ 【label】：用于设置按钮上文本的值，默认值是 “Button”。
➢ 【labelPlacement】：用于设置按钮上的文本在按钮上的位置。该参数可以是下列四个值之一：left、right、top 或 bottom，默认值为 right。

- 【selected】: 如果 toggle 参数值是 true，则该参数指定按钮是处于按下状态 (true) 还是释放状态 (false)，默认值为 false。
- 【toggle】: 用于将按钮转变为切换开关。如果值为 true，则按钮在单击后保持按下状态，并在再次单击时返回到弹起状态；如果值为 false，则按钮行为与一般按钮相同。

知识点四：影片优化

制作 Flash 动画的时候，一定要记住其最终载体是页面。影片文件的大小直接影响它在因特网上的上传和下载时间以及播放速度。因此，在发布影片之前应对动画文件进行优化处理。在优化影片时，可以从以下几个方面入手。

1. 优化对象

动画对象的类型与大小，直接影响 Flash 动画文件的大小，这是最主要的一个方面，优化时按以下原则进行，可以确保动画文件足够小。

- 对于影片中多次出现的对象，建议使用元件。
- 同样的动画效果，尽量使用补间动画。原因是补间动画会大大减小影片的体积大小。
- 避免使用位图作为影片的背景。
- 尽量使用图层组织不同时间、不同对象的动画，避免在同一个关键帧中安排多个动画对象同时运动。
- 影片中的音乐尽量采用 MP3 格式。
- 尽可能减少渐变色和 Alpha 透明度的使用。

2. 优化字体和文字

动画中存在文字时，对文字的优化可以按以下原则进行。

- 在使用字体时常会出现乱码或字迹模糊的现象时，可以使用默认字体来解决，而且使用系统默认字体可以得到更小的文件体积。
- 在 Flash 影片制作过程中，尽可能使用较少种类的字体，尽可能使用同一种颜色或字号。
- 尽量避免将字体分离，因为图形比文字所占的空间大。

3. 优化线条

由于在 Flash 动画中会运用大量的线条，它们的形态与种类也严重影响着影片的体积大小，所以对于线条而言，可以在以下方面作优化处理。

- 使用“刷子工具”绘制的线条要比使用“铅笔工具”绘制的线条所占用的空间大，所以同样的线条，优先使用铅笔工具绘制。
- 限制特殊线条的出现，如虚线、折线、点状线等。
- 减少创建图形所使用的点数或线数，并且可以使用【修改】/【形状】/【优化】命令来优化孤立的线条。

4. 优化图形颜色

动画对象颜色的多少也会影响到最终影片的体积大小，所以对于图形的颜色也需要进行适当的优化处理。

- 使用绘图工具制作对象时，使用渐变颜色的影片文件容量将比使用单一色的影片文件体积大，所以在制作影片时应该尽可能使用单色且使用网络安全颜色。
- 对于调用外部的矢量图形，最好在分解状态下使用【优化】命令进行优化之后再使用，这样能够优化矢量图形中的曲线，删除一些不需要的曲线来减小文件的容量。

知识点五：SWF 文件发布设置

完成了 Flash 动画的制作以后，我们可以将其发布为 SWF 文件，单击菜单栏中的【文件】/【发布设置】命令，打开【发布设置】对话框，然后切换到【Flash】选项卡，如图 12-54 所示，在这里可以对相关选项进行设置。

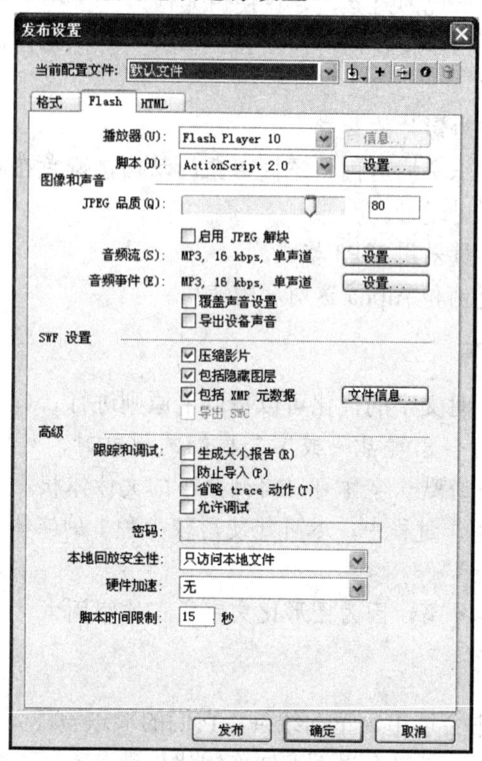

图 12-54 【发布设置】对话框

- 【播放器】: 该下拉列表用于选择 Flash Player 播放器，它提供了多个版本供选择。
- 【脚本】: 该下拉列表用于选择 ActionScript 版本，但是要注意脚本之间的兼容性，避免影响动画的正常运行。
- 【JPEG 品质】: 用于控制影片中 JPEG 图像的压缩率，值越小，压缩率越高，生成的文件越小，但图像品质变差；值越大，压缩率越小，图像品质越好。

- 【音频流】与【音频事件】：用于为影片中所有的音频流或音频事件设置采样率和压缩，单击右侧的 设置... 按钮，在弹出的【声音设置】对话框中可以设置声音的压缩格式、比特率与品质等。
- 【覆盖声音设置】：选择该选项，则不再使用【库】面板中设定的声音属性，而是统一使用这里设置的声音属性。
- 【导出设备声音】：选择该选项，可以导出适合于设备(包括移动设备)的声音而不是【库】中的原始声音。
- 【压缩影片】：选择该选项，将压缩 SWF 文件，以减小文件大小和缩短下载时间。当文件包含大量文本或 ActionScript 时，使用该选项十分有益。
- 【包括隐藏图层】：选择该选项，将发布 Flash 文档中所有隐藏的图层，否则只发布可见图层。
- 【包括 XMP 元数据】：默认情况下，将在【文件信息】对话框中导出输入的所有元数据。单击 文件信息... 按钮可以打开该对话框。
- 【导出 SWC】：只有使用 ActionScript 3.0 时该选项才可用。选择该选项，可以导出.swc 文件。该文件用于分发组件，包含一个编译剪辑、组件的 ActionScript 类文件以及描述组件的其他文件。
- 【生成大小报告】：选择该选项，发布影片时会自动生成一个报告文件，列出最终 Flash 内容中的数据量。
- 【防止导入】：选择该选项，可以防止发布后的 SWF 文件被他人转换回 FLA 文档格式。
- 【省略 Trace 动作】：选择该选项，测试影片时，可以使 Flash 忽略当前 SWF 文件中的 ActionScript Trace 语句。
- 【允许调试】：选择该选项，可以激活调试器并允许远程调试 Flash SWF 文件。
- 【密码】：当选择了【防止导入】选项时，该项变为可用状态，用于设置密码保护 Flash SWF 文件。
- 【本地回放安全性】：该下拉列表用于指定已发布的 SWF 文件的访问权，可以是本地安全性访问，也可以是网络安全性访问。
- 【硬件加速】：该下拉列表用于指定硬件加速方式。
- 【脚本时间限制】：用于设置 ActionScript 脚本中各个主要语句间的时间间隔不能超过的秒数，默认为 15 秒。

知识点六：HTML 文件发布设置

在 Web 浏览器中播放 Flash 动画时，需要一个能激活 SWF 文件并指定浏览器设置的 HTML 文档。在发布 Flash 动画时，会自动生成一个这样的 HTML 文档。下面我们学习如何设置 HTML 文档的发布参数，如图 12-55 所示。

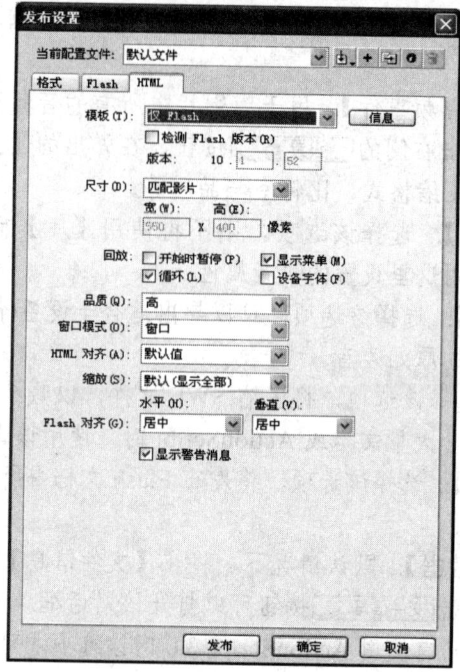

图 12-55 【发布设置】对话框

- 【模板】: 该下拉列表用于选择 HTML 文件使用的模板，系统提供了多种方式供选择。
- 【尺寸】: 该下拉列表用于选择 HTML 文件的尺寸，共有三种选择，分别是“匹配影片”、“像素”和“百分比”。当选择不同的选项时，其下面可以设置具体参数值。
- 【回放】: 用于设置 SWF 影片在浏览器中的回放属性。选择【开始时暂停】选项，在浏览器中打开的 SWF 动画在一开始处于停止状态；选择【循环】选项，则动画在浏览器中重复播放；选择【显示菜单】选项，在浏览器中播放动画时，单击鼠标右键可以弹出一个快捷菜单；选择【设备字体】选项，可以用抗锯齿系统字体代替动画中使用的、但用户的字库中没有安装的字体。
- 【品质】: 用于设置 Flash 动画的播放品质，用户可以在处理时间和外观要求上找一个平衡点。
- 【窗口模式】: 用于决定 HTML 页面中 Flash 动画的背景透明方式，共有“窗口”、“不透明无窗口”和“透明窗口”三种方式。
- 【HTML 对齐】: 用于设置 Flash 动画在 HTML 页面中的对齐方式，共有“默认”、“左对齐”、“右对齐”、“顶部”和“底部”五种对齐方式。
- 【缩放】: 当 Flash 动画的尺寸大于 HTML 页面的宽度或高度时，用于设置 Flash 动画在页面中的显示方式。
- 【Flash 对齐】: 用于设置如何在应用程序窗口内放置 Flash 动画以及如何裁剪内容。

知识点七：发布动画

完成了 Flash 动画的制作后，其发布操作非常简单，大体上可以通过两种方法获取 SWF 影片文件。

方法一：完成了 Flash 动画的制作后，单击菜单栏中的【文件】/【保存】命令，将动画命名保存为 *.fla 文档，然后按下 Ctrl + Enter 键，这时在测试动画的同时会产生一个 SWF 文件，与 FLA 文件同名，并且在同一个目录下。

方法二：完成了 Flash 动画的制作，并保存文件后，通过【发布设置】对话框设置发布参数，然后单击菜单栏中的【文件】/【发布】命令，完成动画的发布。

12.5　项 目 实 训

对于基本的 Flash 网站设计，AS 2.0 与 AS 3.0 都可以实现，这完全取决于设计者的偏好，本项目是一个非常简单的网站架构，使用 AS 2.0 实现页面的跳转，请利用学习的内容，制作一个类似架构的 Flash 网站。

任务分析

在使用方法上，AS 2.0 与 AS 3.0 有很大的差别，所以在创建 Flash 网站时，首先要明确使用哪一个版本的 AS 进行控制，然后组织网站结构与素材。该实训的参考案例是使用 AS 2.0 实现的。在动画方面可以自由发挥，利用提供的素材或自己组织素材进行创作即可。

任务素材

光盘位置：光盘\项目 12\实训，素材如图 12-56 所示。

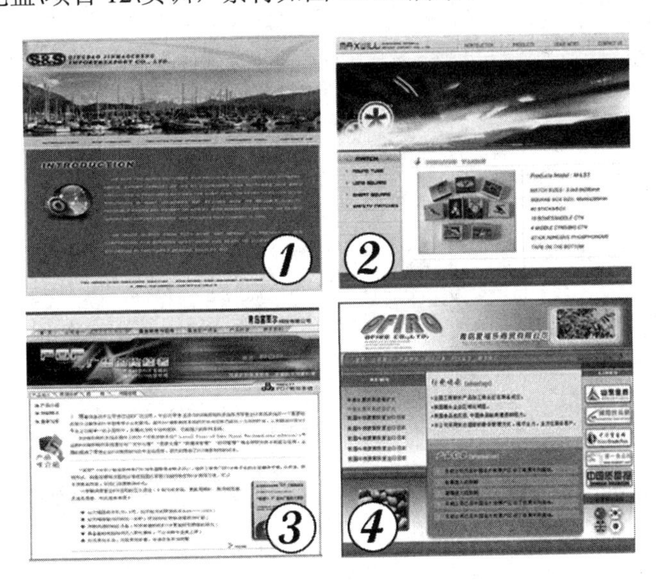

图 12-56　素材

参考效果

光盘位置：光盘\项目 12\实训，参考效果如图 12-57 所示。

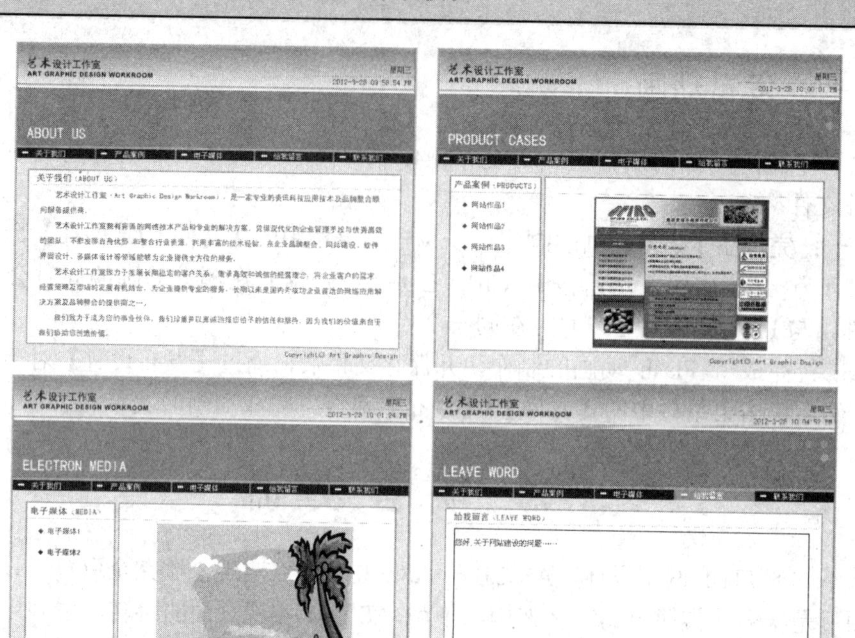
艺术设计工作室
ART GRAPHIC DESIGN WORKROOM
ABOUT US
PRODUCT CASES
ELECTRON MEDIA
LEAVE WORD

图 12-57　参考效果